Gentechnisches Labor – Leitfaden für Wissenschaftler

Kirsten Bender · Petra Kauch

Gentechnisches Labor – Leitfaden für Wissenschaftler

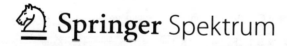 Springer Spektrum

Kirsten Bender
AdvoGenConsulT
Bochum, Deutschland

Petra Kauch
Rechtsanwaltskanzlei Dr. Kauch
Lüdinghausen, Deutschland

ISBN 978-3-642-34693-4
https://doi.org/10.1007/978-3-642-34694-1

ISBN 978-3-642-34694-1 (eBook)

Die Deutsche Nationalbibliothek verzeichnet diese Publikation in der Deutschen Nationalbibliografie; detaillierte bibliografische Daten sind im Internet über http://dnb.d-nb.de abrufbar.

Springer Spektrum
© Springer-Verlag GmbH Deutschland, ein Teil von Springer Nature 2019

Verantwortlich im Verlag: Sarah Koch

Springer Spektrum ist ein Imprint der eingetragenen Gesellschaft Springer-Verlag GmbH, DE und ist ein Teil von Springer Nature.
Die Anschrift der Gesellschaft ist: Heidelberger Platz 3, 14197 Berlin, Germany

Vorwort

Das Gentechnikrecht wird insgesamt nur unzureichend mit dem Gentechnikgesetz beschrieben. Zwar umfasst dieses Gesetz seit mehr als zwei Jahrzehnten das Umwelt-Gentechnikrecht. Allerdings ist es nicht abschließend, sodass daneben zahlreiche andere Vorschriften zur Anwendung kommen. Dies gilt insbesondere im Lebens- und Futtermittelbereich und für auf die Verwendung der Gentechnik in der Medizin und der Pharmazie (rote und weiße Gentechnik). Auch enthält das Gentechnikgesetz zahlreiche biologische Fachbegriffe, die in der praktischen Anwendung Fragen aufwerfen. Letztlich wird das Gentechnikrecht durch die rasant fortschreitenden technischen Verfahren herausgefordert. Dies wird besonders deutlich an aktuellen Methoden-Entwicklungen wie z. B. CRISPR/Cas9. Genome-Editing-Verfahren, wie sie in den letzten Jahren etabliert wurden, kommen im Gentechnikgesetz gar nicht vor. Aber auch der komplexe Bereich der synthetischen Biologie wächst stetig und führt in der Praxis häufig zu Fragen für der Projektleiter/innen. Hinzu kommen Fragen zur sogenannten Dual-Use-relevanten Forschung oder des Gene Drives. Auch diese Verfahren haben noch keinen Einzug ins Gentechnikgesetz gehalten.

Für Praktiker ist es nicht immer leicht, aus diesem Dickicht der Vorschriften diejenigen rechtlichen Regelungen herauszufinden, die gerade seinen Fall betreffen.

Das Kompendium Genlabor hat sich zum Ziel gesetzt, praktischen Anforderungen und wissenschaftlichen Grundlagen gerecht zu werden. Es umfasst die rechtlichen Vorgaben für Genlabore und stellt die unterschiedlichen Regelungen für den Bereich der Pharmazie, des Lebensmittelrechts, der Humangenetik und des Umwelt-Gentechnikrechts dar. Es klärt Begriffe, die für gentechnische Arbeiten relevant sind, und beschreibt den Vorgang der Risikobewertung. Zudem erklärt es die unterschiedlichen Zulassungsverfahren und erläutert die für die Praxis so wichtigen Revisionstermine. Da die Verantwortungsbereiche des Betreibers, des Beauftragten für die Biologische Sicherheit und des Projektleiters in der Praxis zu unterschiedlichen Interpretationen neigen, werden diese im Einzelnen beschrieben und voneinander abgegrenzt. Abschließend wird auch auf haftungsrechtliche

Folgen sowie Bußgeld- und Straftatbestände eingegangen, da diese auch Projektleitern und Beauftragten für die Biologische Sicherheit auferlegt werden können.

Das Manuskript wurde im Juli 2017 abgeschlossen.

Lüdinghausen, Deutschland   Dr. Kirsten Bender
im Juli 2017   Dr. Petra Kauch

Abkürzungsverzeichnis

§/§§	Paragraph/Paragraphen
A	Autobahn
a.A.	anderer Ansicht
ABl.	Amtsblatt
ABl. EG	Amtsblatt der Europäischen Gemeinschaft
Abs.	Absatz
Abschn.	Abschnitt
AbwV	Verordnung über Anforderungen an das Einleiten von Abwasser in Gewässer (Abwasserverordnung)
ADR	Übereinkommen über die internationale Beförderung gefährlicher Güter auf der Straße
a. F.	alte Fassung
ACTG	Adenin, Cytosin, Thymin, Guanin
ADR	Übereinkommen über die internationale Beförderung gefährlicher Güter auf der Straße
AG	Aktiengesellschaft
Alt.	Alternative
AMG	Gesetz über den Verkehr mit Arzneimitteln (Arzneimittelgesetz)
amtl.	amtlich
angef.	angefügt
ANSchRL	Arbeitnehmerschutzrichtlinie
ArbSchG	Arbeitsschutzgesetz
ArbStättV	Verordnung über Arbeitsstätten (Arbeitsstättenverordnung)
Art.	Artikel
AS RP-SL	Amtliche Sammlung von Entscheidungen der Oberverwaltungsgerichte Rheinland-Pfalz und Saarland
AtG	Gesetz über die friedliche Verwendung der Kernenergie und den Schutz gegen ihre Gefahren (Atomgesetz)
aufgeh.	aufgehoben
Aufl.	Auflage
AUR	Agrar- und Umweltrecht (Zeitschrift)

AVV	Verordnung über das Europäische Abfallverzeichnis (Abfallverzeichnis-Verordnung)
ausführl.	ausführlich
BauGB	Baugesetzbuch
BayOblG	Bayerisches Oberlandesgericht
Bd.	Band
BGH	Bundesgerichtshof
ber.	Berichtigt
Bek.	Bekanntmachung
Beschl.	Beschluss
BestüV-AbfG	Verordnung zur Bestimmung von überwachungsbedürftigen Abfällen zur Verwertung (Bestimmungsverordnung überwachungsbedürftige Abfälle zur Verwertung)
BesVwR	Besonderes Verwaltungsrecht
BGenTKostV	Bundeskostenverordnung zum Gentechnikgesetz
BioPatRL	Bio-Patentrichtlinie
BioStoffV	Biostoffverordnung
BgVV	Bundesinstitut für gesundheitlichen Verbraucherschutz und Veterinärmedizin
BGB	Bürgerliches Gesetzbuch
BGBl.	Bundesgesetzblatt
BImSchG	Gesetz zum Schutz vor schädlichen Umwelteinwirkungen durch Luftverunreinigungen, Geräusche, Erschütterungen und ähnliche Vorgänge (Bundes-Immissionsschutzgesetz)
BImSchV	Verordnung zur Durchführung des Bundes-Immissionsschutzgesetzes
BMI	Bundesministerium des Inneren
BNatSchG	Bundesnaturschutzgesetz
BPatG	Bundespatentgericht
BR-Drs.	Bundesrats-Drucksache
BT-Drs.	Bundestags-Drucksache
BVerfG	Bundesverfassungsgericht
BVerfGE	Amtliche Entscheidungssammlung des Bundesverfassungsgerichts
BVerwG	Bundesverwaltungsgericht
bzw.	beziehungsweise
CDU	Christlich Demokratische Union
ChemG	Gesetz zum Schutz vor gefährlichen Stoffen (Chemikaliengesetz)
ChemG-VwV-GLP	Allgemeine Verwaltungsvorschrift zum Verfahren in der behördlichen Überwachung der Einhaltung der Grundsätze der guten Laborpraxis
CSU	Christlich Soziale Union
dass.	dasselbe

DB	Der Betrieb (Zeitschrift)
ders.	derselbe
d. h.	das heißt
DIN	Deutsches Institut für Normung
DMG	Düngemittelgesetz
DNA	Desoxyribonukleinacid
DNS	Desoxyribonukleinsäure
DÖV	Die öffentliche Verwaltung (Zeitschrift)
DRG	Dangerous Goods Regulations
DVBl.	Deutsches Verwaltungsblatt (Zeitschrift)
EFSA	Europäische Behörde für Lebensmittelsicherheit
EG	Europäische Gemeinschaft
EGBGB	Einführungsgesetz zum Bürgerlichen Gesetzbuch
EG	Europäische Gemeinschaft
EG-Recht	Europäisches Gemeinschaftsrecht
EG-rechtskonform	in Übereinstimmung mit dem EG Recht
EG-RL	EG-Richtlinie/n
EGV	Vertrag zur Gründung der Europäischen Gemeinschaft
EG-weit	in der gesamten Europäischen Gemeinschaft
endg.	endgültig
ErsK	Ersatzkasse
ESchG	Embryonenschutzgesetz
EU	Europäische Union
EUV	Vertrag über die Europäische Union
EuG	Europäisches Gericht erster Instanz
EuGH	Europäischer Gerichtshof
EuZW	Europäische Zeitschrift für Wirtschaftsrecht (Zeitschrift)
EWG	Europäische Wirtschaftsgemeinschaft
EWG-Vertrag	Vertrag über die Europäische Wirtschaftsgemeinschaft
f.	folgende
FDP	Freiheitliche Demokratische Partei
ff.	fortfolgende
FFH	Flora-Fauna-Habitat
FFH-Richtlinie	Flora-Fauna-Habitat Richtlinie
FreisRL	Richtlinie des Rates über die absichtliche Freisetzung genetisch veränderter Organismen in die Umwelt (Freisetzungsrichtlinie)
G	Gesetz
GBl.	Gesetzblatt
GbV	Verordnung über die Bestellung von Gefahrgutbeauftragten
geänd.	geändert
GefStoffV	Gefahrstoffverordnung
GenTG	Gentechnikgesetz

GenTGÄndG	Gesetz zur Änderung des Gentechnikgesetzes
GenTAnhV	Verordnung über Anhörungsverfahren nach dem Gentechnikgesetz (Gentechnik-Anhörungsverordnung)
GenTAufzV	Verordnung über Aufzeichnungen bei gentechnischen Arbeiten zu Forschungszwecken oder zu gewerblichen Zwecken (Gentechnik-Aufzeichnungsverordnung)
GenTBetV	Verordnung über die Beteiligung des Rates, der Kommission und der Behörden der Mitgliedstaaten der Europäischen Union und der anderen Vertragstaaten des Abkommens über den Europäischen Wirtschaftsraum im Verfahren zur Genehmigung von Freisetzungen und Inverkehrbringen sowie im Verfahren bei nachträglichen Maßnahmen nach dem Gentechnikgesetz (Gentechnik-Beteiligungsverordnung)
GenTNeuordG	Gesetz zur Neuordnung des Gentechnikrechts
GenTNotfV	Verordnung über die Erstellung von außerbetrieblichen Notfallplänen und über Informations-, Melde- und Unterrichtungspflichten (Gentechnik-Notfallverordnung)
GenTPflEV	Gentechnik-Pflanzenerzeugungsverordnung
GenTSV	Verordnung über die Sicherheitsstufen und Sicherheitsmaßnahmen bei gentechnischen Arbeiten in gentechnischen Anlagen (Gentechnik-Sicherheitsverordnung)
GenTVfV	Verordnung über Antrags- und Anmeldeunterlagen und über Genehmigungs- und Anmeldeverfahren nach dem Gentechnikgesetz (Gentechnik-Verfahrensverordnung)
GG	Grundgesetz für die Bundesrepublik Deutschland
GGBefG	Gefahrgutbeförderungsgesetz
GGVBinSch	Gefahrgutverordnung Binnenschifffahrt
GGVSE	Gefahrgutverordnung Straße und Eisenbahn
GGVSee	Gefahrgutverordnung Seeschifffahrt
G+G	Gesundheit und Gesellschaft (Zeitschrift)
GLP	Grundsätze der guten Laborpraxis
GMBl.	Gemeinsames Ministerialblatt
GNG	Gesundheitseinrichtung-Neuordnungs-Gesetz
grundl.	grundlegend
GVO	gentechnisch veränderter Organismus
HdUR	Handwörterbuch des Umweltrechts
HdbUR	Handbuch des Umweltrechts
Hess. LSG	Hessisches Landessozialgericht
Hrsg.	Herausgeber
HdbUR	Handbuch des Umweltrechts
HdUR	Handwörterbuch des Umweltrechts
HS	Halbsatz

IATA	International Air Tranport Association
ICAO	International Civil Aviation Organisation
i.d.F.	in der Fassung
i.d.F.d. Bek.	in der Fassung der Bekanntmachung
IfSG	Gesetz zur Verhütung und Bekämpfung von Infektionskrankheiten beim Menschen (Infektionsschutzgesetz)
IMDG-Code	Internationaler Code für die Beförderung gefährlicher Güter mit Seeschiffen
insges.	insgesamt
IUR	Informationsdienst Umweltrecht (Zeitschrift)
i. V. m.	in Verbindung mit
JA	Juristische Arbeitsblätter (Zeitschrift)
JuS	Juristische Schulung (Zeitschrift)
JZ	Juristenzeitung (Zeitschrift)
Kap.	Kapitel
KJ	Kritische Justiz (Zeitschrift)
KOM.	Beschluss der Europäischen Kommission
KrWaffKontrG	Gesetz über die Kontrolle von Kriegswaffen (Kriegswaffenkontrollgesetz)
Krw-/AbfG	Gesetz zur Förderung der Kreislaufwirtschaft und Sicherung der umweltverträglichen Beseitigung von Abfällen (Kreislaufwirtschaft- und Abfallgesetz)
LG	Landgericht
LKVO	Lebensmittel-Kennzeichnungsverordnung
LMFG	Lebensmittel-, Bedarfsgegenstände- und Futtermittelgesetzbuch (Lebensmittel- und Futtermittelgesetzbuch)
LRE	Sammlung lebensrechtlicher Entscheidungen
m	Meter
m. w. N.	mit weiteren Nachweisen
NJW	Neue Juristische Wochenzeitschrift (Zeitschrift)
NJW-RR	Neue Juristische Wochenzeitschrift-Rechtsprechungsreport (Zeitschrift)
NLV	Verordnung zur Durchführung gemeinschaftsrechtlicher Vorschriften über neuartige Lebensmittel und Lebensmittelzutaten (Neuartige Lebensmittel- und Lebensmittelzutaten-Verordnung)
NL-VO	Neuartige Lebensmittel- und Lebensmittelzutaten-Verordnung (EG)
NF-VO	Novel-Food-Verordnung
Nr.	Nummer(n)
NuR	Natur und Recht (Zeitschrift)
NVwZ	Neue Zeitschrift für Verwaltungsrecht (Zeitschrift)
ObOWi	Ordnungswidrigkeiten

OLG	Oberlandesgericht
OECD	Organisation for Economic Cooperation and Development
OVG	Oberverwaltungsgericht
PID	Präimplantationsdiagnostik
PflSchG	Gesetz zum Schutz der Kulturpflanzen (Pflanzenschutzgesetz)
ProdHaftG	Produkthaftungsgesetz
ProdHaft-RL	Produkthaftungsrichtlinie
Rdnr.	Randnummer(n)
RID	Europäisches Übereinkommen über die internationale Beförderung gefährlicher Güter mit der Bahn
RL	Richtlinie(n)
RVO	Rechtsverordnung(en)
s.	siehe
S.	Seite
SaatgutVG	Saatgutverkehrsgesetz
SGB-VII	Sozialgesetzbuch VII
Slg.	Sammlung
Sp.	Spalte/n
SRU	Rat von Sachverständigen für Umweltfragen
StGB	Strafgesetzbuch
StrSchV	Verordnung über den Schutz vor Schäden durch ionisierende Strahlen
StZG	Stammzellengesetz
SystemRL	Richtlinie des Rates über die Anwendung Genetisch veränderter Mikroorganismen in geschlossenen Systemen (Systemrichtlinie)
TierNebG	Tierische Nebenprodukte-Beseitigungsgesetz
TierSchG	Tierschutzgesetz
TierSG	Tierseuchengesetz
TierSEVO	Tierseuchenerreger-Verordnung
TRBA	Technischen Regeln für Biologischer Arbeitsstoffe
Tz.	Textziffer/n
u. a.	unter anderen/unter anderem
UBA	Umweltbundesamt
UmweltHG	Umwelthaftungsgesetz
UN	United Nations
UPR	Umwelt- und Planungsrecht (Zeitschrift)
Urt.	Urteil
USA	Vereinigte Staaten von Amerika
USchadG	Gesetz über die Vermeidung und Sanierung von Umweltschäden
v.	von/vom
Verf.	Verfasser
VersR	Versicherungsrecht (Zeitschrift)

VG	Verwaltungsgericht
VGH	Verwaltungsgerichtshof
vgl.	vergleiche
V/VO	Verordnung
Vorbem.	Vorbemerkung
VwV	Allgemeine Verwaltungsvorschrift
VwVfG	Verwaltungsverfahrensgesetz
WTO	World Trade Organisation
z. B.	zum Beispiel
Ziff.	Ziffer/-n
zit.	zitiert
ZKBS	Zentrale Kommission für die Biologische Sicherheit
ZKBSV	Verordnung über die zentrale Kommission für die Biologische Sicherheit
ZLR	Zeitschrift für Lebensmittelrecht (Zeitschrift)
ZPO	Zivilprozessordnung
ZRP	Zeitschrift für zivile Praxis (Zeitschrift)
zul.	zuletzt
ZUR	Zeitschrift für Umweltrecht (Zeitschrift)

Inhaltsverzeichnis

Rechtliche Ausgangssituation

Petra Kauch

Biologen, Chemiker, Mediziner, Ingenieure, Pflanzenzüchter oder auch Ökotrophologen, die in verantwortlicher Position in Genlaboren arbeiten, an Freisetzungen beteiligt sind oder Produkte mit gentechnisch veränderten Organismen (GVO) in den Verkehr bringen, müssen sich mit den rechtlichen Rahmenbedingungen auskennen, die für ihre Arbeiten gelten und wichtig sind. Denn derjenige, der gentechnische Arbeiten durchführt oder GVO freisetzt bzw. in Verkehr bringt, ist verpflichtet, das jeweilige Vorhaben in Übereinstimmung mit den gesetzlichen Anforderungen durchzuführen. Dies gilt sowohl für den Betreiber einer Anlage als auch für den Projektleiter (PL) oder den Beauftragten für die Biologische Sicherheit (BBS). Für die Verantwortlichen in einem Genlabor ist die Kenntnis der gesetzlichen Anforderungen, die der Gesetzgeber an den Umgang mit GVO knüpft, unerlässlich. Hält das sachverständige Personal diese rechtlichen Vorgaben nicht ein, so kann die Behörde für bestimmte Verstöße Bußgelder verhängen (Abschn. 15.1). Den Betreiber einer gentechnischen Anlage treffen im Falle von Schäden, die durch Verstöße gegen gentechnikrechtliche Anforderungen erfolgen, Ersatzpflichten (Kap. 16). Besonders schwerwiegende Verstöße stellen sogar Straftatbestände dar und werden von der Staatsanwaltschaft verfolgt (Abschn. 15.2).

Demnach müssen die Verantwortlichen in einem Genlabor wissen, welche gesetzlichen Vorgaben es für die Arbeit mit GVO in gentechnischen Anlagen, für Freisetzungen und für das Inverkehrbringen gibt.

Rechtliche Regelungen für Genlabore existieren auf unterschiedlichen gesetzlichen Ebenen (Abb. 1.1). Nicht alle gelten unmittelbar und müssen vom sachverständigen Personal in Genlaboren gleichermaßen beachtet werden. Auf den verschiedenen Ebenen gibt es neben nationalen auch internationale Regelungen, die sich speziell mit dem Umgang mit GVO beschäftigen.

Vor diesem Hintergrund sollen im Folgenden zunächst die internationalen Rahmenbedingungen und ihre Bedeutung für die Verantwortlichen in einem Genlabor dargestellt werden (Abschn. 1.1). Alsdann werden die Vorgaben aus Europa erklärt (Abschn. 1.2), die – wenn man dies bereits vorgreifend ausführen will – die Säulen der rechtlichen

© Springer-Verlag GmbH Deutschland, ein Teil von Springer Nature 2019
K. Bender und P. Kauch, *Gentechnisches Labor – Leitfaden für Wissenschaftler*,
https://doi.org/10.1007/978-3-642-34694-1_1

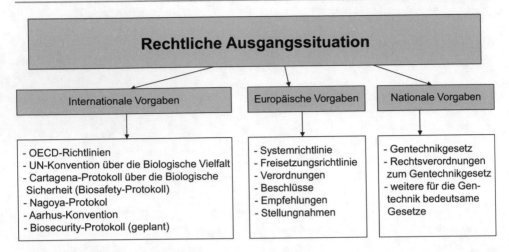

Abb. 1.1 Rechtliche Ausgangssituation

Ausgangssituation in Deutschland bilden. In einem dritten Schritt wird es dann um die Ausgestaltung in Deutschland durch das Gentechnikgesetz (GenTG) und seine Rechtsverordnungen gehen (Abschn. 1.3). Ergänzend soll geklärt werden, wie im Bereich des Erlasses rechtlicher Regelungen die Zuständigkeiten zwischen Bund und Ländern verteilt sind (Abschn. 1.4). Dies ist deshalb für die Verantwortlichen in einem Genlabor interessant, weil sie mit ihrer Tätigkeit in einem föderalen Staat Einschränkungen unterliegen, wenn die Bundesländer in der Lage sind, durch den Erlass unterschiedlicher Regelungen die Ausgangs- und Arbeitsbedingungen für gentechnische Arbeiten zu bestimmen. Als Beispiel sei hier der Bereich des Schulrechts und der Schulverwaltungen genannt. Auf diesem Gebiet kann jedes Bundesland seine eigenen rechtlichen Ausgangsnormen erlassen, weshalb der Wechsel von Lehrern und Schülern von einem Bundesland in ein anderes nicht gerade einfach ist. Für einen modernen Technologiebereich wie der Gentechnologie bedeuten fehlende Transfermöglichkeiten möglicherweise eine Einschränkung bei der Entwicklung der Technologie und der Forschung.

1.1 Internationale Rahmenbedingungen

Da die ersten Arbeiten mit GVO u. a. im südamerikanischen Bereich vorgenommen wurden, haben sich insbesondere internationale Organisationen den Rahmenbedingungen angenommen und das Gentechnikrecht dadurch geprägt.

1.1.1 Richtlinien, Konventionen und Protokolle

Rahmenbedingungen auf internationaler Ebene kommen in Form von Richtlinien, Konventionen und Protokollen vor.

OECD-Richtlinien

Zunächst gibt es seit 1986 im internationalen Bereich die OECD-Richtlinien[1], die den Umgang mit GVO regeln. Die OECD ist eine internationale Organisation für wirtschaftliche Zusammenarbeit und Entwicklung (Organisation for Economic Co-operation and Development, OECD). Der Fokus der Arbeit der OECD liegt auf der Harmonisierung der unterschiedlichen Vorgehensweisen bei der Risikobewertung von GVO für Mensch und Umwelt. Daneben sind auch der Abbau und die Vermeidung von Handelshemmnissen durch unterschiedliche Regelungen in diesem Bereich ein weiteres Ziel. Die OECD-Richtlinien gingen bereits zu Beginn von den heute auch im Gentechnikgesetz[2] geltenden vier Sicherheitsstufen (Abschn. 5.1) aus.

UN-Konvention über die Biologische Vielfalt

Die UN-Konvention über die Biologische Vielfalt („Biodiversitätskonvention")[3] (Convention on Biological Diversity, CBD) ist ein auf der Konferenz der Vereinten Nationen zu Umwelt und Entwicklung (UNCED) 1992 in Rio de Janeiro ausgehandeltes internationales Umwelt-Vertragswerk. Sie ist seit 1994 in Kraft. Die Konvention wurde von der Europäischen Union (EU) unterzeichnet. Sie regelt die Identifizierung und Überwachung der Biodiversität, den Schutz der Biodiversität, enthält Regelungen für den Zugang zu genetischen Ressourcen und normiert den gerechten Vorteilsausgleich bei deren Nutzung. Die Ziele werden verbindlich umgesetzt durch das Cartagena-Protokoll und das Nagoya-Protokoll.

Cartagena-Protokoll über die Biologische Sicherheit

Im Jahre 2003 ist dann als Folgeabkommen zur Konvention über die Biologische Vielfalt das Cartagena-Protokoll über die Biologische Sicherheit[4] – das Biosafety-Protokoll – in Kraft getreten und wurde durch die Verordnung 1946/2003/EG[5] zu verbindlichem Recht innerhalb der EU. Es ist ein internationales Abkommen zur Regelung des sicheren Umgangs mit und des Transports von GVO. Es soll zum Schutz der Umwelt und Gesundheit vor Gefahren durch GVO beitragen. Informations- und Genehmigungsverfahren sollen verhindern, dass in den Entwicklungsländern gentechnisch veränderte (GV) Pflanzen ohne Wissen der nationalen Behörden eingeführt und angebaut werden. Das Protokoll umfasst völkerrechtlich bindende Regelungen für den Transport, die Handhabung und die Verwen-

---

[1] Organisation for Economic Co-operation and Development, Recombinant DNA Safety Considerations, 1986.

[2] Gesetz zur Regelung der Gentechnik (Gentechnikgesetz GenTG) i.d.F. d. Bek. v. 16. Dezember 1993 (BGBl. I S. 2066), zul. geänd. durch G v. 18. Juli 2016 (BGBl. I S. 1666).

[3] Gesetz zu dem Übereinkommen über die Biologische Vielfalt v. 5. Juni 1992 (BGBl. II 1993 S. 1741) m. w. N. in Kloepfer, Umweltrecht, 4. Auflage, München 2016, § 20 Fn. 84 (zit. im Folgenden: Kloepfer (2016), Umweltrecht, § 20 Rdnr.).

[4] Gesetz zu dem Protokoll von Cartagena über die Biologische Sicherheit zum Übereinkommen über die Biologische Vielfalt v. 29. Januar 2000 (BGBl. II 2003 S. 1506, 1508).

[5] Verordnung (EG) Nr. 1946/2003 des Europäischen Parlaments und des Rates vom 15. Juli 2003 über grenzüberschreitende Verbringungen genetisch veränderter Organismen (ABl. EG L 287 v. 5. November 2003, S. 1).

dung von GVO (Living Modified Organisms, LMOs), die nachteilige Auswirkungen auf die biologische Vielfalt und ihre nachhaltige Nutzung haben können. Primär soll das Protokoll auf die grenzüberschreitende Verbringung von GVO abzielen. Es berührt somit den Handel (Import und Export) mit GVO.

Nagoya-Protokoll

Mit dem 2010 verabschiedeten und 2014 in Kraft getretenen Nagoya-Protokoll[6] existiert ein weiteres völkerrechtlich verbindliches Abkommen, mit dem die Ziele der UN-Konvention über die Biologische Vielfalt umgesetzt werden sollen. Das Nagoya-Protokoll etabliert einen rechtlich verbindlichen Rahmen für den Zugang zu genetischen Ressourcen und den gerechten Vorteilsausgleich bei deren Nutzung. Während das Cartagena-Protokoll die Frage der Haftung bei Schäden durch GVO noch offenließ, wurde dieser Punkt dann durch das Nagoya-Protokoll als Zusatzprotokoll geregelt. Die Behörden der Vertragsländer können demnach von Personen, die mit GVO Schäden an der Biodiversität anrichten, sämtliche entstandenen Kosten zurückfordern (Abschn. 16.3.4).

Aarhus-Konvention

Auch die Aarhus-Konvention[7] gehört zu den internationalen Vorgaben für die Gentechnologie. Sie hat das Ziel, die Öffentlichkeit an umweltrelevanten Entscheidungen zu beteiligen und Zugang zu Informationen und Gerichten zu ermöglichen. Sie stellt ein zentrales Regelwerk für die verstärkte Einbindung der Bürger in die Verfahren der Zulassungen nach dem Gentechnikgesetz dar.[8]

Biosecurity-Protokoll

Diskutiert wird unter dem Aspekt der Terrorgefahr zudem über ein Biosecurity-Protokoll, das einer möglichen Terrorgefahr durch GVO begegnen soll. Bei der Diskussion um „Biosecurity" steht der Schutz vor kriminellen oder gar terroristischen Angriffen im Mittelpunkt. Gedacht ist an Prävention und polizeiliche Maßnahmen, den Bevölkerungsschutz, um ggf. die Folgen solcher Verbrechen und Anschläge zu begrenzen.

---

[6] Protokoll von Nagoya über den Zugang zu genetischen Ressourcen und die ausgewogene und gerechte Aufteilung der sich aus ihrer Nutzung ergebenden Vorteile zum Übereinkommen über die Biologische Vielfalt (ABl. Nr. L 150 S. 234), genehmigt durch B 2014/283/EU des Rates vom 14. April 2014 (ABl. L 150 S. 231), i.d.F. d. G zu dem Zusatzprotokoll von Nagoya/Kuala Lumpur über Haftung und Wiedergutmachung zum Protokoll von Cartagena über die Biologische Sicherheit (BGBl. II 2013 S. 618, 620).
[7] Gesetz zu dem Übereinkommen v. 25. Juni 1998 über den Zugang zu Informationen, die Öffentlichkeitsbeteiligung an Entscheidungsverfahren und den Zugang zu Gerichten in Umweltangelegenheiten (Aarhus-Übereinkommen) v. 9. Dezember 2006 (BGBl. II 2006 S. 1251), zul. geänd. durch G v. 17. Juli 2009 (BGBl. II 2009 S. 794).
[8] Dazu grundlegend EuGH, Urt. v. 12. Mai 2011, Rs. C – 115/09 (Trianel) –, NJW 2011, 2779 ff.

1.1.2   Bedeutung für Genlabore

Für alle internationalen Richtlinien, Konventionen und Protokolle gilt, dass es sich dabei um internationale Verträge und Abkommen zwischen Staaten und Organisationen handelt. Rechtswirkungen im nationalen Recht entfalten sie erst dann, wenn sie durch ein nationales Gesetz umgesetzt wurden. Unmittelbar finden internationale Regelungen damit in den Laboren keine Anwendung.[9] Ihr Inhalt ist vom sachverständigen Personal in Genlaboren nicht unmittelbar zu berücksichtigen. Erst wenn der Inhalt durch ein (nationales) Gesetz umgesetzt wurde, findet er in Genlaboren Anwendung.

Folglich können weder aus den OECD-Richtlinien noch aus dem Nagoya-Protokoll oder dem Biosafety-Protokoll unmittelbare Pflichten oder Rechte für Betreiber, PL oder BBS abgeleitet werden. Gleichwohl sind alle vorgenannten Vorgaben von großer Bedeutung für die Ausprägung des Gentechnikrechts durch die EU und das nationale Recht.

1.2   Vorgaben aus Europa

Auch die EU hat sich den rechtlichen Rahmenbedingungen der Gentechnologie angenommen. Insoweit ist die langläufige Meinung der Praktiker, gentechnikrechtliche Regelungen kämen in Deutschland vordergründig aus Berlin, so nicht zutreffend. Dies liegt daran, dass Deutschland und die anderen Mitgliedstaaten der EU die Zuständigkeit für den Erlass umweltrechtlicher – und damit auch gentechnikrechtlicher – Regelungen mit dem EG-Vertrag[10] auf die EU – damals noch Europäische Gemeinschaft (EG) – übertragen haben, sodass die EU für den Erlass von Rechtsvorschriften zum Umgang mit GVO zuständig ist. Das deutsche Gentechnikrecht wird deshalb zunächst durch das Gentechnikrecht der EU geprägt. Europäisches Gentechnikrecht hat einen Anwendungsvorrang vor dem Gentechnikgesetz.[11]

1.2.1   Handlungsmöglichkeiten der Europäischen Union

Die Handlungsinstrumente der EU sind Verordnungen, Richtlinien, Beschlüsse – vormals Entscheidungen –, Empfehlungen und Stellungnahmen (Art. 288 Abs. 1 AEUV[12]). Im

---

[9] Kauch, Gentechnikrecht, München 2009, S. 23 (zit. im Folgenden: Kauch (2009), Gentechnikrecht).

[10] EG-Vertrag (Vertrag zur Gründung der Europäischen Gemeinschaft) i.d.F. bis 30. November 2009, zul. geänd. durch VO v. 13. Dezember 2007 (ABl. EG Nr. C 306 S. 1).

[11] Vgl. dazu Kauch (2009), Gentechnikrecht, S. 24.

[12] Vertrag über die Arbeitsweise der Europäischen Union i.d.F. d. Bek. des Vertrags von Lissabon v. 9. Mai 2008 (ABl. 2016 Nr. C 202 S. 47, ber. ABl. Nr. C 400 S. 1), zul. geänd. durch B v. 11. Juli 2012 (ABl. EU Nr. L 204 S. 131).

Gentechnikrecht gibt es deshalb sowohl Verordnungen, Richtlinien als auch Entscheidungen und Empfehlungen.

Verordnung

Eine Verordnung der EU hat allgemeine Geltung. Sie ist in all ihren Teilen verbindlich und gilt unmittelbar in jedem Mitgliedstaat (Art. 288 Abs. 2 AEUV). Eine Umsetzung in nationales Recht – etwa durch ein Gesetz – ist hier nicht mehr erforderlich. So hat sich die EU im Bereich des Lebens- und Futtermittelrechts weitgehend für den Erlass von Verordnungen entschieden, damit für deren Zulassung ein einheitliches System und Verfahren in der gesamten Europäischen Union gelten, um Lebens- und Futtermittel europaweit verkehrsfähig zu machen (Abschn. 2.1.2).[13] Schließlich will der Verbraucher seine Nuss-Nougat-Creme genauso in Münster essen wie in Lissabon oder Den Haag. Andererseits kann auf der Grundlage einer Verordnung der EU eine weitere nationale Regelung erlassen werden, durch die die EU-Verordnung konkretisiert wird. So müssen zum Beispiel die nationalen Zuständigkeiten für die Durchführung von per Verordnung auf die Mitgliedstaaten übertragenen Aufgaben oder das Verwaltungsverfahren geregelt werden.

Richtlinie

Eine Richtlinie der EU ist für jeden Mitgliedstaat, an den sie gerichtet wird, hinsichtlich des zu erreichenden Ziels verbindlich, überlässt jedoch den innerstaatlichen Stellen die Wahl der Form und der Mittel (Art. 288 Abs. 3 AEUV). Damit sind Richtlinien dadurch gekennzeichnet, dass sie EU-weit nur einen gültigen rechtlichen Rahmen setzen. Sie müssen allerdings in den einzelnen Mitgliedstaaten durch eine Norm in nationales Recht umgesetzt werden. Das Gentechnikrecht der EU ist durch zwei Richtlinien geprägt (Abschn. 1.2.2), die dann ihrerseits Eingang in das Gentechnikgesetz gefunden haben.

Beschlüsse

Beschlüsse der EU sind in allen ihren Teilen verbindlich (Art. 288 Abs. 4 AEUV). Wenn sie an bestimmte Adressaten gerichtet sind, so sind sie nur für diese verbindlich. Sie sind im Gegensatz zu Verordnungen und Richtlinien damit nur für die konkret in ihnen Bezeichneten verbindlich. Bezeichnete können etwa die Betreiber einer Anlage oder einer Freisetzung sein. Beschlüsse sind im deutschen Recht mit einem Verwaltungsakt vergleichbar.

Bevor der EG-Vertrag durch den Vertrag über die Arbeitsweise der EU geändert wurde, hießen Beschlüsse formal Entscheidungen. Von der Möglichkeit, Entscheidungen zu erlassen, hatte die EU bis zu diesem Zeitpunkt umfangreich Gebrauch gemacht. Die meisten dieser Entscheidungen beschäftigen sich mit dem Inverkehrbringen von spezifischen Erzeugnissen wie Reis[14] oder der Freisetzung von GVO. Hierzu wurden beispielsweise

---

[13] Vgl. dazu Kauch (2009), Gentechnikrecht, S. 32 ff.

[14] Entscheidung 2010/315/EU v. 8. Juni 2010 zur Aufhebung der Entscheidung 2006/601/EG über Dringlichkeitsmaßnahmen hinsichtlich des nicht zugelassenen GVO „LLREIS 601" in Reiserzeug-

Beschlüsse für die Schaffung eines Registers[15], die Zusammenfassung von Informationen zur Anmeldung[16] und zum vereinfachten Verfahren für eine beabsichtigte Freisetzung[17] erlassen.

Empfehlungen und Stellungnahmen

Empfehlungen und Stellungnahmen der EU sind nicht verbindlich (Art. 288 Abs. 5 AEUV). Mangels Verbindlichkeit sind es keine Rechtsetzungsakte. Sie bieten allerdings häufig EU-weit abgestimmte Hilfen für die Auslegung und Anwendung von EU-rechtlichen Regelungen.

So hat die EU etwa eine Empfehlung für die Entwicklung nationaler Koexistenz-Maßnahmen[18] erlassen oder eine Empfehlung für eine technische Anleitung für Probenahme und Nachweis von GVO[19].

Im Bereich der Gentechnik hat die EU damit von alle Handlungsformen Gebrauch gemacht. Die wichtigen Richtlinien sollen im Folgenden dargestellt werden.

---

nissen und zur Gewährleistung der stichprobenartigen Untersuchung von Reiserzeugnissen auf diesen Organismus (ABl. EU Nr. L 141 v. 9. Juni 2010, S. 10).

[15] Entscheidung 2004/204/EG der Kommission v. 23. Februar 2004 zur Regelung der Modalitäten der Funktionsweise der in der Richtlinie 2001/18/EG des Europäischen Parlaments und des Rates vorgesehenen Register für die Erfassung von Informationen über genetische Veränderungen bei GVO (ABl. EG Nr. L 65 v. 3. März 2004, S. 20).

[16] Entscheidung 2002/813/EG des Rates v. 3. Oktober 2002 zur Festlegung – gemäß Richtlinie 2001/18/EG des Europäischen Parlaments und des Rates – des Schemas für die Zusammenfassung der Informationen zur Anmeldung einer absichtlichen Freisetzung GVO in die Umwelt zu einem anderen Zweck als zum Inverkehrbringen (ABl. EG Nr. L 280 v. 18. Oktober 2002, S. 62), zul. geänd. durch VO (EG) Nr. 1791/2006 des Rates v. 20. November 2006 (ABl. EG Nr. L 3631, S. 58).

[17] Entscheidung 94/730/EG der Kommission v. 4. November 1994 zur Festlegung von vereinfachten Verfahren für die absichtliche Freisetzung von GV-Pflanzen nach Art. 6 Abs. 5 der Richtlinie 90/220/EWG des Rates (ABl. EG Nr. L 292 v. 12. November 1994, S. 31).

[18] Empfehlung 2010/C 200/01 der Kommission v. 13. Juli 2010 mit Leitlinien für die Entwicklung nationaler Koexistenz-Maßnahmen zur Vermeidung des unbeabsichtigten Vorhandenseins von GVO in konventionellen und ökologischen Kulturen (ABl. EU Nr. C 200 v. 22. Juli 2012, S. 1).

[19] Empfehlung 2004/787/EG der Kommission v. 4. Oktober 2004 für eine technische Anleitung für Probenahme und Nachweis von GVO und von aus GVO hergestelltem Material als Produkt oder in Produkten im Kontext der Verordnung (EG) Nr. 1830/2003 (ABl. EG Nr. L 348 v. 24. November 2004, S. 28).

1.2.2 Säulen des EU-Rechts für die Gentechnologie

Das europäische und damit auch das deutsche Gentechnikrecht basieren auf zwei EU-Richtlinien, die auch als die Säulen des Gentechnikrechts bezeichnet werden können. Es handelt sich dabei um die Systemrichtlinie[20] und die Freisetzungsrichtlinie[21].

Systemrichtlinie
Die Systemrichtlinie regelt die Anwendung von GVO in geschlossenen Systemen, also etwa Laboren, Tierbehausungen oder Gewächshäusern. Im Wesentlichen geht es dort um Grundpflichten und Fragen der Zulassung von gentechnischen Arbeiten in gentechnischen Anlagen. Die ursprüngliche Systemrichtlinie von 1990 wurde zunächst 1998 geändert. Sie liegt jetzt in der Fassung der Richtlinie vom Mai 2009 vor und wurde zuletzt durch das Gesetz zur Änderung des Gentechnikgesetzes vom 5. April 2008 umgesetzt.[22]

Freisetzungsrichtlinie
Die Freisetzungsrichtlinie regelt die absichtliche Freisetzung und das Inverkehrbringen von GVO. Die ursprüngliche Freisetzungsrichtlinie von 1990 wurde durch die Richtlinie 2001/18/EG aufgehoben. Auch die letzte Fassung wurde bereits mehrfach geändert, zuletzt durch die Richtlinie 2015/412/EU, welche den Mitgliedstaaten gestattet, den Anbau von GV-Saat- und -Pflanzgut zu beschränken (sog. Opt-out).[23] Die geänderte Richtlinie ist seit dem 2. April 2015 in Kraft.

Gegenstand der Richtlinie ist die Freisetzung und das Inverkehrbringen von GVO und Erzeugnissen, die aus GVO bestehen beziehungsweise solche enthalten, z. B. GV-Mais, Kartoffeln oder Raps. Nicht erfasst werden aus GVO gewonnene Erzeugnisse wie Tomatenmark aus GV-Tomaten.[24] Von der Freisetzungsrichtlinie werden auch Futtermittel nur erfasst, wenn sie GVO enthalten oder aus GVO bestehen. Die Freisetzungsrichtlinie

---

[20] Richtlinie 2009/41/EG des Europäischen Parlaments und des Rates v. 6. Mai 2009 über die Anwendung genetisch veränderter Mikroorganismen in geschlossenen Systemen (ABl. EG Nr. L 125 v. 21. Mai 2009, S. 75).

[21] Richtlinie 2001/18/EG des Europäischen Parlaments und des Rates vom 12. März 2001 über die absichtliche Freisetzung genetisch veränderter Organismen in die Umwelt und zur Aufhebung der Richtlinie 90/220/EWG (ABl. EG Nr. 106 v. 17. April 2001, S. 1), zul. geänd. durch RL (EU) 2015/412 des Europäischen Parlaments und des Rates v. 11. März 2015 (ABl. EU Nr. L 68, S. 1).

[22] Kauch (2009), Gentechnikrecht, S. 26; Kloepfer (2016), Umweltrecht, § 20 Rdnr. 24.

[23] Zur vertieften Darstellung des Opt-out-Konzepts vgl. Winter, Anbaubeschränkung für gentechnisch veränderte Pflanzen, NuR 2015, 516 fortgesetzt in Winter, Anbaubeschränkung für gentechnisch veränderte Pflanzen. Zugleich ein Beitrag über plurale Risikokulturen im europäischen und internationalen Freihandel – Teil 2, NuR 2015, 595; Herdegen, Die geplante Opt-out-Regelung zum Anbau gentechnisch veränderter Organismen (Änderung der Richtlinie 2001/18/EG) – Rechtliche Spielräume für die Mitgliedstaaten – Rechtsgutachten, November 2014 (zit. im Folgenden: Herdegen, Die geplante Opt-out-Regelung, Rechtsgutachten, S.).

[24] Vgl. Meyer, Gen Food, Novel Food – Recht neuartiger Lebensmittel, München 2002, S. 13 (zit. im Folgenden: Meyer (2002), Gen Food, Novel Food).

bildet zusammen mit der Novel-Food-Verordnung[25] und der Lebens- und Futtermittelverordnung[26] der EU den gesetzlichen Rahmen für die **grüne Gentechnik** in Europa.

Die Freisetzungsrichtlinie wurde in Teilen umgesetzt durch das Erste Gesetz zur Neuordnung des Gentechnikrechts[27], das am 4. Februar 2005 in Kraft trat und die Koexistenz zwischen dem gentechnikfreien landwirtschaftlichen Anbau und der Freisetzung von GV-Pflanzen regelt.[28] Ihre weitere Umsetzung erfolgte durch das Gesetz zur Änderung des Gentechnikgesetzes, zur Änderung des EG-Gentechnik-Durchführungsgesetzes und zur Änderung der Neuartige Lebensmittel- und Lebensmittelzutaten-Verordnung[29], das am 5. April 2008 in Kraft getreten ist.[30] Die Änderung der Freisetzungsrichtlinie im Jahre 2015 wurde bislang noch nicht in nationales Recht umgesetzt.

Arbeitnehmerschutzrichtlinie
Ergänzt werden die beiden Richtlinien noch durch die Arbeitnehmerschutzrichtlinie[31]. Sie sieht Mindestvorschriften für den Umgang mit biologischen Arbeitsstoffen am Arbeitsplatz vor. Ziel der Richtlinie ist der Schutz der Arbeitnehmer vor der Gefährdung ihrer Sicherheit und ihrer Gesundheit, der sie aufgrund der Exposition gegenüber biologischen Arbeitsstoffen bei der Arbeit ausgesetzt sind oder sein können.

---

[25] Verordnung (EG) Nr. 258/97 des Europäischen Parlaments und des Rates v. 27. Januar 1997 über neuartige Lebensmittel und neuartige Lebensmittelzutaten (Abl. EG Nr. L 43 v. 14. Februar 1997, S. 1). geänd. durch VO (EG) Nr. 1829/2003 des Europäischen Parlaments und des Rates v. 22. September 2003 (Abl. EG Nr. L 268 v. 18. Oktober 2003, S. 1), geänd. durch V (EG) Nr. 1332/2008 des Europäischen Parlaments und des Rates v. 16. Dezember 2008 (Abl. EG Nr. L 354 v. 31. Dezember 2008, S. 7), geänd. durch VO (EU) 2015/2283 v. 25. November 2015 (ABl. EU Nr. L 327 S. 1), wird am 1. Januar 2018 aufgehoben durch VO (EU) 2015/2283 des Europäischen Parlaments und des Rates v. 25. November 2015 über neuartige Lebensmittel, zur Änderung der VO (EU) Nr. 1169/2011 des Europäischen Parlaments und des Rates und zur Aufhebung der VO (EG) Nr. 258/97 des Europäischen Parlaments und des Rates und der VO (EG) Nr. 1852/2001 der Kommission.

[26] Verordnung (EG) Nr. 1829/2003 des Europäischen Parlaments und des Rates v. 22. September 2003 über genetisch veränderte Lebensmittel und Futtermittel (Lebens- und Futtermittelverordnung) (ABl. EG Nr. L 268 v. 18. Oktober 2003, S. 1). geänd. durch VO (EG) Nr. 1981/2006 der Kommission v. 22. Dezember 2006 (ABl. EG Nr. L 368 v. 23. Dezember 2006, S. 99), geänd. durch VO (EG) 298/2008 v. 11. März 2008 (ABl. EG Nr. L 97 S. 64).

[27] V. 21. Dezember 2004 (BGBl. I 2005 S. 186).

[28] Weitere Ausführungen in Kauch (2009), Gentechnikrecht, S. 69; Erbguth/Schlacke, Umweltrecht, 5. Auflage, Rostock/Münster 2014, § 14 Rdnr. 12 (zit. im Folgenden: Erbguth/Schlacke (2014), Umweltrecht, § 14 Rdnr.); kritisch zu Koexistenzregeln Winter, Die biotechnische Nutzung genetischer Ressourcen und ihre Regulierung – ein integrierender Vorschlag, ZUR 2015, 259 (269) (zit. im Folgenden: Winter, ZUR 2015, 259).

[29] V. 1. April 2008 (BGBl. I S. 499).

[30] Kauch (2009), Gentechnikrecht, S. 27.

[31] Richtlinie 2000/54/EG des Parlaments und des Rates v. 18. September 2000 über den Schutz der Arbeitnehmer gegen Gefährdung durch biologische Arbeitsstoffe bei der Arbeit (ABl. EG Nr. L 262 v. 17. Oktober 2000, S. 21).

Biologische Arbeitsstoffe sind dabei u. a. Mikroorganismen, einschließlich gentechnisch veränderter Mikroorganismen, die Infektionen, Allergien oder toxische Wirkungen hervorrufen können.

In Deutschland sind die Vorgaben der europarechtlichen Arbeitnehmerschutzrichtlinie in der Biostoffverordnung (BiostoffV)[32] festgelegt.

1.2.3 Bedeutung für Genlabore

Die Richtlinien der EU zum Gentechnikrecht sind für die Mitgliedstaaten nur hinsichtlich des zu erreichenden Zieles verbindlich, überlassen es aber den einzelnen Mitgliedstaaten, die Form und die Mittel auszuwählen, die sie für die Erreichung des Zieles als geeignet ansehen (Art. 288 Abs. 3 AEUV). Das bedeutet, dass Richtlinien der EU in ein nationales Gesetz oder eine Rechtsverordnung umzusetzen sind, um in dem Mitgliedstaat direkt anwendbar zu sein. Allerdings lässt sich daraus keinesfalls ableiten, dass die Systemrichtlinie, die Freisetzungsrichtlinie und die Arbeitnehmerschutzrichtlinie für die Rechtsanwender ohne Bedeutung sind. Den Richtlinien kommen für die Rechtsanwendung zwei Bedeutungen zu: Sie sind einerseits Grundlage der Auslegung der nationalen Bestimmungen, also etwa des Gentechnikgesetzes oder der Biostoffverordnung, und können andererseits auch unmittelbar zur Anwendung kommen.

EU-rechtskonforme Auslegung

Richtlinien sind zunächst bei der Auslegung der Vorschriften des Gentechnikgesetzes, seiner Rechtsverordnungen, aber auch der Biostoffverordnung, heranzuziehen. Wenn sich ein Gesetzesbegriff oder eine gesetzliche Pflicht von ihrem Wortlaut her nicht klären lässt, so sind ihr Sinn und Zweck unter Heranziehung der entsprechenden Vorschrift der EU-Richtlinie zu ermitteln und die Vorschriften dann entsprechend auszulegen. Dies nennt sich EU-rechtskonforme Auslegung.[33] So lässt sich beispielsweise § 1 GenTG unter Zuhilfenahme der Systemrichtlinie dahingehend EU-rechtskonform auslegen, dass der Schutzzweck Vorrang vor dem Förderzweck hat.

Unmittelbare Wirkung von Richtlinien

Überdies kann eine EU-Richtlinie auch unmittelbar einen Anspruch eines Bürgers – gentechnikrechtlich auch den eines Antragstellers – begründen.[34] Voraussetzung für die unmittelbare Anwendung einer EU-Richtlinie ist, dass die EU-Richtlinie nicht oder nicht

---

[32] Verordnung über Sicherheit und Gesundheitsschutz bei Tätigkeiten mit Biologischen Arbeitsstoffen (Biostoffverordnung, BioStoffV) v. 15. Juli 2013 (BGBl. I S. 2514), geänd. durch G v. 29. März 2017 (BGBl. I S. 626).

[33] Vgl. dazu Kauch (2009), Gentechnikrecht, S. 31.

[34] Dazu Wahl in Landmann/Rohmer, Umweltrecht, Kommentar in 4 Bänden, München, Stand April 2008, Bd. IV, Sonstiges Umweltrecht, Abschn. 10.1. Vorbem. GenTG Rdnr. 41; vgl. ferner EuGH, Urt. v. 09.11.1991, Rs. C – 6/90 u. 9/90 – (Francovich), NJW 1992, 165.

hinreichend umgesetzt wurde, die Bestimmung der Richtlinie hinreichend bestimmt und inhaltlich unbedingt ist und es sich um eine Regelung zugunsten des Bürgers handelt.[35] In diesem Fall ist die entsprechende EU-Richtlinie von Behörden und Gerichten in vollem Umfang anzuwenden, auch wenn sich der Bürger nicht darauf beruft.[36]

Der Europäische Gerichtshof (EuGH) hat die unmittelbare Anwendung von Richtlinien anerkannt.[37] Auch im Gentechnikrecht gilt, dass die beiden europäischen Richtlinien nicht, nicht hinreichend oder nicht rechtzeitig umgesetzt wurden. So war beispielsweise die geänderte Systemrichtlinie bis zum 5. Juni 2000 umzusetzen. Ihre Umsetzung erfolgte erst 2002. Auch die geänderte Freisetzungsrichtlinie war bis zum 19. Oktober 2004 in nationales Recht umzusetzen. Eine erste Umsetzung war in Deutschland 2005 erfolgt.[38] Ihre weitere Umsetzung erfolgte erst 2008. Für die Zeit nach dem Ablauf der Umsetzungsfristen bestand deshalb stets auch für Behörden und Gerichte, aber auch für den Rechtsanwender des Gentechnikgesetzes die Pflicht, eine unmittelbare Anwendung der Richtlinien zu prüfen. Obwohl das Gesetz zur Änderung des Gentechnikgesetzes von 2008 auch der Umsetzung der Vorgaben der Freisetzungsrichtlinie gedient hat, werden nach wie vor offene Fragen mit Blick auf beide Richtlinien diskutiert.

Jedenfalls dann, wenn entweder die Systemrichtlinie oder die Freisetzungsrichtlinie erneut durch die EU geändert werden und die vorgegebenen Umsetzungsfristen abgelaufen sind, sind Rechte unmittelbar auf der Grundlage der Richtlinien zu prüfen. Eine solche Änderung zeichnet sich bereits ab. Dies liegt darin begründet, dass der EuGH im legendären Gen-Honig-Urteil[39] mittelbar festgestellt hat, dass die Abstandsregelungen des deutschen Rechts für Felder mit GVO nicht ausreichend sind, um eine Koexistenz von herkömmlichem oder ökologischem Anbau und dem Anbau von gentechnisch veränderten Pflanzen sicherzustellen. In dem konkreten Fall hatte ein Hobbyimker in seinem Honig eine Verunreinigung mit Genmais-Pollen nachweisen können. Der EuGH hatte zwar noch festgestellt, dass nicht vermehrungsfähige gentechnisch veränderte Maispollen im Honig keine GVO seien. Allerdings hat er gentechnisch veränderte Maispollen als Zutat bewertet und deshalb einer lebensmittelrechtlichen Zulassung unterstellt. Zudem hat er ausgeführt, dass für die Zulassung von Lebens- und Futtermitteln die 0,0 %-Grenze gelte, da sich die Toleranzschwelle von 0,9 % nicht auf die Zulassung von Lebensmitteln beziehe, sondern auf deren Kennzeichnung. Ab einem Wert von 0,9 % müssen GVO in Lebensmitteln als solche gekennzeichnet werden. Seither ist jedenfalls klar, dass eine Kontamination durch den Anbau von gentechnisch veränderten Pflanzen auch in einem Umkreis von 10 km – dem Flugradius von Bienen – nicht ausgeschlossen werden kann. Damit erweisen sich die bislang in der EU praktizierten Koexistenzregelungen, die über Abstandsflächen von 300 m einen Ausgleich suchen, als nicht haltbar. Der Bundesgesetzgeber verweist seit-

---

[35] EuGH, Urt. v. 19. Januar 1982, Rs. C – 8/81 – Becker, NJW 1982, 499.
[36] EuGH, Urt. v. 22. Juni 1989, Rs. C – 103/88 – Constanzo, NVwZ 1990, 649.
[37] EuGH, Urt. v. 19. Januar 1982, Rs. C – 8/81 – Becker, NJW 1982, 499.
[38] Dies, nachdem die Bundesrepublik Deutschland durch den EuGH verurteilt worden war; EuGH, Urt. v. 15. Juli 2004, Rs. C – 420/03 –, NuR 2004, 657 ff.
[39] EuGH, Urt. v. 6. September 2011, Rs. C – 442/09 –, NVwZ 2011, 1312.

her darauf, dass dieses Problem nicht national von den Parlamenten, sondern durch den europäischen Gesetzgeber gelöst werden muss. Dementsprechend steht eine Änderung zumindest der Freisetzungsrichtlinie zu erwarten.

Die Europäische Kommission hat bzgl. der Kennzeichnung von Honig, der Spuren von gentechnisch veränderten Pollen enthält, mittlerweile geregelt, dass Pollen entgegen der EuGH-Entscheidung ausdrücklich als Lebensmittel gelten. Honig darf also nun Pollen gentechnisch veränderter Pflanzen enthalten, ohne dass dies auf der Verpackung vermerkt sein muss.[40] Diese Regelung wurde in Deutschland durch die Honigverordnung umgesetzt.[41] Damit ist das Problem der Koexistenz von GVO-Anbau und konventionellem beziehungsweise biologischem Anbau nicht gelöst, aber Honig, der MON810-Pollen enthält, wurde durch diese Entscheidung verkehrsfähig.[42]

1.3   Ausgestaltung in Deutschland

In Deutschland sind die wesentlichen Vorgaben der beiden europarechtlichen Richtlinien – der Systemrichtlinien und der Freisetzungsrichtlinie – im Gentechnikgesetz umgesetzt.

Erforderliche Anpassung an das EU-Recht
Derzeit steht noch eine **Anpassung des GenTG** an die Änderung der Freisetzungsrichtlinie aus. Denn am 2. April 2015 ist die Richtlinie 2015/412/EU in Kraft getreten. Diese räumt den Mitgliedstaaten die Möglichkeiten ein, den Anbau von GVO in ihrem Hoheitsgebiet zu beschränken oder zu untersagen.

Fraglich ist, wie und mit welchem Inhalt diese Richtlinie ins deutsche Recht umgesetzt werden soll, welche Regelungen des GenTG davon betroffen und welche Änderungen für Genlabore zu erwarten sind.

Nach geltender Rechtslage schaffen die Freisetzungsrichtlinie und die Verordnung über gentechnisch veränderte Lebensmittel und Futtermittel den rechtlichen Rahmen für die Zulassung von GVO, die als Saatgut oder sonstiges Pflanzenvermehrungsmaterial zu Anbauzwecken in der Union verwendet werden sollen. Problematisch war bisher, dass in der EU eine heterogene rechtspolitische und wissenschaftliche Bewertung des Anbaus von GVO vorherrschte und aufgrund dessen Zulassungen für GV-Pflanzen erteilt wurden. In Deutschland finden indes – entgegen dem internationalen Trend – weder Feldversuche noch kommerzieller Anbau von gentechnisch veränderten Pflanzen statt. Um den Anbau

---

[40] Vgl. Art. 2 Nr. 5 der Richtlinie 2001/110/EG des Rates v. 20. Dezember 2001 über Honig (ABl. EG Nr. L 10 S. 47), geänd. durch RL 2014/63/EU v. 15. Mai 2014 (ABl. EU 2014 Nr. L 164 S. 1).
[41] Vgl. § 2 Abs. 2 Honigverordnung (HonigV) v. 16. Januar 2004 (BGBl. I S. 92), zul. geänd. durch V v. 30. Juni 2015 (BGBl. I S. 1090).
[42] AGCT-Gentechnik.*report* 01/2014, 05/2014; zur Kennzeichnung von Lebensmitteln mit der Angabe „ohne Gentechnik" vgl. Schipper (diss.), Lebensmittelkennzeichnung im Lichte des wohlgeordneten Rechts, Düsseldorf 2015, S. 275 (zit. im Folgenden: Schipper (2015), Lebensmittelkennzeichnung im Lichte des wohlgeordneten Rechts).

von GVO, die EU-weit zugelassen wurden, zu verbieten oder einzuschränken, haben einige Mitgliedstaaten auf Schutzklauseln und Notfallmaßnahmen[43] zurückgegriffen. Solche Beschränkungen können allerdings nur zeitlich begrenzt erfolgen und müssen auf aktuelle wissenschaftliche Informationen gestützt werden, die darauf hindeuten, dass der betreffende GVO Risiken für die menschliche Gesundheit oder die Umwelt birgt.[44]

Die Opt-out-Regelung soll den Mitgliedstaaten nun mehr Flexibilität bei der Beschränkung des Anbaus von GVO geben, und zwar in zweierlei Hinsicht: Während des Zulassungsverfahrens kann ein Mitgliedstaat beantragen, dass der geografische Geltungsbereich bezogen auf sein Gebiet angepasst wird, und nachdem ein GVO zugelassen wurde, kann ein Mitgliedstaat den Anbau auf seinem Gebiet oder in Teilen davon aus bestimmten Gründen verbieten oder einschränken.[45]

Der Bundesrat hat daraufhin einen Gesetzesentwurf[46] zur Änderung des GenTG in den Bundestag eingebracht (Kap. 11).[47]

Geltende Rechtslage

Das Gentechnikgesetz (Abschn. 1.3.1) gilt seit 1990 als Bundesrecht im gesamten Bundesgebiet. Es wird durch insgesamt zehn Verordnungen (Abschn. 1.3.2) näher konkretisiert. Darüber hinaus gibt es zahlreiche weitere gesetzliche Regelungen, die in Genlaboren, bei Freisetzungen und für das Inverkehrbringen von Produkten, die GVO enthalten oder aus solchen bestehen, bedeutsam sind (Abschn. 1.3.1).

1.3.1 Gentechnikgesetz

Zunächst gilt in Deutschland einheitlich das Gentechnikgesetz. Es wurde zuletzt – nur im Hinblick auf die Kosten – durch das Gesetz zur Aktualisierung der Strukturreform des Gebührenrechts des Bundes[48] geändert. Das Gentechnikgesetz regelt im Wesentlichen die Grundpflichten des Betreibers, die Zulassungsverfahren für gentechnische Arbeiten in gentechnischen Anlagen einerseits und die Freisetzung und das Inverkehrbringen von GVO andererseits. Hinzu kommen Ermächtigungsgrundlagen für die Behörden bei der Zulassung und im Vollzug. Abgerundet wird das Gesetz durch die Aufnahme von Haftungsvorschriften und von Vorschriften zu Bußgeldtatbeständen und Strafvorschriften.

---

[43] Etwa gestützt auf Art. 23 der Richtlinie 2001/18/EG; vgl. dazu Herdegen, Rechtsgutachten, S. 5.

[44] Falke, ZUR 2015/438.

[45] Kritisch dazu die Akademien Leopoldina, Acatech, Union, Stellungnahme v. 26. März 2015 zu Fortschritten der molekularen Züchtung und zum erwogenen nationalen Anbauverbot gentechnisch veränderter Pflanzen.

[46] BR-Drs. 317/15.

[47] BT-Drs. 18/6664.

[48] Gesetz zur Aktualisierung der Strukturreform des Gebührenrechts des Bundes v. 18. Juli 2016 (BGBl. I S. 1666).

Nationale Bestimmungen für die Gentechnologie

Gentechnikgesetz	Weitere relevante Regelungen

- Gentechnik-Sicherheitsverordnung (GenTSV)
 - Gentechnik-Verfahrensverordnung GenTVfV)
 - Gentechnik-Anhörungsverordnung (GenTAnhV)
 - Gentechnik-Aufzeichnungsverordnung (GenTAufzV)
 - Gentechnik-Beteiligungsverordnung (GenTBetV)
 - Gentechnik-Notfallverordnung (GenTNotfV
 - Bundeskostenverordnung zum Gentechnikgesetz
   (BGenTGKostV)
 - ZKBS-Verordnung (ZKBSV)
 - Neuartige Lebensmittel- und Lebensmittelzutaten-
   Verordnung (NLV)
 - Gentechnik-Pflanzenerzeugungsverordnung
   GenTPflEV)
	- arbeitsschutzrechtliche Regelungen
	 - anlagerechtliche Regelungen
	 - entsorgungsrechtliche Regelungen
	 - artenschutzrechtliche Regelungen
	 - gefahrstoffrechtliche Regelungen

Abb. 1.2 Nationale Bestimmungen für die Gentechnologie

Das Gentechnikgesetz zählt mit seinen 41 Paragrafen zu den eher kürzeren umweltrechtlichen Gesetzen. Seine Konkretisierung erfährt das Gentechnikgesetz vornehmlich
durch die auf seiner Grundlage erlassenen Rechtsverordnungen. Insgesamt wurden zum
Gentechnikgesetz bislang zehn Rechtsverordnungen erlassen, die in Abb. 1.2 aufgelistet
sind.

1.3.2 Gentechnik-Sicherheitsverordnung

Von den zehn Rechtsverordnungen zählt sicherlich die Gentechnik-Sicherheitsverordnung
(GenTSV)[49] zu der wichtigsten und praxisrelevantesten Verordnung. Die GenTSV enthält
die grundlegenden Vorschriften für die Durchführung der Risikobewertung, der Sicherheitseinstufung und der Zuordnung entsprechender Sicherheitsmaßnahmen. Sie umfasst
zudem die Aufgaben des PL und dessen Sachkunde sowie die Aufgaben und die Sachkunde des BBS.

Das Herzstück der GenTSV ist die Risikobewertung und Zuordnung gentechnischer
Arbeiten zu den Sicherheitsstufen. Die Risikobewertung ist in der GenTSV und in Anhang I im Einzelnen geregelt. Sie erfolgt unter Berücksichtigung der Risikobewertung der

---

[49] Verordnung über Sicherheitsstufen und Sicherheitsmaßnahmen bei gentechnischen Arbeiten in
gentechnischen Anlagen (Gentechnik-Sicherheitsverordnung, GenTSV) i.d.F. d. Bek. v. 14. März
1995 (BGBl. I S. 297), zul. geänd. durch V v. 31. August 2015 (BGBl. I S. 1474).

Organismen (§ 5 GenTSV) und der vorgesehenen biologischen Sicherheitsmaßnahmen (§ 6 GenTSV).

Kriterien der Gesamtbewertung

Für die Risikobewertung (Abschn. 4.2) soll dabei eine Gesamtbewertung erfolgen. In die Gesamtbewertung sind die für die Sicherheit bedeutsamen Eigenschaften des Empfängerorganismus, des inserierten genetischen Materials, ggf. des Vektors, des Spenderorganismus und des sich aus der Tätigkeit ergebenen GVO einzubeziehen. Dabei hat eine Bewertung der Merkmale der Tätigkeit ebenso stattzufinden wie ein Ausblick auf die Schwere und Wahrscheinlichkeit einer Gefährdung der durch das Gentechnikgesetz geschützten Rechtsgüter. Spender- und Empfängerorganismus sind dabei anhand der Kriterien in Anhang I Nr. 1 GenTSV den Risikogruppen zuzuordnen. Das Gefährdungspotential des GVO ist nach Anhang I Nr. 2–4 zu ermitteln.

Risikobewertung

Die Risikobewertung zählt zu den verantwortlichsten Aufgaben des Gentechnikgesetzes. Dabei sieht das Gesetz mehrere Varianten der Risikobewertung vor.

Dabei bestehen grundsätzlich drei Varianten der Risikobewertung (Abb. 1.3). Zum einen kann sich der Verantwortliche der sog. Organismenliste bedienen. Darüber hinaus kann er – soweit vorhanden – auf eine Stellungnahme der Zentralen Kommission für die Biologische Sicherheit (ZKBS) zurückgreifen. Schwierig ist die Risikobewertung allerdings dann, wenn der Verantwortliche die Organismen, mit denen er arbeiten will, weder in der Organismenliste auffinden kann, noch eine entsprechende Stellungnahme der ZKBS dazu veröffentlicht ist. In diesem Fall muss er die Risikobewertung eigenverantwortlich anhand der Kriterien des § 5 GenTSV durchführen. Im Folgenden sollen alle Varianten kurz skizziert werden.

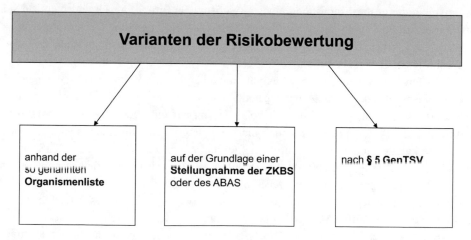

Abb. 1.3 Varianten der Risikobewertung

Soll in einer gentechnischen Anlage mit Organismen gearbeitet werden, die bereits zuvor Gegenstand einer Risikobewertung oder einer Stellungnahme der ZKBS gewesen sind, so werden diese Organismen in die Liste risikobewerteter Spender- und Empfängerorganismen für gentechnische Arbeiten (**Organismenliste**) aufgenommen. Das Bundesamt für Verbraucherschutz und Lebensmittelsicherheit (BVL) veröffentlicht regelmäßig nach Anhörung der ZKBS im Bundesanzeiger eine Liste mit Legaleinstufungen von Mikroorganismen. Diese Organismenliste liegt zurzeit in einer Fassung vom 3. Dezember 2013 vor. Sie kann über die Seite der ZKBS beim BVL im Internet aufgerufen werden. Die Liste enthält Viren, Bakterien, Parasiten, Pilze und sonstige eukaryotische Einzeller, deren Risikobewertung erfolgt ist. Die Liste nimmt einerseits Spender- und Empfängerorganismen für gentechnische Arbeiten im Produktionsbereich (I. der Organismenliste) und andererseits Spender- und Empfängerorganismen für gentechnische Arbeiten im Laborbereich (II. der Organismenliste) auf. Innerhalb der römischen Teile der Organismenliste erfolgt die Gliederung in Bakterien und Pilze im Produktionsbereich und in Bakterien, Parasiten und eukaryotische Einzeller, Pilze und Viren im Laborbereich. Die jeweiligen Bereiche sind dann anschließend alphabetisch geordnet. Die für den Organismus maßgebliche Risikogruppe kann der Spalte ganz rechts in der Organismenliste entnommen werden. Die Organismenliste schließt mit einer Legende ab, in der unterschiedliche Kürzel aus der Organismenliste erläutert werden. So ist in der Legende zur Organismenliste erläutert, dass Organismen, die mit einem * gekennzeichnet sind, herabgestuft werden können. Auch andere Faktoren können zu einer Herabstufung der Organismen führen. Diese sind dann entsprechend in der Legende gekennzeichnet.

Zellen und Zelllinien werden in die Risikogruppe 1 eingeordnet, wenn Sie keine Organismen einer höheren Risikogruppe abgeben. Geben sie Organismen höherer Risikogruppen ab, werden sie in die Risikogruppe dieser Organismen eingeordnet. Für die medizinische Diagnostik unbekannter Erreger gelten eigene Bestimmungen, so zum Beispiel die des Infektionsschutzgesetzes oder der Biostoffverordnung.

Beispielhaft für die Einordnung eines Organismus aufgrund der Organismenliste sei eine Arbeit im Forschungsbereich mit *Escherichia coli* K12 genannt. Dieser Organismus ist wegen der Arbeiten im Laborbereich unter II. der Organismenliste zu suchen. *E. coli* K12 zählt dabei zu den Bakterien.

Wird allerdings, was in der Forschung nur allzu häufig vorkommt, mit Organismen gearbeitet, die nicht in der Organismenliste enthalten sind, so bleibt für den Verantwortlichen noch die Möglichkeit, sich bei der Risikobewertung auf eine bereits **erfolgte Stellungnahme der ZKBS** zu stützen, die noch nicht Eingang in die Organismenliste gefunden hat. Dabei kann es sich zum einen um eine Stellungnahme handeln, die die ZKBS für eine andere Arbeitsgruppe angefertigt hat. Möglich ist auch, dass die Arbeitsgruppe selbst eine solche Stellungnahme bei der ZKBS in Auftrag gibt. Diese sind dann allerdings kostenpflichtig. Heranziehen lassen sich begrenzt auch Stellungnahmen des Ausschusses für Biologische Arbeitsstoffe (ABAS). Hier ist allerdings insofern Vorsicht geboten, als dieser in der Regel auf der Grundlage der Biostoffverordnung eine Einstufung für Organismen

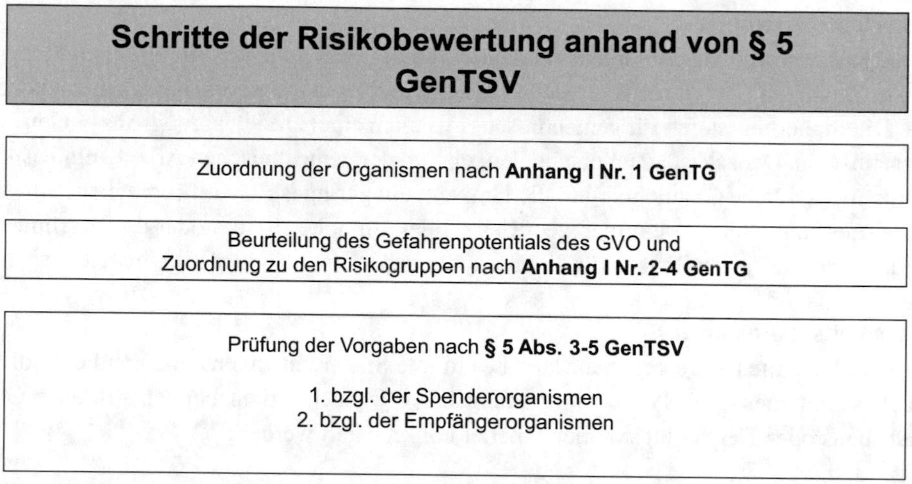

Schritte der Risikobewertung anhand von § 5 GenTSV

Zuordnung der Organismen nach **Anhang I Nr. 1 GenTG**

Beurteilung des Gefahrenpotentials des GVO und
Zuordnung zu den Risikogruppen nach **Anhang I Nr. 2-4 GenTG**

Prüfung der Vorgaben nach **§ 5 Abs. 3-5 GenTSV**

1. bzgl. der Spenderorganismen
2. bzgl. der Empfängerorganismen

Abb. 1.4 Schritte der Risikobewertung anhand von § 5 GenTSV

vornimmt und der Schutzbereich des Gentechnikgesetzes deutlich über den der Biostoff-verordnung hinausgeht.

Findet der Verantwortliche für die Risikobewertung die Organismen, mit denen er arbeiten will, nicht in der Organismenliste und gibt es außerdem keine bereits erfolgte Stellungnahme der ZKBS oder des ABAS, so muss er die Risikobewertung selbst anhand der **Kriterien des § 5 GenTSV** vornehmen. Dabei hat er die in Abb. 1.4 dargestellten Schritte einzuhalten.

Bezogen auf den **Spenderorganismus** bedeutet dies Folgendes: Das Gefährdungspotential des Spenderorganismus ist immer dann in die Risikobewertung einzubeziehen, wenn ein Spenderorganismus der Risikogruppe 2–4 oder subgenomische Nukleinsäureab-schnitte, die das Gefährdungspotential dieses Organismus bestimmen, in den Empfänger-organismus überführt werden oder derartige Überführungen nicht ausgeschlossen werden können. Nur wenn andere subgenomische Nukleinsäureabschnitte überführt werden, kann deren Gefährdungspotential niedriger als das des Spenderorganismus bewertet werden.

Bezogen auf den **Empfängerorganismus** gilt: Das Gefährdungspotential des Empfän-gerorganismus ist vollständig in die Risikobewertung einzubeziehen. Wird mit Vektoren gearbeitet, so ist überdies eine Gesamtbewertung des Vektor-Empfänger-Systems vorzu-nehmen.[50]

Biologische Sicherheitsmaßnahmen

Letztlich sieht § 5 Abs. 5 GenTSV vor, dass bei der Anwendung biologischer Sicherheits-maßnahmen das zuvor ermittelte Gefährdungspotential des GVO in bestimmten Fällen niedriger bewertet werden kann.

---

[50] § 5 Abs. 4 GenTSV.

Sicherheitseinstufung

Ist die Risikobewertung der Organismen unter Berücksichtigung der biologischen Sicher-heitsmaßnahmen erfolgt, so ist die gentechnische Arbeit in 4 Sicherheitsstufen einzuord-nen. Die Sicherheitsstufen für gentechnische Arbeiten ergeben sich aus § 7 Abs. 1 GenTG (Abschn. 5.1). Danach ist zu unterscheiden, ob von der gentechnischen Arbeit kein Risiko für die menschliche Gesundheit und die Umwelt, ein geringes Risiko für die menschliche Gesundheit und Umwelt, ein mäßiges Risiko oder ein hohes Risiko oder der begründete Verdacht eines solchen Risikos für die menschliche Gesundheit oder die Umwelt ausgeht.

Sicherheitsmaßnahmen

Für jede Sicherheitsstufe gelten alsdann bestimmte Sicherheitsmaßnahmen,[51] die im drit-ten Abschnitt der GenTSV und in Anhang III–V je nach Arbeitsbereich – Labor, Ge-wächshaus oder Tierhaltungsräumen – näher konkretisiert werden.

Arbeitsmedizinische Präventionsmaßnahmen

Zuletzt sind in Anhang VI der § 12 GenTSV näher konkretisiert und die Vorgaben für arbeitsmedizinische Präventionsmaßnahmen geregelt.

Neben den Fragen der Risikobewertung legt die GenTSV auch die Aufgaben und die Sachkundeanforderungen an den PL und den BBS fest (§§ 14–19 GenTSV). Für letzteren wird auch noch bestimmt, wie dieser zu bestellen ist und welche Pflichten der Betreiber einer gentechnischen Anlage gegenüber dem BBS einzuhalten hat (Kap. 12).

Eine Besonderheit liegt darin, dass die GenTSV Ordnungswidrigkeitentatbestände ent-hält. Dies deutet bereits an, dass der Gesetzgeber der Wahrnehmung der Pflichten nach der GenTSV eine besondere Wertigkeit beimisst.

1.3.3 Gentechnik-Verfahrensverordnung

Zur Gestaltung der Verwaltungsverfahren zur Erlangung von Zulassungen nach dem Gen-technikgesetz enthält die Gentechnik-Verfahrensverordnung (GenTVfV)[52] die maßgebli-chen Bestimmungen. Sie regelt insbesondere die Verfahren vor der Zulassungsbehörde, die zu durchlaufen sind, um eine gentechnikrechtliche Zulassung zu erhalten. In §§ 4–8 GenTVfV ist dazu niedergelegt, welche Unterlagen für welche Art von Zulassung ein-gereicht werden müssen. Dabei hat der Verantwortliche in einem Genlabor in der Regel keinen Anlass, die erforderlichen Unterlagen im Einzelnen anhand der Bestimmungen der GenTVfV zu ermitteln. Alle erforderlichen Angaben werden abgebildet in den Formblät-tern, die für Anzeigen, Anmeldungen und Genehmigungen nach dem Gentechnikgesetz vorgesehen sind (Abschn. 7.2).

---

[51] § 2 Abs. 2 GenTSV.
[52] Verordnung über Antrags- und Anmeldeunterlagen und über Genehmigungs- und Anmeldever-fahren nach dem Gentechnikgesetz (Gentechnik-Verfahrensverordnung, GenTVfV) v. 4. November 1996 (BGBl. I S. 1657), zul. geänd. durch V v. 28. April 2008 (BGBl. I S. 766).

Für den Ablauf des Verfahrens ist für das Genehmigungsverfahren die Beteiligung anderer Stellen geregelt. Man spricht hier von der Beteiligung der Träger öffentlicher Belange (TöB). Im Rahmen des Genehmigungsverfahrens müssen nämlich örtlich zuständige Behörden am Verfahren deshalb beteiligt werden, weil deren Entscheidung letztlich von der Gentechnikbehörde mit getroffen wird (Abschn. 9.3 und 9.4). Das Verfahren zur Beteiligung dieser TöB ist deshalb in der GenTVfV näher geregelt.

1.3.4   Gentechnik-Aufzeichnungsverordnung

In der Praxis von großer Bedeutung ist die Gentechnik-Aufzeichnungsverordnung (GenTAufzV)[53]. Sie regelt, wie Aufzeichnungen bei gentechnischen Arbeiten geführt werden müssen (Abschn. 7.1). Dabei wird zunächst generell bestimmt, welche Anforderungen Aufzeichnungen erfüllen müssen, ehe dann unterschieden wird in Laborbereiche oder Produktionsbereiche sowie höhere Sicherheitsstufen. Auch die Vorgaben für Aufzeichnungen zu Freisetzungen sind extra geregelt. Ergänzend werden die Form der Aufzeichnungen und die Aufbewahrungsfristen normiert.

Eine Besonderheit liegt darin, dass die GenTAufzV einen Ordnungswidrigkeitentatbestand enthält. Dies deutet bereits an, dass der Gesetzgeber der Führung der Aufzeichnungen eine besondere Bedeutung beimisst.

1.3.5   Gentechnik-Anhörungsverordnung

Die Gentechnik-Anhörungsverordnung (GenTAnhV)[54] regelt das Verwaltungsverfahren zur Beteiligung Dritter bei hochstufigeren Anlagen und Freisetzungen. Dies ist etwa der Fall, wenn es um die Errichtung und den Betrieb einer gentechnischen Anlage geht, in der gentechnische Arbeiten zu gewerblichen Zwecken der Sicherheitsstufe 2 oder 3 durchgeführt werden sollen. Für Anlagen, in denen gentechnische Arbeiten zu gewerblichen Zwecken der Sicherheitsstufe 2 durchgeführt werden sollen, gilt dies nur dann, wenn für diese eine Genehmigung beantragt wird und ein Genehmigungsverfahren nach § 10 BImSchG (Bundes-Immissionsschutzgesetz) erforderlich ist. Auch für die wesentliche Änderung einer Anlage ist in den vorgenannten Fällen ein solches Anhörungsverfahren durchzuführen, wenn die Besorgnis besteht, dass durch die Änderung zusätzliche oder andere Gefahren für die geschützten Rechtsgüter zu erwarten sind. Für weitere gentechnische Arbeiten zu gewerblichen Zwecken, die einer höheren Sicherheitsstufe als die bisher

---

[53] Verordnung über Aufzeichnungen bei gentechnischen Arbeiten und bei Freisetzungen (Gentechnik-Aufzeichnungsverordnung, GenTAufzV) v. 4. November 1996 (BGBl. I S. 1644), zul. geänd. durch V v. 28. April 2008 (BGBl. I S. 766).

[54] Verordnung über Anhörungsverfahren nach dem Gentechnikgesetz (Gentechnik-Anhörungsverfahren, GenTAnhV) v. 4. November 1996 (BGBl. I S. 1649), zul. geänd. durch V v. 28. April 2008 (BGBl. I S. 766).

von der Genehmigung oder Anmeldung umfassten Arbeit zuzuordnen sind, ist eine Anhörung nur dann durchzuführen, wenn die Erteilung der erforderlichen Anlagegenehmigung bereits eine Anhörung voraussetzt.

Im Einzelnen ist in der GenTAnhV dann das Verfahren zur Anhörung beschrieben. Es beginnt mit der Bekanntmachung des Vorhabens.[55] Danach ist der Inhalt der Bekanntmachung dargelegt.[56] Im Verfahren sind der Antrag des Betreibers und die Antragsunterlagen in den Standortgemeinden der Anlage einen Monat zur Einsicht auszulegen. Gegen das Vorhaben können in einer in § 5 Abs. 1 GenTAnhV beschriebenen Frist Einwendungen durch Dritte erhoben werden. Im Anschluss an die Einwendungsphase findet mit denjenigen, die rechtzeitig Einwendungen erhoben haben, ein Erörterungstermin statt.[57] Die Einzelheiten des Erörterungstermins ergeben sich aus §§ 7–11 GenTAnhV.

1.3.6 Gentechnik-Beteiligungsverordnung

Die Gentechnik-Beteiligungsverordnung (GenTBetV)[58] klingt zunächst so, als wäre sie für die Praxis besonders bedeutsam. Tatsächlich geregelt ist die Beteiligung des Rates, der Kommission und der Behörden der Mitgliedstaaten der EU und der anderen Vertragsstaaten im Verfahren zur Genehmigung von Freisetzungen und Inverkehrbringen sowie im Verfahren bei nachträglichen Maßnahmen nach dem Gentechnikgesetz. Es geht also darum, die Institutionen Europas im Verfahren einzubinden, wenn GVO freigesetzt oder in den Verkehr gebracht werden. Dazu ist eine Beteiligung der Institutionen Europas zwingend vorgesehen.

Im Einzelnen ist in der GenTBetV niedergelegt, wie deutsche Behörden die Institutionen Europas bei Freisetzungen zu beteiligen haben und wie andererseits deutsche Behörden an solchen Verfahren im Ausland zu beteiligen sind. In gleicher Weise sind beide Beteiligungsformen auch für das Inverkehrbringen geregelt.

Damit ist die GenTBetV für die Praxis in Genlaboren, Gewächshäusern und Tierhaltungsräumen unmittelbar nicht relevant.

---

[55] § 2 GenTAnhV.
[56] § 3 GenTAnhV.
[57] § 6 GenTAnhV.
[58] Verordnung über die Beteiligung des Rates, der Kommission und der Behörden der Mitgliedstaaten der Europäischen Union und der anderen Vertragsstaaten des Abkommens über den Europäischen Wirtschaftsraum im Verfahren zur Genehmigung von Freisetzungen und Inverkehrbringen sowie im Verfahren bei nachträglichen Maßnahmen nach dem Gentechnikgesetz (Gentechnik-Beteiligungsverordnung, GenTBetV) v. 17. März 1995 (BGBl. I S. 734), zul. geänd. durch V v. 23. März 2006 (BGBl. I S. 565).

1.3.7 Gentechnik-Notfallverordnung

Die Gentechnik-Notfallverordnung (GenTNotfV)[59] regelt die Verfahrensweise im Fall eines Unfalls. Ein Unfall ist dabei jedes Vorkommnis, das ein vom Betreiber nicht beabsichtigtes Entweichen von GVO in bedeutendem Umfang aus der gentechnischen Anlage mit sich bringt und zu einer Gefahr für die geschützten Rechtsgüter führen kann. Handelt es sich dabei um eine Anlage, in der gentechnische Arbeiten der Sicherheitsstufe 2, 3 oder 4 durchgeführt werden, so legt die GenTNotfV die Meldepflichten des Betreibers – nicht des PL oder des BBS – die erforderlichen Maßnahmen, die Analyse des Unfalls und die Unterrichtungspflicht im Einzelnen genau fest. Für den PL selbst sind in der GenTNotfV keine Verpflichtungen vorgesehen. Im Hinblick auf die Meldung eines Unfalls sieht § 5 GenTNotfV vor, dass der Betreiber die zuständige Behörde bei einem Unfall unverzüglich zu unterrichten hat. Er hat dabei die Umstände des Unfalls, die Identität und Mengen der entwichenen GVO, alle für die Bewertung der Auswirkungen des Unfalls auf die geschützten Rechtsgüter notwendigen Informationen und die von ihm getroffenen Maßnahmen mitzuteilen.

Für gentechnische Anlagen, in denen gentechnische Arbeiten der Sicherheitsstufe 3 oder 4 durchgeführt werden, ist zusätzlich ein außerbetrieblicher Notfallplan zu erstellen,[60] über den die zuständige Behörde andere Behörden und betroffene Einrichtungen unaufgefordert zu informieren hat.[61]

1.3.8 ZKBS-Verordnung

Auch die Verordnung über die Zentrale Kommission für die Biologische Sicherheit (ZKBS-Verordnung, ZKBSV)[62] kann bei der täglichen Arbeit in Genlaboren, Gewächshäusern oder Tierhaltungsräumen vernachlässigt werden. Sie regelt die Aufgaben und Zusammensetzung der ZKBS sowie deren Arbeitsweise in Sitzungen und die entsprechenden Beschlussfassungen.

Interessant ist für die Laborarbeiten lediglich, dass die ZKBS jährlich einen Tätigkeitsbericht erstellt, der dann vom BVL veröffentlicht wird. Hier kann der Verantwortliche in einem Genlabor nachlesen, mit welchen Fragen die ZKBS im zurückliegenden Jahr beschäftigt war. Darüber hinaus ist die Unterrichtung der Öffentlichkeit über die Arbeitsweise der ZKBS eher vage gefasst. Danach kann die Kommission der Öffentlichkeit in

---

[59] Verordnung über die Erstellung von außerbetrieblichen Notfallplänen und über Informations-, Melde- und Unterrichtungspflichten (Gentechnik Notfallverordnung, GenTNotfV) v. 10. Dezember 1997 (BGBl. I S. 2882), zul. geänd. durch V v. 28. April 2008 (BGBl. I S. 766).
[60] § 3 GenTNotfV.
[61] § 4 GenTNotfV.
[62] Verordnung über die Zentrale Kommission für die Biologische Sicherheit (ZKBS-Verordnung, ZKBSV) v. 5. August 1996 (BGBl. I. S. 1232), zul. geänd. durch V v. 31. August 2015 (BGBl. I S. 1474).

geeigneter Weise über Stellungnahmen von allgemeiner Bedeutung berichten. Es steht mithin der ZKBS relativ frei, die Ergebnisse ihrer Stellungnahmen auch tatsächlich zu veröffentlichen.

1.3.9 Bundeskostenverordnung zum Gentechnikgesetz

Die Bundeskostenverordnung zum Gentechnikgesetz (BGenTGKostV)[63] ist ausschließlich Bundesrecht. Sie regelt die Höhe der Leistungen (früher Gebühren), wenn es – etwa wie bei der Freisetzung und dem Inverkehrbringen – um eine Amtshandlung des Bundes geht. So ist etwa für eine Genehmigung zur Freisetzung ein Gebührenrahmen von 2500 bis 15.000 Euro vorgesehen. In der Regel fallen dabei Gebühren nur für gewerbliche Betriebe an. Dies ist damit begründet, dass in § 4 Abs. 2 BGenTGKostV ein genereller Befreiungstatbestand für die öffentliche Hand und die als gemeinnützig anerkannten Forschungseinrichtungen geregelt ist.

Die BGenTGKostV kann nur Entgelte für Amtshandlungen des Bundes festlegen. Soweit die Genehmigungen für gentechnische Arbeiten und gentechnische Anlagen von den Landesbehörden erteilt werden, haben diese flächendeckend eigene Kostenverordnungen zum Gentechnikgesetz erlassen, etwa das Land Nordrhein-Westfalen durch die Allgemeine Verwaltungsgebührenordnung[64], dort in Ziff. 27.

1.3.10 Verordnung zur Durchführung der Novel-Food-Verordnung

Die Verordnung zur Durchführung der Novel-Food-Verordnung (NFV)[65] ist in der Laborpraxis von untergeordneter Bedeutung. Sie regelt vornehmlich die Verteilung der Zuständigkeiten im Bereich neuartiger Lebensmittel- und Lebensmittelzutaten. Diese werden auf der Grundlage der europarechtlichen Lebensmittel- und Lebensmittelzutaten-Verordnung erlassen, sodass es weitgehend nur um die Regelung der Zuständigkeiten der in Deutschland zuständigen Behörden geht (Abschn. 2.1.2). In Deutschland ist das Bundesinstitut für gesundheitlichen Verbraucherschutz und Veterinärmedizin (BVV) in Berlin für die Prüfung der gesundheitlichen Unbedenklichkeit neuartiger Lebensmittel und die Entwicklung und Standardisierung von Nachweismethoden zuständig. Letztere werden der Lebensmittelüberwachung zur Verfügung gestellt.

---

[63] Bundeskostenverordnung zum Gentechnikgesetz (BGenTGKostV) i.d.F. d. Bek. v. 9. Oktober 1991 (BGBl. I S. 1972), zul. geänd. durch G v. 18. Juli 2016 (BGBl. I S. 1666).

[64] Allgemeine Verwaltungsgebührenordnung (AVerwGebO NRW) v. 3. Juli 2001 (GV. NRW. S. 262), zul. geänd. durch V v. 25. April 2017 (GV. NRW. S. 484).

[65] Verordnung zur Durchführung gemeinschaftsrechtlicher Vorschriften über neuartige Lebensmittel und Lebensmittelzutaten (Neuartige Lebensmittel- und Lebensmittelzutaten-Verordnung, NLV) i.d.F. d. Bek. v. 14. Februar 2000 (BGBl. I S. 123), zul. geänd. durch G v. 1. April 2008 (BGBl. I S. 499 i. V. m. Bek. S. 919).

1.3.11 Gentechnik-Pflanzenerzeugungsverordnung

Die Gentechnik-Pflanzenerzeugungsverordnung (GenTPflEV)[66] gilt insbesondere für Freisetzungen und das Inverkehrbringen von Stoffen, die vermehrungsfähige Bestandteile von gentechnisch veränderten Pflanzen in der Land-, Forst- und Gartenbauwirtschaft enthalten. Sie regelt die Grundsätze der guten fachlichen Praxis. Die GenTPflEV regelt Informationspflichten von Erzeugern, aber auch Abstandsflächen, die zu Nachbarflächen mit konventionellem oder ökologischem Anbau eingehalten werden müssen (Abschn. 11.2.4).

1.3.12 Weitere für die Gentechnik relevante Regelungen

Für den Betrieb einer gentechnischen Anlage, in der gentechnische Arbeiten durchgeführt werden sollen, gibt es zahlreiche weitere Regelungen, die relevant sein können. Dies hängt zunächst damit zusammen, dass es sich auch bei der gentechnischen Anlage stets um eine bauliche Anlage oder eine technische Einrichtung handelt, die bestimmten Vorgaben nach anderen Gesetzen unterliegt. Dies leuchtet sofort ein, wenn man über weitere arbeitsschutzrechtliche Regelungen – etwa den Mutterschutz oder den Jugendschutz – nachdenkt, die nicht nur für normale Bio- oder Chemielabore gelten, sondern selbstverständlich auch für Genlabore. Deshalb sind auch in Genlaboren weitere rechtliche Regelungen zu berücksichtigen. Dies ergibt sich zum einen daraus, dass das Gentechnikgesetz die Einhaltung weiterer öffentlich-rechtlicher Vorschriften fordert (§ 11 Abs. 1 Nr. 6 GenTG). Zum anderen erstrecken sich auch die Pflichten eines PL auf Regelungen, die nicht unmittelbar im Gentechnikgesetz stehen. So geht etwa § 14 Abs. 1 Nr. 1 GenTSV davon aus, dass ein PL neben den Schutzpflichten aus der GenTSV auch die seuchen-, tierseuchen-, tierschutz-, artenschutz- und pflanzenschutzrechtlichen Vorschriften einhalten muss.

Das Verhältnis zwischen dem Gentechnikgesetz und seinen Rechtsverordnungen einerseits und den weiterhin für die Gentechnologie relevanten Regelungen andererseits lässt sich am besten dadurch beschreiben, dass die gentechnikrechtlichen Regelungen im Übrigen das **Basismodul** bilden, während es sich bei dem Gentechnikgesetz und seinen Rechtsverordnungen um das **Top-up-Modul** handelt (Abb. 1.5). Dies macht deutlich, dass es bestimmte rechtliche Rahmenbedingungen gibt, die für jegliche Art von Laboreinrichtungen eingehalten werden müssen. Hinzu kommt ein zusätzlicher Baustein, wenn es sich um eine gentechnische Arbeit in einer gentechnischen Anlage handelt.

Welche rechtlichen Regelungen zählen jetzt zum Basismodul? Zunächst lässt sich sagen, dass diejenigen rechtlichen Regelungen, die zum Basismodul zählen, unterschiedlichen Regelungsbereichen zugeordnet werden können. Zum einen gibt es weitere arbeitsschutzrechtliche Regelungen, die eingehalten werden müssen. Daneben gibt es weitere

---

[66] Verordnung über die gute fachliche Praxis bei der Erzeugung gentechnisch veränderter Pflanzen (Gentechnik-Pflanzenerzeugungsverordnung, GenTPflEV) v. 7. April 2008 (BGBl. I S. 655).

Basismodul und Top-up-Modul

Top-up-Modul

GenTG
GenTSV, GenTVfV, GenTAufzV etc.

Basismodul

ArbSchG,
BImschG, BauGB,
KrWG,
BNatSchG,
IfSG, AMG, GGBefG etc.

Abb. 1.5 Basismodul und Top-up-Modul

gefahrstoffrechtliche, anlagerechtliche, aber auch artenschutzrechtliche und entsorgungsrechtliche Regelungen. Dabei kommen diese Regelungen jeweils nur dann zur Anwendung, wenn die gentechnische Anlage oder die gentechnische Arbeit tatsächlich in ihren Anwendungsbereich fällt.

Arbeitsschutzrechtliche Regelungen

Im Basismodul sind sicherlich die Regelungen zum Arbeitsschutz die wichtigsten, geht es doch hier darum, dass diejenigen, die in einem bestimmten Bereich beschäftigt werden, vor möglichen Gefahren an Leib und Leben und Gesundheit, insbesondere auch vor Spätfolgen, geschützt werden. Arbeitsschutzrechtliche Regelungen finden sich dabei insbesondere im Arbeitsschutzgesetz, in der Biostoffverordnung sowie im Sozialgesetzbuch, in dem unter anderem die Unfallverhütungsvorschriften geregelt sind. Die drei vorgenannten Gesetze, ihre weitergehenden Verordnungen und Durchführungsvorschriften bilden damit das Basismodul, während die spezifischen arbeitsschutzrechtlichen Regelungen der GenTSV in Anhang III–V zum Top-up-Modul zählen.

Das **Arbeitsschutzgesetz**[67] selbst, das für alle Beschäftigten gilt, enthält die Pflicht des Arbeitgebers, erforderliche Maßnahmen des Arbeitsschutzes im Hinblick auf die Sicherheit und den Gesundheitsschutz bei der Arbeit zu treffen. Im Vordergrund steht dort der Gedanke, dass Ursachen bereits an der Quelle zu bekämpfen sind, damit Gefahren gar nicht erst entstehen können. Für die Ausgestaltung einer Arbeitsstelle sind die untergesetz-

---

[67] Gesetz über die Durchführung von Maßnahmen des Arbeitsschutzes zur Verbesserung der Sicherheit und des Gesundheitsschutzes der Beschäftigten bei der Arbeit (Arbeitsschutzgesetz, ArbSchG) v. 7. August 1996 (BGBl. I S. 1246), zul. geänd. durch V v. 31. August 2015 (BGBl. I S. 1474).

lichen Regelungen der **Arbeitsstättenverordnung**[68] von Bedeutung. Unfallverhütungsvorschriften ergeben sich demgegenüber aus § 15 **SGB VII**[69]. Auch die **Biostoffverordnung**[70], die auf der Grundlage des Arbeitsschutzgesetzes und des Chemikaliengesetzes[71]
erlassen wurde, enthält vornehmlich Regelungen, die dem Schutz der Beschäftigten dienen. Die Biostoffverordnung wurde im Jahre 2013 vollständig überarbeitet. Biostoffe
sind Organismen, einschließlich GVO, Zellkulturen und humanpathogene Endoparasiten,
die beim Menschen Infektionen, sensibilisierende oder toxische Wirkungen hervorrufen
können. Dabei hat der Arbeitgeber für die Tätigkeiten eine Gefährdungsbeurteilung vorzunehmen und entsprechend dieser Gefährdungsbeurteilung Arbeiten einer bestimmten
Schutzstufe zuzuordnen. Die Biostoffverordnung wird durch zahlreiche technische Regeln für biologische Arbeitsstoffe (TRBA) konkretisiert.

Anlagenrechtliche Regelungen
Da es sich bei der Errichtung und dem Betrieb einer gentechnischen Anlage zugleich immer auch um eine bauliche Anlage oder eine technische Einrichtung handelt, müssen auch
anlagenbezogene Regelungen aus anderen Gesetzen eingehalten werden. Dazu finden sich
vor allem Regelungen im Bundes-Immissionsschutzgesetz und seinen Rechtsverordnungen, aber auch im Baugesetzbuch, in der Strahlenschutzverordnung oder in Nebengesetzen
wie dem Gesetz zur Prüfung der Umweltverträglichkeit.

Wenn es sich bei der gentechnischen Anlage oder Arbeit zugleich um eine Anlage
bzw. Arbeit handelt, von der Immissionen, nämlich Rauch, Ruß, Staub, Gase, Aerosole,
Dämpfe oder Geruchsstoffe als Luftverunreinigungen, oder aber Lärm, Erschütterungen,
Licht, Wärme und Strahlen ausgehen können, fällt diese Anlage zugleich unter das Im-
missionsschutzrecht. Anlagenbezogene Vorgaben ergeben sich dann aus dem **Bundes-
Immissionsschutzgesetz**[72]. Ähnlich wie das Gentechnikgesetz beschreibt auch das Bundes-Immissionsschutzgesetz die Zulassungsverfahren für Anlagen. Bei größeren Anlagen
nach dem Bundes-Immissionsschutzgesetz kann die Durchführung einer Umweltverträglichkeitsprüfung nach dem **Gesetz zur Prüfung der Umweltverträglichkeit**[73] vorgese-

---

[68] Verordnung über Arbeitsstätten (Arbeitsstättenverordnung, ArbStättV) vom 12. August 2004
(BGBl. I S. 2179), zul. geänd. durch V v. 30. November 2016 (BGBl. I S. 2681).
[69] Siebtes Buch Sozialgesetzbuch – Gesetzliche Unfallversicherung (SGB VII) v. 7. August 1996
(BGBl. I S. 1254), zul. geänd. durch G v. 4. April 2017 (BGBl. I S. 778).
[70] Verordnung über Sicherheit und Gesundheitsschutz bei Tätigkeiten mit biologischen Arbeitsstoffen (Biostoffverordnung, BioStoffV) v. 15. Juli 2013 (BGBl. I S. 2514), zul. geänd. durch
G v. 29. März 2017 (BGBl. I S. 626).
[71] Gesetz zum Schutz vor gefährlichen Stoffen (Chemikaliengesetz, ChemG) i.d.F. d. Bek. v. 28. August 2013 (BGBl. I S. 3498, ber. S. 3991), zul. geänd. durch G v. 18. Juli 2016 (BGBl. I S. 1666).
[72] Gesetz zum Schutz vor schädlichen Umwelteinwirkungen durch Luftverunreinigungen, Ge-
räusche, Erschütterungen und ähnliche Vorgänge (Bundes-Immissionsschutzgesetz, BImSchG)
i.d.F. d. Bek. v. 17. Mai 2013 (BGBl. I S. 1274), zul. geänd. durch G v. 29. Mai 2017 (BGBl. I
S. 1298).
[73] Gesetz über die Umweltverträglichkeitsprüfung (UVPG) i.d.F. d. Bek. v. 24. Februar 2010
(BGBl. I S. 94), zul. geänd. durch G v. 29. Mai 2017 (BGBl. I S. 1298).

hen werden. In einem spezifischen Verfahren zur Prüfung der Umweltverträglichkeit ist dann die Umweltverträglichkeit eines Vorhabens zu prüfen. Dabei gilt dieser Prüfungsteil als unselbstständiger Bestandteil eines immissionsschutzrechtlichen Verfahrens. Das normale immissionsschutzrechtliche Verfahren wird allerdings um bestimmte Verfahrensabschnitte angereichert, in denen die Umweltverträglichkeit eines Vorhabens geprüft wird. Das Bundes-Immissionsschutzgesetz kommt dabei grundsätzlich neben dem Gentechnikgesetz zur Anwendung. Es ist gedanklich Bestandteil des Basismoduls.

Soweit es um kleinere bauliche Vorhaben geht, wird die baurechtliche Zulässigkeit des Vorhabens in der Regel durch das **Baugesetzbuch**[74] und die **Landesbauordnungen** der Bundesländer bestimmt. Insbesondere in den Landesbauordnungen wird festgelegt, welche Bauvorhaben tatsächlich genehmigungspflichtig sind und unter welchen Voraussetzungen eine Genehmigung zu erteilen ist. Das Baugesetzbuch bestimmt darüber hinaus, dass die Gemeinden aufgrund ihrer gemeindlichen Planungshoheit Baugebiete ausweisen können, in denen eine bestimmte Nutzung festgesetzt wird. Dies gilt etwa für Gewerbebetriebe, die in einem Gewerbegebiet durch Bebauungsplan angesiedelt werden können. Gewerbliche gentechnische Anlagen, aber auch Forschungseinrichtungen müssen die Vorgaben der Gemeinden auf der Grundlage des Baugesetzbuches beachten.

Für Anlagen, in denen mit radioaktiven Stoffen oder sonstigen ionisierenden Strahlen umgegangen wird, muss zusätzlich die **Strahlenschutzverordnung**[75] eingehalten werden. Die Strahlenschutzverordnung enthält ihrerseits zahlreiche Zulassungstatbestände etwa für den Umgang und den Verkehr mit radioaktiven Stoffen, die Beförderung oder die Errichtung und den Betrieb von Anlagen zur Erzeugung ionisierender Strahlen. Handelt es sich dabei um Anlagen, die eine Bauartzulassung haben, können diese unter erleichterten Bedingungen zugelassen werden.

Entsorgungsrechtliche Regelungen

Bei jeder gentechnischen Arbeit in einer gentechnischen Anlage entstehen auch Abfälle. Diese müssen ordnungsgemäß entsorgt werden. Soweit das Gentechnikrecht dazu keine spezifischen Vorschriften vorhält, findet die Entsorgung auf der Basis des Kreislaufwirtschaftsgesetzes und gegebenenfalls des Tierische Nebenprodukte-Beseitigungsgesetzes statt. Projektleitern, die in öffentlich-rechtlichen Einrichtungen arbeiten oder bei großen Firmen beschäftigt sind, ist dies häufig kein Begriff, da dort in der Regel die Entsorgungssysteme bereits vorbehalten sind und es nur zu entscheiden gilt, in welche Tonne welcher Abfall bzw. Kadaver gehört. Dass die Frage aber von großer Relevanz ist, zeigt sich dann, wenn jemand mit seinem Start-up-Unternehmen gentechnisch arbeiten will. In diesem Moment nämlich muss er die Entsorgungsstrukturen selbstständig organisieren. Er wird sich deshalb mit den entsorgungsrechtlichen Regelungen auseinandersetzen müssen.

---

[74] Baugesetzbuch (BauGB) i.d.F. d. Bek. v. 23. September 2004 (BGBl. I S. 2414), zul. geänd. durch G v. 29. Mai 2017 (BGBl. I S. 1298).

[75] Verordnung über den Schutz vor Schäden durch ionisierende Strahlen (Strahlenschutzverordnung, StrlSchV) v. 20. Juli 2001 (BGBl. I S. 1714, (2002) S. 1459), zul. geänd. durch G v. 27. Januar 2017 (BGBl. I S. 114, ber. S. 1222 i. V. m. Bek. v. 16. Juni 2017, BGBl. I S. 1676).

Das **Kreislaufwirtschaftsgesetz**[76] soll nicht nur sicherstellen, dass Abfälle ordnungsgemäß entsorgt werden. Vielmehr zielt es darauf ab, dass Abfälle zunächst vermieden
werden, sodann sind sie soweit wie möglich zu verwerten, und nur der Teil, der nicht
wiederverwertet werden kann, ist ordnungsgemäß zu entsorgen. Dabei ist zu berücksichtigen, dass die Entsorgungsstrukturen für gewerbliche Anlagen anders sind als diejenigen,
die jeder im Bereich der privaten Haushalte kennt. Für Abfälle aus gentechnischen Anlagen gelten die örtlichen Entsorgungsstrukturen für gewerbliche Abfälle (§ 13 GenTSV).
Dies gilt allerdings nur dann, wenn es sich nicht um sog. überwachungsbedürftige oder
besonders überwachungsbedürftige Abfälle mit einem besonderen Gefährdungspotential
handelt. In diesem Fall sind für die Entsorgung nur spezielle Entsorgungsfirmen zugelassen.

Auch Tierkadaver müssen spezifisch entsorgt werden. Das **Tierische Nebenprodukte-
Beseitigungsgesetz**[77] sieht eine Meldepflicht für das Anfallen toter Tiere bzw. Tiertei-
le vor. Spezielle Betriebe halten dafür Behältnisse in unterschiedlichen Größen – in der
Regel auch unterschiedlichen Farben – zur Entsorgung vor.

Artenschutzrechtliche Regelungen

Auch für gentechnische Arbeiten in gentechnischen Anlagen gilt, dass der Artenschutz
von besonderer Bedeutung ist. Dieser ist in der Regel europarechtlich vorgegeben und enthält strenge Ge- und Verbote. Artenschutzrechtliche Regelungen können sich zum einen
aus dem Tierschutzgesetz und zum anderen aus dem Bundesnaturschutzgesetz ergeben.

Das **Tierschutzgesetz**[78] regelt, dass Tieren ohne vernünftigen Grund keine Schmer-
zen, Leiden oder Schäden zugefügt werden dürfen. Dementsprechend gibt es zahlreiche
Gebote und Verbote. Im Einzelfall kann eine Genehmigung oder eine Anzeige für den
Umgang mit Tieren erforderlich sein. Das Tierschutzgesetz legt darüber hinaus Aufzeichnungspflichten vor, die beim Umgang mit Tieren zu beachten sind. Insbesondere in §§ 7 ff.
TierSchG sind die Vorgaben für Tierversuche geregelt. Im Jahre 2013 wurde gerade die
Pflicht zur Einholung einer Genehmigung für Versuche an Wirbeltieren erweitert. Ähnlich
wie das Gentechnikgesetz nennt auch das Tierschutzgesetz strenge Genehmigungsvorbe-
halte und die Möglichkeit einer Anzeige.

Weitere Vorgaben enthält das **Bundesnaturschutzgesetz**[79], in §§ 39 ff. BNatSchG beispielsweise für den Artenschutz. Dabei gibt es bestimmte allgemeine Artenschutzregelun-
gen, aber auch Regelungen zum besonderen Artenschutz. Konkretisiert wird der Arten-

---

[76] Gesetz zur Förderung der Kreislaufwirtschaft und Sicherung der umweltverträglichen Bewirt-
schaftung von Abfällen (Kreislaufwirtschaftsgesetz, KrWG) i.d.F. d. Bek. v. 24. Februar 2012
(BGBl. I S. 212), zul. geänd. durch G v. 27. März 2017 (BGBl. I S. 567).
[77] Tierische Nebenprodukte-Beseitigungsgesetz (TierNebG) v. 25. Januar 2004 (BGBl. I S. 82), zul.
geänd. durch G v. 4. August 2016 (BGBl. I S. 1966).
[78] Tierschutzgesetz i.d.F. d. Bek. v. 18. Mai 2006 (BGBl. I S. 1206, ber. S. 1313), zul. geänd. durch G
v. 29. März 2017 (BGBl. I S. 626).
[79] Gesetz über Naturschutz und Landschaftspflege (Bundesnaturschutzgesetz, BNatSchG) v. 29. Juli
2009 (BGBl. I S. 2542), zul. geänd. durch G v. 7. August 2013 (BGBl. I S. 3154).

schutz zudem durch die **Bundesartenschutzverordnung**[80]. Dort nämlich können besonders geschützte Arten, der Ein- und Ausfuhrregelung unterliegende Arten, aber auch Teile oder Erzeugnisse von Tieren wild lebender Arten unter besonderen Schutz gestellt werden. Zu beachten ist auch, dass europarechtlich die EU-Artenschutzverordnung gilt. Da es sich bei dieser Vorgabe um eine EU-rechtliche Verordnung handelt, ist diese in Laboren unmittelbar anzuwenden. Die EU-Artenschutzverordnung hat das Ziel, den internationalen Handel mit wild lebenden Tieren und Pflanzen zu unterbinden, damit diese in ihrem Überleben nicht bedroht werden.

Gefahrstoffbezogene Regelungen

Den größten Teil des Basismoduls bilden aber wohl die gefahrstoffbezogenen Regelungen. Diese können an dieser Stelle nicht abschließend aufgeführt werden. Exemplarisch sei genannt, dass zu den gefahrstoffrechtlichen Regelungen insbesondere das Infektionsschutzgesetz, das Tiergesundheitsgesetz und die Tierseuchenerregerverordnung, das Lebensmittel-, Futtermittel- und Gebrauchsgegenständegesetzbuch, das Pflanzenschutzgesetz und die Pflanzenbeschauverordnung, das Düngemittelgesetz, das Chemikaliengesetz, das Arzneimittelgesetz, das Gesetz über den Transport gefährlicher Güter, das Kriegswaffenkontrollgesetz und das Gesetz über bakteriologische Waffen zählen. Bei der Anwendung dieser Gesetze kommt es stets darauf an, dass mit den gefährlichen Stoffen auch tatsächlich umgegangen wird. Wer also keine Düngemittel herstellt, kann auch nicht unter das Düngemittelgesetz fallen. Gerade beim Umgang mit Viren erlangen das Infektionsschutzgesetz, möglicherweise aber auch das Kriegswaffenkontrollgesetz und das Gesetz über bakteriologische Waffen besondere Bedeutung.

Das **Infektionsschutzgesetz**[81] selbst regelt die Verhütung und Bekämpfung übertragbarer Krankheiten beim Menschen durch Vorbeugung, frühzeitiges Erkennen und Verhindern der Weiterverbreitung von Infektionen. Bei Tätigkeiten mit Krankheitserregern ist eine besondere Erlaubnispflicht vorgesehen. Derjenige, der Tätigkeiten nach dem IfSG erstmals aufnehmen will, hat dies der zuständigen Behörde mindestens 30 Tage vor der Aufnahme der Tätigkeit anzuzeigen.

Beim Einsatz von GVO an Tieren sind die Vorgaben des Tiergesundheitsgesetzes und der Tierseuchenerreger-Verordnung zu berücksichtigen. Das **Tiergesundheitsgesetz**[82], das im Jahre 2013 das alte Tierseuchengesetz ersetzt hat, regelt die Bekämpfung von Tierseuchen. Unter das Gesetz fallen Krankheiten oder Infektionen mit Krankheitserregern, die bei Tieren auftreten und auf Tiere oder Menschen übertragen werden können. Neben

---

[80] Verordnung zum Schutz wild lebender Tier- und Pflanzenarten (Bundesartenschutzverordnung, BArtSchV) v. 16. Februar 2005 (BGBl. I S. 258, ber. S. 896), zul. geänd. durch G v. 21. Januar 2013 (BGBl. I S. 95).

[81] Gesetz zur Verhütung und Bekämpfung von Infektionskrankheiten beim Menschen (Infektionsschutzgesetz, IfSG) i. d. F. v. 20. Juli 2000 (BGBl. I S. 1045), zul. geänd. durch G v. 18. Juli 2016 (BGBl. I S. 1666).

[82] Gesetz zur Vorbeugung vor und Bekämpfung von Tierseuchen (Tiergesundheitsgesetz, TierGesG) v. 22. Mai 2013 (BGBl. I S. 1324), zul. geänd. durch G v. 18. Juli 2016 (BGBl. I S. 1666).

bestimmten Verbotstatbeständen werden auf der Grundlage der **Tierseuchenerreger-Verordnung**[83] bestimmte Handlungen einer Erlaubnispflicht unterworfen. So braucht etwa nach § 2 TierSEVO jemand, der mit Tierseuchenerregern arbeitet und insbesondere Versuche, mikrobiologische oder serologische Untersuchungen zur Feststellung übertragbarer Krankheiten oder Züchtungen vornehmen bzw. Tierseuchenerreger erwerben oder abgeben will, eine Erlaubnis. Für diagnostische Untersuchungen oder therapeutische Maßnahmen sowie Sterilitätsprüfungen und Bestimmung der Koloniezahlen bei der Herstellung und Prüfung von Arzneimitteln oder Lebensmitteln bedarf es einer solchen Erlaubnis nicht. Ähnlich wie im Gentechnikgesetz ist auch für den Umgang mit Tierseuchen eine Sachkunde als personenbezogenes Merkmal vorgeschrieben.

Werden GVO bei der Herstellung von Arzneimitteln eingesetzt, sind zusätzlich die Regelungen des **Arzneimittelgesetzes**[84] einzuhalten. Das AMG normiert die Anforderungen an die Herstellung und die Zulassung von Arzneimitteln. Dabei unterliegen Arzneimittel bei ihrer Herstellung einer strengen Prüfpflicht. Sollen Arzneimittel in den Verkehr gebracht werden, bestehen ebenfalls strenge Zulassungspflichten. Auch im Bereich des Arzneimittelrechts gilt weitgehend europäisches Recht, sodass die Zulassung in einem europaweiten Verfahren durch die Europäische Kommission erteilt wird.

Gerade auch der Transport von GVO ist für Arbeiten im Laborbereich von besonderer Bedeutung. Die Frage nach den Vorgaben für den Transport von GVO kann sich einerseits dann stellen, wenn GVO aus der Anlage heraus an eine dritte Person übergeben oder versandt werden sollen. So hat sich in zurückliegender Zeit insbesondere die Frage der Entsorgung von Filtern, deren Kapazität zur Aufnahme von Mikroorganismen erreicht war, als gravierendes Problem des Transports von GVO erwiesen. Bildhaft kann man sagen, dass der Geltungsbereich des Gentechnikgesetzes nämlich an der Tür des Genlabors aufhört und der Transport von GVO alsdann unter das Gesetz über die gefährlichen Güter fällt. Die Vorschriften, die das **Gesetz über den Transport gefährlicher Güter**[85] ausgestalten, sind sehr vielfältig. Es hängt zunächst davon ab, ob ein Gut über die Straße, eine Wasserstraße, die Schiene oder mittels eines Flugzeugs durch die Luft transportiert werden soll. Je nach Transportmittel gelten unterschiedliche Vorgaben für den Transport. Eine Darstellung aller Einzelheiten in diesem Punkt ist im Rahmen dieses Lehrbuchs nicht möglich. Gesagt sei nur Folgendes: Soweit es sich um Organismen der Risikogruppe 1 handelt, ist der Transport ohne besondere Vorgaben zulässig. Für Organismen der Risikogruppe 2 sind die Transportbedingungen jeweils genauestens zu ermitteln. Für den Transport verantwortlich ist derjenige, der die GVO an einen Dritten zum Zwecke des Transports abgibt.

---

[83] Verordnung über das Arbeiten mit Tierseuchenerregern (Tierseuchenerreger-Verordnung, TierSEVO) v. 25. November 1985 (BGBl. I S. 2123), zul. geänd. durch V v. 17. April 2014 (BGBl. I S. 388).

[84] Gesetz über den Verkehr mit Arzneimitteln (Arzneimittelgesetz, AMG) i.d.F. d. Bek. v. 12. Dezember 2005 (BGBl. I S. 3394), zul. geänd. durch G v. 4. Mai 2017 (BGBl. I S. 1050).

[85] Gesetz über die Beförderung gefährlicher Güter (Gefahrgutbeförderungsgesetz, GGBefG) i.d.F. d. Bek. v. 7. Juli 2009 (BGBl. I S. 1774, ber. S. 3975), zul. geänd. durch G v. 26. Juli 2016 (BGBl. I S. 1843).

1.4 Zuständigkeitsverteilung zwischen Bund und Ländern

Die Zuständigkeit für Tätigkeiten, die unter das Gentechnikgesetz fallen, ist nicht einheitlich entweder Bundesbehörden oder Landesbehörden zugewiesen.

Grob kann man sagen, dass sich der Bund für Verfahren zur Freisetzung und für das Inverkehrbringen von GVO selbst die Zuständigkeit vorbehalten hat. Dementsprechend ist für die Genehmigung von Freisetzungen und für die Genehmigung für das Inverkehrbringen von GVO das Bundesamt für Verbraucherschutz und Lebensmittelsicherheit (BVL) als Bundesoberbehörde zuständig. Nur wenn es darum geht, nach einer erteilten Genehmigung die Tätigkeit bei Freisetzungen und beim Inverkehrbringen zu überwachen, bleiben die Landesbehörden als Überwachungsbehörden zuständig.

Demgegenüber werden die Aufgaben im Bereich von gentechnischen Anlagen und gentechnischen Arbeiten von den nach Landesrecht zuständigen Stellen wahrgenommen. Insofern regelt § 31 GenTG, dass die nach Landesrecht zuständigen Stellen die Zuständigkeit der für die Ausführung des Gentechnikgesetzes zuständigen Behörden bestimmen. Das Gentechnikgesetz selbst geht davon aus, dass für den Bereich von gentechnischen Arbeiten in gentechnischen Anlagen zum einen Zulassungen erteilt werden müssen und zum anderen die Tätigkeit in den Anlagen zu überwachen ist. Dabei ist es in den Bundesländern sehr unterschiedlich geregelt, ob beide zuvor genannten Aufgaben durch eine Behörde wahrgenommen werden (z. B. in Sachsen-Anhalt) oder ob dafür mehrere Behörden zuständig sind (z. B. in Nordrhein-Westfalen). Diese Frage ist nur auf den ersten Blick für die Verantwortlichen in einem Genlabor nicht von Bedeutung. Bei genauerer Betrachtung gilt es aber auch hier, Fehler unbedingt zu vermeiden. So ist etwa in den Bundesländern, die zweistufig organisiert sind, unbedingt darauf zu achten, dass Zulassungsanträge auch an die Zulassungsstelle adressiert werden. Hier hat es in Nordrhein-Westfalen in zurückliegender Zeit durchaus Schwierigkeiten gegeben. Wendet sich nämlich der Verantwortliche in einem Genlabor mit der Frage der Zulassung ausschließlich an die Revisions- oder Überwachungsbehörde, so läuft er Gefahr, von der Zulassungsbehörde eine Untersagungsverfügung zu erhalten, wenn er den Zulassungsantrag zuvor nicht bei der Zulassungsstelle gestellt hat. Dies zeigt bereits, dass auch die Frage, an wen sich der Betreiber einer gentechnischen Anlage tatsächlich wenden muss, von großer Bedeutung ist (Kap. 14).

Anwendungsbereich

2

Petra Kauch

Die Regelungen des Gentechnikgesetzes (GenTG) gelten nur dann, wenn dessen Anwendungsbereich tatsächlich eröffnet ist. Dabei ist zu beachten, dass manche Regelungsgegenstände vom Gentechnikgesetz vollständig ausgenommen werden (Abschn. 2.1), während andererseits der Anwendungsbereich des Gentechnikgesetzes positiv definiert wird (Abschn. 2.2). Es sollen zunächst die Technologiebereiche dargestellt werden, für die das Gentechnikgesetz keine Anwendung findet, die also nicht unter dieses Gesetz fallen. Danach werden die Bereiche erörtert, für die die Vorschriften des Gentechnikgesetzes insgesamt gelten.

2.1 Im Gentechnikgesetz nicht erfasste Technologiebereiche

Es lassen sich insgesamt drei Technologiebereiche ausmachen, in denen gentechnische Verfahren zur Anwendung kommen, für die das Gentechnikgesetz aber keine Anwendung

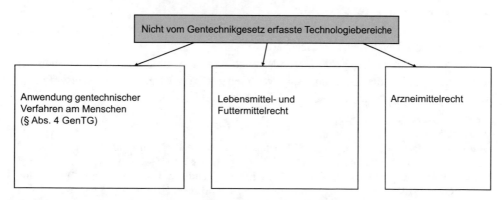

Abb. 2.1 Nicht vom GenTG erfasste Technologiebereiche

© Springer-Verlag GmbH Deutschland, ein Teil von Springer Nature 2019
K. Bender und P. Kauch, *Gentechnisches Labor – Leitfaden für Wissenschaftler*,
https://doi.org/10.1007/978-3-642-34694-1_2

findet (Abb. 2.1). Dabei ist nur einer der Technologiebereiche ausdrücklich im Gentechnikgesetz genannt. So gilt das Gentechnikgesetz nach § 2 Abs. 3 GenTG nicht für die Anwendung von GVO am Menschen (Abschn. 2.1.1). Die anderen Technologiebereiche, für die das Gentechnikgesetz im Hinblick auf das Inverkehrbringen keine Anwendung findet, sind das Lebensmittelrecht (Abschn. 2.1.2) und das Arzneimittelrecht (Abschn. 2.1.3). Die beiden letzten Technologiebereiche sind vom Gentechnikgesetz nicht ausdrücklich ausgenommen. Der Ausschluss ergibt sich vielmehr dadurch, dass in diesen Bereichen für das Inverkehrbringen unmittelbar auf europäisches Recht – nämlich auf die unmittelbar geltenden europarechtlichen Verordnungen – zurückgegriffen werden muss. Insofern gilt ein Vorrang des europäischen Rechts.

2.1.1 Die Anwendung von GVO am Menschen

Die Anwendung von GVO am Menschen („rote Gentechnik")[1] wurde bereits 1993 aus dem Anwendungsbereich des Gentechnikgesetzes ausgeklammert. Der Ausschluss des Menschen vom Geltungsbereich des Gentechnikgesetzes gegenüber zum Beispiel der Anwendung beim Tier spiegelt die besondere Bedeutung des Menschen wider. Systematisch lässt sich sagen, dass das Gentechnikrecht in diesem Punkt einerseits in stoffliches Umwelt-Gentechnikrecht und andererseits in den Bereich der Humangenetik auseinanderfällt. Damit werden die vorbeugende Krankheitsbekämpfung, die Gendiagnostik und die somatische Gentherapie bei Anwendung von GVO nicht dem Anwendungsbereich des Gentechnikgesetzes unterstellt. Auch die gentechnologischen Tätigkeiten, die dem Embryonenschutzgesetz und dem Stammzellgesetz unterliegen, werden vom Gentechnikgesetz nicht erfasst.

Geht es um die Anwendung von GVO am Menschen,[2] so ist dieser Regelungsbereich in erster Linie dem Gendiagnostikgesetz, dem Embryonenschutzgesetz und dem Stammzellgesetz zuzuordnen (Abb. 2.2).

Gendiagnostikgesetz
Soweit es um die Bereiche der Genforschung und der Genomanalyse geht, werden diese weitgehend vom Gendiagnostikgesetz[3] erfasst.[4]

Bei der **Genforschung** geht es grundsätzlich darum, Strukturen und Funktionen der einzelnen Gene und das Zusammenspiel von Genen für den Organismus herauszufinden. Bereits im Jahre 2000 wurden sehr weit reichende Erfolge bei der Entschlüsselung des

---

[1] Erbguth/Schlacke (2014), Umweltrecht, § 14 Rdnr. 1.
[2] Zur Humangenetik vgl. ferner Fenger in Spickhoff, Medizinrecht, 2. Auflage, München 2014, § 2 GenTG Rdnr. 4 (zit. im Folgenden: Spickhoff/Fenger (2014), § GenTG Rdnr.).
[3] Gesetz über genetische Untersuchungen bei Menschen (Gendiagnostikgesetz, GenDG) v. 31. Juli 2009 (BGBl. I S. 2529, 3672), zul. geänd. durch G v. 4. November 2016 (BGBl. I S. 2460).
[4] Genenger, Das neue Gendiagnostikgesetz, NJW 2010, S. 113 ff.; Kern (2012), Gendiagnostikgesetz, Kommentar, München 2012; Ronellenfitsch, Genanalysen und Datenschutz, NJW 2006, 321.

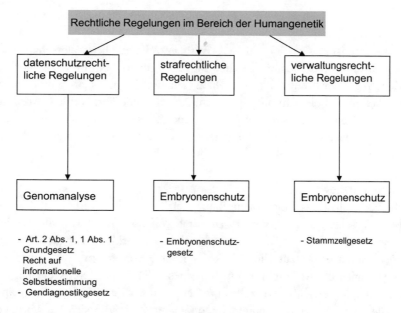

Abb. 2.2 Rechtliche Regelungen im Bereich der Humangenetik

menschlichen Genoms erzielt. Die **Genomanalyse** ermöglicht gentechnische Untersuchungen zur Feststellung der Abstammung und Aufschlüsse über zu erwartende Gesundheitsbeeinträchtigungen aufgrund der Entschlüsselung des menschlichen Genoms. Sie ist für den Bereich der Fortpflanzung unter Ausschluss von erblich bedingten Krankheiten und die Abstammungsfeststellung wichtig. Allerdings haben auch Arbeitgeber und Krankenkassen große Erwartungen an die Genomanalyse, lassen sich doch für den Bereich von Eignungsuntersuchungen bei Beschäftigungsverhältnissen oder für den Bereich von Versicherungsverträgen bei Kranken- und Lebensversicherungen aus der Genomanalyse wichtige Erkenntnisse ableiten. Die Bereiche der Genomforschung und der Genomanalyse sind im GenDG geregelt. Beim GenDG handelt es sich um datenschutzrechtliche Regelungen. Grundlegender Gedanke des GenDG ist das Recht auf informationelle Selbstbestimmung, das im Grundgesetz bereits durch Art. 2 Abs. 1 und Art. 1 Abs. 1 GG sichergestellt wird. Das **Recht auf informationelle Selbstbestimmung** beinhaltet, dass jeder über seine personenbezogenen Daten selbst verfügen und bestimmen kann. Personenbezogene Daten können an einen Dritten nur mit der ausdrücklichen Zustimmung des Betroffenen weitergegeben werden. Vor diesem Hintergrund hat die Weitergabe von Ergebnissen einer Genomanalyse an Arbeitgeber oder Krankenkassen durch das Gendiagnostikgesetz keine Öffnung erfahren. Beim Abschluss eines Versicherungsvertrags dürfen weder die Durchführung einer genetischen Untersuchung noch Auskünfte über bereits durchgeführte Untersuchungen verlangt werden. Lediglich bei einer bereits vorgenommenen genetischen Untersuchung müssen zur Vermeidung von Missbräuchen die Ergebnisse vorgelegt werden, wenn eine Versicherung mit einer sehr hohen Versicherungssumme abgeschlossen werden soll. Auch im Arbeitsrecht sind genetische Untersuchungen auf Verlangen des Arbeitgebers verboten.

Positiv geregelt ist im GenDG einzig das Verbot des heimlichen Vaterschaftstests. Für die Genomanalyse wird die rechtswirksame Einwilligung der betroffenen Person vorausgesetzt. Zudem gilt ein strenger Arztvorbehalt. Genetische Untersuchungen zu medizinischen Zwecken dürfen deshalb nur von einem Arzt durchgeführt werden. Ausdrücklich geschützt ist im GenDG das Recht auf Wissen und das Recht auf Nichtwissen des Patienten. Die Weitergabe von Ergebnissen einer Genomanalyse darf nur mit ausdrücklicher Zustimmung des Patienten erfolgen.[5]

Embryonenschutzgesetz

Darüber hinaus enthält das Embryonenschutzgesetz[6] zahlreiche Verbote im Zusammenhang mit der Forschung an Embryonen.[7] Das Embryonenschutzgesetz zählt allerdings zu den Strafgesetzen. Es stellt die Einflussnahme auf das menschliche Erbgut unter Strafe.

Zunächst einmal ist festzustellen, dass das ESchG von einem sehr weiten **Begriff des Embryos** ausgeht. Als Embryo im Sinne des ESchG gilt bereits die befruchtete, entwicklungsfähige menschliche Eizelle vom Zeitpunkt der Kernverschmelzung an.[8] Ferner wird jede einem Embryo entnommene totipotente Zelle, die sich bei Vorliegen der dafür erforderlichen weiteren Voraussetzungen zu teilen und zu einem Individuum zu entwickeln vermag, erfasst.[9] Mit diesem weiten Embryobegriff soll der uneingeschränkte Schutz menschlicher Embryonen sichergestellt werden. Den Forschern ist damit jedweder Zugriff auf entwicklungsfähige Zellen verboten. Dementsprechend stehen alle Handlungen, mit denen Einfluss auf den Embryo genommen werden kann, unter Strafe. Dies gilt insbesondere für die verbrauchende Erforschung von totipotenten Stammzellen sowie diejenigen Handlungen, die im Gesetz ausdrücklich genannt sind, etwa für die missbräuchliche Verwendung (Veräußerung, Erwerb oder Verwendung) menschlicher Embryonen, die verbotene Geschlechterwahl, die Präimplantationsdiagnostik, die künstliche Veränderung menschlicher Keimbahnzellen – und damit auch die Keimbahntherapie –, das Klonen sowie die Chimären- und Hybridbildung. Soweit Arbeiten unter das ESchG fallen, ist die Tätigkeit strafbar. Eine Möglichkeit, für diese Tätigkeiten eine Erlaubnis zu erhalten, etwa nach dem Gentechnikgesetz, besteht nicht.

Die **Präimplantationdiagnostik (PID)** war lange Zeit umstritten. Mit der PID kann nach einer künstlichen Befruchtung im Reagenzglas ein Gentest am Embryo durchgeführt werden, bevor dieser in die Gebärmutter eingepflanzt wird. In der Regel werden

---

[5] Zu den Grundlagen der Gendiagnostik vgl. Begemann (diss.), Der Zufallsfund im Medizin- und Gendiagnostikrecht, S. 28 ff., Berlin 2015.

[6] Gesetz zum Schutz von Embryonen (Embryonenschutzgesetz, ESchG) v. 13. Dezember 1990 (BGBl. I S. 2746), zul. geänd. durch G v. 21. November 2011 (BGBl. I S. 2228).

[7] Günther/Kaiser/Taupitz, Kommentar zum Embryonenschutzgesetz, München 2008; vgl. auch Kauch (2009), Gentechnikrecht, S. 14 ff.

[8] § 8 Abs. 1 S. 1 ESchG.

[9] § 8 Abs. 1 S. 2 ESchG.

dabei befruchtete Eizellen mit einem bestimmten genetischen Defekt ausgesondert. In die Gebärmutter eingepflanzt werden nur diejenigen befruchteten Eizellen, bei denen nachgewiesenermaßen der genetische Defekt nicht vorhanden ist. Lange Zeit hat man die PID grundsätzlich als mit dem ESchG nicht vereinbar angesehen. Es sollte sich um eine missbräuchliche Verwendung menschlicher Embryonen handeln, die unter Strafe verboten war. Auf der Grundlage einer Entscheidung des Bundesgerichtshofs (BGH)[10] wurde diese Sichtweise revidiert. Der BGH hat in diesem Zusammenhang festgestellt, dass die PID bei Vorliegen besonders schwerer Erbkrankheiten rechtlich zulässig und der sie vornehmende Mediziner mithin nicht strafbar ist. Daraufhin wurde die Zulässigkeit der PID ausdrücklich für bestimmte Fälle in § 3a Abs. 2 ESchG aufgenommen.

Die **Keimbahntherapie** wird ebenfalls als strafbewehrt unter dem ESchG angesehen. Ziel der Keimbahntherapie ist es, Krankheiten unter Ausnutzung gentechnischer Prinzipien zu verhüten oder zu behandeln. Bei der Keimbahntherapie wird durch einen genetischen Eingriff an Zellen der Keimbahnen, insbesondere bei Ei- oder Samenzellen, in das Erbgut des Embryos eingegriffen und in einem Frühstadium bewirkt, dass die vorgenommene Veränderung der Erbinformationen an alle Nachkommen des Betreffenden weitergegeben werden. Die Keimbahntherapie unterfällt § 5 ESchG und ist damit verboten. Danach wird bestraft, wer die Erbinformationen einer menschlichen Keimbahnzelle künstlich verändert. Ebenso wird bestraft, wer eine menschliche Keimzelle mit künstlich veränderten Erbinformationen zur Befruchtung verwendet. Lediglich in den Fällen, in denen eine künstliche Veränderung der Erbinformation einer außerhalb des Körpers befindlichen Keimzelle stattfindet, ist dies straflos, wenn ausgeschlossen ist, dass diese zur Befruchtung verwendet wird. Gleiches gilt für die künstliche Veränderung der Erbinformation einer sonstigen körpereigenen Keimbahnzelle, die einer toten Leibesfrucht, einem Menschen oder einem Verstorbenen entnommen wurde, wenn ausgeschlossen ist, dass diese auf ein Embryo, einen Fötus oder Menschen übertragen wird oder aus ihr eine Keimzelle entsteht. Auch Impfungen, strahlen-, chemotherapeutische oder andere Behandlungen, mit denen eine Veränderung der Erbinformation von Keimbahnen nicht beabsichtigt ist, sind nicht von dem Verbot erfasst.

Die **somatische Gentherapie**[11] ist ein Behandlungsverfahren, bei dem gestörte Funktionen in Körperzellen des Menschen mithilfe gentechnischer Methoden korrigiert werden. Ein Teil der Körperzellen wird „umprogrammiert", um zum Beispiel dem Körper eine bestimmte, vorher ausgefallene Funktion wiederzugeben.[12] Dabei werden in der somatischen Gentherapie zur Übertragung des genetischen Materials zwei Verfahren unterschieden: das Einbringen von genetischem Material in vivo direkt am Patienten und das Einbringen von genetischem Material ex vivo in isolierte und kultivierte Körperzellen des Menschen. Danach werden die gentechnisch veränderten Zellen auf den Menschen

---

[10] BGH, Urt. v. 6. Juli 2010 – 5 StR 376/09 –, NJW 2010, 2672 ff.
[11] Vgl. dazu auch Cichutek in Eberbach/Lange/Ronellenfitsch, Recht der Gentechnik und Biotechnik, Loseblattsammlung, Stand 1997, Fn. 96, Band IV, Ziff. A.II (zit.im Folgenden: Eberbach/Lange/Ronellenfitsch, Gentechnikrecht, § Rdnr.).
[12] Vgl. LAG-Gentechnik, zu § 2 Abs. 3 GenTG.

übertragen. Im Ergebnis gilt, dass für beide Verfahren gentechnische Arbeiten im Sinne des GenTG durchzuführen sind. Das genetische Material wird in vitro isoliert, kloniert und insbesondere bei der Verwendung viraler Vektoren für den Gentransfer in entsprechende Gentransfervektoren übertragen. Die gentechnisch hergestellten Vektoren können erst dann für eine In-vivo- (zum Beispiel adenovirale Vektor) oder auch Ex-vivo-Therapie (z. B. retroviraler Vektoren) verwendet werden. Insoweit die somatische Gentherapie die unmittelbare Anwendung am Menschen betrifft, ist sie nach der Begründung des Gesetzentwurfs zur Änderung des GenTG vom Anwendungsbereich des GenTG ausgenommen.[13] Die In-vitro-Teilabschnitte des Verfahrens, die der unmittelbaren Anwendung von gentechnisch veränderten Mikroorganismen am Menschen vorausgehen oder folgen können, sind aus dem Anwendungsbereich des Gesetzes nicht ausgenommen. Somit unterliegen alle Vorarbeiten sowohl zur In-vivo- als auch zur Ex-vivo-Behandlung dem GenTG.

Die Entsorgung von GVO, die zuvor am Menschen angewandt wurden, stellt eine gentechnische Arbeit dar. Die nur kurzfristige Aufbewahrung der GVO in der medizinischen Behandlungseinrichtung vor der Übertragung auf den Patienten soll nach Auffassung der Bund/Länder-Arbeitsgemeinschaft Gentechnik (LAG) kein Lagern im Sinne des Gentechnikgesetzes sein. Erfolgte die gentechnische Veränderung der menschlichen Körperzellen außerhalb der Klinik, in welcher die gentechnisch veränderten Körperzellen einem Patienten übertragen werden sollen, ist für die Abgabe von GVO keine Genehmigung zum Inverkehrbringen i. S. d. § 3 Nr. 6 S. 1 GenTG erforderlich. Im Einzelfall könne auch der PL, der die GVO hergestellt hat, Verantwortung für den sachgerechten Umgang mit den GVO bis zur Übertragung auf den Menschen behalten. Hierbei müssten Vereinbarungen zwischen PL und behandelndem Arzt zur klaren Abgrenzung der Verantwortungsbereiche getroffen werden.

Vor diesem Hintergrund wird gefordert, dass für humangenetische Verfahren ein Gentherapiegesetz als Ordnungsrahmen geschaffen werden soll.

Stammzellgesetz

Das Stammzellgesetz (StZG)[14] ermöglicht seit dem Jahre 2002 die Einfuhr und die Verwendung menschlicher embryonaler Stammzellen.[15] Bildlich gesprochen öffnet das StZG damit erstmals die Tür zu Arbeiten mit Stammzellen einen Spalt breit, so dass jedenfalls zu Forschungszwecken embryonale Stammzellen eingeführt und verwendet werden dürfen.[16]

---

[13] BT-Drs. 12/5145 S. 11.
[14] Gesetz zur Sicherstellung des Embryonenschutzes im Zusammenhang mit Einfuhr und Verwendung menschlicher embryonaler Stammzellen (Stammzellgesetz, StZG) v. 28. Juni 2002 (BGBl. I S. 2277), zul. geänd. durch G v. 29. März 2017 (BGBl. I S. 626).
[15] Vgl. auch Kauch (2009), Gentechnikrecht, S. 17 ff.
[16] Grundlegend Faltus (2010), Handbuch Stammzellenrecht – Ein rechtlicher Praxisfaden für Naturwissenschaftler, Ärzte und Juristen, Halle-Wittenberg.

Im Gegensatz zum Embryonenschutzgesetz ist der Begriff des Embryos im Stammzellgesetz etwas weiter gefasst. Danach ist ein Embryo jede menschliche totipotente Zelle, die sich bei Vorliegen der dafür erforderlichen weiteren Voraussetzungen zu teilen und zu einem Individuum zu entwickeln vermag.[17] Das Stammzellgesetz gilt für die Einfuhr von embryonalen Stammzellen und für ihre Verwendung, wenn sich die Stammzellen im Inland befinden.[18] Der letzte Halbsatz soll klarstellen, dass sich die Geltung des Stammzellgesetzes insgesamt auf das Inland beschränkt.

Die Einfuhr und die Verwendung embryonaler Stammzellen werden auch nach dem Stammzellgesetz zunächst als grundsätzlich verboten betrachtet und unter Strafe gestellt.[19] Lediglich zu Forschungszwecken können die Einfuhr und die Verwendung embryonaler Stammzellen ausnahmsweise dann erlaubt werden, wenn zur Überzeugung der Genehmigungsbehörde feststeht, dass die embryonalen Stammzellen in Übereinstimmung mit der Rechtslage im Herkunftsland dort vor dem 1. Mai 2007 gewonnen wurden und in Kultur gehalten oder im Anschluss daran kryokonservativ gelagert werden (embryonale Stammzelllinie). Voraussetzung ist zudem, dass die Embryonen, aus denen sie gewonnen wurden, im Wege der medizinisch unterstützten extrakorporalen Befruchtung zum Zwecke der Herbeiführung einer Schwangerschaft erzeugt worden sind, die endgültig nicht mehr für diesen Zweck verwendet wurden, und keine Anhaltspunkte dafür vorliegen, dass dies aus Gründen erfolgte, die an den Embryonen selbst liegen. Letztlich darf für die Überlassung der Embryonen zur Stammzellgewinnung kein Entgelt oder sonstiger geldwerter Vorteil gewährt oder versprochen worden sein.[20]

Liegen die vorgenannten Voraussetzungen vor, kann beim Robert-Koch-Institut (RKI) als zuständige Behörde eine Genehmigung beantragt werden. Die Genehmigung ist zu versagen, wenn die Gewinnung der embryonalen Stammzellen offensichtlich im Widerspruch zu tragenden Grundsätzen der deutschen Rechtsordnung erfolgt ist.[21] Dabei muss das Forschungsvorhaben ethisch vertretbar sein. Zudem dürfen Forschungsarbeiten an embryonalen Stammzellen nur durchgeführt werden, wenn wissenschaftlich begründet dargelegt ist, dass sie hochrangigen Forschungszielen für den wissenschaftlichen Erkenntnisgewinn im Rahmen der Grundlagenforschung oder für die Erweiterung medizinischer Kenntnisse bei der Entwicklung diagnostischer, präventiver oder therapeutischer Verfahren zur Anwendung bei Menschen dienen. Zudem ist Voraussetzung, dass nach dem anerkannten Stand von Wissenschaft und Technik die im Forschungsvorhaben vorgesehenen Fragestellungen so weit wie möglich bereits in In-vitro-Modellen bei tierischen Zellen oder in Tierversuchen vorgeklärt wurden und der mit dem Forschungsvorhaben angestrebte wissenschaftliche Erkenntnisgewinn sich voraussichtlich nur mit embryonalen Stammzellen

---

[17] § 3 Nr. 4 StZG.
[18] § 2 StZG.
[19] § 1 Nr. 1 i. V. m. § 4 Abs. 1 StZG.
[20] § 4 Abs. 2 Nr. 1 StZG.
[21] § 4 Abs. 3 StZG.

erreichen lässt.[22] Dies setzt regelmäßig einen sehr ausführlich begründeten Antrag voraus.[23]

Das Verfahren zur Erteilung einer Genehmigung ist in § 6 StZG näher abgebildet. Es setzt zunächst einen Antrag auf Genehmigung an RKI voraus. Dieses prüft die Voraussetzungen von §§ 4 Abs. 2, 5 StZG. Alsdann wird eine Stellungnahme der Zentralen Ethik-Kommission für Stammzellenforschung (ZES) eingeholt.

Unterfällt die Arbeit dem Stammzellgesetz, so ist die Zulassung nach §§ 4 Abs. 2, 5 StZG abschließend. Das StZG gilt insoweit im Verhältnis zum GenTG als das speziellere Gesetz.

2.1.2 Das Lebensmittelrecht

Für gentechnisch veränderte Lebens- und Futtermittel sowie neuartige Lebensmittel und neuartige Lebensmittelzutaten gelten weitgehend europarechtliche Verordnungen. Es handelt sich dabei um folgende Verordnungen:

- Lebens- und Futtermittelverordnung[24]
- Novel-Food-Verordnung[25]
- Kennzeichnungsverordnung[26]
- Verbringungsverordnung[27]

---

[22] § 5 Nr. 2 StZG.

[23] Vgl. dazu Kauch (2009), Gentechnikrecht, S. 20.

[24] Verordnung (EG) Nr. 1829/2003 des Europäischen Parlaments und des Rates v. 22. September 2003 über gentechnisch veränderte Lebens- und Futtermittel (Lebens- und Futtermittelverordnung) (ABl. EG Nr. L 268 v. 18. Oktober 2003, S. 1), zul. geänd. durch VO (EG) 298/2008 v. 11. März 2008 (ABl. EG Nr. L 97 S. 64).

[25] Verordnung (EG) Nr. 258/97 des Europäischen Parlaments und des Rates v. 27. Januar 1997 über neuartige Lebensmittel und neuartige Lebensmittelzutaten (Novel-Food-Verordnung, NFVO) (ABl. EG Nr. L 43, v. 14. Februar 1997, S. 1) zul. geänd. durch VO (EU) 2015/2283 v. 25. November 2015 (ABl. EU Nr. L 327 S. 1), wird am 1. Januar 2018 aufgehoben durch VO (EU) 2015/2283 des Europäischen Parlaments und des Rates v. 25. November 2015 über neuartige Lebensmittel, zur Änderung der VO (EU) Nr. 1169/2011 des Europäischen Parlaments und des Rates und zur Aufhebung der VO (EG) Nr. 258/97 des Europäischen Parlaments und des Rates und der VO (EG) Nr. 1852/2001 der Kommission.; vgl. dazu Meyer (2002) Gen Food, Novel Food; Groß, Die Produktzulassung von Novel Food, Berlin 2001.

[26] Verordnung (EG) Nr. 1830/2003 des Europäischen Parlaments und des Rates v. 22. September 2003 über die Rückverfolgbarkeit und Kennzeichnung von gentechnisch veränderten Organismen und über die Rückverfolgbarkeit von aus gentechnisch veränderten Organismen hergestellten Lebens- und Futtermitteln sowie zur Änderung der Richtlinie 2001/18/EG (Kennzeichnungsverordnung) (ABl. EG Nr. L 268 v. 18. Oktober 2003, S. 24), geänd. durch VO (EG) 1137/2008 v. 22. Oktober 2008 (ABl. EG Nr. L 311 S. 1).

[27] Verordnung (EG) Nr. 1946/2003 des Europäischen Parlaments und des Rates v. 15. Juli 2003 über grenzüberschreitende Verbringung gentechnisch veränderter Organismen (Verbringungsverordnung) (ABl. EG Nr. L 287 v. 5. November 2003, S. 1).

- Erkennungsmarkerverordnung[28]
- Verordnung über zusätzliche Angaben[29]
- Etikettierungsverordnung[30]

Die materiellen Anforderungen an das Inverkehrbringen und das Verfahren zum Inverkehrbringen von Lebens- und Futtermitteln sowie neuartigen Lebensmitteln werden durch die Lebensmittel- und Futtermittelverordnung der EU und nicht durch das GenTG festgelegt. Auch die Durchführungsvorschriften zur Lebensmittel und Futtermittelverordnung der EU finden sich nicht im GenTG, sondern im EG-Gentechnik-Durchführungsgesetz. Das GenTG wird im Bereich von Lebens- und Futtermitteln daher im Wesentlichen durch vorrangige Vorschriften des Europarechts verdrängt. Seine Begründung findet dies in dem Umstand, dass Lebens- und Futtermittel sowie neuartige Lebensmittel und Lebensmittelzutaten im gesamten europäischen Raum verkehrsfähig sein müssen. Dies macht rechtliche Regelungen erforderlich, die gleichermaßen in allen Mitgliedstaaten gelten. Zudem bedarf es eines Verfahrens, das aus jedem Mitgliedstaat heraus betrieben und europaweit gleich organisiert ist. Diese Voraussetzungen sind nur dann erfüllt, wenn die EU dazu Verordnungen erlässt, die in den Mitgliedstaaten unmittelbare Geltung haben. Mithin wird auf der Grundlage des oben beschriebenen Pakets an europarechtlichen Verordnungen sichergestellt, dass ein Lebensmittel in einem europaweiten Verfahren in jedem Mitgliedstaat nach den gleichen Grundsätzen und unter gleichen Voraussetzungen zur Zulassung in der EU beantragt werden kann.

2.1.3   Das Arzneimittelrecht

Die Herstellung eines GVO-haltigen Arzneimittels ist stets eine gentechnische Arbeit. Sie darf nur in einer gentechnischen Anlage durchgeführt werden. Beides untersteht dem GenTG.[31] Das Inverkehrbringen[32] von Arzneimitteln, die mithilfe von Gentechnik pro-

---

[28] Verordnung (EG) Nr. 65/2004 der Kommission v. 14. Januar 2004 über ein System für die Entwicklung und Zuweisung spezifischer Erkennungsmarker für gentechnisch veränderte Organismen (Erkennungsmarkerverordnung) (ABl. EG Nr. L 10 v. 16. Januar 2004, S. 5).

[29] Verordnung (EG) Nr. 49/2000 der Kommission v. 10. Januar 2000 zur Änderung der Verordnung (EG) Nr. 1139/98 des Rates über Angaben, die zusätzlich zu den in der Richtlinie 79/112/EWG aufgeführten Angaben bei der Etikettierung bestimmter aus gentechnisch veränderten Organismen hergestellter Lebensmittel vorgeschrieben sind (ABl. EG Nr. L 6 v. 11. Januar 2000, S. 13).

[30] Verordnung (EG) Nr. 50/2000 der Kommission v. 10. Januar 2000 über die Etikettierung von Lebensmitteln und Lebensmittelzutaten, die gentechnisch veränderte oder aus gentechnisch veränderten Organismen hergestellte Zusatzstoffe und Aromen enthalten (Etikettierungsverordnung) (ABl. EG Nr. L 6 v. 11. Januar 2000, S. 15), geänd. durch VO (EG) 1829/2003 v. 22. September 2003 (ABl. EG Nr. L 268 S. 1).

[31] Zu gentechnikrechtlichen Besonderheiten im Arzneimittelrecht vgl. Bakhschai in Fuhrmann/Klein/Fleischfresser (Hrsg.), Arzneimittelrecht Handbuch für die pharmazeutische Praxis, 2. Auflage, Berlin, Bonn und Köln 2014, § 34.

[32] Vgl. Bakhschai (diss.), Der Begriff des Inverkehrbringens im Arzneimittelgesetz, Berlin 2014.

duziert wurden, unterfällt dagegen nicht dem GenTG. Diese werden von der Verordnung
(EG) Nr. 726/2004 über die zentrale Zulassung von Arzneimitteln[33] erfasst. Auch hier
gilt, dass das GenTG im Bereich des Arzneimittelrechts durch vorrangige Vorschriften
des Europarechts verdrängt wird. Zur Begründung kann auf die Erklärung zum Lebensmittelrecht verwiesen werden (Abschn. 2.1.2).

2.2 Im Gentechnikgesetz erfasste Technologiebereiche

Das Gentechnikgesetz gilt für gentechnische Anlagen, gentechnische Arbeiten, die Freisetzung von GVO und das Inverkehrbringen von Produkten, die GVO enthalten oder aus
solchen bestehen.[34] Dabei gelten auch Tiere als Produkte im Sinne des Gesetzes. Durch
die ausdrückliche Aufnahme von Tieren als Produkte soll sichergestellt werden, dass GVO
über tierische Produkte nicht ungenehmigt in die Nahrungskette gelangen können.[35]

Damit verfolgt das GenTG in Deutschland ein umfassendes Anlagen- und Tätigkeits-
konzept. Es werden alle Einrichtungen und Tätigkeiten mit GVO erfasst.[36] Nach dem
Willen des Gesetzgebers soll es keinen regelungsfreien Bereich beim Umgang mit GVO
geben.

Dabei folgt das GenTG zunächst einem Prinzip, dass man als **Schachtelprinzip** bezeichnen kann. Geht man von vier unterschiedlich großen Schachteln aus, die man inein-
anderstecken kann, so umfasst die jeweils größere Schachtel die jeweils kleineren. Übertragen auf die Begriffe „gentechnische Arbeiten", „gentechnische Anlagen", „Freisetzung" und „Inverkehrbringen" bedeutet dies, dass die kleinste Schachtel von der gentechnischen Arbeit gebildet wird. Die nächstgrößere Schachtel ist die gentechnische Anlage,
die ihrerseits die gentechnische Arbeit als kleinere Schachtel umschließt. Die drittgröß-
te Schachtel ist die Freisetzung, die ihrerseits gentechnische Arbeiten in gentechnischen
Anlagen umschließt. Die größte Schachtel wird gebildet durch das Inverkehrbringen, das
seinerseits die Freisetzung, die gentechnische Anlage und die gentechnische Arbeit umfasst. Dieses Verständnis von der Konstruktion des GenTG wird in unterschiedlichen
Vorschriften abgebildet, so etwa in § 3 Nr. 2b GenTG, wonach eine gentechnische Arbeit
dann nicht vorliegt, wenn eine Genehmigung für die Freisetzung oder das Inverkehrbringen zum Zwecke des späteren Ausbringens in die Umwelt erteilt wurde. In diesem Fall

---

[33] Verordnung (EG) Nr. 726/2004 des Europäischen Parlaments und des Rates v. 31. März 2004 zur
Festlegung von Gemeinschaftsverfahren für die Genehmigung und Überwachung von Human- und
Tierarzneimitteln und zur Errichtung einer Europäischen Arzneimittel-Agentur (ABl. EG Nr. L 136
v. 30. April 2004, S. 1), zul. geänd. durch VO (EU) 1027/2012 v. 25. Oktober 2012 (ABl. EU Nr.
L 316 S. 38).
[34] § 2 Abs. 1 GenTG.
[35] Zur Kennzeichnung von Lebensmitteln tierischer Herkunft vgl. Schipper (2015), Lebensmittelkennzeichnung im Lichte des wohlgeordneten Rechts, S. 276.
[36] Vgl. Kloepfer (2016), Umweltrecht, § 20 Rdnr. 15, 16; kritisch zum Anwendungsbereich des
GenTG Winter, ZUR 2015, 259 (265).

geht der Gesetzgeber davon aus, dass eine isolierte gentechnische Arbeit dann begrifflich nicht mehr vorliegt, wenn bereits eine Freisetzungs- oder eine Inverkehrbringensgenehmigung erteilt wurde. In diesem Fall nämlich geht die isolierte gentechnische Arbeit in der Freisetzung oder dem Inverkehrbringen auf. Gleiches gilt etwa in § 8 Abs. 1 S. 3 GenTG. Danach berechtigt die Genehmigung für die Errichtung und den Betrieb gentechnischer Anlagen auch zur Durchführung der im Genehmigungsbescheid genannten gentechnischen Arbeiten. Mithin wird also die kleinere Schachtel der gentechnischen Arbeit von der größeren Schachtel der gentechnischen Anlage in diesem Fall erfasst.

Soweit demgegenüber häufig vom **Step-by-Step-Prinzip** gesprochen wird, ist dies ein Prinzip, in welchem sich die Gentechnologie entwickelt. Betrachtet man die Entwicklung in der Gentechnologie nämlich historisch, so stellt man fest, dass in den ersten Jahren technologisch ausschließlich gentechnische Arbeiten in gentechnischen Anlagen durchgeführt wurden. Erst nachdem man über Erfahrungswissen im Bereich der geschlossenen Systeme verfügt hat, wurden auch Freisetzungen beantragt und durchgeführt. Gleiches gilt für Produkte mit GVO, die auf den Markt gebracht werden sollten. Auch in diesen Fällen erfolgten zunächst Forschungsarbeiten in geschlossenen Systemen, ehe die Produkte dann in den Markt eingeführt werden konnten. Dies zeigt deutlich, dass das Step-by-Step-Prinzip ein Prinzip ist, in dem sich eine Technologie entwickelt. Eine Verankerung im Gesetz dergestalt, dass zunächst vor einem Inverkehrbringen rechtlich zwingend die Freisetzung und die Entwicklung in einer Anlage vorausgegangen sein müssen, erfährt dieses Prinzip nicht.

Vor diesem Hintergrund soll im Folgenden geklärt werden, was unter den tragenden Begriffen der gentechnischen Arbeiten, der gentechnischen Anlagen, einer Freisetzung und des Inverkehrbringens zu verstehen ist. Nur wenn man weiß, was unter diese Begriffe

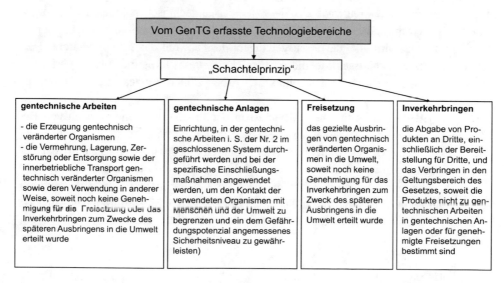

Abb. 2.3   Vom GenTG erfasste Technologiebereiche

fällt, wird auch erkennbar, welchen Bereichen das Gentechnikgesetz überhaupt in seinem Anwendungsbereich eröffnet wird. Alle vier Begriffe sind im Gesetz definiert (Abb. 2.3).

2.2.1 Gentechnische Arbeiten

Den Begriff der gentechnischen Arbeiten kann man § 3 Nr. 2 GenTG entnehmen. Danach liegen gentechnische Arbeiten bei der Erzeugung von GVO, aber auch bei der Vermehrung, Lagerung, Zerstörung oder Entsorgung sowie dem innerbetrieblichen Transport von GVO und deren Verwendung in anderer Weise vor.[37] Letzteres trifft nur insoweit zu, als noch keine Genehmigung für die Freisetzung oder das Inverkehrbringen zum Zwecke des späteren Ausbringens in die Umwelt erteilt wurde. Dieser letzte Zusatz steht – wie oben ausgeführt – für das Schachtelprinzip. Im Einzelnen sollen die Begriffe der Erzeugung von GVO im Zusammenhang mit praktischen Tätigkeiten mit GVO (Abschn. 6.1) erläutert werden. Hinzuweisen ist allerdings an dieser Stelle, dass der Begriff der gentechnischen Arbeit ausgesprochen weit gefasst wird. Er erfasst folglich den ganzen Ablauf beginnend mit der Erzeugung des GVO über die Vermehrung, eine eventuelle Lagerung, die Zerstörung und die abschließende Entsorgung des GVO. Auch der innerbetriebliche Transport gilt als gentechnische Arbeit. Innerbetrieblich ist der Transport in der gentechnischen Anlage, aber auch der Transport, der auf demselben Betriebsgelände stattfindet. Lediglich dann, wenn das Betriebsgelände verlassen wird, liegt ein innerbetrieblicher Transport, der als gentechnische Arbeit zu bewerten wäre, nicht mehr vor. Etwas anderes gilt nur, wenn der Transport in einer transportablen gentechnischen Anlage erfolgt.[38]

Was konkret unter den Begriff der gentechnischen Arbeit fällt, insbesondere dann, wenn es um die Erzeugung von GVO geht, ist nicht mehr gesetzlich geregelt. Zur Erklärung führt die LAG sinngemäß aus, dass zu einer gentechnischen Arbeit all diejenigen Arbeitsschritte zählen, die auf dem Weg zu einem bestimmten Experimentierziel zu durchlaufen sind.[39] Es wird also davon ausgegangen, dass sowohl das Experimentierziel als auch die einzelnen Arbeitsschritte, die zur Erreichung dieses Experimentierziels erforderlich sind, zu einer bestimmten gentechnischen Arbeit zählen. Beides ist demnach genau zu beschreiben.

Der Begriff der gentechnischen Arbeit ist in der Praxis insbesondere dann von Bedeutung, wenn es gilt, eine gentechnische Arbeit in den Formularen zu beschreiben, um eine Zulassung zu erwirken. Dabei ist bei der Beschreibung der gentechnischen Arbeit besondere Sorgfalt anzuwenden. Insofern muss sich derjenige, der die gentechnische Arbeit beschreibt, über zwei Aspekte im Klaren sein: Zum einen erlangt er eine Zulassung nur für die von ihm beschriebene Arbeit. Die beschriebene Arbeit bildet mithin den Korridor, in dem legal gearbeitet werden darf. Fasst man diesen Korridor also zu eng, etwa weil der

---

[37] § 3 Nr. 2a GenTG.
[38] Spickhoff/Fenger (2014) § 3 GenTG Rdnr. 4 m. w. N.
[39] Vgl. LAG-Gentechnik, zu § 3 Nr. 2 GenTG.

Zelltyp, mit dem gearbeitet wird, auf eine ganz bestimmte Zelllinie beschränkt wird, so darf nur mit dieser Zelllinie gearbeitet werden. Lassen sich die Zelltypen allerdings etwas weiter fassen, so wird deutlich, dass dadurch auch der Korridor, in dem legal gearbeitet werden kann, erweitert wird. Wurde zum anderen der Zelltyp von vornherein beschränkt und will der Verantwortliche dann gleichwohl mit einem anderen Zelltyp arbeiten, so wird er nicht umhinkommen, erneut zu prüfen, ob er für den geänderten Zelltypen nicht eine neue Zulassung beantragen muss. Vor diesem Hintergrund ist bei der Beschreibung der gentechnischen Arbeit besondere Sorgfalt geboten.

Nicht vom Geltungsbereich des GenTG werden bekannte biotechnologische Methoden erfasst, die aufgrund langer Erfahrungen als ungefährlich anzusehen sind, zum Beispiel das Gären, Säuern, Käsen sowie pflanzliche und tierische Vermehrungsprozesse (Abschn. 3.3).

Auch der **außerbetriebliche Transport** von GVO wird nicht vom Gentechnikgesetz erfasst. Die Beförderung von GVO von einer gentechnischen Anlage zu einer anderen Anlage – etwa einem weit entfernt gelegenen Autoklavenraum – bedarf eines speziellen Transport-Containments und unterfällt dem Gesetz über den Transport gefährlicher Güter.[40] Das Gleiche gilt für den Transport von GVO zwischen gentechnischen Anlagen eines Betreibers an unterschiedlichen Standorten („Insellösung").[41]

2.2.2   Gentechnische Anlagen

Der Begriff der gentechnischen Anlagekann § 3 Nr. 4 GenTG entnommen werden. Danach liegt eine gentechnische Anlage bei einer Einrichtung vor, in der gentechnische Arbeiten[42] in geschlossenen Systemen durchgeführt und spezifische Einschließungsmaßnahmen angewendet werden, um den Kontakt der verwendeten Organismen mit Menschen und der Umwelt zu begrenzen und ein dem Gefährdungspotential angemessenes Sicherheitsniveau zu gewährleisten. Allerdings definiert das GenTG den ebenso unbestimmten Begriff der Einrichtung nicht weiter. Hier ist eine Anleihe im Bundes-Immissionsschutzgesetz hilfreich. Denn auch dort findet der Begriff der Einrichtung in § 3 Abs. 5 Nr. 1 und Nr. 2 BImSchG zur Bestimmung einer immissionsschutzrechtlichen Anlage Erwähnung. Unterschieden wird dort in ortsfeste Einrichtungen und ortsveränderliche technische Einrichtungen. Überträgt man dies ins GenTG, so können gentechnische Anlagen ortsfeste Einrichtungen, also etwa Laboratorien, Tierbehausungen, Produktionsstätten oder Gewächshäuser, sein. Als ortsveränderliche technische Einrichtungen werden sicher auch umzäunte Weiden, Teiche, abgrenzbare Teile eines Flusses, Aquarien und selbst fahrbare Marktstände erfasst.[43]

---

[40] Spickhoff/Fenger (2014), § 3 GenTG Rdnr. 4.

[41] Hasskarl/Bakhschai, Deutsches Gentechnikrecht, 7. Auflage, Freiburg 2013, S. 73 m. w. N. in Fn. 166 (zit. im Folgenden: Hasskarl/Bakhschai (2013), Deutsches Gentechnikrecht).

[42] § 3 Nr. 2 GenTG.

[43] Vgl. dazu Kauch (2009), Gentechnikrecht, S. 79 m. w. N. in Fn. 69.

In der Praxis bedeutsam ist der Begriff der gentechnischen Anlage ebenfalls im Rahmen der Beantragung einer Zulassung für bestimmte Räumlichkeiten, in denen gentechnisch gearbeitet werden soll. Hier ist insbesondere zu berücksichtigen, dass auch Räumlichkeiten, in denen gelagert und entsorgt werden soll, nur in einer gentechnischen Anlage durchgeführt werden dürfen.[44] Denn auch die Lagerung und die Entsorgung stellen gentechnische Arbeiten dar.[45] Insoweit müssen auch Lagerräume und Entsorgungsräume als gentechnische Anlage in den Zulassungsformularen erfasst werden. Es empfiehlt sich insofern, die konkrete Reichweite einer gentechnischen Anlage in einem Gebäudeplan genau einzuzeichnen (Abschn. 3.1). In Gebäuden, die von unterschiedlichen Firmen genutzt werden, können Flure und Korridore sowie Treppenhäuser nur dann als gentechnische Anlage gelten, wenn diese bei der Beantragung mit zum Gegenstand der gentechnischen Anlage gemacht wurden. Lässt sich dies in der Praxis möglicherweise bei der Benutzung eines Gebäudes durch unterschiedliche Firmen nicht bewerkstelligen, so zählt ein Flur oder Korridor möglicherweise nicht mehr zum konkreten Betrieb. Dies wiederum hat zur Folge, dass ein außerbetrieblicher Transport vorliegt, sobald der eigentliche Laborraum verlassen wird.

2.2.3 Freisetzung

Auch der Begriff der Freisetzung ist legaldefiniert. Nach § 3 Nr. 5 GenTG liegt eine Freisetzung beim gezielten Ausbringen von GVO in die Umwelt insoweit vor, als noch keine Genehmigung für das Inverkehrbringen zum Zwecke des späteren Ausbringens in die Umwelt erteilt wurde. Liegt nämlich eine Genehmigung für das Inverkehrbringen zum Zwecke des späteren Ausbringens in die Umwelt vor, stellt das gezielte Ausbringen des GVO in die Umwelt keine erneute Freisetzung dar.

In der Vergangenheit war zunächst umstritten, wie denn der Begriff des gezielten Ausbringens zu verstehen sei. Dazu wurde vertreten, es handele sich um ein gezieltes Ausbringen, wenn es um eine bewusst durchgeführte und gewollte Aktion geht. Die positive Kenntnis müsse sich nur auf das Ausbringen, nicht auf die gentechnische Veränderung beziehen. Dementsprechend falle das unbeabsichtigte Entweichen – etwa im Rahmen eines Störfalls – nicht unter den Begriff der Freisetzung. Diese Auffassung wurde durch das Bundesverwaltungsgericht (BVerwG)[46] ausdrücklich bestätigt. Das BVerwG musste über einen Fall entscheiden, in dem ein Landwirt verunreinigtes Saatgut auf seinen Feldern ausgebracht hatte. Unter Heranziehung der entsprechenden Vorschrift aus der Freisetzungsrichtlinie führte das BVerwG aus, der Begriff „gezielt" finde im Europarecht keine Verwendung. Erfasst werden solle vielmehr jeglicher Fall, in dem GVO in die Umwelt gelangten. Ein gezieltes Ausbringen von GVO in die Umwelt setze lediglich voraus, dass diese Organismen durch eine willentliche Handlung in die Umwelt entlassen wurden; im Fall der Aussaat sei die Kenntnis der Verunreinigung des Saatguts hierfür nicht erforderlich.

---

[44] § 8 Abs. 1 S. 1 GenTG.
[45] § 3 Nr. 2 GenTG.
[46] BVerwG, Urt. v. 29. Februar 2012 – 7 C 8/11 –, NVwZ 2012, 1179 ff.

Des Weiteren kommt es bei der Freisetzung laut Oberverwaltungsgericht (OVG) Lüneburg auch nicht auf den Anteil der GVO in konventionellem Saatgut an. Enthält konventionell erzeugtes Saatgut unbestimmt viele gentechnisch veränderte Samen oder deren Nachkommen, so liegt eine Verunreinigung mit GVO vor. Ein Grenzwert existiert nicht.[47]

Auch innerhalb von gentechnischen Anlagen kann es dabei zu Freisetzungen kommen, insbesondere wenn etwa nicht vollständig und richtig autoklaviert wurde. In diesen Fällen sind möglicherweise noch GVO aktiv, die dann bewusst zur Entsorgung gegeben werden. Gelangen diese dadurch außerhalb der Anlage, kann der Begriff der Freisetzung erfüllt sein. Andererseits kennzeichnet die Freisetzung im Gegensatz zum Inverkehrbringen, dass der GVO nicht in die Hände Dritter gelangen soll.[48]

2.2.4   Inverkehrbringen

Der Begriff des Inverkehrbringens ergibt sich aus § 3 Nr. 6 GenTG. Danach liegt ein Inverkehrbringen bei der Abgabe von Produkten an Dritte, einschließlich der Bereitstellung für Dritte, und das Verbringen in den Geltungsbereich des Gesetzes vor, aber nur, insoweit die Produkte nicht für gentechnische Arbeiten in gentechnischen Anlagen oder für genehmigte Freisetzung bestimmt sind. Nicht als Inverkehrbringen gelten nach § 3 Nr. 6a GenTG der unter zollamtlicher Überwachung durchgeführte Transitverkehr und nach Nr. 6b die Bereitstellung für Dritte, die Abgabe sowie das Verbringen in den Geltungsbereich des Gesetzes zum Zweck einer genehmigten klinischen Prüfung. Durch § 3 Nr. 6b GenTG sollen der internationale und nationale Austausch von GVO zwischen Forschungseinrichtungen erleichtert werden.[49]

Auch der Begriff des Inverkehrbringens kann im Laborbereich deutlich schneller erfüllt werden, als dies auf den ersten Blick zu vermuten ist. Dies zeigt ein Fall, über den das OVG des Landes Nordrhein-Westfalen[50] zu entscheiden hatte. Im konkreten Fall wurde einem Landwirt die Weitergabe von Raps als Inverkehrbringen untersagt, weil sein Rapsfeld – bestellt mit konventionellem Raps – unmittelbar an ein Rapsfeld angrenzte, das mit gentechnisch verändertem Raps bestellt war. Im Rahmen der Blüte der Rapsfelder war es zu einer Kontamination seines Feldes gekommen. Im Verfahren hatte er angegeben, den Raps an einen anderen Landwirt verkaufen zu wollen. Darin sah das OVG ein Inverkehrbringen, also Abgabe von Produkten an Dritte. Im Laborbereich wird man von einem Inverkehrbringen dann ausgehen müssen, wenn etwa fehlerhaft autoklavierte Abfälle für einen Dritten – etwa Reinigungspersonal – zur Entsorgung bereitgestellt werden. Gleiches gilt, wenn die Abfälle selbst in entsprechende Entsorgungsbehältnisse außerhalb der Anlage zur Entsorgung verbracht werden.

---

[47] OVG Lüneburg, Urt. v. 27. Januar 2014 – 13 LC 101/12 –, Rdnr. 40, juris.
[48] BT-Drs. 11/5622 S. 24.
[49] Vgl. dazu Kauch (2009), Gentechnikrecht, S. 80.
[50] OVG Münster, B v. 31. August 2000 – 21 B 1125/00 –, NVwZ 2001, 110 ff.

Wichtige Begriffe für die Gentechnologie

3

Petra Kauch und Kirsten Bender

Gentechnische Arbeiten kennen Wissenschaftler schon lange bevor das Gentechnikgesetz den Begriff ins Gesetz aufgenommen hat. Grundlegende Bausteine, die heutige Verfahren in der Gentechnik erst möglich machen, wurden bereits in den 1960er Jahren entdeckt. So postulierte 1962 auf einem Kongress der Mikrobiologe Werner Arber Enzyme, die Desoxyribonukleinsäure (DNA) in Bakterien sequenzspezifisch zu spalten. Diese wurden später als DNA-Restriktionsendonukleasen[1] bekannt und machten die Kombination von Erbmaterial auch zwischen verschiedenen Spezies erst möglich. Hierdurch konnte sich die moderne Molekularbiologie wesentlich weiterentwickeln. Neben diesen Restriktionsenzymen, die mittlerweile selbst gentechnisch hergestellt und optimiert werden, war die Entdeckung der DNA-Ligasen ein weiterer Schritt in die Etablierung der Gentechnik. Denn die neu kombinierten DNA-Fragmente mussten wieder so zusammengefügt werden, dass sie in Pro- und Eukaryonten repliziert, transkribiert oder/und translatiert werden konnten. Hierzu wurden bereits in den 1970er Jahren DNA-Ligasen isoliert.[2] Die Komponenten, die für gentechnische Anwendungen benötigt wurden, gab es also schon lange bevor das GenTG in Deutschland in Kraft getreten ist. Die Entwicklung der modernen Molekularbiologie steht in direktem Zusammenhang mit ihrer breiten Anwendung in der Gentechnik. Dabei ist immer zu bedenken: Gentechnik ist die Neukombination von Erbmaterial, wie sie in der Natur nicht vorkommt, durch die letztlich ein gentechnisch veränderter Organismus (GVO) erzeugt wird. Diese Kombination findet also nicht durch natürliche Prozesse statt.[3] Es stellt sich also die Frage, ob eine Methode GenTG-relevant ist oder nicht. Natürlich vorkommende Organismen, sog. Wildtypen, so wie auch GVO können zudem für Arbeitnehmer, die Bevölkerung oder die Umwelt ein Risikopotential

---

[1] Vgl. Nathans D. und Smith H.O. (1975), Restriction endonucleases in the analysis and restructuring of dna molecules. Annu Rev Biochem 44; 273–93.

[2] Vgl. Gellert M. und Bullock ML. (1970), DNA ligase mutants of Escherichia coli. Proc Natl Acad Sci USA. Nov; 67(3):1580–7.

[3] Vgl. § 3 Nr. 2 und 3 GenTG.

© Springer-Verlag GmbH Deutschland, ein Teil von Springer Nature 2019
K. Bender und P. Kauch, *Gentechnisches Labor – Leitfaden für Wissenschaftler*,
https://doi.org/10.1007/978-3-642-34694-1_3

besitzen. Denken wir zum Beispiel an pathogene Mikroorganismen. Daher wird z. B. mit humanpathogenen Organismen nur in entsprechend ausgerüsteten Laboren bzw. Anlagen gearbeitet. Die Arbeiten mit diesen werden in Deutschland durch das Arbeitsschutzgesetz (ArbeitSchG) und insbesondere durch die Biostoffverordnung (BiostoffV), das Infektionsschutzgesetz (IfSG) und das Tierseuchengesetz (TierSG) geregelt. Das GenTG kommt dann zur Anwendung, wenn diese Organismen als sog. Spender- oder Empfängerorganismen für gentechnische Arbeiten verwendet werden. Dabei ist als „Spende" die genetische Information (Teile oder das gesamte Erbmaterial) eines Organismus gemeint, wenn diese in einen Empfängerorganismus eingefügt werden soll. Als „Empfänger" wird also der Organismus bezeichnet, der genetisches Material eines „Spenders" aufnimmt. Das GenTG definiert dazu, was ein Organismus ist.[4] Es mag sich für Biologen, Biochemiker und Mediziner merkwürdig anhören, dass es notwendig ist, den Begriff des Organismus im Sinne des Gesetzes zu definieren, leuchtet aber sofort ein, wenn man z. B. an das momentan stark wachsende Forschungsfeld der synthetischen Biologie denkt. Auch um gentechnische Verfahren von „nichtgentechnischen" abzugrenzen, ist es erforderlich, eindeutig definierte Begriffe zu verwenden. Im Folgenden werden die Begriffe für gentechnische Arbeiten (Abschn. 2.2.1), die durch das GenTG definiert bzw. darin aufgenommen wurden, erläutert.

Die Begriffe für die Anwendung des GenTG hat der Gesetzgeber also legaldefiniert. Sie sind in § 3 Nr. 1–14 GenTG aufgenommen. Dort sind neben den Begriffen „Organismus", „Mikroorganismen" und „GVO" auch die Verfahren benannt, bei denen es entweder um die Veränderung genetischen Materials oder eben nicht um Verfahren der Veränderung genetischen Materials geht. Zudem werden Personen, die in einer gentechnischen Anlage arbeiten, ausdrücklich definiert, etwa der Betreiber, der PL, der BBS, aber auch der Bewirtschafter oder Beschäftigte im Sinne des Arbeitsschutzes. Eine Lektüre dieser Definitionen lohnt allemal. Im Folgenden sollen zunächst die Begriffe vorgestellt werden, die sich mit gentechnischen Arbeiten beschäftigen.

3.1 Begriffe für gentechnische Anlagen

Petra Kauch

Zunächst einmal ist der Begriff der gentechnischen Anlage im Gesetz näher bestimmt. Nach § 3 Nr. 4 GenTG ist eine gentechnische Anlage eine Einrichtung, in der gentechnische Arbeiten im geschlossenen System durchgeführt und bei der spezifische Einschließungsmaßnahmen angewendet werden, um den Kontakt der verwendeten Organismen mit Menschen und der Umwelt zu begrenzen und ein dem Gefährdungspotenzial angemessenes Sicherheitsniveau zu gewährleisten.

---

[4] Vgl. § 3 Nr. 1 GenTG.

3.1.1 Das „geschlossene System"

Es muss sich folglich um eine Einrichtung handeln, bei der gentechnische Arbeiten im **geschlossenen System** durchgeführt werden. Damit müssen zwei Merkmale erfüllt sein: zum einen das Merkmal einer Einrichtung und zum anderen das Merkmal eines geschlossenen Systems.

Der Begriff der gentechnischen Anlage ist ausgesprochen weit und umfasst unter Einrichtungen solche, die ortsfest sind, aber auch solche, die nicht ortsgebunden sind. Bei **ortsfesten Einrichtungen** denkt man in erster Linie an bauliche Anlagen, etwa ein Genlabor. Erfasst werden aber auch einzelne Werkbänke, Teile eines Großraumlabors, Kühlschränke zur Lagerung von GVO. Ortsfest sind sicher auch Gewächshäuser, Behausungen, Teiche, Briträume, Geräteräume, Produktionsräume oder Klimakammern. Hier ergibt sich das geschlossene System meist aus der Räumlichkeit an sich oder aber – etwa wie bei Werkbänken – aus der Sache (Abschn. 2.2.2).

Selbst Weiden, Fischteiche oder Teile eines Flusses können eine gentechnische Anlage sein. Dies hängt lediglich davon ab, ob das geschlossene System für die gentechnischen Arbeiten hergestellt werden kann. Bei einer Teichanlage oder einem Flussabschnitt muss sichergestellt sein, dass GVO diesen Bereich nicht verlassen können. Geeignete Maßnahmen dafür können etwa Barrieren aus Beton, aber auch Zäune, Netze und andere Abschirmungen sein. Maßgeblich ist im Einzelfall nur, dass durch die spezifische Einschließungsmaßnahme der Kontakt der verwendeten Organismen mit Menschen und der Umwelt begrenzt ist und gemäß der Risikobewertung Gefahren für Mensch und Umwelt ausgeschlossen sind.

Aber auch **ortsveränderliche Einrichtungen** können eine gentechnische Anlage darstellen. Zu den ortsveränderlichen Anlagen zählen etwa Marktwagen, in denen zu Demonstrationszwecken gentechnische Arbeiten durchgeführt werden sollen. Auch Aquarien und Käfige für Tiere sind darunter zu fassen. Ähnlich wie bei den ortsfesten Einrichtungen ergibt sich hier in der Regel das geschlossene System aus der Sache selbst oder auch aus begrenzenden Maßnahmen.

3.1.2 Die Reichweite des Systems

Zunächst könnte man meinen, dass der Bereich einer gentechnischen Anlage deutlich erkennbar ist, weil die Labore gemäß der Gentechnik-Sicherheitsverordnung entsprechend gekennzeichnet sein müssen. So sind Genlaboratorien ab der Sicherheitsstufe 1 als Genlabor S1 deutlich am Eingang zu kennzeichnen.[5] Ab der Sicherheitsstufe 2 muss das Warnzeichen der Biogefährdung angebracht sein.[6]

---

[5] Vgl. Anhang III, A I Nr. 1 GenTSV.
[6] Anhang III, A II Ziff. 1 GenTSV.

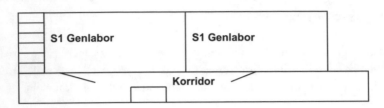

Abb. 3.1 Plan

Allerdings bestehen in der Praxis häufig Unklarheiten darüber, ob etwa Lagerräume, Kühlschränke, Autoklaven oder Mikroskope zum gentechnischen Labor zählen. Bei den Räumlichkeiten selbst ist maßgeblich, welche Räumlichkeiten tatsächlich bei der Zulassung angezeigt, angemeldet oder genehmigt wurden. In der Regel werden bei den Zulassungsanträgen entsprechende Grundrisse (Abb. 3.1) der Gebäude eingereicht, aus denen die Reichweite der Labore erkennbar ist.

So zählt ein Flur oder ein Lagerraum nur dann zur gentechnischen Anlage, wenn er bei der Zulassung als Bereich der gentechnischen Anlage mit angegeben wurde.

Sollte nur ein Teil eines Labors für gentechnische Arbeiten genutzt werden, so muss dieser Bereich besonders kenntlich gemacht werden. Im Einzelfall kann dazu auch das Anbringen eines deutlich sichtbaren Klebestreifens auf dem Fußboden ausreichend sein, wenn räumliche Barrieren zur Anbringung von Schildern nicht vorhanden sind.

Auch die benutzten Gerätschaften müssen sich in der Regel in der gentechnischen Anlage befinden. Nicht ausgeschlossen ist, dass Gerätschaften wie Mikroskope oder Autoklaven von mehreren gentechnischen Anlagen gemeinsam genutzt werden, wenn der innerbetriebliche Transport ordnungsgemäß erfolgt. Keinesfalls ausreichend ist dabei, dass diese Geräte in einem normalen, nicht für gentechnische Arbeiten zugelassenen Labor stehen.

Zumindest der Projektleiter (PL) und der Beauftragte für die Biologische Sicherheit (BBS) sollten auch den Hintergrund wissen, warum die Reichweite einer gentechnischen Anlage von Bedeutung ist. Die Zulassungswirkung, das heißt die Legalisierungswirkung einer Anzeige, Anmeldung oder Genehmigung nach dem Gentechnikgesetz, reicht nur so weit wie die tatsächlich beantragte gentechnische Anlage. Sollen Arbeiten außerhalb dieses Bereichs durchgeführt werden, muss ggf. der weitere Raum oder Bereich nachträglich als gentechnische Anlage zugelassen werden. Unterbleibt dies, so werden gentechnische Arbeiten in einer nicht dafür zugelassenen Anlage durchgeführt, was zumindest ab der Sicherheitsstufe 3 einen Straftatbestand erfüllt (Abschn. 15.2.3).

3.2 Verantwortliche Personen im Genlabor

Petra Kauch

Das Gentechnikgesetz kennt weder den Kanzler einer Universität, den Institutsleiter, den Abteilungsleiter noch den Aufsichtsrat, Vorstand oder Geschäftsführer als verantwortliche Personen. Für eine gentechnische Anlage sind insgesamt drei Personen verantwortlich. Dies sind der Betreiber, der PL und der BBS (Abb. 3.2).

Sie tragen insgesamt – wenn auch in unterschiedlicher Form – Verantwortung für eine gentechnische Anlage, die gentechnischen Arbeiten, die Freisetzung und das Inverkehrbringen. Die Aufgaben der drei Verantwortlichen sind im Gesetz klar und deutlich geregelt und voneinander abgegrenzt. Es ist dabei nicht von der Hand zu weisen, dass in Genlaboren häufig eine andere Aufteilung praktiziert wird, die allerdings überdacht werden sollte.

3.2.1 Der Betreiber

Hauptverantwortlicher für den Betrieb einer gentechnischen Anlage, die Durchführung gentechnischer Arbeiten, die Freisetzung und das Inverkehrbringen ist der Betreiber. Der Begriff des Betreibers ist im Gesetz in § 3 Nr. 7 GenTG gesetzlich definiert. Danach ist der Betreiber eine juristische oder natürliche Person oder eine nicht rechtsfähige Personenvereinigung, die unter ihrem Namen eine gentechnische Anlage errichtet oder betreibt, gentechnische Arbeiten oder Freisetzungen durchführt oder Produkte, die GVO enthalten oder aus solchen bestehen, erstmalig in den Verkehr bringt.

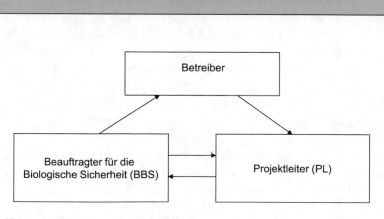

Abb. 3.2 Verantwortliche Personen im Genlabor

Begriff des Betreibers

Insgesamt ist für den Betreiber einer gentechnischen Anlage, einer gentechnischen Arbeit, der Freisetzung oder des Inverkehrbringens von Produkten erforderlich, dass dieser einen bestimmenden Einfluss auf die Errichtung oder den Betrieb einer gentechnischen Anlage hat und maßgebliche Gestaltungsmöglichkeiten wahrnehmen kann. Dies setzt voraus, dass er für die Anlage im **Außenverhältnis** auftreten darf, da er die Zulassungsanträge als Betreiber unterschreiben muss. Auf die Eigentumsverhältnisse kommt es dabei in der Regel nicht an. Entscheidend ist vielmehr, dass er als Verantwortlicher nach außen – insbesondere gegenüber den Behörden – auftritt. Im **Innenverhältnis** muss er maßgebliche Gestaltungsmöglichkeiten wahrnehmen können. In personeller Hinsicht setzt dies voraus, dass er gegenüber dem Personal – auch dem PL und dem BBS – weisungsbefugt ist.

Der Betreiber einer gentechnischen Anlage kann dabei eine **natürliche Person** sein. Dies ist in der Regel der Fall, wenn sich jemand mit einer Geschäftsidee selbstständig macht, ohne dass er dafür eine Gesellschaft gründet. So kann sich etwa Herr Manfred Mustermann unter seinem eigenen Namen ein Labor einrichten, wenn er die sonstigen Voraussetzungen nach dem Gentechnikgesetz erfüllt.

Betreibt er das Labor gemeinsam mit einer Studienkollegin, Frau Marlies Muster, so wäre dies eine Gesellschaft, die Betreiber der gentechnischen Anlagen sein könnte. In diesem konkreten Fall läge eine **nicht rechtsfähige Personenvereinigung** vor.

In der Regel werden im privaten Bereich allerdings Gesellschaften gegründet, etwa GmbHs oder GmbH & CoKGs. Möglich wäre auch die Gründung eines Vereins. Bei diesen handelt es sich dann um **juristische Personen**. Der Unterschied zu einer nicht rechtsfähigen Personenvereinigung liegt darin, dass eine juristische Person unter ihrem Namen verklagt bzw. beklagt werden kann.

Im Bereich der Hochschulen und der Forschungsinstitute wird die Frage, wer denn Betreiber der gentechnischen Anlagen ist, unterschiedlich gelöst. In Betracht kommt, dass die Institution des Kanzlers einer Universität als Verwaltungschef Betreiber der gentechnischen Anlage ist. Dies ist nicht ganz unproblematisch, da die Genehmigungsvoraussetzungen unter anderem auch an die Zuverlässigkeit, die ständige Anwesenheit und die Sachkunde des Betreibers anknüpfen. Alle drei Voraussetzungen können schwerlich von einer Institution erfüllt werden. Es sind personenbezogene und keine sachbezogenen Komponenten, sodass sie eigentlich an eine Person gebunden sind. Indem man die Betreibereigenschaft an die Funktion des Kanzlers als Institution geknüpft hat, wird verhindert, dass bei einem Wechsel in der Person die personenbezogene Genehmigung für die Anlage wegfällt. Dies war zu Beginn des Gentechnikgesetzes häufig ein Problem, weil ein Institutsdirektor beispielsweise die Genehmigung für eine gentechnische Anlage beantragt hatte, dann allerdings einen Ruf in eine andere Stadt erhalten hat und seine personenbezogene Genehmigung für die Anlage bei seinem Wechsel nicht erhalten blieb. Schlimmstenfalls stand dann die Anlage ohne Genehmigung dar, jedenfalls aber musste der neue Institutsdirektor eine neue Anlagengenehmigung beantragen. Soweit ein Institutsleiter auch heute noch Betreiber einer gentechnischen Anlage sein soll, ist dieses Problem einzelfallbezogen zu lösen.

Persönliche Voraussetzungen

Im Gegensatz zu anderen umweltrechtlichen Vorschriften, in denen personenbezogene Anforderungen keine Rolle spielen, müssen für den Betreiber einer gentechnischen Anlage auch personenbezogene Merkmale gegeben sein, damit dieser eine gentechnische Anlage betreiben oder gentechnische Arbeiten bzw. Freisetzungen durchführen kann. Diese personenbezogenen Vorgaben ergeben sich aus § 11 Abs. 1 Nr. 1 GenTG. Danach dürfen keine Tatsachen vorliegen, aus denen sich Bedenken gegen die Zuverlässigkeit des Betreibers ergeben (Abschn. 8.3.1). Auch der Betreiber muss mithin für den Betrieb einer gentechnischen Anlage zuverlässig sein.

Aufgaben des Betreibers

Die Aufgaben des Betreibers sind im Gentechnikgesetz und seinen Rechtsverordnungen vielfältig beschrieben. In der Regel nehmen die vorgenannten Rechtsvorschriften ausdrücklich Bezug darauf, wer die gesetzliche Pflicht zu erfüllen hat. So ist etwa in § 21 Abs. 1 GenTG ausdrücklich aufgeführt, dass der Betreiber jede Änderung in der Beauftragung des PL etc. anzuzeigen hat. Soweit das Gesetz nur abstrakt eine Pflicht begründet, ohne diese konkret zuzuordnen, wird man ebenfalls davon ausgehen müssen, dass es sich dabei um eine Pflicht des Betreibers handelt. Ein Beispiel dafür ist § 21 Abs. 2 GenTG, wonach jede beabsichtigte Änderung der sicherheitsrelevanten Einrichtungsgegenstände einer gentechnischen Anlage anzuzeigen ist.

Zu den Aufgaben des Betreibers zählt zunächst die Wahrnehmung der Grundpflichten des § 6 GenTG.[7] Es handelt sich dabei um die allgemeinen Sorgfalts- und Aufzeichnungspflichten, die er bei allen gentechnischen Arbeiten zu erfüllen hat. Die Grundpflichten sind insgesamt dynamisch ausgestaltet, das heißt, die Pflicht muss nicht nur zu Beginn des Betriebs der Anlage oder der Aufnahme der Tätigkeit erfüllt sein. Vielmehr setzen sich die Pflichten als dynamische Pflicht während des gesamten Betriebs der Anlage fort. Das Gesetz sieht insgesamt vier Grundpflichten (Abschn. 12.1.1) vor:

- Pflicht zur Risikobewertung,
- Pflicht zur Gefahrenabwehr und zur Vorsorge,
- Aufzeichnungspflicht
- Pflicht zur Bestellung von Fachleuten für die Biologische Sicherheit

Weitere Pflichten des Betreibers ergeben sich insbesondere im Rahmen der Zulassungsanträge (Kap. 8) nach §§ 8 ff. GenTG. In seinem Namen werden die Anzeigen, Anmeldungen und Genehmigungen beantragt und die Mitteilungen erstattet.

Im Verhältnis zu den Behörden werden weitere Anzeigepflichten durch § 21 GenTG für den Betreiber normiert. Dabei geht es vornehmlich nicht um Pflichten, die die Arbeit oder die Anlage betreffen, sondern um Informationspflichten gegenüber der Behörde.

Zu den Hauptpflichten des Betreibers zählt ferner die spezifische gentechnikrechtliche Haftung nach §§ 32 ff. GenTG (Kap. 16).

---

[7] Vgl. auch Kloepfer (2016), Umweltrecht, § 20 Rdnr. 80.

Weitere wesentliche Pflichten des Betreibers können sich auch aus den Rechtsverordnungen ergeben, die zum Gentechnikgesetz erlassen wurden. Von Bedeutung sind hier insbesondere die allgemeinen Schutzpflichten und der Arbeitsschutz aus §§ 8 ff. GenTSV. Auch die Pflichten aus der Gentechnik-Aufzeichnungsverordnung richten sich zunächst an den Betreiber (Abschn. 12.1.2). Besondere Pflichten treffen den Betreiber im Verhältnis zum BBS, die in §§ 16–19 GenTSV (Abschn. 12.1.2) besondere Erwähnung finden. Die Pflichten aus der Gentechnik-Notfallverordnung (Abschn. 12.1.2) richten sich ebenfalls ausschließlich an den Betreiber.

3.2.2   Der Projektleiter

Auch der Begriff des PL ist im Gesetz in § 3 Nr. 8 GenTG gesetzlich definiert. Danach ist der PL eine Person, die im Rahmen ihrer beruflichen Obliegenheiten die unmittelbare Planung, Leitung oder Beaufsichtigung einer gentechnischen Arbeit oder einer Freisetzung durchführt (Abschn. 12.2).

Im Gegensatz zum Betreiber, der auch eine nichtrechtsfähige Personenvereinigung oder eine juristische Person sein kann, geht das Gesetz beim PL davon aus, dass dieser in jedem Fall eine natürliche Person sein muss.

Tätigkeit des Projektleiters

Hinzukommen muss, dass der PL im Rahmen ihrer beruflichen Obliegenheiten bestimmte Aufgaben wahrzunehmen hat. Dies bedeutet wiederum, dass er in der Regel im Rahmen eines Arbeits- oder eines Dienstverhältnisses tätig werden muss, damit bestimmte Aufgaben zu seinen beruflichen Obliegenheiten zählen. In der Praxis gibt es in diesem Zusammenhang häufig zwei Probleme: Ein Problem besteht darin, dass in der Forschung Personen über Drittmittelgeber finanziert werden und zu diesen ein vertragliches Verhältnis besteht. Der Drittmittelgeber ist aber möglicherweise eine Forschungsgesellschaft ohne eigene Anlage. Gleichwohl sollen sie in einer gentechnischen Anlage eines anderen Betreibers als PL tätig werden. Dies ist problematisch, da sie zum Betreiber der gentechnischen Anlage in diesem Fall keine dienstliche oder arbeitsrechtliche Beziehung haben. Daraus ergibt sich letztlich das Problem, dass der Betreiber der Anlage ihnen gegenüber in keiner Form weisungsbefugt ist und deshalb weder über den Arbeitsvertrag noch über eine Weisung tatsächlich Einfluss auf sie nehmen kann. Zu lösen ist dieses Problem lediglich vertraglich durch den Drittmittelgeber und den Betreiber.

Ein gleich gelagertes Problem tritt dann auf, wenn jemand in einer Klinik angestellt ist, aber für einen anderen Klinikbereich, der eigenständig ist, als PL auftreten soll, weil in diesem Bereich Forschung betrieben wird. Auch hier sind die unmittelbare vertragliche Obliegenheit und ein direktes Weisungsrecht in der Anlage nicht gegeben. Der Betreiber der Anlage ist gegenüber dem Arzt nicht weisungsbefugt, weil ihm gegenüber kein dienst- oder arbeitsrechtliches Verhältnis besteht. Die Weisungsbefugnis gegenüber einem anderen erwächst in der Regel aus der arbeitsrechtlichen Beziehung zu diesem. Andererseits ist die Klinik, in der der Arzt angestellt ist, ihm gegenüber weisungsbefugt, dies allerdings nicht bezogen auf die Tätigkeit in der gentechnischen Anlage, für die jemand anderes Betreiber ist. Auch dieses Problem muss vertraglich zwischen der Klinik und dem anderen Klinikbereich gelöst werden.

Im Rahmen ihrer beruflichen Obliegenheiten zeichnet sich ein PL dadurch aus, dass er die unmittelbare Planung, Leitung oder Beaufsichtigung einer gentechnischen Arbeit oder einer Freisetzung durchführt. Daraus wird bereits deutlich, dass ein PL von seinem Aufgabenfeld her insgesamt drei Aufgaben haben kann:

- Er kann die gentechnische Arbeit oder Freisetzung planen.
- Er kann die gentechnische Arbeit oder die Freisetzung leiten.
- Er kann die gentechnische Arbeit oder die Freisetzung beaufsichtigen.

Theoretisch können alle drei Aufgaben auf unterschiedliche PL verteilt werden. Hier spricht man von einer **vertikalen Aufgabenverteilung**. Dies kommt in der Industrie durchaus häufiger vor. Voraussetzung dafür ist dann allerdings, dass die Aufgabenbereiche der PL klar und eindeutig voneinander getrennt sind.

Zum Bereich der **Planung** einer gentechnischen Arbeit oder Freisetzung zählen alle vorbereitenden Handlungen – u. a. auch Gespräche mit dem Betreiber, dem BBS, dem Arbeitsschutz und ggf. nach Rücksprache mit dem Betreiber auch mit den Behörden – bis hin zur Antragstellung bei den Behörden und der Entgegennahme der Bescheide.

Liegen die Zulassungen vor, geht es um die **Leitung** der Arbeiten oder der Freisetzungen. Zur Leitung gehören im Wesentlichen die Einweisungen und Belehrungen sowie die Kontrolle der Vorgaben des § 14 Abs. 1 S. 2 GenTSV. Im Rahmen der **Beaufsichtigung** werden im Wesentlichen die Betriebsabläufe und die Einhaltung der Sicherheitsmaßnahmen überwacht. Letztlich kann möglicherweise für mehrere Arbeiten oder Freisetzungen einheitlich ein PL für die Beaufsichtigung der gentechnischen Arbeiten oder der Freisetzungen bestellt werden. Denkbar ist allerdings auch, dass mehrere PL gemeinsam für eine gentechnische Arbeit oder eine Freisetzung zuständig sind. Dann ist ein Fall der **horizontalen Aufgabenverteilung** gegeben. In diesem Fall müssen die Verantwortlichkeiten der einzelnen PL eindeutig festgelegt werden.[8] Dies kann etwa anhand des Pflichtenkatalogs in § 14 Abs. 1 S. 1 Nr. 1–9 GenTSV vorgenommen werden.

Wenn das Gesetz in diesem Zusammenhang von unmittelbar spricht, so bedeutet dies, dass der PL einerseits einen direkten konkreten Bezug zum jeweiligen Projekt und die Möglichkeit der Einflussnahme haben und ihn andererseits die damit einhergehende Verantwortlichkeit treffen muss.[9]

Persönliche Voraussetzungen des Projektleiters
Wie der Betreiber selbst, so muss auch der PL zuverlässig sein. Für ihn gilt ebenfalls, dass keine Tatsachen vorliegen dürfen, aus denen sich Bedenken gegen die Zuverlässigkeit

---

[8] § 14 Abs. 2 GenTSV.
[9] Vgl. dazu Kauch (2009), Gentechnikrecht, S. 81.

ergeben. Zwar ist der PL nicht ausdrücklich in § 11 Abs. 1 S. 1 GenTG erwähnt. Allerdings ist bestimmt, dass auch derjenige, der für die Leitung und Beaufsichtigung des Betriebs der Anlage verantwortlich ist, zuverlässig sein muss. Das wiederum bedeutet, dass ein PL, der nur die Planung übernommen hat, nicht zuverlässig sein muss.

Sachkunde des Projektleiters

Zusätzlich zur Zuverlässigkeit muss ferner gewährleistet sein, dass der PL die für seine Aufgabe erforderliche Sachkunde besitzt und die ihm obliegende Verpflichtung ständig erfüllen kann. Um seine Aufgaben sachgerecht erfüllen zu können, muss der PL die erforderliche Sachkunde (Kap. 13) besitzen und auch gegenüber der Behörde nachweisen. Dazu zählt, dass er in klassischer und molekularer Genetik ausgebildet wurde und über praktische Erfahrungen auf diesem Gebiet verfügt. Auch muss er Kenntnisse zum Arbeitsschutz haben und ggf. über Erlaubnisse zum Umgang mit Krankheitserregern verfügen (Abschn. 12.2.2).

Bestellung des Projektleiters

Der PL muss in dieser Funktion auch ordnungsgemäß bestellt worden sein. In der Praxis kann dies ausdrücklich oder konkludent erfolgen. Keinesfalls aber kann ein PL ohne sein Wissen als PL bestellt werden.

In der Regel wird zwischen dem Betreiber der Anlage, ggf. durch dessen Vertreter, und dem PL ausdrücklich vereinbart, dass dieser für eine bestimmte Anlage oder aber eine bestimmte Arbeit oder Freisetzung als PL bestellt werden soll. Die Bestellung muss dabei nicht schriftlich erfolgen. Aus Beweisgründen ist aber eine schriftliche Bestellung anzuraten. Eine solche kann sich etwa im Arbeits- oder Dienstvertrag befinden oder aber als Nebenabrede dazu vereinbart werden. Dabei sollte der PL darauf achten, dass sein Aufgabenbereich nach dem Gesetz ggf. nach § 3 Nr. 8 GenTG genau beschrieben ist.

Häufig wird im Rahmen der Dienst- oder Arbeitsverträge aber nicht ausdrücklich bestimmt, dass jemand zum PL bestellt wird. In einem solchen Fall reicht es allerdings auch, dass der PL für eine Tätigkeit oder eine Anlage in den Zulassungsanträgen als PL eingetragen wird, seine Nachweise über die Sachkunde beigefügt werden und er die Anträge mit unterschreibt. In diesem Fall wird man nicht wirklich in Abrede stellen können, zum PL bestellt worden zu sein.

Pflichten des Projektleiters

Pflichten des PL können sich zunächst *aus dem Gentechnikgesetz oder seinen Rechtsverordnungen* ergeben.

Insoweit sind die Pflichten des PL im Rahmen der Begriffsbestimmung in § 3 Nr. 8 GenTG nur katalogisiert beschrieben. Insbesondere die Pflicht zur Leitung oder Beaufsichtigung einer gentechnischen Arbeit oder Freisetzung wird in der Gentechnik-Sicherheitsverordnung für den PL maßgeblich konkretisiert. So ist in § 14 GenTSV die Verantwortlichkeit des PL im Einzelnen – unserer Meinung nach auch abschließend – beschrieben. Zunächst ist in Satz 1 der allgemeine Aufgabenbereich, nämlich Planung, Leitung

oder Beaufsichtigung der gentechnischen Arbeit oder Freisetzung noch einmal aufgenommen. In Satz 2 sind diese Aufgaben dann konkretisiert. Danach ist der PL verantwortlich
für

- die Beachtung der allgemeinen arbeitsschutzrechtlichen Vorschriften sowie der seu-
  chen-, tierseuchen-, tierschutz-, artenschutz- und pflanzenschutzrechtlichen Vorschriften,[10]
- den fristgerechten Beginn der gentechnischen Arbeiten,[11]
- den fristgerechten Beginn der Freisetzung,[12]
- die Umsetzung von behördlichen Auflagen und Anordnungen,[13]
- die ausreichende Qualifikation und Einweisung der Beschäftigten,[14]
- die Durchführung der Unterweisung für die Beschäftigten anhand der Betriebsanweisung über die auftretenden Gefahren sowie die Protokollierung der arbeitsmedizinischen Vorsorgeuntersuchungen sowie der eventuell auftretenden Unfälle,[15]
- die ausführliche Unterrichtung des BBS,[16]
- die unverzügliche Vornahme geeigneter Maßnahmen zur Abwehr von Gefahren im Falle einer Gefahrensituation,[17]
- die unverzügliche Anzeige eines Vorkommnisses, das nicht den erwarteten Verlauf der
  gentechnischen Arbeit oder der Freisetzung entspricht und bei dem der Verdacht einer
  Gefährdung geschützter Rechtsgüter besteht,[18]
- dafür, dass bei Freisetzungen eine sachkundige Person regelmäßig anwesend und
  grundsätzlich verfügbar ist.[19]

Darüber hinaus sieht das Gentechnikgesetz und die darauf begründeten Rechtsverordnungen an verschiedenen Stellen weitere Pflichten des PL vor. So kann etwa die Aufzeichnungspflicht vom Betreiber auf den PL übertragen werden.[20]

Zudem können sich die Pflichten für den PL auch im Wege der Delegation ergeben.
In diesem Fall handelt es sich allerdings nicht um originäre Projektleiterpflichten, sondern um Betreiberpflichten, die auf den PL delegiert worden sind. Dies ist insbesondere
dann von Bedeutung, wenn es um Fragen der eigenen Verantwortlichkeit im Rahmen von
Bußgeldern oder Strafen geht (Abschn. 12.2.3).

---

[10] § 14 Abs. 1 S. 2 Nr. 1 GenTSV.
[11] § 14 Abs. 1 S. 2 Nr. 2a GenTSV.
[12] § 14 Abs. 1 S. 2 Nr. 2b GenTSV.
[13] § 14 Abs. 1 S. 2 Nr. 3 GenTSV.
[14] § 14 Abs. 1 S. 2 Nr. 4 GenTSV.
[15] § 14 Abs. 1 S. 2 Nr. 5 GenTSV.
[16] § 14 Abs. 1 S. 2 Nr. 6 GenTSV.
[17] § 14 Abs. 1 S. 2 Nr. 7 GenTSV.
[18] § 14 Abs. 1 S. 2 Nr. 8 GenTSV.
[19] § 14 Abs. 1 S. 2 Nr. 9 GenTSV.
[20] § 4 Abs. 2 GenTAufzV.

Delegation von Pflichten durch den Projektleiter

Der PL kann, muss aber seine Pflichten nicht selbst wahrnehmen. Einzelne Bereiche seiner Aufgaben nach dem Gentechnikgesetz kann er weiter delegieren und dafür Hilfspersonen einschalten.[21] In der Praxis wird von dieser Möglichkeit häufig Gebrauch gemacht. So werden etwa die Aufgaben im Rahmen der Aufzeichnungsverordnung (Abschn. 1.3.4) an die Doktoranden weitergegeben. Ferner werden auch die jährlichen Belehrungen oder aber die Kontrolle von Gerätschaften auf Doktoranden oder technische Assistenten übertragen.

Voraussetzung für eine **wirksame Delegation** ist allerdings, dass der Delegationsempfänger, das heißt derjenige, auf den die Aufgabe übertragen wird, von seiner Qualifikation her geeignet ist, die Aufgabe ordnungsgemäß wahrzunehmen. Ferner muss er mit den personellen und sachlichen Mitteln ausgestattet sein, die ihm die Wahrnehmung der Aufgabe ermöglichen. Letztlich ist der PL auch gut beraten, wenn er die Delegation seiner Aufgaben schriftlich vornimmt. Dies kann etwa durch eine Einzelanweisung erfolgen, die er sich vom Delegationsempfänger gegenzeichnen lassen sollte. Möglich ist auch, dass im Rahmen einer Betriebsbeschreibung für ein konkretes Gerät näher festgelegt wird, wer die Überwachung durchführen soll. Denkbar ist natürlich auch, dass die Delegation nicht vom PL selbst, sondern unmittelbar vom Betreiber der Anlage vorgesehen wird, etwa wenn eine bestimmte Aufgabe, die an sich dem PL obliegt, im Rahmen eines Arbeitsvertrags oder eine Einzelanweisung auf einen Dritten übertragen wird.

Auch bei einer wirksamen Vornahme der Delegation einer einzelnen Aufgabe durch den PL verbleibt bei ihm letztendlich die **Kontrollpflicht**. Er muss sich stets davon überzeugen, dass die von ihm delegierten Aufgaben durch seine Hilfspersonen ordnungsgemäß wahrgenommen werden und dies auch in sachlich richtiger Weise geschieht. Hat er im Hinblick auf die Person oder die sachliche Durchführung der Aufgaben Bedenken, so muss er die Aufgabe im Zweifel wieder selbst wahrnehmen oder aber eine andere Person mit der Durchführung der Aufgabe betrauen.

3.2.3 Der Beauftragte für die Biologische Sicherheit

Letztlich gibt es auch für den Beauftragten für die Biologische Sicherheit (BBS) eine gesetzliche Definition. BBS ist gem. § 3 Nr. 9 GenTG eine Person oder eine Mehrheit von Personen (Ausschuss für die Biologische Sicherheit), die die Erfüllung der Aufgaben des PL überprüft und den Betreiber berät.

Aufgaben des Beauftragten für die Biologische Sicherheit

Nach der Vorstellung des Gesetzgebers ist der BBS eine innerbetriebliche Einrichtung, der in erster Linie die fachkundige Beratung des Betreibers obliegt. Vorbild für den BBS war sicherlich die Regelung zum Betriebsbeauftragten im Bundes-Immissionsschutzgesetz. Vordringliche Aufgaben des BBS sind damit die Überwachung des Betriebs der

---

[21] Vgl. zur Delegationsbefugnis BR-Drs. 387/1 S. 51.

Anlage und der Durchführung der Arbeiten, die Berichtspflicht gegenüber dem Betreiber und dessen Beratung. Die einzelnen Pflichten des BBS sind in § 18 GenTSV näher beschrieben (Abschn. 12.3.2.).

Persönliche Voraussetzungen des Beauftragten für die Biologische Sicherheit
Auch der BBS muss die erforderliche Sachkunde besitzen und seine Aufgaben ständig erfüllen können. Hier gilt das, was bereits zum PL ausgeführt worden ist (vgl. auch Kap. 13).

Bestellung des Beauftragten für die Biologische Sicherheit
Wie für den PL gilt auch für den BBS, dass dieser formal vom Betreiber zum Beauftragten für die Biologische Sicherheit bestellt werden muss.[22] In der Praxis haben sich gerade an den Hochschulen zwei unterschiedliche Modelle etabliert: Einige Hochschulen haben einen zentralen BBS bestellt, der für alle Genlabore zuständig ist; an anderen Hochschulen wiederum werden in den gentechnischen Anlagen PL der einen Anlage zum BBS in der anderen Anlage bestellt. Dies sichert eine gewisse Nähe zu den Projekten.

Häufig wird in Frage gestellt, ob der PL und der BBS identisch sein können. Dies ist nach dem Wortlaut und dem Zweck des § 3 Nr. 9 GenTG ausgeschlossen, da es zu den originären Pflichten des BBS gehört, die Aufgabenerfüllung des PK zu überprüfen.[23] Genauso wenig können der BBS und der Betreiber identisch sein. Eine Beratung ist nur möglich, wenn der BBS mit der beratenden Person nicht identisch ist.

Gerade in kleineren Unternehmen stellt dies häufig ein Problem dar. Dieses Problem ist allerdings lösbar, indem der Betreiber zugleich PL ist und der BBS extern bestellt wird (Abschn. 12.3.1).

3.3 Der Begriff des Organismus im GenTG

Kirsten Bender

Ein Organismus im Sinne des GenTG ist „jede biologische Einheit, die fähig ist, sich zu vermehren, oder genetisches Material zu übertragen, einschließlich Mikroorganismen"[24]. Mikroorganismen in der Definition des GenTG sind „Viren, Viroide, Bakterien, Pilze, mikroskopisch kleine ein- oder mehrzellige Algen, Flechten, andere eukaryotische Einzeller oder mikroskopisch-kleine tierische Mehrzeller sowie tierische und pflanzliche Zellkulturen"[25]. In dem Begriff „Mikroorganismus" sind also sehr verschiedenartige Vertreter zusammengefasst. Wie alle Organismen können auch Mikroorganismen in gentechnischen Arbeiten als Spender- oder Empfängerorganismus verwendet werden. Der Begriff „Mikroorganismus" wird uns daher immer wieder, auch im GenTG, sowie in diversen

---

[22] Kauch (2009), Gentechnikrecht, S. 96.
[23] Kauch (2009), Gentechnikrecht, S. 82.
[24] Vgl. § 3 GenTG.
[25] § 3 Nr. 1a GenTG.

Verordnungen begegnen. Im Folgenden sollen daher einige Mikroorganismen exemplarisch erörtert werden. In der GenTSV werden zudem Zellkulturen, Pflanzen, Tiere und hochwirksame Toxine definiert.[26]

3.3.1 Viren

Viren haben keinen eigenen Stoffwechsel, das heißt, sie sind auf einen Wirt angewiesen, dessen zelluläres Material (z. B. Organellen) genutzt werden kann, um virale Proteine zu produzieren. Viren sind daher keine Lebewesen, sondern infektiöse Partikel, die, je nach Typ, als genetisches Material z. B. einzel- oder doppelsträngige RNA oder DNA besitzen (Abb. 3.3).

Der Zusammenbau der Virenbestandteile erfolgt in der Wirtszelle. Dieses „verlässt" die Zelle dann z. B. durch Lyse (die Wirtsmembran „platzt" dabei auf) oder durch einen exozytotischen Vorgang (Knospung, „Budding"). Im ersten Fall wird die Zelle z. B. durch die hohe Konzentration an Viren, die in ihr produziert wurden, zerstört. Im zweiten Fall wird ein Kapsid, das die Virusbestandteile umhüllt, über die Wirtszellmembran freigesetzt und die Virushülle dabei vervollständigt (Abb. 3.4).

Viren haben für gentechnische Arbeiten als GVO immer mehr an Bedeutung gewonnen. Entsprechend ihrem Wirtsspektrum werden sie verwendet, um gezielt auch schwer zu transfizierende Zellen zu infizieren, sodass Fremdgene in die entsprechenden Zellen eingeschleust und dort zur Expression gebracht werden können. Viren können aber auch selbst Spender genetischen Materials sein. In der HIV-Forschung werden z. B. Teile des HIV-Genoms verwendet, um dessen Oberflächenproteine genauer zu analysieren, und dazu in eukaryotischen Systemen exprimiert. So kann z. B. genügend Protein für weiterführende Untersuchungen gewonnen werden. Neben den HI-Viren werden Forschungen mit vielen anderen Viren vorangetrieben. Arbeiten mit Viren, die für gentechnische Arbeiten als Spender, Empfänger oder GVO eingesetzt werden, werden bezüglich ihres

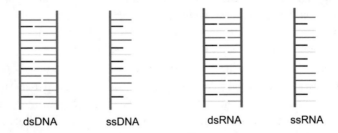

dsDNA   ssDNA   dsRNA   ssRNA

Abb. 3.3 Schematische Darstellung von doppelsträngiger (*ds*) und einzelsträngiger (*ss*) Desoxyribonukleinsäure sowie ds- und ss-Ribonukleinsäure. Desoxyribose- (*blau*) und Ribose-Zuckerphosphatrückgrat (*grün*) mit verschiedenen Basenkombinationen

---

[26] Vgl. § 3 Nr. 1–4 GenTSV.

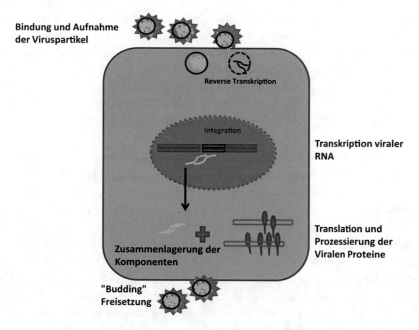

Abb. 3.4 Produktion und Freisetzung viraler Partikel durch Knospung am Beispiel des Lebenszyklus von Lentiviren

Risikopotentials in Risikogruppen (RG 1–4) eingeordnet. Die ZKBS gibt dazu eine sog. Organismenliste heraus, in der die Risikobewertungen veröffentlicht werden. Bewertet sind dort z. B. bereits mehrere Hundert Viren, z. B. Adenoviren, aviäre Pockenviren, Bluetongue Virus, Cauliflower Mosaic Virus, Dengue-Virus Typ 1–4, sämtliche Hepatitisviren, Herpesviren, Influenzaviren, Rinderpestvirus, Tabakmosaikvirus und Gelbfiebervirus. An der Auswahl wird deutlich, dass das GenTG sich nicht nur mit Risiken für den Menschen, sondern auch mit denen für Tiere und die Umwelt beschäftigt. Wie erwähnt, können Viren außer als Spender genetischen Materials auch als Empfänger eines solchen eingesetzt werden. Dabei wird fremde DNA durch molekularbiologische Verfahren in das Virusgenom „eingesetzt". Dieses rekombinante Virusgenom wird dann in Zellen eingeschleust, die die einzelnen Virusbestandteile inklusive des Fremdgens produzieren. Diese Viren sind somit GVO, da sie Fremdgene „tragen".

Man spricht von viralem Gentransfer, wenn mit solchen gentechnisch veränderten Viren Zellen infiziert werden. Noch vor einigen Jahren wurden dazu häufig Adenoviren verwendet. Heute werden dazu auch immer mehr Viren retroviralen Ursprungs eingesetzt. Retrovirale Genvehikel haben den Vorteil, dass diese ihre Erbsubstanz (RNA), nachdem sie in DNA in der Wirtszelle umgeschrieben wurde, in das Genom dieser Wirtszelle integrieren. Adenoviren (z. B. Adenoviren Serotyp 5) dagegen bleiben mit ihrer Erbsubstanz episomal, integrieren also nicht ins Genom der Wirtszelle. Die stabilere Variante i. S. einer Genexpression ist i. d. R. die erstere. Das ist einer der Gründe dafür, dass Genvehikel retroviralen Ursprungs immer häufiger verwendet werden. Zudem wurden in den letzten Jahren Viren retroviralen Ursprungs – durch Veränderung ihres Erbmaterials für die Anwendung bei gentechnischen Arbeiten – im Hinblick auf ihr Risikopotential immer weiter verbessert, also „sicherer" gemacht.

3.3.2 Viroide

Viroide[27] haben wie Viren keinen eigenen Stoffwechsel. Es sind kleine ringförmig geschlossene einzelsträngige (ss) Ribonukleinsäuren (RNA), die an Plasmide erinnern. Sie sind meist nur wenige Hundert Basen lang und haben z. T. eine eigene katalytische Aktivität (Ribozyme). Eine Vermutung ist, dass Viroide sog. regulatorische RNAs sind. Die RNA ist beim Viroid nicht von einer Proteinhülle wie bei den Viren umgeben, sondern liegt „nackt" vor. Sie kodiert nicht für Proteine und zeigt komplexe ds-Bereiche, die durch Sekundärstrukturen entstehen. Dazu „faltet" sich die ssRNA, und es entstehen durch Hybridisierung doppelsträngige Bereiche. Viroide zeigen katalytische Aktivität und werden in den Wirten, die sie „befallen", von wirtseigenen RNA-Polymerasen vervielfältigt. Charakteristisch für Viroide ist ihre hohe Sequenzhomologie zueinander. Möglicherweise sind sie evolutionär „hoch verwandt". Viroide als Krankheitserreger findet man bislang nur in Pflanzen. Im Rahmen der Risikobewertung (Kap. 4) werden wir dazu noch mehr erfahren.

3.3.3 Bakterien

Generell werden Bakterien zu den Prokaryonten eingeordnet, das heißt, es handelt sich dabei um einzellige Organismen, die nicht über einen Zellkern verfügen. Ihre Erbsubstanz ist doppelsträngige DNA, die als Ringchromosom, ohne räumliche Trennung, im Zytoplasma vorliegt. Es wird vor einer Zellteilung verdoppelt. Bakterien fehlen Zellorganellen wie z. B. Mitochondrien, besitzen aber eine Zellwand, die sehr unterschiedlich aufgebaut sein kann. Um Bakterien zu unterscheiden, werden auch stammesgeschichtliche/taxonomische Unterschiede herangezogen. Zunächst werden sie entsprechend einer Zellwandfärbung in zwei große Gruppen, **gramnegativ** und **grampositiv,** eingeteilt (Abb. 3.5). Dabei handelt es sich um eine Färbemethode, die die Mureinschicht der Bakterien anfärbt. Je nach Dicke dieser Schicht werden sie dann als grampositiv (dicke Mureinschicht, kann bis zu 50 % der Trockenmasse ausmachen) und gramnegativ (dünne Mureinschicht) eingeteilt. Fehlt diese Schicht, werden diese Einzeller als **Mykoplasmen** bezeichnet. Diese sind vielen, im Labor Tätigen, als nicht gewünschte Besiedelung von Zellkulturen bekannt. In den jeweiligen Zellwänden oder ihnen angelagert können Bakterien weitere Strukturen tragen. Das können beispielsweise sog. Virulenzfaktoren oder als Endotoxine bezeichnete Lipopoly-

---

[27] Vgl. Madigan Michael T. und Martinko John M. (2009), Brock Mikrobiologie; Pearson Education, S. 282.

Abb. 3.5 Unterschiede im
Aufbau der Bakterienzellwand

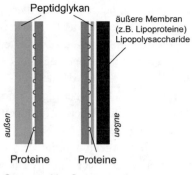

saccharide sein, die über ein O-Antigen bei der Risikobewertung von Bakterien eine Rolle spielen können. Die Gesamtheit aller bekannten Merkmale kann hier aber nicht dargestellt werden.[28] Sie können unter aeroben oder anaeroben Bedingungen „leben", halophil sein und dabei sogar Salzseen besiedeln. Sie können methanophil, kryophil oder auch acidophil leben, um nur einige Möglichkeiten der Lebensbedingungen zu nennen. Unterscheidungen gibt es aber auch anhand ihrer Gestalt, was neben der Gramfärbung wichtige Kriterien für die taxonomische Erfassung ermöglicht. So können sie beispielsweise begeißelt oder unbegeißelt sein, stabförmig oder knospend, eckig oder rund (Abb. 3.6).

Bakterien kennen wir im Genlabor aus vielen Anwendungen. Oft werden sie dazu verwendet, um zunächst genügend „Nukleinsäurematerial" für weitere Anwendungen (z. B. bei der Genklonierung) zu produzieren. Dabei macht man sich zunutze, dass viele Bakterien neben ihrem Genom auch kleine doppelsträngige DNA-Ringe, auf denen sich z. B. Antibiotikaresistenzgene befinden können, replizieren. Diese Plasmide werden nach einer „Plasmidpräparation" (Isolierung und Reinigung der Plasmide aus den Bakterienzellen) häufig als Klonierungsvektor eingesetzt. Sie wurden meist mit zahlreichen Restriktionsschnittstellen und anderen Funktionsmerkmalen versehen, z. B. mit Promotoren für die Expression der Fremdgene in eukaryotischen Zellen. Hintereinanderliegende Restriktionsschnittstellen werden auch als **Multi Cloning Site** bezeichnet. Dort hinein wird das Fremdgen „einkloniert", sodass das Plasmid das Fremdgen enthält, bevor es in Bakterien-

Abb. 3.6 Charakteristische
morphologische Merkmale zur
Einordnung von Bakterien

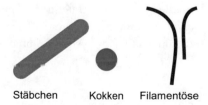

[28] Vgl. Madigan Michael T. und Martinko John M. (2009), Brock Mikrobiologie; Pearson Education, S. 371 ff.

zellen eingeschleust wird, die dieses dann vervielfältigen. Diese Bakterien sind dann ein gentechnisch veränderter Organismus, da im Plasmid ein Fremdgen vorliegt.

Was mit gentechnisch veränderten Bakterien weiter passiert, ist so unterschiedlich wie die Fragestellungen und Ideen der Experimentatoren. Wichtig ist, dass wir uns bei den oben beschriebenen Arbeiten mit dem GenTG befassen müssen, da auf das Plasmid ein oder mehrere Gene übertragen wurden, welche dort unter natürlichen Umständen nicht vorkommen. Die Kriterien für eine Risikobewertung für Bakterien werden wir in Kap. 4 kennenlernen.

Die Vielfältigkeit und die sehr unterschiedlichen Vorkommen und Lebensweisen von Bakterien werden sich in der Risikobewertung der jeweiligen Vertreter als Spender- und Empfängerorganismen für gentechnische Arbeiten widerspiegeln. Die Organismenliste, die die ZKBS herausgibt und weiterführt, umfasst bereits über 700 verschiedene Bakterien(arten) für die Verwendung bei gentechnischen Arbeiten im Laborbereich.

3.3.4 Pilze

Pilze können ebenfalls unter sehr unterschiedlichen Lebensbedingungen wachsen und sich vermehren. Sie kommen als einzellige oder, wie die Schimmelpilze, als filamentöse Lebensformen vor. Wie die tierischen Zellen besitzen sie Mitochondrien, aber keine Organellen zur Photosynthese. Pilze besitzen eine Zellwand und werden taxonomisch als Teil der Eukarya eingeordnet. Ein Blick in die Organismenliste der ZKBS macht deutlich, dass es viele mikrobielle Pilze gibt. Insgesamt finden sich dort bereits über 400 risikobewertete Exemplare. Einer der bekanntesten einzelligen Pilze ist die Hefe. Sie findet in der Biotechnologie vielfältige Anwendung und wird auch für gentechnische Verfahren eingesetzt.[29]

3.3.5 Algen

Algen sind phototrophe eukaryotische Mikroorganismen, die Chlorophyll enthalten. Zu ihnen zählen z. B. Grünalgen, Rotalgen, Braunalgen und Dinoflagellaten, die einzellig und begeißelt sind. Die meisten Algen haben eine Zellwand, deren Struktur sehr unterschiedlich sein kann. Unter den Algen befinden sich auch toxinbildende Vertreter, die zu einem „Fischsterben" führen können, sowie Vertreter, die auch für den Menschen giftig sein können (Kap. 4). Algen kommen meist in aquatischen Lebensräumen vor.[30]

---

[29] Vgl. Madigan Michael T. und Martinko John M. (2009), Brock Mikrobiologie; Pearson Education, S. 40.
[30] Vgl. Madigan Michael T. und Martinko John M. (2009), Brock Mikrobiologie; Pearson Education, S. 40.

3.3.6   Flechten

Flechten bestehen aus zwei Organismen: einem Pilz und einer Alge oder einem Pilz und Cyanobakterien. Ein Pilz geht also eine Gemeinschaft zum gegenseitigen Vorteil mit einem Photosynthese betreibenden Organismus ein.[31]

3.3.7   Andere eukaryotische Einzeller

Dabei handelt es sich z. B. um Protozoen. In der Regel sind sie in der Lage, sich zu bewegen. Es sind einzellige Organismen ohne Zellwand. Unter ihnen sind auch pathogene Organismen zu finden, wie Trichomaden, die eine Geschlechtskrankheit hervorrufen können.

3.3.8   Tierische und pflanzliche Zellkulturen

Laut GenTSV sind Zellkulturen: „*in-vitro* vermehrte Zellen, die aus vielzelligen Organismen isoliert worden sind"[32]. Zellen, die aus diesen Organismen entnommen wurden, sind demnach erst dann als Zellkultur i. S. d. Verordnung zu bezeichnen, wenn diese auch vermehrt werden. Primärzellkulturen, die isoliert wurden und die sich z. B. als adulte terminal ausdifferenzierte Zellen nicht mehr vermehren können, sondern nur unter Zellkulturbedingungen im Zellinkubator für Versuchszwecke „am Leben gehalten" werden, sind demnach keine Zellkulturen i. S. d. Verordnung.

3.3.9   Gentechnisch veränderter Organismus (GVO)

Als GVO wird ein Empfängerorganismus dann bezeichnet, wenn in ihm „fremdes" Erbmaterial eines Spenderorganismus (nicht dieselbe Spezies wie der Empfänger) zusammen mit seinem eigenen Erbmaterial vorliegt (Abb. 3.7). Dabei spielt es keine Rolle, ob das fremde Erbmaterial integriert in das Empfängergenom oder außerhalb zu finden sind. Die Spender- sowie die Empfängerorganismen können dabei sehr unterschiedlicher Herkunft sein (Abb. 3.7). Ziel gentechnischer Arbeiten ist die Erzeugung solcher GVO, und im Sinne des GenTG ist ein GVO, „ein Organismus, mit **Ausnahme des Menschen**, dessen genetisches Material in einer Weise verändert worden ist, wie sie unter natürlichen Bedingungen durch Kreuzen oder natürliche Rekombination nicht vorkommt; ein GVO ist auch ein Organismus, der durch Kreuzung oder natürliche Rekombination zwischen GVO

---

[31] Vgl. Madigan Michael T. und Martinko John M. (2009), Brock Mikrobiologic; Pearson Education, S. 41.
[32] § 3 GenTSV.

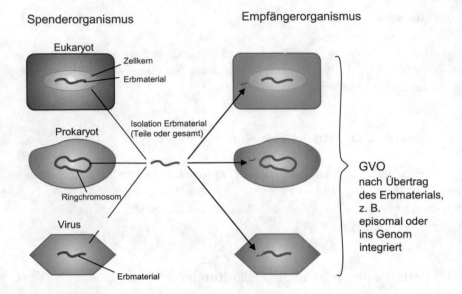

Abb. 3.7 Beispiele gentechnisch veränderter Organismen

oder mit einem oder mehreren GVO oder durch andere Arten der Vermehrung eines GVO entstanden ist, sofern das genetische Material des Organismus Eigenschaften aufweist, die auf gentechnische Arbeiten zurückzuführen sind"[33]. Was heißt das in der Praxis? Im folgenden Kapitel gehen wir auf die einzelnen Komponenten eines GVO genauer ein.

3.3.10 Spenderorganismus und Empfängerorganismus

Basis für gentechnische Arbeiten, also für die „Neukombination von Erbmaterial", sind die Bausteine der Erbsubstanz (Nukleotide). Die Basen Guanin, Cytosin, Adenin, Thymin und Uracil sowie das Zuckerphosphatrückgrat der DNA/RNA sind bei Desoxyribonukle-insäuren und Ribonukleinsäuren in allen Organismen chemisch identisch, egal ob wir DNA und RNA von Pflanzen, Tieren oder Mikroorganismen betrachten. Zwar werden die Aminosäuren durch unterschiedliche Basen kodiert, weshalb man auch vom degene-rierten Kode spricht; die Chemie der Einzelbausteine bleibt aber gleich. Dadurch können auch über Artgrenzen hinweg Nukleinsäuren miteinander kombiniert werden. Erläutern wir das an einem Beispiel: Das Gen für einen Membranrezeptor, der in Herzmuskelzellen der Ratte exprimiert wird, soll für biochemische Analysen in anderen eukaryotischen Zel-len, z. B. mittels Polymerasekettenreaktion (PCR), produziert werden. Dazu wird das Gen zunächst isoliert und mithilfe eines Plasmids, z. B. in *Escherichia coli*, vervielfältigt. Das rekombinante Plasmid wird dann in eukaryotische (humane) Zellen transfiziert. Genauso

---

[33] § 3 Nr. 3 GenTG.

gut könnte man Gene aus Pflanzen isolieren, die für eine Blütenfarbe kodieren. Auch diese könnten z. B. mithilfe eines Plasmids kloniert werden, und das rekombinante Plasmid könnte, unabhängig von der Herkunft des Fremdgens, von demselben *E.-coli*-Stamm vervielfältigt werden oder sogar in eukaryotische Zellkulturen eingeschleust werden. Ob das Sinn macht, spielt in der Machbarkeit der Klonierung keine Rolle. Das heißt, Nukleinsäuren bzw. Gene können über Artgrenzen hinweg verwendet werden. Das GenTG verwendet zur Klärung der Herkunft eines Gens den Begriff des Spenders und den des Empfängers genetischen Materials. Der Spender ist hier „Ratte", der Empfänger *E. coli*.

Als Spender bezeichnet man den Organismus, aus dem Genmaterial entnommen wird, als Empfänger denjenigen, der Genmaterial des Spenderorganismus aufnimmt (also z. B. auch aus einem Virus).

3.4 Wichtige Komponenten für GenTG-relevante Verfahren

Kirsten Bender

Bevor wir in Abschn. 3.5 Verfahren zur Veränderung des genetischen Materials kennenlernen, werden im Komponenten, die bei diesen Verfahren teilweise zum Einsatz kommen, beschreiben. Nicht alle molekularbiologischen Verfahren, die in der modernen Biologie angewendet werden, sind automatisch gentechnische Verfahren. Wichtig ist es, dass Biologen, Mediziner, Biotechnologen oder technische Mitarbeiter etc. Verfahren erkennen, die in der Laborpraxis mit dem Regelwerk des GenTG anzuwenden sind.

3.4.1 Klonierungsvektoren

Als Klonierungsvektoren bezeichnet man in der täglichen Arbeit im Genlabor in der Regel DNA-Plasmide (Abb. 3.8), in die man mit molekularbiologischen Standardverfahren ein oder mehrere Fremdgene klonieren kann und die meist in Bakterien (z. B. *E.-coli*-K12-Abkömmlinge) replizierbar sind. „Vektor" ist hier also nicht im mathematischen Sinne verwendet, sondern bezieht sich auf die lateinische Bedeutung „Träger", „Passagier". Laut GenTG wird der Vektor als „ein biologischer Träger, der Nukleinsäure-Segmente in eine neue Zelle einführt"[34], bezeichnet. Demnach können in der Praxis also auch Viren, Bakteriophagen oder Viroide als Vektoren i. S. d. Gesetzes eingesetzt werden. Diese sind dann durch molekularbiologische Verfahren rekombinant hergestellt und dienen als „Vehikel", um die Fremdgene in die gewünschten Zellen zu transferieren. Klonierungsvektoren beinhalten regulatorische Anteile von Plasmiden oder eukaryotischer Gene (z. B. Origin of Replication, Antibiotikaresistenzgene, Promotorsequenzen, Schnittstellen für Restriktionsendonukleasen). Häufig werden die Begriffe „Plasmid" und „Klonierungsvektor" in

---

[34] § 3 Nr. 13 GenTG.

der täglichen Arbeit im Labor synonym verwendet. Es handelt sich dabei um ringförmige dsDNA-Moleküle, die ursprünglich aus Bakterien isoliert und dann für die unterschiedlichen Anwendungen molekularbiologisch verändert wurden. Sie können unabhängig vom Bakteriengenom in Bakterienzellen replizieren. Um ein rekombinantes Plasmid zu erhalten, wird zunächst das zirkuläre Plasmid in der Multi Cloning Site (hier befinden sich die DNA-Sequenzen, die von Restriktionsendonukleasen erkannt werden) geöffnet und das mit den gleichen Restriktionsendonukleasen bearbeitete Fremdgen in diesen Vektor ligiert. Um für diese „Klonierung" genügend Ausgangsmaterial des Vektors zur Verfügung zu haben, wird das (noch nicht rekombinante) Plasmid zunächst in *E.-coli*-Zellen vermehrt und anschließend durch eine Plasmidextraktion isoliert. Nach erfolgreicher Ligation des Fremdgens wird es dann in *E. coli* zur weiteren Verwendung vervielfältigt.

3.4.2 Expressionsvektoren

Expressionsvektoren werden verwendet, um die Information der klonierten Fremdgene in einer Wirtszelle exprimieren zu können und damit letztlich in Proteine zu translatieren. Es gibt Expressionsvektoren, die nur in Bakterien, und andere, die nur in Eukaryonten die Proteinexpression „anwerfen" können. Die Expression des Fremdgens läuft entweder kontinuierlich oder kann induziert werden. Ziel der Expression ist oft die Herstellung und Isolierung „größerer" Mengen eines bestimmten Proteins, um dieses anschließend für biochemische Analysen verfügbar zu haben. Je nachdem welches Zellsystem für die Expression verwendet wird, besitzen die Vektoren darauf abgestimmte regulatorische DNA-Sequenzen (z. B. Promotoren für eine eukaryotische Expression, die zum Teil auch gewebespezifisch sein können). Die Promotoren können auch aus Viren isoliert sein, die mittels molekularbiologischer Verfahren in den Vektor eingebaut wurden (z. B. CMV-Promotor aus Cytomegalovirus).

3.4.3 Shuttle-Vektoren

Als Shuttle-Vektor bezeichnet man in der Regel Plasmide, die sowohl in Pro- als auch in Eukaryontenzellen eingesetzt werden können. Shuttle-Vektoren besitzen funktionelle Bereiche (z. B. Markergene, Antibiotikaresistenzen, weitere Gene zur Selektion) und sind meist auch mit einem oder mehreren eukaryotischen Promotoren ausgerüstet. Der eukaryotische Promotor dient als Bindestelle für die RNA-Polymerasen der Zielzellen, in denen die Proteinexpression stattfinden soll. Diesem benachbart liegt eine Multi Cloning Site für die Ligation des Fremdgens. Sie haben aber auch einen Origin of Replication für die Vervielfältigung des rekombinanten Plasmids in Prokaryonten, um es in diesen zuvor in ausreichender Menge herzustellen. Für anschließende Transfektionen oder andere gentechnische Arbeiten steht es dann zur Verfügung.

Abb. 3.8 Mögliche Vektoren
zum Übertrag von Fremdgenen

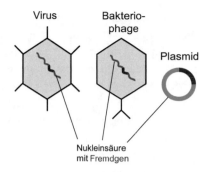

3.4.4 Virale Vektoren

Virale Vektoren (Abb. 3.8) werden z. B. verwendet, wenn eukaryotische Zellen resistent gegen andere Arten der Transfektion sind. Viren „befallen" Zellen wirtsspezifisch und haben zum Teil ein breites Wirtsspektrum. Sie können also Zellen unterschiedlicher Spezies infizieren und damit auch rekombinantes DNA-Material überführen.

Je nachdem von welchen Viren ein viraler Vektor abstammt, kann dieser unterschiedliches Risikopotential besitzen (Kap. 4). Wir werden noch unterschiedliche virale Vektoren wie Adenoviren und Lentiviren kennenlernen. Für die Betrachtung des Risikopotentials gentechnischer Arbeiten wird das Vektor-Empfänger-System betrachtet, also nicht nur der Vektor allein. So spielt auch die Herkunft der funktionellen/regulatorischen Bereiche des Vektors sowie die des klonierten Fremdgens oder der klonierten Fremdgene und der Empfängerorganismus selbst eine Rolle.

3.5 Verfahren der Veränderung des genetischen Materials

Kirsten Bender

Der Gesetzgeber hat in § 3 Nr. 3a–c GenTG festgelegt, bei welchem Verfahren es sich um die Veränderung genetischen Materials handelt, während § 3b GenTG die Verfahren enthält, die nicht als Verfahren der Veränderung genetischen Materials gelten (Abschn. 3.6).

3.5.1 Nukleinsäure-Rekombinationstechniken

Nukleinsäure-Rekombinationstechniken fallen unter das GenTG, wenn zur Rekombination Nukleinsäuren eingesetzt werden, die außerhalb eines Organismus hergestellt wurden, und diese durch den Einsatz von Vektorsystemen (z. B. Viren, Viroide, Plasmide) zu neuen genetischen Kombinationen im Empfängerorganismus führen.[35] Wichtig ist, dass diese

---

[35] Vgl. § 3 Nr. 3a a) GenTG.

Neukombinationen dabei unter natürlichen Bedingungen nicht vorkommen. Das heißt, wenn die in einen Organismus eingebrachte Nukleinsäure Teil des genetischen Materials dieses Empfängerorganismus wäre (der Spender also die gleiche Spezies wie der Empfänger ist), würden diese Arbeiten nicht unter das GenTG fallen! Das GenTG spricht dann von der sog. Selbstklonierung (Abschn. 3.6.8). Bei Rekombinationstechniken, die unter das GenTG fallen, benötigen wir also mindestens zwei Komponenten: zum einen fremde Nukleinsäure und zum anderen einen Wirtsorganismus, der das Fremdmaterial in dem rekombinanten Vektor aufnimmt. Der Begriff „Nukleinsäure", der verwendet wird, macht deutlich, dass von dieser Bewertung nicht nur Desoxyribonukleinsäure betroffen ist, sondern alle Nukleinsäuren. Es können also auch bestimmte Arbeiten mit Ribonukleinsäuren unter das GenTG fallen. Ein virales Vektorsystem auf Grundlage von RNA-Viren könnte dazu z. B. eingesetzt werden.

3.5.2   Verfahren zum direkten Einbringen von Erbgut in einen Organismus

Auch für die folgenden Verfahren muss das Erbgut außerhalb des Organismus hergestellt worden sein und unter natürlichen Bedingungen nicht in dem Empfängerorganismus vorkommen. Zu den Verfahren zählen die Mikroinjektion, Makroinjektion und Mikroverkapselung sowie das direkte Einbringen von Erbgut auf anderen Wegen.

Mikroinjektion
Bei der Mikroinjektion wird Erbgut mit einer extrem feinen Glaspipette in eine eukaryotische Zelle „hineingeblasen".[36] Dazu wird die Zellmembran unter Verwendung eines sog. Mikromanipulators zunächst „durchstochen" und das fremde Erbgut dann in die Zelle entlassen. Mit einer Mikroinjektion werden in der Regel tierische Zellen behandelt. Das Verfahren wird z. B. bei der Herstellung transgener Tiere angewandt. Dabei wird fremde DNA, also ein zu übertragendes Gen, in eine Zygote eingeschleust. Die Erfolgsquote, dass die fremde DNA auch in das Zygotengenom eingebaut wird, ist allerdings gering. Neben der geringen Erfolgsquote liegt ein weiteres Problem darin, dass der Ort, an dem die fremde DNA in das Genom der Zygote eingebaut wird, dem Zufall überlassen ist. Trotz der Schwierigkeiten konnte die Methode weiterentwickelt werden und ist ein seit Jahren etabliertes Verfahren. Für pflanzliche Zellen eignet sich dieses Verfahren seltener. Hier steht der Turgor (also die Druckverhältnisse innerhalb einer pflanzlichen Zelle) dem Verfahren im Wege.

---

[36] Vgl. Capecchi MR (1980), High efficiency transformation by direct microinjection of DNA into cultured mammalian cells. Cell. Nov; 22(2 Pt 2):479–88.

Abb. 3.9 Zellfusion

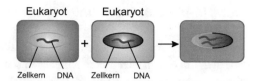

Makroinjektion
Wie bei der Mikroinjektion, findet bei der Makroinjektion ebenfalls ein direkter Erbguttransfer statt. Dabei wird genetisches Material direkt in Pflanzenzellen transferiert. Hierbei werden einzelne Zellen einer Pflanze Ziel des Transfers und nicht Protoplasten. Die Makroinjektion ist ebenfalls den gentechnischen Verfahren i. S. d. im GenTG zugeordnet.

Mikroverkapselung
Nukleinsäuren lassen sich, wie viele andere Materialien auch, an Trägerstoffe koppeln bzw. durch diese „verkapseln". Damit kann der „Transport" dieser „verkapselten" DNA durch die Zellmembran in die Zellen hinein erleichtert erfolgen.

3.5.3 Zellfusion und Hybridisierung

Weitere Verfahren, die unter die Anwendung des GenTG fallen, sind Zellfusionen und Hybridisierungsverfahren, wenn dabei Zellen miteinander „verschmelzen", sodass Organismen entstehen, die neukombiniertes/zusammengefügtes Erbgut enthalten, das in der Natur in dieser Kombination bisher nicht vorkommt (Abb. 3.9).

Unter Berücksichtigung von Sicherheitsaspekten werden wir die Verfahren in Kap. 4. vertiefen. Wichtig im Sinne des GenTG ist, dass verwendete Verfahren zu einer Neukombination des genetischen Materials, die so in der Natur nicht vorkommt, führen müssen, um GenTG-relevant zu sein.

3.6 „Nicht GenTG-relevante" Verfahren

Kirsten Bender

In der modernen Biologie, Biotechnologie und Biomedizin werden Verfahren eingesetzt, bei denen Zellen und damit auch deren genetisches Material, verwendet werden. Die nicht GenTG-relevanten Verfahren sind in § 3 Nr. 3b GenTG in die Begriffsbestimmungen aufgenommen worden. Sie werden im Folgenden besprochen.

3.6.1 In-vitro-Befruchtung

Die In-vitro-Befruchtung (auch In-vitro-Fertilisation genannt) ist ein Verfahren, bei dem Patienten mit einem unerfüllten Kinderwunsch eine „Befruchtung im Reagenzglas" durchführen lassen. Dabei wird bei der Frau zunächst eine hormonelle Stimulation durchgeführt, die das Ziel hat, dass sie möglichst viele reife Eizellen in einem Zyklus produziert. Normalerweise entsteht in einem menschlichen Zyklus nur eine oder zwei reife Eizellen. Nachdem die Eizellen gereift sind, werden diese der Frau entnommen und in vitro durch Inkubation mit Spermien des Ehemanns befruchtet, oder es wird die Mikroinjektion eines Spermiums in eine einzelne Eizelle durchgeführt. Die mit diesem Verfahren befruchteten Eizellen werden für einige Tage kultiviert und dann der Frau in die Gebärmutter übertragen. Das Verfahren wurde von Robert G. Edwards entwickelt, der 2010 dafür den Nobelpreis für Medizin erhielt. Die In-vitro-Befruchtung darf in Deutschland nur in sehr engen Grenzen eingesetzt werden und ist durch das ESchG geregelt (Abschn. 2.1.1).

3.6.2 Konjugation

Konjugation[37] findet man bei Bakterien. Diese können durch einen dichten Zellkontakt zweier Bakterienzellen (z. B. durch sog. Pili) Gentransfer betreiben. Es handelt sich dabei um einen natürlichen Prozess. Auch die Plasmide, die dabei „weitergereicht" werden können, kommen in den Zellen natürlicherweise vor. Plasmide haben wir bereits beschrieben und auch als Klonierungsvektoren kennengelernt. Diese sind hier aber nicht gemeint, sondern genetisch **nicht veränderte** natürlich vorkommende biologische Einheiten in Prokaryonten. Es sind ringförmig geschlossene DNA-Doppelstränge, die für Gene kodie-

Abb. 3.10 Nicht GenTG-relevante Konjugation

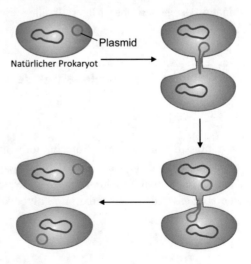

Plasmid

Natürlicher Prokaryot

---

[37] Vgl. § 3 Nr. 3b b) GenTG.

Abb. 3.11 GenTG relevante
Konjugation

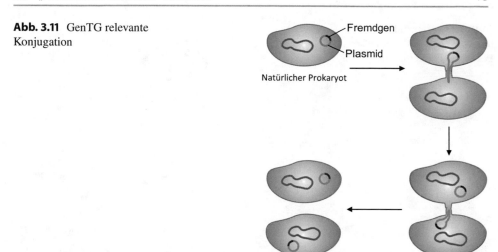

ren, die für das Überleben der Bakterien keine übergeordnete Rolle spielen. Sie können
aber einen Überlebensvorteil schaffen. Denken wir z. B. an Gene, die für eine Antibiotikaresistenz kodieren. Plasmide liegen außerhalb des bakteriellen Genoms und können
unabhängig von diesem replizieren. Dazu tragen sie funktionelle DNA-Sequenzen, die eine Replikation einleiten können, die Origin of Replication (ORI). Je nach Bakterienstamm
können einzelne oder viele solcher Ringmoleküle in einem Bakterium vorkommen. Die
Anzahl der Basenpaare von Plasmiden kann stark variieren. Sie schwankt zwischen einer und 100 „Kopien" pro Zelle. Bei der Konjugation werden Plasmide zwischen zwei
unterschiedlichen Bakterienzellen (das können sogar unterschiedliche Bakterienstämme
sein) weitergegeben. Dabei wird das Plasmid während des Vorgangs repliziert. So hat
das „Donatorbakterium" (Vorsicht: Damit ist nicht der Spenderorganismus im Sinne des
GenTG gemeint) am Ende wieder ein doppelsträngiges Plasmid und das Empfängerbakte-
rium ebenfalls. Konjugation von natürlich vorkommenden Plasmiden und Bakterien unterliegt nicht den Regelungen des GenTG, obwohl es sich um einen genetischen Austausch
handelt (Abb. 3.10). Werden jedoch als Teilnehmer der Konjugation zuvor gentechnisch
veränderte Bakterienzellen und Plasmide eingesetzt, so unterliegen diese Arbeiten selbstverständlich dem GenTG (Abb. 3.11).

3.6.3 Transduktion

Wie bei der Konjugation handelt es sich bei der Transduktion um einen genetischen Austausch zwischen Bakterienzellen (Abb. 3.12). Allerdings wird dieser hier durch einen
Virus vermittelt, den Bakteriophagen. **Bakteriophagen** sind Viren, deren natürlicher Wirt
Bakterien sind. Bei diesem Vorgang können auch Anteile der DNA eines Wirtsbakteriums
auf ein anderes übertragen werden. Im Gegensatz zu einer allgemeinen Transduktion, bei
der unspezifische Wirts-DNA von einem Phagen „aufgenommen und verpackt" wird, gibt

Abb. 3.12 Transduktion und homologe Rekombination bei Bakterien bei der Transduktion

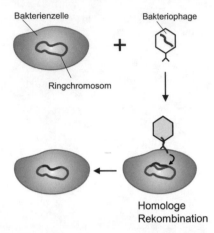

es auch die spezielle Transduktion, bei der spezifische Wirts-DNA in das Virusgenom übernommen wird. Auch gilt, wie bei der Konjugation, dass es sich um natürliche Prozesse handelt und dass die Arbeiten, die man im Labor damit durchführt, nicht unter das GenTG fallen, solange keine gentechnisch veränderten Komponenten eingesetzt werden. Wird also z. B. ein gentechnisch veränderter Phage für diese Arbeiten eingesetzt, unterliegen diese Arbeiten selbstverständlich wieder dem GenTG.

3.6.4 Transformation

Als Transformation (Abb. 3.13) bezeichnet man die Aufnahme „nackter DNA" in eine Bakterienzelle. Handelt es sich dabei um den natürlichen Vorgang, stammt die DNA meist von Bakterienzellen, die in der Bakterienkultur lysiert sind und die Bruchstücke ihres Genoms dabei freigeben. Diese Bruchstücke können dann von den umgebenden Bakterien aufgenommen werden. Die erfolgreiche Aufnahme der DNA setzt voraus, dass die Bakterienzellen auch in der Lage sind, diese aufzunehmen. Bakterien verfügen über eine Zellwand, die vielfach verhindert, dass diese DNA-Aufnahme auch tatsächlich erfolgt. Sind Bakterien dazu in der Lage, so bezeichnet man diese als **kompetent**. Bakterienzellen, die unter natürlichen Bedingungen eher nicht zur Transformation neigen, können durch molekularbiologische Verfahren kompetent gemacht werden.[38]

Wie schon bei der Konjugation und Transduktion gilt auch für die Transformation, dass diese sofort dem Gentechnikrecht unterfällt, wenn der Vorgang mit gentechnisch veränderten Zellen erfolgt oder z. B. rekombinante Plasmide eingesetzt werden.

---

[38] Vgl. § 3 Nr. 3b b) GenTG.

Abb. 3.13 Transformation

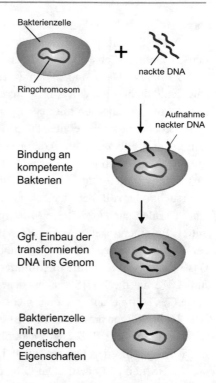

3.6.5 Polyploide Induktion

Als Polyploid werden Zellen oder höhere Organismen (meist sind das Pflanzen) bezeichnet, wenn diese über mehr als einen Chromosomensatz verfügen. Polyploidie kommt unter natürlichen Bedingungen vor, kann aber auch künstlich mit chemischen Substanzen induziert werden. So wird dabei verhindert, dass sich in der Meiose die Chromosomensätze auf zwei Zellen verteilen. In der Pflanzenzüchtung wird dieses Verfahren z. B. eingesetzt, um robustere Pflanzenarten zu erzeugen. Solange also ein unveränderter Chromosomensatz verdoppelt wird (auch mit chemischer Hilfe), unterliegen diese Arbeiten nicht den Regelungen des GenTG. Wenn allerdings zuvor gentechnisch veränderte Pflanzen für eine Polyploidie-Induktion eingesetzt werden, arbeitet man gentechnisch.[39]

3.6.6 Mutagenesen

Wird das Erbgut einer Zelle durch Mutationen verändert, spricht man von Mutagenese. Die Mutagenese ist quasi der Weg, der zu dieser Veränderung beschritten wird. Mutagenesen haben also immer das Ziel, das Erbgut durch Mutation zu verändern. Mutationen

---

[39] Vgl. § 3 Nr. 3b c) GenTG.

kommen in der Natur sehr häufig vor. Man spricht von einer **spontanen Mutations-rate**. Viele Organismen, auch der Mensch, haben evolutionär Mechanismen entwickelt, sich diesen natürlich erfolgten Mutationen wieder zu entledigen, um das Erbgut „fehler-frei" zu halten. Dazu sind in den Zellen verschiedene Reparatursysteme, bestehend aus unterschiedlichen Enzymen, bereitgestellt. Möchte man aber nun gerade Mutationen er-zeugen, um Organismen mit neuen genetischen Eigenschaften zu erhalten, so kann man verschiedene mutageneseunterstützende Verfahren verwenden. Bestrahlt man einen Orga-nismus (z. B. Pflanzensamen) radioaktiv oder behandelt ihn mit mutagenen Chemikalien, so entstehen Mutationen im Erbgut, die zu neuen (gewünschten oder/und ungewünsch-ten) Eigenschaften führen können. Diese werden zum Teil mit aufwendigen Methoden untersucht oder z. B. bei Pflanzen auch durch Kreuzungen analysiert. Zu Mutagenesever-fahren zählen auch **gerichtete Mutagenesen** (*site directed mutagenesis*), bei denen z. B. mittels Polymerasekettenreaktionsansätzen Mutationen in DNA eingefügt werden. Beson-ders für die Pflanzenzüchtung sind in diesem Bereich einige neue Methoden entstanden. Das sind zum Beispiel die **oligonukleotidgesteuerten Mutagenesen** (**OgM**). Bereits im Juni 2012 hat die ZKBS verschiedene dieser Methoden unter dem Aspekt bewertet, ob diese GenTG-relevant sind oder nicht.[40] Zu den OgM zählen Arbeiten mit RNA-, DNA-oder Hybridoligomeren. Das Ziel ist es, mit diesen Oligomeren sequenzspezifisch (und nicht zufällig wie z. B. bei der Bestrahlung) das Erbgut zu verändern. Die Mutationen, die in das Erbgut inseriert werden sollen, befinden sich dabei im Oligomer. In der Bewertung des ZKBS heißt es dazu: „Die Oligonukleotide, die in die Zellen eingebracht werden, sind keine neuen Kombinationen genetischen Materials, denn ihre Sequenz richtet sich nach der Zielsequenz (Watson-Crick-Basenpaarung oder Hoogsteen-Basenpaarung), ggf. mit einer Abweichung von einem oder wenigen Nukleotiden."[41] „Die Oligonukleotide wirken wie Mutagene und rufen Mutationen von einem oder wenigen Nukleotidpaaren (NP) hervor, wie sie gleichermaßen auch spontan oder nach Anwendung von Mutagenen auftreten können, und sind damit nicht von spontanen Mutationen oder von Mutationen, die durch Mutagenese hervorgerufen werden, unterscheidbar. Durch Mutagene erzeugte genetische Varianten sind gem. § 3 Nr. 3b. Satz 2 Buchst. a. GenTG (Mutagenese) kei-ne GVO"[42]. Und weiter: „Es handelt sich bei den durch die OgM-Technik entstandenen Organismen nicht um GVO."

---

[40] Stellungnahme der ZKBS zu neuen Techniken für die Pflanzenzüchtung (Juni 2012) Az. 402.45310.0104.
[41] Stellungnahme der ZKBS zu neuen Techniken für die Pflanzenzüchtung (Juni 2012) Az. 402.45310.0104.
[42] Stellungnahme der ZKBS zu neuen Techniken für die Pflanzenzüchtung (Juni 2012) Az. 402.45310.0104.

3.6.7 Zellfusion

Laut § 3 Nr. 3b bb) des GenTG gilt die Zellfusion (einschließlich Protoplastenfusion von Pflanzenzellenorganismen, die mittels herkömmlicher Züchtungstechniken genetisches Material austauschen können) nicht als gentechnisches Verfahren. Gleiches gilt für die Zellfusion prokaryotischer und eukaryotischer Zellen. Wichtig dabei ist, dass das genetische Material über physiologisch bekannte Prozesse ausgetauscht wird. Auch die Erzeugung von Hybridomen unterliegt nicht dem Gentechnikgesetz. Aber Achtung: Sobald Zellen dazu verwendet werden, die vorab gentechnisch verändert wurden, sieht die Sache anders aus. Dann fällt auch die Zellfusion unter das Regelwerk des GenTG.

3.6.8 Selbstklonierung

Wenn Teile oder das komplette Genom eines *nicht* gentechnisch veränderten Organismus oder das „synthetische Äquivalent" davon „in Zellen derselben Art oder in Zellen phylogenetisch eng verwandter Arten, die genetisches Material durch natürliche physiologische Prozesse austauschen können"[43], wiedereingeführt wird, spricht man von Selbstklonierung. Das heißt, wenn man im Labor z. B. mit einer aus einem Tier isolierten Zellkultur arbeitet (Abb. 3.14) und in diese Zellen Genmaterial aus dem „Ursprungstier" transfiziert, ist dies keine gentechnische Arbeit. Für den Praktiker im Labor gibt es dazu z. B. eine Stellungnahme der ZKBS, die hier in Teilen zitiert wird: „Im Konsens mit Interpretation der EU und nach Bewertung durch die ZKBS umfasst Selbstklonierung insbesondere:

a) Verfahren der genetischen Veränderung von Organismen, bei denen gleiche oder verschiedene Formen einer Spezies nicht-pathogener, in der Natur vorkommender Orga-

Abb. 3.14 Selbstklonierung

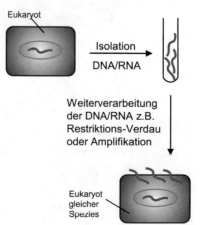

---

[43] § 3 Nr. 3c bb) GenTG.

nismen einschließlich ihrer nichtpathogenen, in der Natur vorkommenden endogenen Viren (Bakteriophagen) als Spender- und Empfängerorganismen von Nukleinsäuren dienen,

b) Verfahren der genetischen Veränderung, soweit nur sogenannte technische Sequenzen (z. B. natürliche und/oder synthetische Oligonukleotide wie Linker, Adaptoren oder Sequenzen der Art wie das LacZ-alpha-Fragment) im Empfängerorganismus verbleiben,

c) Verfahren der Herstellung von Mutanten durch Insertion von im Empfänger genetisch inaktiven Nukleinsäure-Segmenten und/oder

d) Verfahren der Herstellung von Mutanten durch Deletion, Inversion und/oder Amplifikation."[44]

Wichtig in dieser Stellungnahme ist, dass die oben beschriebene Bewertung nur gilt, wenn mit nichtpathogenen, natürlich vorkommenden Organismen gearbeitet wird.[45]

---

[44] Stellungnahme der ZKBS zur Selbstklonierung im Sinne des § 3 Nr. 3 S. 4 GenTG, Az.: 6790-10-02.

[45] § 3 Nr. 3c c) GenTG.

Risikobewertung von Spender-, Empfänger- und gentechnisch veränderten Organismen

4

Kirsten Bender

Gentechnische Arbeiten sind „die Erzeugung gentechnisch veränderter Organismen, die Vermehrung, Lagerung, Zerstörung oder Entsorgung sowie der innerbetriebliche Transport gentechnisch veränderter Organismen sowie deren Verwendung in anderer Weise, soweit noch keine Genehmigung für die Freisetzung oder das Inverkehrbringen zum Zweck des späteren Einbringens in die Umwelt erteilt wurde"[1]. Diese Arbeiten können im Speziellen sehr unterschiedlich sein. Denken wir zum Beispiel an die Erzeugung gentechnisch veränderter Pflanzen oder Viren. Allen gentechnischen Arbeiten gemeinsam ist, dass ihnen eine Sicherheitseinstufung von S1–S4 vorausgeht, zu der vorab die Risikobewertung der Organismen durchzuführen ist.

4.1 Grundlagen zur Risikobewertung von Spender-, Empfänger- und gentechnisch verändertem Organismus

Das Risikopotenzial des Spenderorganismus, aus dem Erbmaterial entnommen wird, sowie des Empfängerorganismus, in den es eingefügt wird, spielen für die Einstufung gentechnischer Arbeiten in die entsprechende Sicherheitsstufe eine Rolle. Um die Sicherheitsstufen gentechnischer Arbeiten letztlich festzulegen, ist zunächst eine Einteilung der Organismen (Spender, Empfänger und GVO) in Risikogruppen erforderlich. Organismen werden in die Risikogruppen 1–4 eingeteilt, die dazugehörigen gentechnischen Arbeiten in die Sicherheitsstufen 1–4. Wir führen also zum Beispiel im Genlabor der Sicherheitsstufe 1 gentechnische Arbeiten der Sicherheitsstufe 1 durch. In diesem Labor wird i. d. R. mit Organismen gearbeitet, die in die Risikogruppe 1 eingestuft wurden (Abb. 4.1). Nun gibt es sehr unterschiedliche Organismen, mit denen gentechnisch gearbeitet werden kann. Denken wir an humanpathogene Viren oder an *E. coli*, wie sie im menschlichen Darmtrakt vorkommen, oder an Pflanzen und Tiere. Viele Organismen, ob Einzeller, Pflanzen oder

---

[1] § 3 Nr. 2a, b GenTG.

© Springer-Verlag GmbH Deutschland, ein Teil von Springer Nature 2019
K. Bender und P. Kauch, *Gentechnisches Labor – Leitfaden für Wissenschaftler*,
https://doi.org/10.1007/978-3-642-34694-1_4

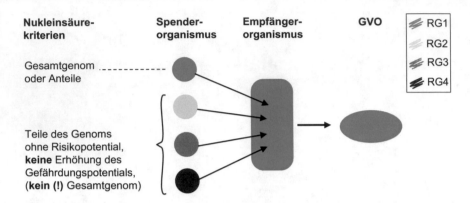

Abb. 4.1 Beispiele zur Entstehung eines GVO der Risikogruppe 1

Tiere, produzieren z. B. auch Toxine, die für den Menschen oder die Umwelt gefährlich
sein können. Das zieht Unterschiede in der Risikobewertung der Organismen nach sich.
Mit der Einordnung in Risikogruppen und mit den daraus resultierenden Sicherheitsmaßnahmen beschäftigt sich die Verordnung über die Sicherheitsstufen und Sicherheitsmaß-
nahmen bei gentechnischen Arbeiten in gentechnischen Anlagen (GenTSV). Sie ist eine
der wichtigsten Verordnungen für die verantwortlichen Personen im Genlabor: Betreiber,
Projektleiter und Beauftragter für die Biologische Sicherheit. In der GenTSV werden die
Grundlagen und Kriterien für die Einteilung gentechnischer Arbeiten und Anlagen in die
Sicherheitsstufen 1–4 festgelegt. Hier soll zunächst beschrieben werden, wie bzw. welche
Organismen durch die GenTSV definiert sind und, falls Organismen Toxine produzieren,
wann diese als hochwirksam eingeordnet werden.[2]

4.1.1 Mikroorganismen

Für gentechnische Arbeiten werden den Mikroorgansimen i. S. d. GenTSV „Viren, Viroide, Bakterien, Pilze, mikroskopisch kleine ein- oder mehrzellige Algen, Flechten, andere
eukaryotische Einzeller oder mikroskopisch-kleine tierische Mehrzeller sowie tierische
und pflanzliche Zellkulturen"[3] zugeordnet.

4.1.2 Zellkulturen

Zellkulturen sind i. S. d. GenTSV „in-vitro-vermehrte Zellen, die aus vielzelligen Organismen isoliert wurden"[4]. Besondere Bedeutung hat hier, der Begriff „in-vitro-vermehrt".

---

[2] Vgl. § 3 Nr. 4 GenTSV.
[3] § 3 Nr. 1 GenTSV.
[4] § 3 Nr. 1a GenTSV.

Das bedeutet i. d. R. für die Praxis, dass Zellen, die zwar aus einem vielzelligen Organismus gewonnen, aber nicht mehr vermehrungsfähig sind, keine Zellkulturen im Sinne der Verordnung sind. Das trifft auf adulte, ausdifferenzierte Zellen zu, die z. B. einem Tier entnommen wurden. Zwar „überleben" diese isolierten Zellen einige Tage unter Laborbedingungen, danach sterben sie aber in der Regel ab. Zellen können auch immortalisiert werden (Zelllinien), oder es handelt sich, wie z. B. bei Tumoren, um Zellen, die „von Natur aus" proliferieren. In der biomedizinischen und naturwissenschaftlichen Forschung werden Zelllinien vielfach eingesetzt und kultiviert. Zelllinien können auch kommerziell erworben werden. Hierbei ist darauf zu achten, dass die Risikobewertung bei „aus dem Ausland" stammenden Zelllinien nicht grundsätzlich übernommen werden kann. So kann es vorkommen, dass eine Zelllinie nach landesüblichen Richtlinien, in *biosafty levels* (1–4) zugeordnet wird. Das muss aber nicht den jeweiligen Risikogruppen, die den Kriterien des GenTG und der GenTSV definiert werden, entsprechen. Gentechnisch veränderte Zelllinien werden ebenfalls, wie alle anderen Organismen, in die Risikogruppen 1–4 eingestuft.

4.1.3 Pflanzen und Tiere

Pflanzen werden in der GenTSV als „makroskopische Algen, Moose, Farn- und Samenpflanzen"[5] und Tiere als „alle makroskopischen tierischen Mehrzeller"[6] bezeichnet. Alle bisher bekannten Tiere und Pflanzen sind je nach Funktion als Spender- oder Empfängerorganismus, bei gentechnischen Arbeiten bzgl. des Risikopotentials zu bewerten.

4.1.4 Hochwirksame Toxine

Im Sinne der GenTSV sind hochwirksame Toxine „sehr giftige Stoffwechselprodukte, die infolge von Einatmen, Verschlucken oder einer Aufnahme durch die Haut äußerst schwere akute oder chronische Gesundheitsschäden oder den Tod bewirken können; dies ist insbesondere der Fall, wenn mit ihnen a) nach Verbringen in den Magen der Ratte eine LD_{50} bis zu 25 mg/kg Körpergewicht, b) nach Verbringen auf die Haut der Ratte oder des Kaninchens eine LD_{50} bis zu 50 mg/kg Körpergewicht, c) nach Aufnahme über die Atemwege an der Ratte eine LC_{50} bis zu 0,5 mg/l Luft pro 4 Stunden ermittelt wurde"[7]. Viele Pflanzen, Tiere und Mikroorganismen produzieren Toxine. Als hochwirksam gelten sie, wenn die in der GenTSV dargelegten Werte erreicht werden.

Bei bakteriellen Toxinen werden Exo- und Endotoxine unterschieden. Exotoxine werden von Bakterien produziert und von diesen „abgesondert". Chemisch sind es Proteine.

---

[5] § 3 Nr. 2 GenTSV.
[6] § 3 Nr. 3 GenTSV.
[7] § 3 Nr. 4 GenTSV.

Dazu zählen beispielsweise das Neurotoxin von *Clostridium botulinum* oder das Pertussis-toxin, das von *Bordetella pertussis* produziert wird. Endotoxine werden im Gegensatz zu Exotoxinen nicht von Bakterien abgesondert, sondern kommen dann in größeren Mengen vor, wenn Bakterien lysieren.

Es gibt eine Vielzahl von Toxinen, die in der medizinischen und naturwissenschaftlichen Forschung eingesetzt werden. Für die Risikobewertung bei gentechnischen Arbeiten sind sie relevant, wenn die Organismen, die diese Toxine produzieren, als Spender- oder Empfängerorganismus eingesetzt werden. Ist das Toxin der rekombinante Anteil (also das Fremdgen), spielt die Toxizität ebenfalls eine Rolle.

4.2   Kriterien für die Risikobewertung von Spender-, Empfängerorganismus und GVO als Grundlage für die Bewertung gentechnischer Arbeiten

Für die Einteilung der gentechnischen Arbeiten in die richtige Sicherheitsstufe ist eine Risikobewertung für die verwendeten Organismen nötig. Dazu brauchen wir Kriterien/Informationen, welche Eigenschaften des Organismus bewertet werden müssen, welche Tätigkeiten durchgeführt werden und ob eine Gefährdung für Mensch und Umwelt durch die gentechnischen Arbeiten entsteht. Die GenTSV legt dazu fest, welche Grundlagen für die Risikobewertung und Eingruppierung für die gentechnische Arbeit zu berücksichtigen sind.[8] Es müssen „alle für die Sicherheit bedeutsamen Eigenschaften a) des Empfänger- oder Ausgangsorganismus, b) des inserierten genetischen Materials, c) des Vektors (soweit verwendet), d) des Spenderorganismus (solange der Spenderorganismus während des Vorganges verwendet wird), e) des aus der Tätigkeit hervorgehenden gentechnisch veränderten Organismus, festgestellt werden"[9]. Weiterhin fordert die GenTSV, dass auch die Bewertung einer „Gefährdung und die Wahrscheinlichkeit einer Gefährdung von Leben und Gesundheit von Menschen, die Umwelt in ihrem Wirkungsgefüge, Tiere, Pflanzen und Sachgüter"[10] vorzunehmen ist. Es handelt sich also um eine umfassende Bewertung aller an den gentechnischen Arbeiten beteiligten Komponenten, von Vektor über Fremdgen(e) bis zu den entstehenden GVO. Auch besondere Merkmale der Tätigkeit selbst müssen in die Bewertung einfließen.[11] So kann es beispielsweise sein, dass Bakterien nur durch eine sehr aerosollastige Arbeit (z. B. Ultraschall zum Zellaufschluss) während der gentechnischen Arbeiten behandelt werden können, was bestimmte technische Sicherheitsmaßnahmen oder persönliche Schutzausrüstungen nach sich ziehen kann. In Kap. 5 werden wir dazu Beispiele kennenlernen. Gentechnische Anlagen sind, egal welcher Sicherheitsstufe sie zugeordnet werden, entweder Forschungslabore, Produktionsanlagen, Tierhaltungsräume oder Gewächshäuser, die eine behördliche Zulas-

---

[8] Vgl. § 4 GenTSV.
[9] § 4 Nr. 1 a–e GenTSV.
[10] § 4 Nr. 3 GenTSV.
[11] Vgl. § 4 Nr. 2 GenTSV.

sung benötigen. Diese ist abhängig von den darin stattfindenden gentechnischen Arbeiten. Das GenTG legt die Kriterien für vier Sicherheitsstufen fest.

„Gentechnische Arbeiten werden in vier Sicherheitsstufen eingeteilt:

1. Der Sicherheitsstufe 1 sind gentechnische Arbeiten zuzuordnen, bei denen nach dem Stand der Wissenschaft nicht von einem Risiko für die menschliche Gesundheit und die Umwelt auszugehen ist.
2. Der Sicherheitsstufe 2 sind gentechnische Arbeiten zuzuordnen, bei denen nach dem Stand der Wissenschaft von einem geringen Risiko für die menschliche Gesundheit oder die Umwelt auszugehen ist.
3. Der Sicherheitsstufe 3 sind gentechnische Arbeiten zuzuordnen, bei denen nach dem Stand der Wissenschaft von einem mäßigen Risiko für die menschliche Gesundheit oder die Umwelt auszugehen ist.
4. Der Sicherheitsstufe 4 sind gentechnische Arbeiten zuzuordnen, bei denen nach dem Stand der Wissenschaft von einem hohen Risiko oder dem begründeten Verdacht eines solchen Risikos für die menschliche Gesundheit oder die Umwelt auszugehen ist."[12]

Vor Beginn der gentechnischen Arbeiten muss zunächst überlegt werden, in welche Risikogruppe die Organismen einzuordnen sind, mit denen gearbeitet werden soll, um die Arbeiten dann den Sicherheitsstufen zuzuordnen. Das heißt, wenn aus einem Organismus (Pflanze, Tier, Mikroorganismus, Mensch) ein Gen mittels eines Vektors in einen anderen Organismus übertragen werden soll, so ist auch die Risikogruppe des Spenders wichtig, wenn mit diesem ebenfalls in der Anlage gearbeitet wird. Es leuchtet ein, dass es in der Risikobetrachtung der Arbeiten einen Unterschied macht, ob dazu ein Organismus verwendet wird, der in die Risikogruppe 1 (RG 1) oder in RG 3 eingestuft ist. In welche Risikogruppen Organismen eingestuft werden, wird auch in der sog. Organismenliste zusammengefasst. Diese wird von der ZKBS veröffentlicht und kann über der Internetseite des Bundesamtes für Verbraucherschutz und Lebensmittelsicherheit (BVL) als PDF-Datei heruntergeladen werden. Sie ist in Labor- und Produktionsbereich eingeteilt sowie in die Kategorien Bakterien, Viren, Pilze, Parasiten und eukaryote Einzeller (außer Pilze).[13] Aber Achtung, diese Liste ist mit einem Datum versehen. Alle Organismen, die nach diesem Datum durch die ZKBS bewertet wurden, sind dort (noch) nicht aufgenommen! Als Betreiber einer gentechnischen Anlage kann man sich zur Risikobewertung von Organismen also nicht nur auf diese Liste verlassen. Zusätzlich sind die „Stellungnahmen" der ZKBS zu beachten. Diese werden ebenfalls auf den Internetseiten der ZKBS veröffentlicht. Auch findet sich dort eine „Organismendatenbank", in die die Stellungnahmen zeitnah Einzug finden. Derjenige, der die Risikobewertung von Spender-,

---

[12] § 7 Abs. 1 GenTG.
[13] Vgl. Bekanntmachung der Liste risikobewerteter Spender- und Empfängerorganismen für gentechnische Arbeiten v. 5. Juli 2013, Zentrale Kommission für die Biologische Sicherheit (ZKBS).

Empfänger- und genetisch veränderten Organismen vornimmt, sollte diese Informationen seitens der ZKBS regelmäßig im Blick haben.

Neben den Informationen der ZKBS können ggf. auch Risikobewertungen anderer Institutionen und Behörden zu Hilfe genommen werden, z. B. aus den „Technischen Regeln für Biologische Arbeitsstoffe" (TRBA), die durch den Ausschuss für Biologische Arbeitsstoffe (ABAS) des Bundesministeriums für Arbeit und Soziales veröffentlicht werden.

4.2.1 Allgemeine Kriterien zur Risikobewertung von Spender- und Empfängerorganismen

Welche Kriterien zur Einordnung der Organismen in Risikogruppen herangezogen werden können, legt Anhang I der GenTSV dar.[14] Die dort aufgeführten Kriterien werden auch herangezogen, um Organismen, die bislang noch nicht in Risikogruppen eingestuft wurden, einstufen zu können.

Die anzuwendenden Kriterien für eine Risikobewertung von Organismen sind:

a) Name und Bezeichnung

b) Grad der Verwandtschaft

c) Herkunft des (der) Organismus(en)

d) Information über reproduktive Zyklen (sexuell/asexuell) des Ausgangsorganismus oder ggf. des Empfängerorganismus

e) Angaben über frühere gentechnische Veränderungen

f) Stabilität des Empfängerorganismus in Bezug auf die einschlägigen genetischen Merkmale

g) Pathogenität des Organismus für abwehrgesunde Menschen oder Tiere

h) Kleinste infektiöse Dosis

i) Toxizität für die Umwelt sowie Toxizität und Allergenität für Menschen

j) Widerstandsfähigkeit des Organismus: Überleben des Organismus bzw. Erhalten der Vermehrungs- und Infektionsfähigkeit von Mikroorganismen unter relevanten Bedingungen

k) Kolonisierungskapazität

l) Wirtsbereich

m) Art der Übertragung, z. B. durch

  • direkten und indirekten Kontakt mit der verletzten oder unverletzten Haut oder Schleimhaut,

  • Aerosole und Staub über den Atemtrakt,

  • Wasser oder Lebensmittel über den Verdauungstrakt,

  • Biss, Stich oder Injektion sowie über die Keimbahn bei tierischen Überträgern,

  • diaplazentare Übertragung

---

[14] Vgl. Anhang I Nr. 1 a–x GenTSV.

n) Möglichkeit der Übertragung von Krankheitserregern durch den Organismus
o) Verfügbarkeit von Therapeutika und/oder Impfstoffen und/oder anderen wirksamen Methoden zur Verhütung und Behandlung
p) Art und Eigenschaften der enthaltenen Vektoren:
   - Sequenz
   - Mobilisierbarkeit
   - Wirtsspezifität
   - Vorhandensein von relevanten Genen, z. B. Resistenzgenen
q) Adventiv-Agenzien, die eingefügtes genetisches Material mobilisieren könnten
r) Andere potentiell signifikante physiologische Merkmale
s) Stabilität dieser Merkmale
t) Epidemiologische Situation
   - Vorkommen und Verbreitung des Organismus
   - Rolle von lebenden Überträgern und Organismenreservoirs
   - Ausmaß der natürlichen Resistenz bei Mensch und Tier gegen den Organismus
   - Grad der erworbenen Immunität (z. B. durch stille Feiung und Impfung)
   - Vorkommen eines geeigneten Tierwirts
   - Resistenz bei Pflanzen (natürliche oder durch Züchtung bedingte), Vorkommen (Nichtvorkommen) und Verbreitung einer geeigneten Wirtspflanze für den Organismus
u) Bedeutende Beteiligung an Umweltprozessen (wie Stickstofffixierung oder pH-Regelung)
v) Vorliegen von geeigneten Bedingungen zur Besiedelung der sonstigen Umwelt durch den Organismus
w) Wechselwirkung zu anderen und Auswirkungen auf andere Organismen in der Umwelt (einschließlich voraussichtlicher konkurrierender oder symbiotischer Eigenschaften)
x) Fähigkeit, Überlebensstrukturen zu bilden (wie Samen, Sporen oder Sklerotien) und deren Ausbreitungsmöglichkeiten

Welche Kriterien für die jeweils verwendeten Spender- und Empfängerorganismen anzuwenden sind, entscheidet in der Praxis meist der Projektleiter im Genlabor, da er mit den Arbeiten am besten vertraut ist. Zur Erläuterung werden einige der Kriterien vertieft. Dazu werden Beispiele aufgeführt, die keinen abschließenden Charakter im Sinne einer Aufzählung haben.

Verwandtschaftsgrad

Der Verwandtschaftsgrad eines Organismus kann einen Hinweis auf das Risikopotential geben. Wenn z. B. eine taxonomisch nahe Verwandtschaft eines noch nicht durch ZKBS bewerteten Bakteriums zu einem humanpathogenen Stamm der RG 2 besteht, muss dieses dann ggf. auch als RG 2 eingestuft werden.

Herkunft

Da das GenTG nicht nur eine mögliche Gefährdung von Menschen, sondern auch der Umwelt thematisiert, spielt die Herkunft des Organismus ebenfalls eine Rolle bei der Risikobewertung. Sollen beispielsweise gentechnische Arbeiten mit einem Bakterienstamm durchgeführt werden, für den in Europa kein Wirt bekannt ist, so kann ggf. eine Gefährdung hier geringer eingestuft werden als in dem Teil der Welt, in dem entsprechende Wirte leben und gefährdet werden können.

Ist ein Organismus vor Beginn der aktuellen Arbeiten vielleicht schon gentechnisch verändert worden? Auch das spielt bei seiner Bewertung eine Rolle. Denkbar wäre hier, dass ein höheres Gefährdungspotential entsteht, wenn ein Fremdgen für ein Toxin kodiert.

Vermehrungsart

Auch die Vermehrungsart kann ein Kriterium für die Risikobewertung eines Organismus sein. Findet eine Vermehrung über sexuellen oder nichtsexuellen Weg statt? Asexuell vermehren sich z. B. Bakterien. Alle „Nachkommen" sind hier aus der gleichen Zelle hervorgegangen. Genetische Unterschiede treten dann nur durch natürliche Mutationen auf.

Die Vermehrungsart kann auch bei der Herstellung transgener Pflanzen wichtig sein. So können sterile Pflanzen erzeugt werden, oder die Vermehrung erfolgt vegetativ.

Pathogenität

Die Pathogenität ist die Fähigkeit eines Pathogens (also des Organismus, der Pathogenität vermittelt) eine Krankheit auszulösen.[15] Sie ist ein wichtiges Kriterium für die Risikobewertung. Dabei bezieht die GenTSV dieses Kriterium auf „abwehrgesunde" Menschen oder Tiere. Beispiele für gentechnische Arbeiten mit Pathogenen werden wir in Kap. 5 kennenlernen.

Sollen die gentechnischen Arbeiten beispielsweise zum besseren Verständnis einer Krankheit beitragen und werden pathogene Mikroorganismen als Empfängerorganismen eingesetzt, so verfügen diese über das gesamte Genom, das heißt über alle Merkmale, auch ihre pathogenen. In den meisten Fällen wird bei derartigen Arbeiten die Risikogruppe des entstehenden GVO mindestens der des Empfängers entsprechen.

Denkbar ist aber auch, dass ein Gen übertragen werden soll, welches die Pathogenität des Empfängerorganismus vermindert. In diesem Fall könnte die Risikogruppe auch herabgestuft werden. Bei Mikroorganismen, die eine Infektion auslösen können, ist die **kleinste infektiöse Dosis** von Bedeutung. Als infektiöse Dosis bezeichnet man die Menge Partikel, die eine Infektion im Wirt auslösen können.

---

[15] Vgl. Madigan Michael T. und Martinko John M. (2009), Brock Mikrobiologie; Pearson Education, S. 798.

Toxizität und Allergenität

„Toxizität bezeichnet die Fähigkeit eines Organismus, einen Krankheitszustand durch ein von ihm gebildetes Toxin – einen Giftstoff – hervorzurufen, der die Zellfunktionen des Wirtes stört und Wirtszellen abtötet."[16] Viele Organismen können Toxine bilden, die pathologische Auswirkungen haben. Dabei bezieht sich Toxizität hier auf die Auswirkungen auf den Menschen und die Umwelt, die Allergenität dagegen nur auf Auswirkungen eines Organismus auf den Menschen. Zur Bewertung hochwirksamer Toxine siehe auch Abschn. 4.1.2.

Überlebensfähigkeit

Ein weiteres wichtiges Kriterium ist die Überlebensfähigkeit des Organismus. Ein Organismus, der in der natürlichen Umwelt keine Überlebenschance hat, also nur unter Laborbedingungen überlebt, kann vielleicht in eine niedrigere Risikogruppe eingestuft werden. Anhang I der GenTSV bezieht sich hier auf „einschlägige genetische Merkmale"[17] für die Überlebensfähigkeit. Bei Bakterien können das z. B. Merkmale für eine Auxotrophie sein. Als auxotroph werden Bakterien bezeichnet, wenn sie Träger einer Mutation (oder mehrerer Mutationen) sind, die dafür sorgen, dass sie für das Überleben wichtige Stoffe nicht mehr selbst synthetisieren werden können. Diese können dann durch das Kulturmedium zugeführt werden. Ein Beispiel wären hier Histidin-Mangelmutanten, die bei verschiedenen Bakterien vorkommen.

Kolonisierungskapazität

Falls ein Pathogen Zugang zum Gewebe erlangt, kann es sich unter Umständen vermehren; dieser Vorgang wird Besiedelung oder Kolonisierung genannt.[18] Auch das Wirtsspektrum spielt eine Rolle für die Risikobewertung. So können Viren ein sehr enges Wirtsspektrum (ecotrophe Viren) oder ein breiteres Wirtsspektrum (amphotrope Viren) haben.

Übertragungsart

Wie wird der Organismus übertragen? Tritt er „nur" durch Verletzungen in den Wirt ein, oder ist er plazentagängig? Kann er vielleicht über den Atemtrakt aufgenommen werden? Wenn ein Mikroorganismus durch Aerosole in den Atemtrakt eindringen kann, kann dies ein Kriterium für die Zuordnung zu einer höheren Risikogruppe sein. Auch die Möglichkeit der Schleimhautübertragung oder die Übertragung durch einen Zwischenwirt sind in die Risikobewertung einzubeziehen.

---

[16] Vgl. Madigan Michael T. und Martinko John M. (2009), Brock Mikrobiologie; Pearson Education, S. 812.

[17] Anhang I Abs. 1 Buchst. f GenTSV.

[18] Vgl. Madigan Michael T. und Martinko John M. (2009), Brock Mikrobiologie; Pearson Education, S. 811.

Epidemiologische Situation

Für die epidemiologische Einordnung eines Spender- und Empfängerorganismus stellt die GenTSV folgende Kriterien bereit:[19]

- Vorkommen und Verbreitung des Organismus
- Rolle von lebenden Überträgern und Organismenreservoirs
- Ausmaß der natürlichen Resistenz bei Mensch und Tier gegen den Organismus
- Grad der erworbenen Immunität (z. B. durch stille Feiung und Impfung)
- Vorkommen eines geeigneten Tierwirts
- Resistenz bei Pflanzen (natürliche oder durch Züchtung bedingte)
- Vorkommen (Nichtvorkommen) und Verbreitung einer geeigneten Wirtspflanze für den Organismus

Hier müssen natürlich nur die für den Organismus relevanten Punkte beachtet werden.

Überlebensstrukturen

Bakterien sind teilweise in der Lage, besonders resistente Überlebensformen zu bilden. Sie entwickeln Endosporen. Diese sind z. B. gegenüber Hitze besonders stabil, sodass die Bakterien auch unter sehr schwierigen Bedingungen „überdauern" können.[20] Dies ist auch für die Wahl der richtigen Inaktivierungsart von Bedeutung.

4.2.2   Kriterien zur Risikobewertung von GVO

Neben den Spender- und Empfängereigenschaften sind für die Risikobewertung des GVO noch weitere Informationen wichtig. Diese sind ebenfalls in Anhang I der GenTSV zusammengefasst.[21] Hier spielen nun die übertragene Nukleinsäure mit der/den transferierten Eigenschaften und das Vektorsystem eine Rolle. Im Folgenden werden einige Kriterien vertieft.

Merkmale der gentechnischen Veränderung

Insert Für die Risikobewertung des GVO müssen alle genetischen Komponenten, die nach der gentechnischen Veränderung in dem Empfänger vorliegen, betrachtet werden. Dabei spielt neben der übertragenen Nukleinsäure bzw. den übertragenen Nukleinsäuren auch das verwendete Vektorsystem selbst eine Rolle. Alle Informationen, die für die Bewertung der gentechnischen Veränderung herangezogen werden können, sind in Anhang I GenTSV aufgeführt.

---

[19] Anhang I Nr. 1t GenTSV.
[20] Vgl. Madigan Michael T. und Martinko John M. (2009), Brock Mikrobiologie; Pearson Education, S. 94 ff.
[21] Vgl. Anhang I Nr. 2.1a–e GenTSV.

Die übertragene Nukleinsäure kann aus einem natürlichen Spenderorganismus stammen oder synthetisch hergestellt worden sein (Herkunft).[22] Möglicherweise ist die für einen Gentransfer eingesetzte Nukleinsäure (Gen) bereits zuvor gentechnisch verändert worden.

Vektorsystem Es gibt sehr viele verschiedene Vektorsysteme für den Gentransfer. Hier soll auf einige unterschiedliche Systeme, die sich im Hinblick auf ihr Risikopotential unterscheiden, eingegangen werden. Die Wahl des Vektorsystems ist meist abhängig von den Gentransfereigenschaften der Zielzellen, die gentechnisch verändert werden sollen. Es gibt eukaryotische Zellen, die sich sehr schlecht durch chemische Methoden transfizieren lassen. Manche überleben weder eine Lipofektion noch die Übertragung der rekombinanten Plasmide mithilfe von Kalziumphosphat. Zu den schwieriger zu transfizierenden Zellen gehören oftmals primäre Zellen höherer Organismen, die z. B. aus Geweben gewonnen wurden. Versuche mit solchen Zellen sind oft so angelegt, dass die Zellen nach der Isolierung weiterbehandelt werden sollen. Da die Überlebensdauer dieser Zellen unter Kulturbedingungen begrenzt ist, „darf" die Expression von rekombinanten Proteinen, die durch das Vektorsystem vermittelt wird, nicht zusätzliche Zeit „kosten". In derartigen Fällen werden oftmals virale Vektorsysteme eingesetzt. Und damit sind wir mitten in der Risikodiskussion. Es macht einen Unterschied, ob Plasmide oder Viren als Transfervehikel für Fremdgene eingesetzt werden. Als virales Vektorsystem wurde in der Vergangenheit häufig ein auf Adenoviren (genauer Adenovirus Serotyp 5, Ad5) basierendes System verwendet. Zwar wird dieses heute noch eingesetzt, aber zunehmend kommen auch z. B. von Lentiviren abgeleitete Gentransfersysteme zur Anwendung. Informationen zu Art und Herkunft des Vektors sind für eine Risikobewertung nötig.[23] Ein „einfaches" pBR322-abgeleitetes rekombinantes Plasmid wird eine andere Risikobewertung haben als ein retrovirales Lentivirussystem. Dabei spielt es auch eine Rolle, ob das Vektorsystem nur subgenomische Fragmente, also Teile eines Virusgenoms, verwendet oder ob ein fast vollständiges Genom eines Virus für den Gentransfer benutzt wird. In Plasmiden, mit denen in eukaryotischen Zellen Proteine exprimiert werden, ist ein Promotor erforderlich, dessen DNA-Sequenz eine Bindung der zelleigenen DNA-abhängigen RNA-Polymerase für die Transkription ermöglicht. Dieser Promotor ist in der Regel ein subgenomisches Fragment eines Virus. Die Risikobewertung dieser Fragmente wird ebenfalls in die Gesamtbetrachtung des GVO einbezogen.

Wichtig ist auch, ob der rekombinante Vektor nach dem Transfer in die Zelle episomal vorliegt oder ob er in das Wirtsgenom integrieren kann. Durch eine Integration können möglicherweise Gene, die im Empfängerorganismus eigentlich nicht „abgelesen" werden, aktiviert werden. Oder aktive werden durch die Integration „stillgelegt", vielleicht sogar zerstört. Bei einer Integration in das Genom der Zielzelle kann diese das „Fremdmate-

---

[22] Vgl. Anhang I Nr. 2.1b GenTSV.
[23] Vgl. Anhang I Nr. 2.1e GenTSV.

rial" an „Tochterzellen" weitergeben. Man spricht z. B. von einer stabilen Transfektion.
Episomal vorliegende Plasmide dagegen gehen leichter bei einer Zellteilung verloren.

Ebenso ist die **Expressionsrate**, die durch den Vektor vermittelt wird, relevant. Sie
kann variieren, je nachdem welcher Promotor im Vektor vorliegt. Zudem gibt es Expressionsvektoren, die nur in Prokaryonten oder nur in eukaryotischen Zellen für Protein-
expressionen verwendet werden. Man spricht von **pro-** oder **eukaryotischen Expressionsvektoren**. Diese werden benötigt, da die Transkription in Zellen von den DNA-
Erkennungssequenzen für die RNA-Polymerasen abhängig ist. Und wie viel RNA letztlich
übersetzt wird, entscheidet darüber, ob es sich um einen „starken" (hohe Transkriptionsrate) oder einen „schwachen" Promotor (geringere Transkriptionsrate) handelt. Starke
Promotoren für die eukaryotische Expression sind oftmals viralen Ursprungs.

Gesundheitliche Erwägungen Zwar haben das GenTG und seine Rechtsverordnungen
die möglichen Auswirkungen auf Mensch *und* Umwelt im Blick, die Auswirkungen auf
den Menschen spielen aber eine besonders wichtige Rolle, auch schon während gentechnischer Arbeiten, da neben der Bevölkerung vor allem der Schutz des Arbeitnehmers im
Fokus steht.[24] **Toxische** oder **allergene Eigenschaften** des erzeugten GVO sind von besonderer Bedeutung. Je nachdem welches Gen zu einem Transfer eingesetzt wurde, kann
sich der entstehende GVO möglicherweise bzgl. der **Toxizität** oder des **allergenen Poten-
zials** geändert haben. Wie wir bereits betrachtet haben, ist die Toxizität die Eigenschaft,
die einen Organismus befähigt, durch ein Toxin eine Krankheit zu verursachen.[25] Die
GenTSV bezieht als Risikokriterium auch allgemein die Stoffwechselprodukte des GVO
mit ein. Generell sind die Auswirkungen der gentechnischen Veränderung hinsichtlich der
Pathogenität des GVO im Vergleich zu dem Spender- und Empfängerorganismus daher zu
überprüfen.[26] Die zu bewertende Pathogenität bezieht sich auf Menschen, die keine Einschränkungen in Bezug auf ihre Immunabwehr haben; die GenTSV bezeichnet diese als
abwehrgesund.

Zur Einordnung der möglichen Pathogenität des GVO gelten ähnliche Kriterien wie für
den Spender- und Empfängerorganismus. Gesundheitliche Erwägungen bei Pathogenität
des Organismus für abwehrgesunde Menschen, sind

- „verursachte Krankheiten und Mechanismus der Krankheiten hervorrufenden Eigen-
  schaften einschließlich Invasivität und Virulenz
- Übertragbarkeit
- Infektionsdosis
- Wirtsbereich, Möglichkeit der Änderung
- mögliche Änderung des Infektionsweges oder der Gewebsspezifität
- Möglichkeit des Überlebens außerhalb des menschlichen Wirtes

---

[24] Vgl. Anhang I Nr. 2.2a–e GenTSV.
[25] Vgl. Madigan Michael T. und Martinko John M. (2009), Brock Mikrobiologie; Pearson Education, S. 798.
[26] Vgl. Anhang I Nr. 2.2c GenTSV.

- Anwesenheit von Überträgern oder Mitteln der Verbreitung
- biologische Stabilität
- Muster der Antibiotikaresistenz
- Allergenität
- Toxizität
- Verfügbarkeit geeigneter Therapien und prophylaktischer Maßnahmen"[27]

Umwelterwägungen Die Informationen, die erforderlich sein können, um eine Risikobewertung bzgl. der Auswirkungen des GVO auf die Umwelt zu ermitteln, führt die GenTSV in Anhang I auf.[28] Diese sind Kriterien zum Überleben, zur Vermehrung und zur Verbreitung des GVO. Außer bei einer gezielten Freisetzung sollten bei Einhaltung aller Sicherheitsmaßnahmen während gentechnischer Arbeiten keine GVO in die Umwelt entlassen werden. Trotzdem ist das im Falle eines unbewussten Ausbringens denkbar. Damit ist klar, dass es eine Rolle spielt, ob der GVO dann nur kurzzeitig in der Umwelt überlebt oder ob sich durch die gentechnische Veränderung sogar ein Überlebensvorteil einstellen kann, z. B. wenn bei Bakterien durch die übertragene Nukleinsäure Auxotrophiemerkmale abgeschwächt wurden. So könnten Gene, deren Verlust/Mutation zu Mangelmutanten führen, durch ein Fremdgen ersetzt werden. In diesem Fall erhält ein Bakterium also ein Fremdgen, das den „Mangel" kompensiert, und es entsteht ein GVO, der in der Umwelt Überlebensvorteile hat. Oder die Pflanzen erhalten einen Vorteil, indem sie ein Gen exprimieren, das sie resistent für bestimmte Schädlinge macht.

Für die Risikobetrachtung des GVO spielt auch der Einfluss der gentechnischen Veränderung auf seine Vermehrung und Verbreitung eine Rolle. Vielleicht verliert ein Wildtyporganismus, der als Empfängerorganismus dient, durch die gentechnische Veränderung sogar seine Vermehrungsfähigkeit. Manche Bakterien sind in der Lage, sehr hitzeresistente Sporen im Verlauf einer Sporulation zu bilden.[29] Die Sporulation ist ein komplizierter Prozess, der durch viele Gene gesteuert wird. Denkbar ist, dass mutierte Bakterienstämme als Empfänger eingesetzt werden, die nicht mehr in der Lage sind, Sporen zu bilden. Wird dieser Verlust durch eine gentechnische Veränderung kompensiert, könnte dieses hochresistente Stadium wieder auftreten. Sporen von Bakterien sind extrem hitze- und UV-resistent. Das kann auch veränderte Anforderungen an die Inaktivierung des GVO haben.

Für die zur Risikobewertung gentechnischer Arbeiten ist auch die Betrachtung der Techniken für die Erfassung, Identifizierung und Überwachung von GVO erforderlich. Zur Identifizierung z. B. von Mikroorganismen können DNA-Sequenzierungen oder ein Restriktionsverdau eingesetzt werden. Auch das Wachstum auf verschiedenen Nährböden oder selektierbare Resistenzen können zur Identifizierung herangezogen werden. Weitere mögliche Verfahren sind über die Bund/Länder-Arbeitsgemeinschaft Gentechnik (LAG)

---

[27] Anhang I Nr. 2.2e GenTSV.
[28] Vgl. Anhang I Nr. 2.3a–i GenTSV.
[29] Vgl. Madigan Michael T. und Martinko John M. (2009), Brock Mikrobiologie; Pearson Education, S. 94 ff.

zu bekommen.[30] Auch der mögliche Lebensraum des GVO kann Einfluss auf die Risikobewertung haben. Ist der GVO auf ein enges Habitat begrenzt, so kann die Umwelt bei
einer unbeabsichtigten Freisetzung weniger beeinflusst werden. Das Ökosystem, welches
durch eine nicht beabsichtigte Freisetzung vielleicht Schaden nehmen könnte, ist ebenfalls in die Risikobewertung einzubeziehen – genauso wie „bekannte Auswirkungen auf
Pflanzen und Tiere, wie Krankheiten hervorrufende Eigenschaften, Infektionen, Toxizität, Virulenz, Überträger der Krankheiten hervorrufenden Eigenschaften, Allergenität und
veränderte Muster der Antibiotikaresistenz"[31].

Die Risikobewertung kann sich auch darauf beziehen, wie ein Gebiet, das mit GVO
kontaminiert würde, dekontaminiert werden kann.

Anhand der oben aufgeführten Kriterien werden ein Spender- und Empfängerorganismus, sowie ein GVO in die Risikogruppen 1–4 eingeordnet. Dabei muss auch das
Vektorsystem mit in Betracht gezogen werden. Unbedingt muss diese Risikobewertung
vor Beginn der gentechnischen Arbeiten durchgeführt werden.

4.2.3 Spezielle Kriterien zur Risikobewertung des GVO

Neben den allgemeinen Kriterien gibt es weitere, die die Zuordnung eines GVO in Risikogruppen konkretisieren. Das sind z. B. Kriterien, wann ein GVO einer anderen Risikogruppe als der des Spender- und/oder Empfängerorganismus zugeordnet wird.[32] Werden das
gesamte Genom oder subgenomische Fragmente, die für die Gefährdung, die von einem
Spender ausgehen kann, von Bedeutung sind, in einen Empfängerorganismus übertragen,
so ist das Gefährdungspotential des Spenderorganismus vollständig in die Risikobewertung einzubeziehen[33]. In der Konsequenz heißt das, dass die Risikogruppe dann nicht
niedriger als die des Spenders eingestuft werden kann.[34]

Wird beispielsweise das gesamte Genom eines RG-3-Organismus verwendet und in
einen Spender der RG 2 überführt, ist der resultierende GVO dann RG 2 oder RG 3? Entscheidend für die Klärung dieser Frage ist zunächst, ob wirklich das gesamte Genom in
einen Spenderorganismus übertragen wird oder nur Abschnitte davon; man spricht dann
von subgenomischen Fragmenten. Dabei muss beachtet werden, ob diese subgenomischen
Fragmente entscheidend für das Risikopotential sind. Wenn die Nukleinsäure zur Kodie-
rung eines Toxins, das die Toxizität des Organismus ausmacht, als Fragment in einen
Organismus überführt werden soll, so muss das Gefährdungspotential des Spenders in
die Risikobetrachtung in ihrer Gesamtheit einbezogen werden. Wird also eine für die Bewertung der Risikogruppe entscheidende genetische Information für ein Toxin aus einem
RG-2-Spender in einen RG-1-Empfänger eingebracht, dann kann der resultierende GVO

---

[30] Vgl. www.LAG-Gentechnik.de.
[31] Anhang I Nr. 2.3g GenTSV.
[32] Vgl. § 5 Abs. 1 und 3 GenTSV.
[33] § 5 Abs. 3 GenTSV.
[34] Vgl. § 5 Abs. 3 Satz 1 GenTSV.

RG 2 werden. Das Gleiche gilt, wenn das komplette Genom eines RG-2-Spenders in einen Organismus der RG 1 übertragen würde.

Werden aber subgenomische Fragmente eines Spenderorganismus, die nicht für das Gefährdungspotential des Spenders kodieren, übertragen, so kann abweichend von der RG des Spenders der GVO niedriger eingestuft werden. Das wäre der Fall, wenn der Spender z. B. RG 3 ist und von ihm ein Gen, das ohne Gefährdungspotential ist, in einen RG-1-Empfänger eingeführt wird. Dieser GVO kann dann auch RG 1 „werden". Hieran wird deutlich, dass es sehr wichtig ist, möglichst genaue Informationen über das verwendete Genmaterial zu haben, denn die Risikobewertung des GVO ist, wie die des Spender- und Empfängers, wesentlich für die Einteilung der gentechnischen Arbeiten in die 4 Sicherheitsstufen. Die GenTSV gibt auch konkrete Hinweise dazu, wann ein GVO niedriger eingestuft werden kann als der Spender; „dabei sind insbesondere zu berücksichtigen:

1. der Informationsgehalt des zu übertragenden Nukleinsäureabschnitts, insbesondere die Art der kodierten Information oder Regulationssequenz,
2. der Reinheits- und Charakterisierungsgrad der Nukleinsäure aus dem Spenderorganismus,
3. die Gefährdung insbesondere der Beschäftigten durch Genprodukte des Spenderorganismus, wie zum Beispiel Toxine"[35].

Es gibt aber auch den umgekehrten Fall, in dem eine Spendernukleinsäure für die Einstufung des GVO in eine höhere RG verantwortlich ist. Dies kann der Fall sein, wenn das subgenomische Fragment (Gen), das übertragen wird, für ein hochwirksames Toxin kodiert.

Wenden wir uns nun dem genetischen Hintergrund des Empfängers zu. Welche Rolle spielt dieser in der Risikobetrachtung des GVO? „Das Gefährdungspotential des Empfängerorganismus ist vollständig in die Risikobewertung einzubeziehen."[36] Ebenso in die Bewertung einzubeziehen sind Gentransfervektoren. Zu betrachten ist dann das „Vektor-Empfänger-System"[37]. Wird also z. B. ein Virus der RG 2 als Vehikel verwendet, um genetisches Material in eine Zelle der RG 1 zu überführen, wird der GVO in der Regel RG 2.

4.2.4 Die biologische Sicherheitsmaßnahme

Der Begriff „biologische Sicherheitsmaßnahme" ist zunächst etwas „sperrig". Dahinter verbirgt sich die Idee, dass es Vektor-Empfänger-Systeme für gentechnische Arbeiten gibt, die quasi keine Gefährdung für Mensch und Umwelt darstellen. Das Gesetz definiert die biologische Sicherheitsmaßnahme als „die Verwendung von Empfängerorganismen

---

[35] § 5 Abs. 3 Nr. 1–3 GenTSV.
[36] § 5 Abs. 4 GenTSV.
[37] § 5 Abs. 4 GenTSV.

und Vektoren mit bestimmten gefahrenmindernden Eigenschaften"[38]. Wird mit derartigen Systemen gearbeitet, kann auf bestimmte Sicherheitsvorkehrungen in Genlaboren
verzichtet werden. Das heißt aber nicht, dass die gentechnischen Arbeiten nicht vorher
eingestuft werden müssten. Dies ist eine Pflicht, die sich generell stellt, nur kann im Falle
der Verwendung einer biologischen Sicherheitsmaßnahme die Risikobewertung eben entsprechend niedrig ausfallen. In der GenTSV, die sich in Abschn. 2 mit den „Grundlagen
und Durchführung der Sicherheitseinstufung" befasst, wird die biologische Sicherheitsmaßnahme konkretisierend definiert: „Biologische Sicherheitsmaßnahmen bestehen, ausgenommen die Fälle des Absatzes 2, in der Verwendung von anerkannten Vektoren und
Empfängerorganismen."[39] Stellt sich die Frage, wann Vektoren und Empfänger als eine
biologische Sicherheitsmaßnahme anerkannt werden.

Empfängerorganismus als biologische Sicherheitsmaßnahme
Voraussetzungen für eine Anerkennung des Empfängerorganismus als Teil einer biologischen Sicherheitsmaßnahme sind:

„1. Vorliegen einer wissenschaftlichen Beschreibung und taxonomische Einordnung,
2. Vermehrung nur unter Bedingungen, die außerhalb gentechnischer Anlagen selten
    oder nicht angetroffen werden, oder Möglichkeit, die Ausbreitung außerhalb gentech-
    nischer Anlagen durch geeignete Maßnahmen unter Kontrolle zu halten,
3. keine bei Menschen, Tieren oder Pflanzen Krankheiten hervorrufenden und keine um-
    weltgefährdenden Eigenschaften,
4. geringer horizontaler Genaustausch mit anderen Spezies."[40]

Nr. 1 schließt damit aus, dass unbekannte, noch nicht taxonomisch erfasste Organismen eine biologische Sicherheitsstufe sein können. Das ist klar, denn wenn der Organismus noch nicht hinreichend beschrieben ist, ist auch das Gefährdungspotential noch
nicht genau charakterisiert. Was aber nicht heißt, dass sich diese Informationen im Zu-
ge von wissenschaftlichen Arbeiten nicht ergeben können. Nr. 2 und 3 haben wir bereits
in Abschn. 4.2.2 erläutert. Als horizontalen Gentransfer bezeichnet man in der Biologie,
„wenn Gene von einer Zelle oder einem Organismus auf eine andere Zelle oder einen
anderen Organismus durch einen anderen als den normalen ‚Eltern/Kinder'-Vererbungs-
prozess weitergegeben werden"[41]. Konjugation, Transformation und Transduktion sind
Mechanismen, die bei Prokaryonten zum „horizontalen Gentransfer" beitragen. Der horizontale Gentransfer kann auch zwischen verschiedenen Arten erfolgen. Die Fähigkeit,
„Vererbungsmaterial" auszutauschen, ist im Sinne der biologischen Sicherheit dann ein
„Unsicherheitsfaktor". Daher wird als biologische Sicherheitsmaßnahme nur anerkannt,

---

[38] § 3 Nr. 12 GenTG.
[39] § 6 Abs. 1 GenTSV.
[40] § 6 Abs. 4 Nr. 1–4 GenTSV.
[41] Madigan Michael T. und Martinko John M. (2009), Brock Mikrobiologie; Pearson Education,
S. 559.

wenn diese Austauschvorgänge zwischen verschiedenen Spezies als „gering" zu bewerten sind.

Pflanzen als biologische Sicherheitsmaßnahmen

Die Herstellung transgener Pflanzen, die in der Öffentlichkeit häufig als grüne Gentechnik bezeichnet wird, ist oft Ziel gentechnischer Arbeiten. Hier besteht eine große Diskussion, ob ein Risiko bei Freisetzungen dieser Pflanzen für die Umwelt besteht. Zerstörungen von Feldern, auf denen GV-Pflanzen angebaut wurden, sind leider Zeuge dieser Sorge.

Um eine Ausbreitung von GV-Pflanzen in der Umwelt vorzubeugen, sind für die Arbeit mit Pflanzen bestimmte Maßnahmen als biologische Sicherheitsmaßnahmen anerkannt. Im Fokus steht hier, dass „eine wirksame Ausbreitung von Pollen und von Pflanzen mittels Samen [...] durch eine oder mehrere der [...] aufgeführten Vorsichtsmaßnahmen verhindert werden"[42] soll. Die Maßnahmen, die dazu durchgeführt werden können, sind:

- „Entfernung der Fortpflanzungsorgane, Verwendung männlich steriler Sorten oder Beendigung des Experiments und Ernte des Pflanzenmaterials vor Eintritt des fortpflanzungsfähigen Stadiums,
- Sicherstellung, dass die Versuchspflanzen zu einer Jahreszeit blühen, in der keine andere Pflanze, mit der eine Kreuzbefruchtung erfolgen könnte, innerhalb des normalen Pollenflugbereichs der Versuchspflanze blüht,
- Sicherstellung, dass innerhalb des bekannten Pollenflugbereichs der Versuchspflanze keine andere Pflanze wächst, mit der eine Kreuzbefruchtung möglich wäre."[43]

Bei gentechnischen Arbeiten mit Pflanzen werden neben natürlich vorkommenden Mikroorganismen, die Pflanzen besiedeln können, auch solche verwendet, die für einen Gentransfer benötigt werden. Finden gentechnische Arbeiten mit Mikroorganismen dazu in Gewächshäusern statt, kann laut GenTSV eine Ausbreitung von Mikroorganismen beispielsweise durch die „Sicherstellung, dass sich innerhalb des äußersten Radius, in dem eine wirksame Verbreitung eines Mikroorganismus durch die Luft möglich ist, kein Organismus befindet, der als Wirt dienen und so zur Übertragung des Mikroorganismus beitragen könnte"[44], verhindert werden.

Auch könnte das Experiment zu einer Jahreszeit durchgeführt werden, „in der die als Wirte in Frage kommenden Pflanzen entweder nicht wachsen oder für eine erfolgreiche Infektion nicht anfällig sind"[45]. Eine Ausbreitung kann auch durch die „Verwendung von Mikroorganismen, die gentechnische Defekte enthalten, die ihre Überlebenschancen außerhalb der Forschungslage auf ein Minimum herabsetzen oder bei welchen auf andere Weise gewährleistet ist, daß eine unbeabsichtigte Freisetzung nur mit sehr geringer Wahr-

---

[42] Abschnitt B Nr. 1 Anhang II GenTSV.
[43] Abschnitt B Nr. 1 Buchst. a–c Anhang II GenTSV.
[44] Abschnitt B Nr. 2 Buchst. a Anhang II GenTSV.
[45] Abschnitt B Nr. 2 Buchst. b Anhang II GenTSV.

scheinlichkeit eine erfolgreiche Infektion von Organismen außerhalb der Versuchsanstalt auslösen könnte"[46], verhindert werden.

Vektoren als biologische Sicherheitsmaßnahme

Vektoren können sehr unterschiedlichen Ursprungs sein. So können Plasmide zum Gentransfer ebenso eingesetzt werden wie Bakteriophagen oder Viren. Die biologische Sicherheitsmaßnahme umfasst das Vektor-Empfänger-System, sodass der Vektor ein Teil der biologischen Sicherheitsmaßnahme ist. Die Kriterien. die er dazu erfüllen muss, sind die „ausreichende Charakterisierung des Genoms des Vektors"[47] sowie „das Vorliegen einer begrenzten Wirtsspezifität"[48] und „speziell bei Bakterien oder Pilzen kein eigenes Transfersystem, geringe Cotransfer-Rate und geringe Mobilisierbarkeit"[49]. Zusätzlich für einen viralen Vektor wird gefordert, dass „bei einem Vektor für eukaryote Zellen auf viraler Basis keine eigenständige Infektiosität und geringer Transfer durch endogene Helferviren"[50] vorhanden sind.

4.3   Praktische Beispiele zur Risikobewertung

Entsprechend ihres Gefährdungspotentials werden Spender- und Empfängerorganismen in die Risikogruppen 1–4 eingeteilt. Die zugrunde liegenden Kriterien dafür haben wir in Abschn. 4.1 erläutert. Sollen nun in der Praxis Organismen für gentechnische Arbeiten bewertet werden, kann auf die Organismenliste und Stellungnahmen der ZKBS zurückgegriffen werden. Diese enthält bereits bewertete Organismen. Offiziell hat die Organismenliste die Bezeichnung: „Bekanntmachung der Liste risikobewerteter Spender- und Empfängerorganismen für gentechnische Arbeiten vom 5. Juli 2013"[51]. Am Datum wird schon deutlich, dass diese Liste die aktuelleren Stellungnahmen der ZKBS nicht berücksichtigt. Die Verantwortlichen in Genlaboren können sich also nicht darauf verlassen, dass ein Organismus, der zwischenzeitlich durch eine Stellungnahme der ZKBS beurteilt wurde, schon darin aufgenommen worden ist. Neu bewertete Organismen werden seitens der ZKBS ebenfalls auf ihren Internetseiten veröffentlicht. Allerdings finden sich nicht alle Organismen, mit denen bei gentechnischen Arbeiten umgegangen wird. Die ZKBS ist ein Expertengremium, das in regelmäßigen Treffen Stellungnahmen für bislang noch nicht bewertete Organismen für gentechnische Arbeiten verfasst und dazu Empfehlungen für Risikogruppen für die Organismen gibt. Diese Stellungnahmen werden für Bakterien,

---

[46] Abschnitt B Nr. 2 Buchst. c Anhang II GenTSV.

[47] § 6 Abs. 5 Nr. 1 GenTSV.

[48] § 6 Abs. 5 Nr. 2 GenTSV.

[49] § 6 Abs. 5 Nr. 3 GenTSV.

[50] § 6 Abs. 5 Nr. 4 GenTSV.

[51] http://www.bvl.bund.de/DE/06_Gentechnik/03_Antragsteller/06_Institutionen_fuer_ biologische_Sicherheit/01_ZKBS/03_Organismenliste/gentechnik_zkbs_organismenliste_node. html.

Viren, Parasiten, Zellbiologie, Tiere, Pilze und zu allgemeinen Themen sowie zu Sicherheitsmaßnahmen und zur Vergleichbarkeit gentechnischer Arbeiten verfasst. Findet sich also noch keine Risikoeingruppierung in der Organismenliste, lohnt sich ein Blick in diese Stellungnahmen.

Im Folgenden nennen wir Beispiele für Mikroorganismen unterschiedlicher Risikogruppen.

4.3.1 Bakterien im Laborbereich

In der Organismenliste finden sich über 600 in die vier Risikogruppen eingestuften Bakterienarten. Dabei wird zwischen Labor- und Produktionsbereich unterschieden. Einige Beispiele:

- Für biochemische Analysen wird eine ausreichende Menge eines bakteriellen Proteins ohne Gefährdungspotential benötigt. Das Protein soll mithilfe eines bakteriellen Expressionsplasmids in einem *E.-coli*-K12-Derivat produziert werden. Das Gen stammt aus einem RG-1-Spender. *E.-coli*-K12-Derivate sind für gentechnische Arbeiten als Spender- und Empfängerorganismus in die RG 1 eingeordnet.
- Für pharmakologische Studien sollen gentechnisch veränderte Erreger des Wundstarrkrampfes, *Clostridium tetani*, verwendet werden. Es werden dazu Fremdgene auf den Empfängerorganismus *C. tetani* übertragen. Es handelt sich dabei um ein humanpathogenes Bakterium, was in der Organismenliste für gentechnische Arbeiten als Spender- oder Empfängerorganismus in die RG 2 eingeordnet wird.
- Im Rahmen der Erforschung der sog. Welkekrankheiten soll mit phytopathogenen Pseudomonaden gearbeitet werden, und zwar mit *Burkholderia solanacearum*. Dieses Bakterium kann z. B. Kartoffeln und Tomaten infizieren. In einer Stellungnahme zu phytopathogenen Bakterien wurden Kriterien festgelegt, wenn diese bei gentechnischen Arbeiten als Spender- oder Empfängerorganismus benutzt werden: „Phytopathogene Bakterien sind in die Risikogruppe 1 einzustufen, wenn sie für gesunde Menschen oder Tiere nicht infektiös sind und wenn sie in Deutschland oder direkt angrenzenden Ländern verbreitet sind oder ihre Wirtspflanzen nicht in Deutschland oder direkt angrenzenden Ländern verbreitet sind." Die Wirte sind aber eindeutig in Deutschland verbreitet. Kartoffeln und Tomaten sind wichtige Anbaupflanzen, sogar für den einheimischen Garten. Werden *B. solanacearum* bei gentechnischen Arbeiten als Spender- oder Empfängerorganismus eingesetzt, sind diese daher in die RG 2 einzuordnen. Übrigens, momentan gibt es keine phytopathogenen Bakterien in der Organismenliste, die höher als RG 2 eingestuft sind.
- Zur Entwicklung eines Impfstoffes gegen Fleckfieber soll der Erreger *Rickettsia rickettsii* für gentechnische Arbeiten eingesetzt werden. Er soll dabei als Empfänger dienen. *R. rickettsii* werden durch Zecken übertragen und werden laut Organismenliste für gentechnische Arbeiten in die RG 3 eingestuft.

4.3.2 Viren

- Im Rahmen von pflanzenphysiologischen Untersuchungen besteht zur Erforschung von Pathogenitätsmechanismen an der Gerste Interesse an gentechnischen Arbeiten mit phytopathogenen Viren. Dabei sollen Gene des *Barley-stripe-mosaic*-Virus verwendet werden (BSMV). Die Viren dienen also als Spenderorganismus. In der Organismenliste ist dieser in die RG 2 eingeordnet. Phytopathogene Viren werden entsprechend einer Stellungnahme der ZKBS, die die Kriterien für derartige Erreger festgelegt hat, eingestuft: „Pflanzenviren sind in die **RG 2** einzustufen, wenn das Pflanzenvirus nicht in Deutschland oder direkt angrenzenden Ländern verbreitet ist, seine Wirtspflanzen und die ggf. für die Übertragung des Virus notwendigen Vektoren jedoch verbreitet sind oder über die Biologie eines Virus nicht genügend Informationen für eine Sicherheitseinstufung vorliegen."[52] In der gleichen Stellungnahme wurden die Kriterien für eine Einstufung pflanzenpathogener Viren in die Risikogruppe 1 beschrieben: „Pflanzenviren sind in die **RG 1** einzustufen, wenn sie in Deutschland oder direkt angrenzenden Ländern verbreitet sind oder ihre Wirtspflanzen nicht in Deutschland oder direkt angrenzenden Ländern verbreitet sind oder die Vektoren, die zur Übertragung des Pflanzenvirus ggf. notwendig sind, nicht in Deutschland oder direkt angrenzenden Ländern verbreitet sind."[53]
- Für die Forschung im Bereich neuer Impfstoffe für die Tiergesundheit soll mit dem Maul- und Klauenseucheerreger gentechnisch gearbeitet werden. Der Erreger wird dazu bei den gentechnischen Arbeiten als Spender verwendet. Es handelt sich dabei um einen hochpathogenen Krankheitserreger. Er ist in der Organismenliste bereits aufgeführt und wird dort in die RG 4 eingestuft.
- Für Forschungsarbeiten an Impfstoffen soll mit dem humanpathogenen Hepatitis-E-Virus (HEV) gearbeitet werden. Zu diesem gibt es eine Bewertung in der Organismenliste, die das Virus in die RG 3 einstuft. In der dazugehörigen Legende findet sich ein *, mit dem Mikroorganismen, die nicht auf dem Luftweg zu übertragen sind, versehen. Damit kann ggf. auf bestimmte Sicherheitsmaßnahmen bei den gentechnischen Arbeiten verzichtet werden.

  Für die Praxis ist es ratsam, auch die Stellungnahmen der ZKBS zur Risikobewertung hinzuzuziehen. Im vorliegenden Fall gibt es eine jüngere Stellungnahme der ZKBS, die eine ältere Bewertung in der Organismenliste abgelöst hat. In der Stellungnahme zu HEV vom April 2011 heißt es: „Das HEV repliziert natürlicherweise in humanen Hepatozyten und verursacht eine selbstlimitierende akute Hepatitis, die i. d. R. von Fieber, Gelbsucht, deutlich erhöhten Serumtransaminasen und Oberbauchbeschwerden begleitet wird. Laut Bericht der WHO handelt es sich um eine milde bis mittelschwere Infektionskrankheit mit einer Sterblichkeitsrate von 0,4–4,0 %."[54] Und weiter:

---

[52] Stellungnahme ZKBS Az. 6790-10-53 April 2007.
[53] Stellungnahme ZKBS Az. 6790-10-53 April 2007.
[54] Stellungnahme ZKBS Az. 6790-05-02-71 April 2011.

„Ein schwerer Verlauf, mit der Gefahr eines akuten Leberversagens, ist für Schwangere beschrieben. In endemischen Gebieten liegt die HEV-assoziierte Letalitätsrate bei Schwangeren bei bis zu 27 %."[55] Die Empfehlung zur Risikobewertung von HEV bei gentechnischen Arbeiten aus dieser aktuellen Stellungnahme weicht von dem einer älteren Organismenliste (Juni 2010) ab: „Das humane Hepatitis E-Virus wird gem. § 5 Absatz 1 in Verbindung mit Anhang I Nr. 1 als Spender- und Empfängerorganismus für gentechnische Arbeiten der **RG 2** zugeordnet." Das verwundert zunächst, doch die Begründung bringt hier Klarheit: „Das durch das HEV verursachte Krankheitsbild und die Übertragungswege sind mit dem des Hepatitis A-Virus (RG 2) vergleichbar. Eine HEV-Infektion ist selbstlimitierend und chronifiziert immunkompetente Menschen nicht. Bei sachkundigem Umgang durch geschultes Personal wird das Infektionsrisiko im Labor als gering bewertet. Der Schutz vor einer Infektion erfordert die Beachtung möglicher Infektionsquellen und der Übertragungswege. Darüber hinaus sind Sicherheitsmaßnahmen der Stufe 2 für den Schutz vor einer Infektion und der in § 1 GenTG genannten Rechtsgüter ausreichend."[56]

- Einige Viren, mit denen im Laborbereich gearbeitet wird, werden in die Risikogruppe 1 eingeordnet, wenn sie bestimmte Kriterien erfüllen, die in einer Stellungnahme der ZKBS dargelegt werden: „*Attenuierte* Virusstämme der verschiedenen Virusfamilien, die zur Herstellung von amtlich zugelassenen Impfstoffen mit vermehrungsfähigen Erregern verwendet werden. Voraussetzung ist, dass nicht mehr als die jeweils von der Zulassungsstelle zugelassenen Passagen erfolgen und zur Vermehrung keine anderen als die bei der Impfstoffherstellung verwendeten Zellkulturen oder Wirtssysteme benutzt werden.

  – Viren, die für gesunde Menschen und Tiere apathogen sind, z. B. amtlich zugelassene Impfstoffe mit vermehrungsfähigen Viren gegen bestimmte Corona-, Herpes-, Orthomyxo-, Paramyxo-, Parvo-, Picorna-, Pocken-, Rhabdo- und Toga-Viren bei Mensch und Tieren. Hierzu gehören auch Impfstoffe mit vermehrungsfähigen Viren, die für bestimmte Tierarten apathogen, für andere Tierarten aber noch pathogen sind, vorausgesetzt, dass solche Viren auf natürlichem Weg nicht auf empfängliche Tierarten übertragen werden können (z. B. Aujeszky-Impfstoffe mit vermehrungsfähigen Viren).

  – Viren von Pilzen und Bakterien (Phagen), soweit bei ihnen keine human- oder tierpathogenen Eigenschaften beschrieben sind oder sie nicht für Virulenzfaktoren bzw. virulenzerhöhende Faktoren für menschliche oder tierische Infektionskrankheiten kodieren." Unter „attenuierten Viren" versteht man, dass diese abgeschwächt wirken. Sie bilden nach einer Infektion des Wirtes i. d. R. kein vollständiges Transkript und haben daher nicht die Folgen, die ein Wildtypstamm für den Wirt hätte.[57]

---

[55] Stellungnahme ZKBS Az. 6790-05-02-71 April 2011.
[56] Stellungnahme ZKBS Az. 6790-05-02-71 April 2011.
[57] Stellungnahme ZKBS Az. 6790-05-02-0075 November 2011.

4.3.3   Zellen und Zelllinien

Für Zellen und Zelllinien findet sich im Bekanntmachungstext zu der Organismenliste zunächst folgender Hinweis: „Zellen und Zelllinien werden in die Risikogruppe 1 eingeordnet, wenn sie keine Organismen einer höheren Risikogruppe abgeben. Geben sie Organismen höherer Risikogruppen ab, werden sie in die Risikogruppe dieser Organismen eingeordnet." Im Folgenden lernen wir einige bewertete Zelllinien kennen:

- Zu Expression eines eukaryotischen Fremdgens sollen eukaryotische Zelllinien verwendet werden, da diese posttranslationale Veränderungen an Proteine anfügen können. In unserem ersten Beispiel soll die Chinese-Hamster-Ovary-Zelllinie (CHO) dazu verwendet werden, um ein kloniertes rekombinantes Membranprotein herzustellen. Die Zelllinie wird also als Empfänger verwendet. Die Herkunft des zu exprimierenden Proteins sei hier zweitrangig. Ein Blick in die Zelllinienliste der ZKBS zeigt, dass diese Zelllinie keine Organismen höherer Risikogruppen abgibt. Die Information ist zu finden auf den Internetseiten der ZKBS unter der Rubrik „Datenbanken" und dort in der „Zelllinienliste"[58]. Die Risikogruppe wird dort mit 1 angegeben. Der Empfänger CHO ist also bei diesen gentechnischen Arbeiten ein RG-1-Empfängerorganismus.
- Aus versuchstechnischen Gründen soll im nächsten Beispiel das gleiche Gen in humanen Zellen als Empfängerorganismus exprimiert werden. Dafür könnte eine humane Nierenzelllinie zum Einsatz kommen, die Human-Embryonal-Kidney-293-Zelllinie (HEK). Diese Zelllinie hat eine Besonderheit und wird uns in einem späteren Beispiel noch einmal begegnen. Sie trägt Teile eines Adenovirus im Genom. In der Beschreibung der Zelllinienliste der ZKBS heißt es dazu: „die humane embryonale Nierenzelllinie mit 4–5 Kopien vom linken Ende (12 % des viralen Genoms, E1a,b-Gene) und 1 Kopie vom rechten Ende (10 % des viralen Genoms, E4-Gen) des Adenovirus Typ 5-Genoms".[59] Die Zelllinie gibt aber keine intakten Viruspartikel ab, also wird sie trotz der Anteile des Virusgenoms in die Risikogruppe 1 eingeordnet.[60]
- Für die Forschung zur der Entstehung von Zervikalkarzinomen soll in einer Zelllinie ein möglicherweise am pathologischen Prozess beteiligtes Enzym rekombinant hergestellt werden. Als geeignete Versuchszellen wird als Empfängerorganismus in der Literatur die Zelllinie CaSki genannt. Es handelt sich dabei um eine Zervixkarzinom-Zelllinie humanen Ursprungs. Diese Zelllinie wird, je nachdem welche Arbeiten mit ihr durchgeführt werden, in die RG 1 oder 2 eingeordnet. Die Zelllinie trägt neben Varianten auch das gesamte Genom des humanen Papillomavirus Typ 16 (HPV-16). HPV wird laut Organismenliste in die RG 2 eingestuft. Zwar handelt es sich dabei um eine Zelllinie, die nach obiger Beschreibung in die RG 1 eingestuft werden müsste, aber sie kann möglicherweise Organismen höherer Risikogruppen, nämlich HPV, abgeben. Also ist die Zelllinie möglicherweise auch der RG 2 zuzuordnen? Mit dieser Frage hat

---

[58] Vgl. http://apps2.bvl.bund.de/cellswww/protected/main/cell.do.
[59] Vgl. Zelllinienliste, ZKBS.
[60] Vgl. Zelllinienliste ZKBS.

sich auch die ZKBS in einer Stellungnahme befasst. Aufgrund der Publikationen zu dieser Zelllinie wird für die Risikobewertung unterschieden, ob sie während der Kultivierung Monolayer bildet, also eine zweidimensionale Ausbreitung hat, organotypische Zellkulturansätze verwendet werden oder Tumore bildet. Werden die Zellen für die beiden letzteren Fälle verwendet, so sind sie als Spender- und Empfängerorganismus der RG 2 zuzuordnen. Unter diesen Bedingungen kann nicht ausgeschlossen werden, dass die Zellen HPV abgeben. Nur wenn sie als Monolayer kultiviert werden, ist davon auszugehen, dass keine HPV abgegeben werden. Als Empfängerorganismus wird sie dann der RG 1 zugeordnet, als Spender unter diesen Kulturbedingungen, wegen der vorhandenen HPV-Kopien, ist sie weiterhin der RG 2 zuzuordnen. Daran sehen wir, dass es z. T. auch wichtig ist, die Art der Kultivierung in die Bewertung von gentechnischen Arbeiten einzubeziehen. Im Originaltext der Stellungnahme heißt es in Bezug auf die Monolayerkultur: „Wenn sie [die Zelllinie] als Spenderorganismus verwendet wird, ist zu berücksichtigen, dass mehrere Kopien des vollständigen Genoms von HPV 16, einem Virus der Risikogruppe 2, darin vorliegen, die bei der gentechnischen Arbeit übertragen werden könnten. Als Spenderorganismus bei gentechnischen Arbeiten ist sie daher der Risikogruppe 2 zuzuordnen." Und in Bezug zur organotypischen Kultur: „Wird die Zelllinie CaSki als organotypische oder Raft-Kultur gehalten, kann die Entstehung und Abgabe von HPV 16-Partikeln ebenfalls nicht ausgeschlossen werden. Wird die so kultivierte Zelllinie CaSki als Spender- oder Empfängerorganismen bei gentechnischen Arbeiten verwendet, ist sie der Risikogruppe 2 zuzuordnen."[61]

• Im Bereich der AIDS-Forschung soll eine von T-Zellen abgeleitete Zelllinie eingesetzt werden. Literaturrecherchen ergeben, dass es eine T-Zell-Linie gibt, die für die geplanten Versuche einsetzbar ist. Es handelt sich dabei um die Zelllinie J-Lat 10.6, die sich von humanen T-Zellen ableitet. Sie ist infiziert mit HIV-1-Provirus, wobei ein Gen deletiert wurde, um das Reportergen Green Fluorescent Protein (GFP) einzusetzen. Das deletierte Gen ist für eine Replikation im Wirt nicht erforderlich. Und in einem Gen, das sehr wichtig für die korrekte Produktion des Virus ist, wurde eine Mutation durch Insertion zweier Nukleotide erzeugt. Trotzdem bleibt die Zelllinie in der RG 3*, was auch der RG des HIV entspricht. In einer Erläuterung in der Zelllinienliste der ZKBS findet sich dazu: „Aufgrund des geringen Umfangs der Insertion und der hohen Mutationsrate bei Lentiviren kann nicht ausgeschlossen werden, dass eine spontane Reversion der Mutation auftritt und replikationskompetente Viruspartikel entstehen. Zu dieser Reversion könnte es insbesondere durch Pseudotypisierung des env-defekten-HIV beispielsweise durch endogene Retroviren kommen."[62] HIV werden innerhalb der Familie der Retroviren den Lentiviren zugeordnet. Sie exprimieren im Wirt ein sog. Hüllprotein (envelop-protein, env), welches entscheidend für die korrekte Herstellung der Hüllproteine des Virus ist. HIV an sich wird in die RG 3* eingestuft. Wegen der

---

[61] Stellungnahme ZKBS Az. 6790-10-0079 März 2003.
[62] Zelllinienliste ZKBS.

möglichen nicht auszuschließenden Rekombination im Bereich des Virusgenoms wird
also die Zelllinie konsequenterweise auch in diese RG eingestuft.

Für die Risikogruppe 4 gibt es zurzeit kein Beispiel in der Zelllinienliste.

- Es wird eine Makrophagenzelllinie für gentechnische Arbeiten gesucht. In der Literatur findet sich als möglicher Kandidat die Zelllinie RAW 264.7. Dabei handelt es sich
um eine Zelllinie, die aus Makrophagen einer Maus entwickelt wurde, nachdem diese mit zwei Viren infiziert war. Bei der Eingruppierung in eine Risikogruppe finden
sich allerdings widersprüchliche Hinweise. Eine der Virusinfektionen geht auf ecotro-
pe Retroviren zurück (Maus-Leukämie-Virus, MLV). Ecotrop bedeutet, dass das Virus
nur ein begrenztes Wirtsspektrum (Nager: z. B. Maus, Ratte) hat. Ist ein Virus ecotrop,
so kann das zur Einstufung in eine niedrige Risikobewertung führen, da der Mensch
keinen Wirt darstellt. Das war hier auch tatsächlich der Fall, warum sich Hinweise auf
RG 1 fanden. Die Zelllinie wurde aber aus einer Maus etabliert, die mit einem weiteren
Virus infiziert war. Neue Forschungsergebnisse zeigten nun, dass sich polytrope Viren,
also mit einem breiten Wirtsspektrum, im Überstand des Kulturmediums der Zelllinie
fanden. Das führte dazu, dass diese seit Februar 2012 in die RG 2 eingestuft wird.
In der Stellungnahme der ZKBS heißt es dazu: „Obwohl Infektionen beim Menschen
mit polytropen MLV nicht beschrieben sind, wird das von ihnen ausgehende Gefährdungspotential bei gentechnischen Arbeiten mit dem von amphotropen [Anmerkung
des Autors: Mensch ist im Wirtsspektrum] MLV als vergleichbar bewertet. Entscheidend für die Einstufung in die Risikogruppe 2 ist der Wirtsbereich der von der Zelllinie
abgegebenen Viren."[63] An diesem Beispiel wird deutlich, dass sich der verantwortliche Projektleiter im Genlabor, der mit der Risikobewertung der Organsimen befasst ist,
„auf dem Laufenden" halten muss. Die Organismen, die bei gentechnischen Arbeiten
eingesetzt werden (sollen), sind nach dem Stand der Wissenschaft einzustufen. Hier *up
to date* zu bleiben, ist nicht immer einfach, aber erforderlich.

4.3.4 Primäre humane Zellen

Eine Arbeitsgruppe möchte für gentechnische Arbeiten humane Zellen einsetzen, die sie
direkt aus dem Operationssaal durch humanes Biopsiematerial erhält. Der Mensch als
Spenderorganismus ist generell in die RG 1 eingestuft, aber gilt das generell auch für Gewebe oder Zellen von Menschen? Nein! Das beschriebene Material kann z. B. mit Viren
infiziert sein, die einer höheren Risikogruppe zuzuordnen sind. Und nach der Definition
im GenTG müssen die kontaminierten Zellen dann in die gleiche Gruppe wie diese Viren
eingestuft werden, wenn sie diese Organismen einer höheren RG abgeben. Erhält man
„frische Zellen" und nimmt diese in Kultur, so spricht man von Primärkulturen. Das ist
bereits der Fall, wenn z. B. menschliche Blutzellen kultiviert werden. In der biomedizinischen Forschung finden sich häufig solche Primärzellkulturen. Inzwischen gibt es zur

---

[63] Stellungnahme ZKBS Az. 6790-05-04-45 Februar 2012.

Kultivierung von primären Zellen eine eigene Stellungnahme der ZKBS. Darin wird unterschieden, ob die primären Zellen auf bestimmte Viren getestet sind oder nicht. Dort wird ausgeführt:[64]

„Primäre Zellen aus klinisch unauffälligen Spendern sind in die **Risikogruppe 1** einzuordnen, wenn durch immunologische Tests die Seronegativität des Spenders für HIV, HBV und HCV nachgewiesen ist oder durch andere Verfahren gezeigt ist, dass die Zellen frei von diesen Viren sind. Im Einzelfall, wenn ein begründeter Verdacht auf das Vorhandensein eines bestimmten Virus einer höheren Risikogruppe in den zu verwendenden Zellen besteht, ist das primäre Gewebe auf Abwesenheit dieses Virus zu überprüfen.

- Sind Spender oder Zellen nicht auf Abwesenheit der o. g. Viren überprüft, so sind die primären Zellen – in Anlehnung an die Erfahrung bei der Handhabung diagnostischer Proben in der Medizin – grundsätzlich der **Risikogruppe 2** zuzuordnen.
- Sind Spender oder Zellen nicht auf Abwesenheit der o. g. Viren überprüft und sind die Zellen nicht permissiv für die o. g. Viren, so können die primären Zellen dann der **Risikogruppe 1** zugeordnet werden, wenn sichergestellt ist, dass sie nicht mit Blut oder für die o. g. Viren permissiven Zellen verunreinigt sind.
- Stammen primäre Zellen aus Gewebe oder Körperflüssigkeiten, bei denen aufgrund von Erkrankungen des Spenders bzw. aufgrund der Art des krankhaft veränderten Gewebes eine Abgabe viraler Erreger zu erwarten ist, erfolgt eine Einstufung des Materials entsprechend der Risikogruppe des Virus."[65]

Die Seronegativität für oben genannte Viren ist dann nachgewiesen, wenn in serologischen Untersuchungen für das zu überprüfende Virus keine Antikörper gegen dieses nachgewiesen wurden.

4.3.5 Pilze

Auch für Pilze gibt es bereits viele Einstufungen seitens der ZKBS, die in der Organismenliste zusammengestellt sind. Wie bei den Bakterien sind auch sie dem Produktions- oder/ und Laborbereich zugeteilt. Die Pilze, die dem Produktionsbereich zugeordnet sind, sind alle in die RG 1 eingeordnet. Die Kriterien, die für diese Einstufung herangezogen wurden, sind für den Produktionsbereich in der Einleitung der Organismenliste für diesen Bereich aufgeführt:

„a) sie stellen nach dem Stand der Wissenschaft kein Risiko für die menschliche Gesundheit und Umwelt dar,

b) sie sind nicht human-, tier- oder pflanzenpathogen,

c) sie geben keine Organismen höherer Risikogruppen ab,

---

[64] Stellungnahme ZKBS Az. 6790-10-03 Dezember 2009.
[65] Stellungnahme ZKBS Az. 6790-10-03 Dezember 2009.

d) sie zeichnen sich aus durch experimentell erwiesene oder langfristig sichere An-
    wendung oder eingebaute biologische Schranken, die ohne Beeinträchtigung eines
    optimalen Wachstums im Fermenter die Überlebensfähigkeit oder Vermehrungsfä-
    higkeit ohne nachteilige Folgen in der Umwelt begrenzen."[66]

In der Regel handelt es sich dabei um Organismen, die als biologische Sicherheitsmaßnahme (Abschn. 4.2.4) anerkannt sind. Beispiele:

Zur Produktion von Citronensäure soll versucht werden, den Stoffwechselweg in *Aspergillus niger* unter Laborbedingungen zu optimieren. Spezielle, nach obigen Kriterien
definierte *Aspergillus niger*-Stämme sind im Produktionsbereich in die RG 1 eingestuft,
sog. definierte Produktionsstämme. Ein Blick in die Organismenliste zeigt, dass *A. niger*
an sich in die RG 2 eingestuft wird. Das heißt, er muss Informationen einholen, ob der zu
verwendende Stamm den Vorgaben des Produktionsstammes genügt, um ihn in die RG 1
einstufen zu können.

- Der Hefepilz *Candida albicans* soll in der Grundlagenforschung für gentechnische
  Arbeiten eingesetzt werden. Von *C. albicans* gibt es mehrere Stämme. Literaturrecherchen ergeben, dass für die geplanten gentechnischen Arbeiten am besten der Stamm
  HLC 84 eingesetzt werden soll. In der Organismenliste der ZKBS findet sich kein
  Hinweis auf einen solchen Stamm. Was nun? Für diesen Stamm gibt es aber eine Empfehlung zur Eingruppierung in eine Risikogruppe in einer Stellungnahme der ZKBS
  vom Dezember 2007. Dort wird beschrieben, dass der Stamm HLC 84 Deletionsmu-
  tationen bei Transkriptionsfaktoren aufweist, was zu einer veränderten Hyphenbildung
  führt. Die näheren Auswirkungen dieser Veränderung lauten: „Die Hefezellen wurden
  zwar von den Makrophagen aufgenommen, diese blieben jedoch in ihrer Form, Be-
  wegung und Adhärenz unverändert. Die beschriebenen Tierexperimente mit dem [...]
  Maus-Modell weisen auf eine deutlich abgeschwächte Virulenz des Stammes *Candida
  albicans* HLC 84 hin. Dennoch überleben nach einer Injektion von 10^7 Zellen nur 50 %
  der Tiere."[67] Und *Candida albicans* HLC 84 wird wegen der, trotz Abschwächung, immer noch hohen Sterblichkeitsrate bei Mäusen in die RG 2 eingestuft.
- Eine in der Tierphysiologie ansässige Arbeitsgruppe beschäftigt sich mit Bienen. Dabei stehen Forschungsarbeiten im Fokus, die mögliche Ursachen für ein Absterben
  ganzer Bienenstöcke erhellen sollen. In diesem Zusammenhang werden auch Studien
  an Pilzen vorangetrieben. Dazu soll mit den Vertretern der Familie der *Nosematidae*
  gearbeitet werden. Erste Literaturrecherchen ergeben, dass in diese Familie auch humanpathogene Organismen fallen. Für die gentechnischen Arbeiten sollen *Nosema apis*
  und *Nosema ceranae* als Spenderorganismen verwendet werden. In der Organismenliste sind diese nicht aufgeführt. Es findet sich aber ein Hinweis von Schweizer Behörden,
  die diese in die RG 2 eingestuft hatten. Im September 2012 hat die ZKBS diese Organismen ebenfalls in die **RG 2** eingestuft. In der Begründung heißt es: „Die parasitären

---

[66] Organismenliste ZKBS Stand 5. Juli 2013.
[67] Stellungnahme ZKBS Az. 6790-05-03-40 Dezember 2007.

Pilze *Nosema apis*, *Nosema ceranae* und *Nosema bombi* besitzen ein enges Wirtsspektrum, welches sich auf Bienen und Hummeln beschränkt. Sie verursachen potentiell tödliche Erkrankungen bei diesen Nutztieren und stehen möglicherweise im Zusammenhang mit dem Absterben ganzer Kolonien. Die Übertragung erfolgt fäkal-oral. Ein humanpathogenes Potential ist nicht beschrieben."[68] Hier sei daran erinnert, dass das GenTG nicht nur den Menschen, sondern auch die Umwelt und Tiere mit im Blick hat.

- Aus dem Bereich der phytopathogenen Organismen ist der Pilz *Fusarium fujikuroi* bekannt, der auch Reispflanzen befällt, aber gleichzeitig als Produzent eines Pflanzenhormons bekannt ist, das z. T. in großem Maßstab hergestellt wird. Um die Pathogenitätsfaktoren zu untersuchen, soll dieser angezüchtet werden und als Spenderorganismus dienen. In einer Organismenliste ist der Pilz in die RG 2 eingestuft. Allerdings herrscht in der Arbeitsgruppe in Bezug auf die Risikobewertung Unsicherheit, seitdem ein Doktorand herausgefunden haben will, dass der Pilz ein RG-1-Organismus sein soll. Wer hat recht? Die aktuelle Organismenliste, die dem Doktoranden vorlag, weist den Pilz tatsächlich als RG-1-Organismus aus, mit dem Legendenhinweis „i". Dieser besagt, dass sich zur älteren Version die Risikogruppe geändert hat. Also Vorsicht! Wichtig ist, dass die aktuellen Informationen verwendet werden.

4.3.6 Risikobewertung von GVO in der Praxis

Nachdem wir exemplarisch Einstufungen von Organismen erläutert haben, die bei gentechnischen Arbeiten als Spender- oder Empfängerorganismen eingesetzt werden könnten, wenden wir uns nun der Bewertung des resultierenden GVO zu, wenn also die „DNA-Spende" den „Empfänger" erreicht hat.

Beispiele zur Eingruppierung von GVO:

- Ein GVO der Risikogruppe 1 kann entstehen, wenn Erbmaterial eines Spenders der RG 1 verwendet wird, oder auch RG 2–4, wenn das verwendete Spendermaterial erwiesenermaßen kein Gefährdungspotential hat und in einen Empfängerorganismus der RG 1 eingeschleust wird (Abb. 4.1).
- Ein GVO der Risikogruppe 2 kann entstehen, wenn Erbmaterial eines Spenders der RG 1 in einen Empfänger der RG 2 eingeschleust wird. Dann richtet sich die Risikogruppe „nur" nach dem Organismus der höheren RG des Empfängers, da hier sein gesamtes Erbmaterial trotz des Transfers aus dem RG-1-Organismus weiterhin erhalten bleibt und damit auch sein Gefährdungspotential. Ebenfalls RG 2 wird ein GVO, wenn ein RG-1-Empfängerorganismus das komplette Genom eines RG-2-Spenderorganismus oder Teile dessen erhält, bei denen das Gefährdungspotential noch nicht

---

[68] Stellungnahme ZKBS Az. 45243.0053 September 2012.

abschließend geklärt ist. Ein GVO kann auch dann der RG 2 zugeordnet werden, wenn Teile des Erbmaterials eines Spenders mit höherem Gefährdungspotential (RG 3 oder 4), die erwiesenermaßen über kein Gefährdungspotential verfügen, in einen RG-2-Organismus überführt werden. Das gilt auch, wenn beispielsweise eine Gefährdung durch das Genmaterial des Spenders nur durch die Übertragung mehrerer Gene gleichzeitig ausgelöst, aber nur eines davon übertragen wird (z. B. mehrere an der Toxizität beteiligte Gene) (Abb. 4.2).

- Ein GVO der Risikogruppe 3 entsteht, wenn Erbmaterial eines RG-1-Spenders in einen Empfänger der RG 3 eingeschleust wird. Hier richtet sich das Gefährdungspotential nach dem Organismus mit dem höheren Risikopotential, da dieses als Empfängerorganismus komplett erhalten bleibt. Wird als Erbmaterial das komplette Genom eines Spenders der RG 3 in einen Empfängerorganismus der RG 1 eingeschleust, so entsteht ebenfalls ein GVO der RG 3. Werden genomische Fragmente, deren Gefährdungspotential noch nicht abschließend geklärt ist, aus einem RG-3-Spender in einen Empfängerorganismus der RG 1 eingeschleust, so kann dabei wieder ein GVO der RG 3 entstehen. Werden Teile eines Genoms, die nachweislich kein Risikopotential haben, aus Spendern der RG 2, 3 oder 4 in einen Empfänger der RG 3 eingeschleust, so führt das zu einem GVO der RG 3. Der Transfer von Teilen des Genoms eines RG-4-Spen-

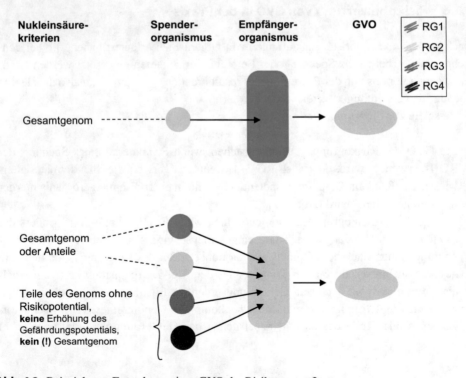

Abb. 4.2 Beispiele zur Entstehung eines GVO der Risikogruppe 2

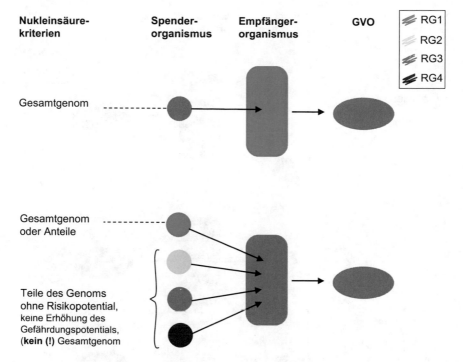

Abb. 4.3 Beispiele zur Entstehung eines GVO der Risikogruppe 3

ders in einen RG-1-Organismus kann dann zu einem GVO der RG 3 führen, wenn die eingeschleusten Bruchstücke z. B. zwar für Virulenzfaktoren kodieren, aber das Risikopotential des Spenders nur durch weitere an der Gefährdung beteiligten Gene des Spenders kodiert wird (Abb. 4.3).

- Ein GVO der Risikogruppe 4 entsteht, wenn das vollständige Genom oder noch nicht ausreichend charakterisierte Teile von Spendern der Risikogruppe 1, 2, 3 oder 4 in einen Spenderorganismus der RG 4 transferiert werden. Ebenfalls kann ein GVO der Risikogruppe 4 entstehen, wenn von einem RG-4-Spenderorganismus das vollständige Genom – oder noch nicht ausreichend charakterisierte Teile davon – in einen Empfängerorganismus der RG 1, 2, 3 oder 4 eingeschleust wird/werden (Abb. 4.4).

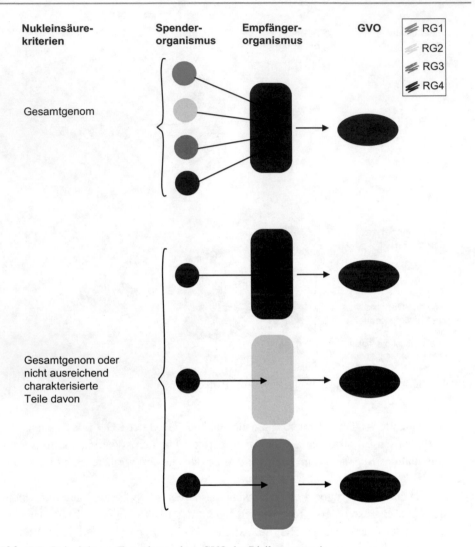

Abb. 4.4   Beispiele zur Entstehung eines GVO der Risikogruppe 4

4.4   Praxisbeispiel: Gentechnische Arbeiten mit rekombinanten Adenoviren

An einem komplexen Beispiel gentechnischer Arbeiten soll die Risikobewertung verschiedener GVO erläutert werden:[69]

In der Herzforschung wird mit Herzmuskelzellen, die aus dem Herzen einer adulten Ratte isoliert werden, gearbeitet. Elektrophysiologische Untersuchungen geben Hinweise

---

[69] Näheres zum Verfahren siehe auch Abschn. 6.1.4.

darauf, dass ein bestimmter Rezeptor möglicherweise an der Ausprägung des Vorhofflim-
merns des Herzens beteiligt sein könnte. Dieser Rezeptor soll nun in den Herzmuskelzellen verstärkt exprimiert werden, man spricht dann von Überexpression. Zunächst wird die
genetische Information des Rezeptors in einen eukaryotischen Expressionsvektor kloniert,
nachdem er mittels PCR aus den Herzmuskelzellen einer Ratte durch eine *reverse tran-
scription*-PCR amplifiziert worden war. Das Gen, das überexprimiert wird, stammt also
aus der „Ratte selbst". Die Klonierung ist erfolgreich, nun sollen die Herzmuskelzellen
transfiziert werden. Entstehen dabei GVO? Der überexprimierte Rezeptor stammt doch
aus der Ratte! Aber Achtung, die Genexpression in Rattenzellen kann ohne entsprechenden Promotor nicht erfolgen. Und in unserem Beispiel stammt dieser Promotor aus dem
humanen Cytomegalovirus, kurz CMV-Promotor. Schon deswegen werden die Herzmuskelzellen zu GVO. Zusätzlich befinden sich ein Reportergen (Green Fluorescent Protein)
und eine Antibiotikaresistenz sowie weitere regulatorische DNA-Sequenzen im Expressionsplasmid. Diese stammen ebenfalls nicht aus der Ratte.

Die Herzmuskelzellen sind mit den üblichen Methoden nicht transfizierbar. Leider liegen die Transfektionsraten mit dem beschriebenen eukaryotischen Expressionsplasmid
durch eine Lipofektion mit den unterschiedlichsten Trägermaterialien bei < 1 %. Ein Doktorand der Arbeitsgruppe fasst das in einem Seminar mit den Worten zusammen: „Nachteil
der Methoden: Alle Zellen sind tot!" Auch können die Herzmuskelzellen in Kultur nur
etwa eine Woche überleben, sodass die Expression des Rezeptors auch innerhalb weniger Tage angelaufen sein muss, um die entsprechenden Messungen durchzuführen. Nun
wird nach Alternativen gesucht und ein adenovirales Gentransfersystem gefunden, das
auf der Verwendung von rekombinanten Adenoviren basiert. Die genetische Information
für den Rezeptor soll nun also in das Adenovirus überführt werden. Dieses rekombinante
Adenovirus infiziert dann die Herzmuskelzellen, und die Expression des Rezeptors kann
schnell erfolgen. So der Plan. Zur Herstellung des rekombinanten Virus wird als Produktionszelllinie HEK benötigt, die wir bereits kennengelernt haben. Nach Isolation der
rekombinanten Viren werden dann die Herzzellen damit infiziert. Die Infektionsrate liegt
bei > 90 %. Die elektrophysiologischen Untersuchungen bestätigen diese hohe Infektionsrate.

Welche biologischen Einheiten sind nun für eine Risikobewertung als GVO relevant?
Gehen wir chronologisch die gesamten gentechnischen Arbeiten durch:

1. Klonierung und Amplifikation des Rezeptors nach RT-PCR: Zur Klonierung der kodie-
   renden Rezeptor-DNA und des rekombinanten Plasmids für die Transfektionsversuche
   wird der *E.-coli*-Stamm DH5 alpha verwendet, der ein *E.-coli*-K12-Derivat ist. Mit
   diesem wird genügend Plasmid für die Transfektionsversuche hergestellt. Der Stamm
   DH5 alpha wird der **RG 1** zugeordnet. Das Rezeptorgen hat kein Gefährdungspotential. Das Plasmid und die darin befindlichen regulatorischen Sequenzen ebenfalls nicht.
   Bei der Transformation der Bakterien mit diesem gentechnisch veränderten Plasmid
   entstehen also gentechnisch veränderte DH5-alpha-Bakterienzellen, also ein **GVO der
   Risikogruppe 1**.

2. Vorarbeiten zur Herstellung rekombinanter Adenoviren: Rekombinante Adenoviren werden durch homologe Rekombinationen hergestellt. Dazu wird das Rezeptorgen zunächst in ein Shuttle-Plasmid ligiert (Abschn. 3.4.3). Dieses muss wie unter Punkt 1 dabei vervielfältigt und für nachfolgende Arbeiten isoliert werden. Diese Vervielfältigung des rekombinanten Shuttle-Plasmids erfolgt ebenfalls in DH5-alpha-Bakterienzellen. Es entstehen also GVO wie unter Punkt 1. Aber Teile des adenoviralen Genoms, die zur homologen Rekombination benötigt werden, sind in diesem Shuttle-Plasmid auch vorhanden. Sie haben kein Gefährdungspotential, wie auch die weiteren regulatorischen DNA-Sequenzen darin nicht, und sind ausreichend charakterisiert, also werden die damit transformierten DH5-alpha, **GVO der RG 1**. Im weiteren Verlauf der Arbeiten werden die rekombinanten Shuttle-Plasmide für die homologe Rekombination verwendet. Diese findet in Bakterien statt. Verwendet wird der *E.-coli*-Stamm BJ5183. Während der Homologen Rekombination enthalten diese Zellen das rekombinante Shuttle-Plasmid und das für das Gen E1 deletierte Genom des Adenovirus (eingefügt in ein zweites Plasmid). Die BJ5183-Zellen sind der Risikogruppe 1 zugeordnet, aber was ist mit den GVO bestehend aus BJ5183 + Shuttle-Plasmid mit Rezeptor + deletiertes Adenogenom? Bis auf ein deletiertes Gen liegt nun das gesamte „Adenogenom" in den Zellen vor! Und das verwendete Adenovirus ist das des Serotyps 5, kurz Ad5, und wird in die Risikogruppe 2 eingestuft. Das Rezeptorgen im Shuttle-Plasmid hat kein Gefährdungspotential. Nach einer Stellungnahme der ZKBS können diese BJ5183-GVO Zellen mit den zwei Plasmiden der Risikogruppe 1 zugeordnet werden.[70] Wieso? Es wird zwar das fast vollständige Genom des Ad5-Virus in die Zellen transformiert, aber entscheidend ist, dass *E.-coli*-Zellen gar keine Adenoviren produzieren könnten. Diese sollen erst im nächsten Schritt entstehen. Der GVO bestehend *BJ5183* + Shuttle-Plasmid + deletiertes Adenogenom wird also der **Risikogruppe 1** zugeordnet.

3. Produktion rekombinanter Adeneoviren mit der Zelllinie HEK 293: Wir haben nun aus Punkt 2 nach der homologen Rekombination ein für den Rezeptor rekombinantes, bis auf das Gen E1, vollständiges Adenogenom als DNA-Doppelstrang-Ring hergestellt. Dieses wird nun in HEK-293-Zellen transfiziert, nachdem es linearisiert wurde. Es entsteht damit also wieder ein GVO. Die Zelllinie HEK 293 wird in die Risikogruppe 1 eingestuft. Aber wie sieht es mit dem entstandenen GVO aus? Dazu benötigen wir weitere Informationen über die Zelllinie. Die Zelllliniendatenbank der ZKBS gibt folgende Information: „HEK 293: humane embryonale Nierenzelllinie mit 4–5 Kopien vom linken Ende (12 % des viralen Genoms, E1a,b-Gene) und 1 Kopie vom rechten Ende (10 % des viralen Genoms, E4-Gen) des Adenovirus Typ 5-Genoms."[71] Sie enthält also Teile des Ad5-Virusgenoms, und zwar das Gen, welches in den bisherigen Arbeiten deletiert war. Im Bioreaktor HEK-293-Zelllinie haben wir also nun das gesamte Ad5-Genom vorliegen! Adenoviren Seroptyp 5 sind der Risikogruppe 2 zugeordnet. Unser

---

[70] Stellungnahme ZKBS Az. 6790-10-28 November 2001.
[71] Zelllinienliste, ZKBS.

GVO: HEK 293 + rekombinantes, deletiertes Adenogenom wird in die **RG 2** einge-ordnet. Warum? Hier liegt in „einer Zelle" nun das Gesamtgenom des Virus vor, wenn auch nicht in das Genom der HEK-Zellen komplett integriert. Daher RG 2!

4. Rekombinante Ad5-Viren: Die Viren, die wir aus der HEK-293-Zellllinie isolieren, sind GVO. Sie tragen ein Gen, den Rezeptor, der durch in der Natur nicht vorkommen-de Nukleinsäurerekombination eingesetzt wurde. Also unterliegen sie den Regelungen des GenTG. Aber ihr Genom ist deletiert für das Gen E1, welches wichtig für die Re-plikation des Virus in der Wirtszelle ist. Wie werden die Viren eingestuft? Da nicht ausgeschlossen werden kann, dass eine „Rückrekombination" in den HEK-293-Zellen des Gens E1 erfolgt ist, werden diese Viren ebenfalls der **RG 2** zugeordnet. Denkbar ist, dass durch eine in der HEK-Zelle erfolgte Rekombination wieder das komplette Ad5-Genom erzeugt wird.

5. Herzmuskelzellen: Der Sinn der gesamten Virusherstellung war, sie für eine Infektion der Herzmuskelzellen einzusetzen. Die für den Rezeptor rekombinanten „RG-2-Ad5-Viren" infizieren also einen Empfänger der RG 1, die Herzmuskelzellen. Herzmus-kelzellen selbst replizieren nicht, da sie adult und ausdifferenziert sind. Sie würden also als solche kultiviert gar nicht unter das GenTG fallen. Das ändert sich durch die Infektion mit einem RG 2-GVO. Die infizierten Zellen können der **RG 1** zugeordnet werden, wenn nachgewiesen wurde, dass die Deletion des E1-Gens weiterhin besteht. Ohne Nachweis sind sie ein RG-2-GVO! Werden mit dieser Methode verschiedene Viren hergestellt – im vorliegenden Fall beispielsweise mit weiteren Rezeptoren, die andere Eigenschaften haben und aus anderen Spezies stammen –, so ist dieser Nach-weis immer wieder erforderlich.

Kriterien zur Einordnung gentechnischer Arbeiten in die vier Sicherheitsstufen bei Arbeiten mit Mikroorganismen, Zellkulturen Tiere und Pflanzen

5

Kirsten Bender

Die vier Sicherheitsstufen, in die gentechnische Arbeiten unterteilt werden, haben wir in Abschn. 4.2 bereits kennengelernt. Die jeweiligen Kriterien, die zugrunde liegen, ob eine Arbeit der Sicherheitsstufe 1–4 zugeordnet wird, werden in der GenTSV erläutert.[1] Darin wird unterschieden, ob gentechnische Arbeiten mit Mikroorganismen, Zellkulturen, Pflanzen oder Tieren durchgeführt werden. Werden sie mit Mikroorganismen und Zellkulturen durchgeführt, so wird weiter unterschieden, ob diese im Produktionsmaßstab (Produktionsbereich) oder zu Forschungszwecken (Forschungsbereich) stattfinden. Generell liegt der Bewertung der gentechnischen Arbeiten immer die Risikobewertung der Einzelkomponenten, also Vektor-Empfänger-System, Spenderorganismus und Empfängerorganismus, zugrunde. Dabei ist entscheidend, welches Gefährdungspotential für die Rechtsgüter aus § 1 GenTG durch Arbeiten mit GVO bestehen.[2] Erinnern wir uns, diese Rechtsgüter sind „Leben und Gesundheit von Menschen, die Umwelt in ihrem Wirkungsgefüge, Tiere, Pflanzen und Sachgüter"[3].

5.1 Arbeiten mit Mikroorganismen und Zellkulturen – Gentechnische Arbeiten im Produktionsbereich

5.1.1 Zuordnung in die Sicherheitsstufe 1

Voraussetzungen für den Empfängerorganismus

Zu Produktionszwecken sind gentechnische Arbeiten mit Mikroorganismen und Zellkulturen der Sicherheitsstufe 1 zuzuordnen, wenn folgende Voraussetzungen erfüllt sind. „Die Empfängerorganismen sind

---

[1] Vgl. § 7 Abs. 1–4 GenTSV.
[2] Vgl. § 1 Nr. 1 GenTG.
[3] § 1 Nr. 1 GenTG.

© Springer-Verlag GmbH Deutschland, ein Teil von Springer Nature 2019
K. Bender und P. Kauch, *Gentechnisches Labor – Leitfaden für Wissenschaftler*,
https://doi.org/10.1007/978-3-642-34694-1_5

- Organismen der Risikogruppe 1 nach § 5 Abs. 1 Satz 1 mit experimentell erwiesener oder langer sicherer Verwendung oder mit eingebauten biologischen Sicherheitsmaßnahmen, die die Überlebens- und Replikationsfähigkeit in der Umwelt begrenzen,
- eukaryote Zellen, die nicht spontan zu Organismen regenerieren,

und geben keine Organismen der Risikogruppen 2–4 ab."[4]

§ 5 Abs. 1 bezieht sich auf die Kriterien zur Einordnung von Organismen in die vier Risikogruppen, die wir in Kap. 4 besprochen haben.

Voraussetzungen für den Vektor und seine rekombinanten Anteile

Gentechnische Arbeiten bei denen Vektoren mit rekombinanten Anteilen eingesetzt werden, sind im Produktionsbereich der Sicherheitsstufe 1 zuzuordnen, wenn „Vektoren und aus dem Spenderorganismus überführte sowie synthetische Nukleinsäuren

- gut beschrieben und frei von Nukleinsäuresequenzen mit bekanntem Gefährdungspotential sind,
- in der Größe so weit wie möglich auf die genetischen Sequenzen begrenzt sind, die zur Erreichung des beabsichtigten Zweckes notwendig sind,
- die Stabilität des Organismus in der Umwelt nicht erhöhen, soweit dies nicht für die beabsichtigte Funktion erforderlich ist,
- wenig mobilisierbar sind,
- keine Resistenzgene auf andere Mikroorganismen übertragen, die diese nicht von Natur ausaufnehmen, wenn eine solche Aufnahme die Anwendung von Heilmitteln zur Kontrolle von Infektionskrankheiten des Menschen oder von Nutztieren infrage stellen könnte"[5].

Die rekombinanten Anteile beziehen sich hier auch auf synthetisch hergestellte Nukleinsäuren, die also nicht aus einem direkten Spender isoliert und dann kloniert wurden. Sie sind aber (zumindest zurzeit noch) einem Spender bzgl. des Informationsgehalts der Nukleinsäuren zuzuordnen.

Wird für die Produktion eines Proteins ein Vektor in einen für die Produktion zugelassenen Bakterienstamm eingesetzt, so soll dieser nur die rekombinanten Anteile haben, die für diese bestimmte Produktion erforderlich sind, aber nicht für weitere Proteine kodieren.

Voraussetzungen für den GVO zu Produktionszwecken

Der GVO

- „ist unter den gewählten Verwendungsbedingungen (z. B. im Reaktor oder Fermenter) genauso sicher wie der Empfängerorganismus, aber mit begrenzter Überlebens- oder Replikationsfähigkeit und ohne nachteilige Folgewirkungen für die Umwelt,

---

[4] § 7 Abs. 2 Nr. 1 GenTSV.
[5] § 7 Abs. 1 Nr. 1b GenTSV.

- überschreitet nicht das Gefährdungspotential von Organismen der Risikogruppe 1 und
- gibt keine gentechnisch veränderten Organismen höherer Risikogruppen ab; nach dem Stand der Wissenschaft ist nicht zu erwarten, daß der gentechnisch veränderte Organismus Krankheiten bei Menschen, Tieren oder Pflanzen hervorruft"[6].

Sind die Voraussetzungen für Empfänger- und Spenderorganismus GVO + Vektor erfüllt, so können die Arbeiten damit der Sicherheitsstufe 1 zugeordnet werden.

5.1.2 Zuordnung in die Sicherheitsstufe 2

Voraussetzungen für den Empfängerorganismus
Die gentechnischen Arbeiten können der Sicherheitsstufe 2 zugeordnet werden, wenn sie folgende Voraussetzungen erfüllen: „Die Empfängerorganismen sind Organismen der Risikogruppe 2 und geben keine Organismen der Risikogruppe 3 oder 4 ab."

Voraussetzungen für den Vektor und seine rekombinanten Anteile
Gentechnische Arbeiten, bei denen ein Vektor zum Transfer von Nukleinsäuren eingesetzt wird, können der Sicherheitsstufe 2 zugeordnet werden, wenn

- „Vektoren und aus dem Spenderorganismus überführte sowie synthetische Nukleinsäuren soweit charakterisiert sind, daß der gentechnisch veränderte Organismus nach einer Risikobewertung [...] das Gefährdungspotential von Organismen der Risikogruppe 2 nicht überschreitet und keine gentechnisch veränderten Organismen höherer Risikogruppen abgibt"[7].

Dabei muss die Bewertung der Risikoeingruppierung wieder anhand von Anhang I der GenTSV durchgeführt werden.

Voraussetzungen für den GVO
Als generelle Voraussetzung zur Einordnung gentechnischer Arbeiten mit Mikroorganismen und Zellkulturen zu Produktionszwecken in die Sicherheitsstufe 2 gilt, dass vom GVO nur ein geringes Risiko ausgehen darf (entsprechend der Bewertungskriterien aus Anhang I der GenTSV).[8]

---

[6] § 7 Abs. 1 Nr. 1c GenTSV.
[7] § 7 Abs. 3 Nr. 2 b GenTSV.
[8] Vgl. § 7 Abs. 2 Nr. 2 GenTSV.

5.1.3 Zuordnung in die Sicherheitsstufe 3

Voraussetzungen für den Empfängerorganismus
Voraussetzung, damit gentechnische Arbeiten zu Produktionszwecken mit einem Empfängerorganismus in die Sicherheitsstufe 3 eingeordnet werden, ist, dass der eingesetzte Empfängerorganismus keine Organismen der Risikogruppe 4 abgibt und dass er selbst ein Organismus der Risikogruppe 1, 2 oder 3 ist.[9]

Voraussetzungen für den Vektor und seine rekombinanten Anteile aus dem Spenderorganismus
Wird ein Vektorsystem für die gentechnischen Arbeiten verwendet, so gilt für die Einordnung in die Sicherheitsstufe 3: „Vektoren und aus dem Spenderorganismus überführte sowie synthetische Nukleinsäuren sind soweit charakterisiert, daß der gentechnisch veränderte Organismus nach einer vorläufigen Risikobewertung nach § 5 Abs. 1 Satz 2 das Gefährdungspotential von Organismen der Risikogruppe 3 nicht überschreitet und keine gentechnisch veränderten Organismen der Risikogruppe 4 abgibt."[10] Für gentechnische Arbeiten, mit denen hochwirksame Toxine hergestellt werden, gibt es weitere Vorgaben.

Voraussetzungen für den GVO
Für den Produktionsbereich gilt, dass nach Anwendung der Kriterien aus der GenTSV für die genannten Rechtsgüter nur eine „mäßige Gefahr" dem GVO ausgehen darf.

5.1.4 Zuordnung in die Sicherheitsstufe 4

Muss von einem hohen Risiko für die im GenTG aufgeführten Rechtsgüter ausgegangen werden, so werden diese gentechnischen Arbeiten in die Sicherheitsstufe 4 eingestuft. Das gilt auch, wenn der begründete Verdacht eines hohen Risikos besteht. Eine derartige Gefahr kann beispielsweise bestehen wenn bei den gentechnischen Arbeiten mit Viren, die in die RG 4 eingestuft sind, umgegangen wird.

---

[9] Vgl. § 7 Abs. 3 Nr. 3a GenTSV.
[10] § 7 Abs. 3 Nr. 3b GenTSV.

5.2 Arbeiten mit Mikroorganismen und Zellkulturen – Gentechnische Arbeiten zu Forschungszwecken

5.2.1 Zuordnung in die Sicherheitsstufe 1

Voraussetzungen für den Empfängerorganismus
Zu Einordnung gentechnischer Arbeiten zu Forschungszwecken in die Sicherheitsstufe 1 gilt laut GenTSV: „Die Empfängerorganismen sind

- Organismen der Risikogruppe 1,
- Stämme von Organismenarten der Risikogruppen 2–4, die experimentell erwiesen oder aufgrund langer Erfahrung genauso sicher wie Organismen der Risikogruppe 1 sind und daher entsprechend verwendet werden können,
- eukaryote Zellen, die nicht spontan zu Organismen regenerieren,

und geben keine Organismen der Risikogruppen 2–4 ab."[11]

Voraussetzungen für den Vektor und seine rekombinanten Anteile aus dem Spenderorganismus
Die gentechnischen Arbeiten sind der Sicherheitsstufe 1 zuzuordnen, wenn „Vektoren und aus dem Spenderorganismus überführte sowie synthetische Nukleinsäuren soweit charakterisiert sind, dass der gentechnisch veränderte Organismus nach einer vorläufigen Risikobewertung nach § 5 Abs. 1 Satz 2 das Gefährdungspotential von Organismen der Risikogruppe 1 nicht überschreitet und keine gentechnisch veränderten Organismen höherer Risikogruppen abgibt"[12]. Die Kriterien aus § 5 Abs. 1 haben wir bereits in Kap. 4 kennengelernt.

Voraussetzungen für den GVO
Für die Zuordnung der gentechnischen Arbeiten in die Sicherheitsstufe 1 zu Forschungszwecken gilt für den GVO: „Der gentechnisch veränderte Organismus ist bei Verwendung im Reaktor oder Fermenter genauso sicher wie der Empfängerorganismus, aber mit begrenzter Überlebens- oder Replikationsfähigkeit und ohne nachteilige Folgewirkung für die Umwelt."[13]

---

[11] § 7 Abs. 3 Nr. 1a GenTSV.
[12] § 7 Abs. 3 Nr. 1b GenTSV.
[13] § 7 Abs. 3 Nr. 1c GenTSV.

5.2.2 Zuordnung in die Sicherheitsstufe 2

Voraussetzungen für den Empfängerorganismus
Gentechnische Arbeiten zu Forschungszwecken sind der Sicherheitsstufe 2 zuzuordnen, wenn sie folgende Voraussetzungen erfüllen: „Die Empfängerorganismen sind Organismen der Risikogruppe 2 und geben keine Organismen der Risikogruppe 3 oder 4 ab."[14]

Voraussetzungen für den Vektor und seine rekombinanten Anteile aus dem Spenderorganismus sowie für den GVO
Der Sicherheitsstufe sind gentechnische Arbeiten zuzuordnen, wenn „Vektoren und aus dem Spenderorganismus überführte sowie synthetische Nukleinsäuren soweit charakterisiert sind, dass der gentechnisch veränderte Organismus nach einer vorläufigen Risikobewertung nach § 5 Abs. 1 Satz 2 das Gefährdungspotential von Organismen der Risikogruppe 2 nicht überschreitet und keine gentechnisch veränderten Organismen höherer Risikogruppen abgibt"[15]. Auch hier sind die Bewertungen der Risikogruppe wieder mithilfe der Kriterien von Anhang I der GenTSV durchzuführen. Die Kriterien aus § 5 Abs. 1 haben wir bereits in Kap. 4 kennengelernt.

5.2.3 Zuordnung in die Sicherheitsstufe 3

Voraussetzungen für den Empfängerorganismus
Die gentechnischen Arbeiten sind in die Sicherheitsstufe 3 einzuordnen, wenn die Empfängerorganismen Organismen bis Risikogruppe 3 sind und keine Organismen der Risikogruppe 4 abgeben.[16]

Voraussetzungen für den Vektor und seine rekombinanten Anteile aus dem Spenderorganismus sowie für den GVO
Zur Einordnung in die Sicherheitsstufe 3 gilt für den Vektor und GVO: „Vektoren und aus dem Spenderorganismus überführte sowie synthetische Nukleinsäuren sind soweit charakterisiert, dass der gentechnisch veränderte Organismus nach einer vorläufigen Risikobewertung nach § 5 Abs. 1 Satz 2 das Gefährdungspotential von Organismen der Risikogruppe 3 nicht überschreitet und keine gentechnisch veränderten Organismen der Risikogruppe 4 abgibt."[17] Wie bereits für die Arbeiten im Produktionsbereich gibt es hier weitere Vorgaben für die Arbeiten mit Toxinen: „Ebenfalls der Sicherheitsstufe 3 zuzuordnen sind gentechnische Arbeiten, die darauf gerichtet sind, hochwirksame Toxine herzustellen, wobei biologische Sicherheitsmaßnahmen zur Anwendung kommen. Die

---

[14] § 7 Abs. 3 Nr. 2a GenTSV.
[15] § 7 Abs. 3 Nr. 2b GenTSV.
[16] Vgl. § 7 Abs. 3 Nr. 3a GenTSV.
[17] § 7 Abs. 3 Nr. 3b GenTSV.

ZKBS kann unter Berücksichtigung der Wirkungsweise des hochwirksamen Toxins Empfehlungen aussprechen, welche biologischen Sicherheitsmaßnahmen hierfür im Einzelfall geeignet sind."[18]

5.2.4   Zuordnung in die Sicherheitsstufe 4

Für die Zuordnung gentechnischer Arbeiten zu Forschungszwecken in die höchste Sicherheitsstufe gilt: „Sie sind der Sicherheitsstufe 4 zuzuordnen, wenn sie mit einem hohen Risiko oder dem begründeten Verdacht eines solchen Risikos für die menschliche Gesundheit oder die Umwelt verbunden sind." Hierfür kommen insbesondere Arbeiten mit Viren der Risikogruppe 4 oder defekten Vieren dieser Risikogruppe in Gegenwart von Helfervieren in Betracht. Die ZKBS gibt unter Berücksichtigung der in §§ 9–13 und ihren Anhängen für diese Sicherheitsstufe aufgeführten Beispiele Empfehlungen ab, welche Sicherheitsmaßnahmen im Einzelfall für eine gentechnische Arbeit dieser Stufe erforderlich sind. §§ 9–13 beziehen sich in der GenTSV auf technische und organisatorische Sicherheitsmaßnahmen, auf die Haltung von Pflanzen in Gewächshäusern sowie auf die Haltung von Tieren in Tierhaltungsräumen.

5.3   Arbeiten mit Tieren und Pflanzen zur Einstufung in die Sicherheitsstufe 1 bis 4

Gentechnische Arbeiten mit Pflanzen und Tieren werden nicht weiter in Arbeiten zu Forschungs- oder Produktionszwecken unterteilt, wie wir es bei Mikroorganismen und Arbeiten mit Zellen kennengelernt haben. Für gentechnische Arbeiten mit Tieren und Pflanzen zur Einordnung in die Sicherheitsstufen 1–3 gilt: „Vektoren und aus dem Spenderorganismus überführte sowie synthetische Nukleinsäuren sind soweit charakterisiert, dass der gentechnisch veränderte Organismus bei gentechnischen Arbeiten nach einer vorläufigen Risikobewertung nach § 5 Abs. 1 Satz 2 das Gefährdungspotential von Organismen der jeweiligen Risikogruppe nicht überschreitet und keine gentechnisch veränderten Organismen höherer Risikogruppen abgibt." Wenn es sich also beispielsweise um Organismen der RG 1 handelt, dürfen diese keine Organismen der RG 2–4 abgeben; handelt es sich um Vertreter der RG 2, so dürfen sie keine Organismen der RG 3 abgeben. Zur Einordnung in die Sicherheitsstufen dürfen vom Empfängerorganismus keine anderen Gefahren ausgehen als die für die entsprechenden Sicherheitsstufen festgelegten, also für Sicherheitsstufe 1 keine Gefahr, für Sicherheitsstufe 2 eine geringe Gefahr usw., wobei hier wieder die Gefahren auf die bekannten Rechtsgüter zu beziehen sind. Eine zusätzliche Bedingung für die Einordnung der Arbeiten in die Sicherheitsstufe 1 ist an den Vektor geknüpft. Dieser darf keine Möglichkeit der horizontalen Übertragung auf den Empfän-

---

[18] § 7 Abs. 3 Nr. 3 Satz 2 GenTSV.

gerorganismus haben. Für die höheren Sicherheitsstufen finden sich weitere Kriterien in der GenTSV.[19]

5.4   Welche Sicherheitsstufe ist die Richtige? Beispiele aus der Praxis zur Einstufung gentechnischer Arbeiten

Bislang haben wir in der Praxis Spender- und Empfängerorganismen sowie GVO in ihrem Risikopotential betrachtet und bewertet. Zu der Bewertung, welche Sicherheitsstufe die gentechnische Anlage haben muss, in der mit den Organsimen gearbeitet wird, kommen wir nun. Die Faustregel ist, dass mit RG-1-Organismen in Genlaboren der Sicherheitsstufe 1 gearbeitet werden darf, mit RG-2-Organismen in Genlaboren der Sicherheitsstufe 2 usw. Das ist allerdings nicht immer der Fall, da die Sicherheitsbewertung der gentechnischen Arbeiten auch davon abhängig ist, welches Gefährdungspotential z. B. das Genmaterial hat, das übertragen wird, und ob bei den Arbeiten nur mit Teilen von Genmaterial eines Organismus oder mit einem als biologische Sicherheitsmaßnahme anerkannten „System" gearbeitet wird.

Die Zuordnung der gentechnischen Arbeiten in eine Sicherheitsstufe beginnt immer mit der Risikobewertung der Organismen und Komponenten des Gesamtsystems. Für die Arbeiten sind dann entsprechend der Sicherheitsstufe die baulichen, apparativen und organisatorischen Voraussetzungen in den gentechnischen Anlagen zu schaffen.

An den folgenden Beispielen aus der Praxis werden wir einige Kriterien, die bei der Gesamtzuordnung für gentechnische Arbeiten anzuwenden sind, kennenlernen.

Erstellen einer Genbank

Zu Forschungszwecken soll eine Genbank von *Listeria monocytogenes* hergestellt werden. Diese Bakterien können bei immunsupprimierten Personen zu Infektionen führen und während der Schwangerschaft auch zu Infektionen des ungeborenen Kindes. Sie sind laut Organismenliste in die **RG 2** eingestuft. Die Genbank wird mithilfe eines kommerziellen, nichtpathogenen Vektors in *E. coli* K12 angelegt. Wie wir wissen, ist *E. coli* K12 als biologische Sicherheitsmaßnahme anerkannt und wird der **RG 1** zugeordnet. Es wird also Genmaterial aus einem Spender der **RG 2**, *L. monocytogenes,* in einen Spenderorganismus der **RG 1**, *E. coli* K12, eingeschleust. Bei den verwendeten *Listerien* handelt es sich um den Wildtypstamm, der keine Deletionen aufweist. Der GVO, also *E. coli* mit einem Vektorsystem, das jeweils genomische Fragmente von *L. monocytogenes* enthält, wird in die **RG 2** eingestuft. Die gentechnischen Arbeiten werden der **Sicherheitsstufe 2** zugeordnet, das heißt, sie dürfen nur in einer gentechnischen Anlage der Sicherheitsstufe 2 durchgeführt werden. Das gilt übrigens auch für die Inaktivierung des GVO. Diese muss dann z. B. in einem Autoklaven, der in einem Genlabor der Sicherheitsstufe 2 steht, erfolgen.

---

[19] Vgl. § 7 Abs. 4 Nr. 4 GenTSV.

Rekombinante Adenoviren Rekombinante Adenoviren (Serotyp Ad5) haben wir bereits kennengelernt. Mithilfe eines bakteriellen Rekombinationssystems und Human-Embryonal-Kidney-Zellen (HEK-Zellen) können diese konstruiert werden (zur Herstellung rekombinanter Adenoviren siehe auch Abschn. 6.1.4). In unserem Beispiel wurde ein Rezeptor zunächst mithilfe eines eukaryotischen Shuttle-Plasmids (rekombinant u. a. für Green Fluorescent Proteine, regulatorische Sequenzen aus *E. coli*, Antibiotikaresistenzen) kloniert, nachdem er mittels PCR aus Herzmuskelzellen einer Ratte amplifiziert worden war. In dem Herstellungssystem für Adenoviren wird dieses rekombinante Shuttle-Plasmid nun für eine homologe Rekombination in Bakterien verwendet. Dabei wird das gesamte Virusgenom übertragen und danach als sehr großes DNA-Ringmolekül isoliert. Es enthält neben dem Fremdgen jetzt auch fast das gesamte Ad5-Genom, bis auf ein Gen, das für die Replikation der Virus-DNA in der Wirtszelle wichtig ist. Das rekombinante Virus wird nun in einer Produktionszelllinie, HEK 293, hergestellt. Anschließend werden damit Herzmuskelzellen der Ratte infiziert und kultiviert.

Für die Zuordnung gentechnischer Arbeiten in eine Sicherheitsstufe werden die Risikobewertungen von Spenderorganismus, Empfängerorganismus und GVO benötigt (Tab. 5.1).

Tab. 5.1 Risikogruppen der Organismen

Risikogruppe des Spenderorganismus:	
Ratte: Rezeptor	Risikogruppe 1
Aequorea victoria: Green Fluorescent Protein (Reportergen)	Risikogruppe 1
Adenovirus Serotyp 5: Deletiertes Virusgenom, in *E.-coli*-K12-Derivaten:	Risikogruppe 2 Risikogruppe 1
Cytomegalievirus (Jetzt: HHV 5): CMV-Promotor in *E. coli*-K12-Derivat:	Risikogruppe 2 Risikogruppe 1
Risikogruppe des Empfängerorganismus:	
E.-coli-K12-Derivat, BJ 5183:	Risikogruppe 1
HEK-293-Zelllinie:	Risikogruppe 1
Adulte Herzzellen der Ratte:	Risikogruppe 1
Risikogruppe des GVO	
E.-coli-K12-Derivat, BJ 5183 mit Shuttle-Plasmid (in dem auch das Rezeptorgen vorhanden ist) sowie Plasmid mit deletiertem Ad5-Genom:	Risikogruppe 1
HEK-293-Zellen transfiziert mit rekombinantem, E1-deletiertem Ad5-Genom:	Risikogruppe 2
Rekombinante Ad5-Viren, die in HEK-Zellen produziert wurden:	Risikogruppe 2
Herzmuskelzellen der Ratte infiziert mit RG-2-rekombinanten Ad5-Viren:	Risikogruppe 2
Herzmuskelzellen der Ratte infiziert mit RG-2-rekombinanten Ad5-Viren, für die nachweislich die Deletion für die replikationsverantwortlichen Gene besteht:	Risikogruppe 1

Sicherheitsstufen für die gentechnischen Arbeiten

Als gentechnische Arbeit werden das Herstellen, Vermehren, Lagern und Entsorgen sowie der innerbetriebliche Transport von GVO betrachtet. Sicherheitsstufen für die Herstellung des GVO:

1) *E.-coli*-K12-Derivat, BJ 5183 mit Shuttle-Plasmid (in dem auch das Rezeptorgen vorhanden ist) sowie des Plasmid mit dem deletierten Ad5-Genom = Sicherheitsstufe 1: Diese Arbeiten werden der Sicherheitsstufe 1 zugeordnet, obwohl es sich im Falle des Ad5-Spenderorganismus und Cytomegalievirus (CMV) um RG-2-Organismen handelt. Es werden nur Nukleinsäuren übertragen, die charakterisiert und subgenomisch oder subgenisch sind. Die Bakterien sind Empfänger der RG 1, die sich durch die Aufnahme der Ad5- und sonstiger DNA in Bezug auf ihr Gefährdungspotential nicht verändern. Zudem stellen sie kein Wirt für Adenoviren dar und könnten diese nicht produzieren.

2) HEK-293-Zellen nach Transfektion mit dem zuvor aus Punkt 1 hergestellten rekombinanten Ad5-Genom = Sicherheitsstufe 2: Die Zelllinie HEK 293 ist zwar in die Risikogruppe 1 eingestuft, aber sie kann die Deletion des Ad5-Virus komplementieren. Denkbar ist, dass nach einer „Rückrekombination" Adenoviren produziert werden, die von den Zellen abgegeben werden könnten. Nach den Kriterien der GenTSV gibt also ein Organismus der RG 1 (HEK-293-Zellen) Organismen einer höheren RG ab.

3) Rekombinante Ad5-Viren = Sicherheitsstufe 2: Bei der Herstellung der rekombinanten Ad5-Viren wurden Gen- oder Genomfragmente von CMV (Promotor), Ratte (Rezeptor) und Ad5-Genom übertragen. Dabei wird durch die Gesamtheit der Übertragung die Risikogruppe 2, in die die Spenderorganismen z. T. eingeordnet waren, nicht erhöht.

4a) Herzmuskelzellen, infiziert mit rekombinanten Ad5-Viren = Sicherheitsstufe 2: Die Herzmuskelzellen sind RG-1-Organismen und werden mit einem RG-2-Organismus infiziert. Nicht ausgeschlossen werden kann, dass auch rekombinante Viren erzeugt wurden, die durch eine „Rückrekombination" des deletierten Gens aus den HEK-293-Zellen nicht nur infektiös, sondern auch replikativ sind.

4b) Herzmuskelzellen, infiziert mit rekombinanten Ad5-Viren = Sicherheitsstufe 1: Wieso können Arbeiten mit diesen Zellen nun auch in Sicherheitsstufe 1 durchgeführt werden? Als GVO werden Herzmuskelzellen der Ratte, die mit nachweislich replikationsdefekten Ad5-Viren infiziert wurden, in die RG 1 eingeordnet. Dieser Nachweis kann mithilfe geeigneter PCR-Tests erfolgen. Nachgewiesen wird dann, dass der GVO „Herzmuskelzelle" kein E1-Gen aufweist. Ist dieser Nachweis erbracht, können der GVO in die RG 1 werden und die mit ihm durchgeführten gentechnischen Arbeiten in die Sicherheitsstufe 1.

Mit dieser Methode können sehr einfach rekombinante, replikationsdefekte aber infektiöse Adenoviren des Genotyp 5 hergestellt werden. Dabei ist aber darauf zu achten, dass sich das Risikopotential des GVO nicht verändert. Wenn z. B. ein aktiviertes Onkogen als Fremdgen verwendet wird, könnte das zu einer Erhöhung der Risikogruppe der GVO führen oder es könnten sich höhere Anforderungen an die persönliche Schutzausrüstung ergeben.

Die Sicherheitsstufen der gentechnischen Arbeiten aus unserem Beispiel ziehen dann technische Vorkehrungen in einem Genlabor nach sich. Genlabore kennen wir in den Sicherheitsstufen 1, 2, 3 und 4. Für alle gibt es unterschiedliche technische Voraussetzungen, die in der GenTSV in Anhang III aufgeführt sind. Generell gilt:

- Gentechnische Arbeiten der Sicherheitsstufe 1 werden in Genlaboren der Sicherheitsstufe 1 durchgeführt.
- Gentechnische Arbeiten der Sicherheitsstufe 2 werden in Genlaboren der Sicherheitsstufe 2 durchgeführt.
- Gentechnische Arbeiten der Sicherheitsstufe 3 werden in Genlaboren der Sicherheitsstufe 3 durchgeführt.
- Gentechnische Arbeiten der Sicherheitsstufe 4 werden in Genlaboren der Sicherheitsstufe 4 durchgeführt.

Praktische Tätigkeiten mit gentechnisch veränderten Organismen

Kirsten Bender

Nicht nur die Erzeugung gentechnisch veränderter Organismen, sondern auch das Lagern, die Vermehrung, die Zerstörung, die Entsorgung sowie der innerbetriebliche Verkehr von GVO ist laut GenTG eine gentechnische Arbeit (§ 3 GenTG). Zahlreiche Techniken zur Veränderung genetischen Materials sind bereits etabliert. Die meisten Arbeiten zielen darauf ab, Fremdgene in einen Empfängerorganismus einzubringen, und unterliegen somit den Regelungen des GenTG sowie dessen Rechtsverordnungen.

6.1 Die Erzeugung gentechnisch veränderter Organismen

Zur Erzeugung eines GVO werden speziesfremde Nukleinsäuren aus einem Spenderorganismus in einen lebenden Empfängerorganismus überführt, in dem diese unter natürlichen Bedingungen nicht vorkommen. Die Techniken, die z. B. bei einem Gentransfer angewendet werden, sind sehr unterschiedlich. Im Folgenden werden einige ausgewählte Techniken besprochen und im Sinne des GenTG und der zugehörigen Rechtsverordnungen eingeordnet. Die Erzeugung von GVO ist so vielfältig wie die Organismen, die dazu eingesetzt werden. Es werden gentechnisch veränderte Mikroorganismen, Pflanzen und Tiere hergestellt. Letztere bezeichnet man dann auch als **transgene** Tiere oder Pflanzen. Unter Mikroorganismen wird, wie wir in Kap. 3 gesehen haben, eine große Gruppe verschiedener Organismen zusammengefasst. Zum einen werden diese beispielsweise zur Erforschung von Infektionskrankheiten selbst gentechnisch verändert, oder sie werden auf dem Weg zur Herstellung eines taxonomisch „höheren" GVO als Gentransfervektor benötigt. Im Folgenden gehen wir auf einige Herstellungsmöglichkeiten von GVO genauer an.

© Springer-Verlag GmbH Deutschland, ein Teil von Springer Nature 2019
K. Bender und P. Kauch, *Gentechnisches Labor – Leitfaden für Wissenschaftler*,
https://doi.org/10.1007/978-3-642-34694-1_6

6.1.1 Transformation

Als Transformation[1,2] i.S. einer molekularbiologischen Methode wird die Aufnahme von DNA in lebende Bakterienzellen bezeichnet. Anders als bei natürlichen Transformationsprozessen wird diese Transformation hier also als gentechnisches Verfahren verwendet, um fremde DNA, beispielsweise ein rekombinantes Plasmid, in Bakterienzellen einzuschleusen. Eines der einfachsten und sehr häufig verwendeten Verfahren ist die sog. Hitze-Schock-Methode. Hierzu werden Bakterienzellen (z. B. *E. coli*-K12-Derivate) zunächst für die DNA-Aufnahme vorbereitet, indem sie in einem ersten Schritt mit Kalziumchlorid oder Rubidiumchlorid behandelt werden.[3] Die Bakterien werden nach dieser Behandlung als chemisch kompetent bezeichnet. Zur Anlagerung/Aufnahme der DNA folgt für einige Minuten eine Inkubation mit DNA-haltiger Pufferlösung auf Eis. Die Aufnahme der DNA in die Bakterien wird dann durch eine kurzzeitige Erhöhung der Inkubationstemperatur auf 42 °C mit anschließender Inkubation auf Eis vermittelt.

Eine andere, weitverbreitete Methode zur Transformation von Bakterien ist die Elektroporation[4]. Hierbei wird die Zellmembran von Bakterien durch einen elektrischen Puls mit hoher Spannung (z. B. 2000 V) permeabel gemacht, sodass DNA „eindringen" kann. Dieses Verfahren kann auch für eukaryotische Zellen angewandt werden. Sowohl bei der Hitze-Schock-Methode wie auch bei der Elektroporation wird meist rekombinante DNA (z. B. Plasmide mit einem Fremdgen) in die Zellen transferiert, dort vervielfältigt oder exprimiert. Zu unterscheiden ist dies von der natürlichen Transformation, einem Vorgang, den viele Bakterien zum Austausch von Erbmaterial „betreiben". In dem Plasmid, das zur Erzeugung von GVO eingesetzt wird, befinden sich auch regulatorische DNA-Sequenzen. Diese werden für die Vervielfältigung des Plasmids benötigt. Oft befinden sich auch sog. Reportergene im Plasmid, z. B. das Green Fluorescent Protein (GFP)[5]. Dieses ist ebenfalls ein Fremdgen, denn GFP stammt aus der Qualle *Aequorea victoria*. Die Reportergene werden benötigt, um in anschließenden Versuchen beispielsweise unter optischer Kontrolle mit einem Fluoreszenzmikroskop, die Gentransferrate bestimmen zu können. Oder es werden mit deren Hilfe einzelne Zellen in Geweben lokalisiert. Bei einer solchen Transformation handelt es sich also schon allein wegen des GFP und der regulatorischen Abschnitte um eine DNA-Kombination, wie sie in der Natur nicht vorkommt, und sie unterliegt den Regelungen des GenTG. Oftmals werden diese Transformationen nur durchgeführt, um genügend Plasmidmaterial für eine anschließende Transfektion und

---

[1] Cohen S, Chang A, Hsu L (1972), Nonchromosomal Antibiotic Resistance in Bacteria: Genetic Transformation of Escherichia coli by R-Factor DNA. Proc Nat Acad Sci 69 (8): 2110–4.
[2] Lederberg EM, Cohen SN (1974), Transformation of *Salmonella typhimurium* by plasmid deoxyribonucleic acid. J Bacteriol 119: 1072–1074.
[3] Vgl. Mandel M, Higa A (1970), Calcium-dependent bacteriophage DNA infection. Journal of Molecular Biology 53: 159–162.
[4] Vgl. Calvin NM, Hanawalt PC (1988), High efficiency transformation of bacterial cells by electroporation. Journal of Bacteriology 170: 2796–2801.
[5] Vgl. Tsien R (1998), The green fluorescent protein. Annual Reviews of Biochemistry 67: 509–544.

Expression der Gene, z. B. in eukaryotischen Zellen, zur Verfügung zu haben. Die Erfahrung zeigt, dass mancher Anwender im Labor geneigt ist, diese „reine Vervielfältigung" der Plasmide nicht als gentechnische Arbeit einzuordnen. Doch das ist ein Trugschluss. Die Bakterien, die als Produzent für die rekombinanten Plasmide hergestellt werden, sind selbst GVO!

6.1.2 Transfektion

Als Transfektion[6] wird die Aufnahme fremder DNA in eine lebende eukaryotische Zelle bezeichnet. Um hier gegen den Begriff der malignen Transformation zur Krebsentstehung abzugrenzen, wurde auf den Begriff **Transformation**, wie er bei Bakterien verwendet wird, verzichtet. Transfizieren kann man z. B. eukaryotische Zellen und Zelllinien. Dabei verwendet man, ähnlich wie bei der bakteriellen Transformation, Substanzen, die die Aufnahme von DNA in die Zellen erleichtern. Eine der häufig verwendeten Methoden ist die Kalziumphosphat-Methode.[7] Hierzu wird DNA zunächst präzipitiert und anschließend zusammen mit den Zellen inkubiert. Bei der transfizierten DNA handelt es sich meistens um eukaryotische Expressionsplasmide, die neben anderen regulatorischen Sequenzen über einen Promotor und eine Poly-A-Sequenz verfügen. Diese werden für die Transkription/Expression der Fremdgene benötigt. Auch in viele eukaryotische Expressionsplasmide werden Reportergene (oft GFP oder ein „Abkömmling" davon) hinter einem weiteren Promotor inseriert. Nicht alle eukaryotischen Zellen vertragen Behandlungen mit Kalziumphosphat. So ist diese Methode bei Muskelzellen, deren Aktivierung der kontraktilen Elemente auf Kalzium beruht, oft ungeeignet. Bei einer anderen Methode wird beispielsweise die zu transferierende rekombinante DNA in kleinste Lipidvesikel eingeschlossen, oder man bindet die Fremd-DNA an Ketten von Fettsäurederivaten. Beides führt dazu, dass die Aufnahme der DNA über die Zellmembran erleichtert wird.

6.1.3 Die „Genkanone"

Eine weitere Methode zur Erzeugung von GVO ist das „Beschießen" von Gewebe/Zellen mithilfe einer sog. Genkanone, um Fremd-DNA zu transferieren. Sie wird heute vielfach eingesetzt. Dabei wird DNA (beispielsweise wieder ein rekombinantes Expressionsplasmid) an sehr kleine Wolfram- oder Goldpartikel gebunden. Diese werden dann mit hohem Druck, den die „Genkanone" erzeugt, auf Gewebe (bei Tieren z. B. Haut) „geschossen". Sie erreichen so auch das Zellinnere, und die rekombinanten Gene können dort exprimiert

---

[6] Vgl. Gentechnische Methoden (Kap. Transfektion von Säugerzellen) Monika Jansohn und Sophie Rothhämel Verlag Spektrum (2012).
[7] Vgl. Ehrlich M, Sarafyan LP, Myers DJ. Interaction of microbial DNA with cultured mammalian cells. Binding of the donor DNA to the cell surface Biochim Biophys Acta (1976) Dec 13; 454(3): 397–409.

werden. Mit dieser Methode können tierische wie auch pflanzliche Gewebe bearbeitet werden. Oftmals wird die Genkanone wegen der zu überwindenden Zellwand zum Gentransfer bei Pflanzenzellen eingesetzt, um letztlich transgene Pflanzen zu erzeugen. Diese Arbeiten unterliegen dann dem GenTG und sind in einem Genlabor durchzuführen.[8]

6.1.4 Viraler Gentransfer

Viren können als Vehikel verwendet werden, um fremdes Genmaterial in Zellen, Gewebe oder in ganze Organismen (auch höhere eukaryotische Organismen) einzuschleusen. Dabei wird das Wirtsspektrum der jeweiligen Viren ausgenutzt. Rekombinante (also gentechnisch veränderte) Viren werden häufig zu Forschungszwecken eingesetzt. Denken wir beispielsweise an die Hepatitis- oder AIDS-Forschung.

Manche Viren integrieren ihre Nukleinsäuren in das Genom ihrer Zielzelle, und andere liegen epigenetisch vor. Wurde das Virus nicht gentechnisch verändert, sondern hat seinen natürlichen Wirt infiziert, bildet es damit selbstverständlich keinen GVO. Dies ist ein Vorgang, der nach dem GenTG nicht erfasst wird. Es gibt sehr unterschiedliche Methoden, um Viren gentechnisch zu verändern sowie als Gentransfervehikel zu verwenden. Wir werden hier zwei Verfahren mit unterschiedlichen Viren exemplarisch genauer erläutern.

Erzeugung von rekombinanten Adenoviren (Gentransfer mit Adenoviren)
Die Methode haben wir bereits in Abschn. 4.4 bzgl. der Risikobewertung von GVO kennengelernt. Sie soll nun ausführlich als Herstellungsverfahren für infektiöse, nichtreplikative rekombinante Viren besprochen werden.

Adenoviren werden schon seit Jahren als Gentransfervehikel eingesetzt. Sie werden verstärkt rekombinant hergestellt, da man sie seit Ende der 1990er Jahre durch ein vereinfachtes Verfahren produzieren kann.[9] Hergestellt werden dabei Adenoviren des Serotyps 5 (Ad5). Ad5-Viren sind in die RG 2 eingestuft. Bei einer durch sie ausgelösten Infektion zeigen sich grippeähnliche Symptome. Sie zählen zu den DNA-Viren, da ihr Genom aus doppelsträngiger DNA besteht, das ca. 30 Kilobasenpaare umfasst. Für die Transkription der Gene in der Wirtszelle wird eine DNA-abhängige RNA-Polymerase benötigt. Hierzu wird auf entsprechende Enzyme des Wirts zurückgegriffen.

Für die Produktion rekombinanter Viruspartikel muss zunächst das fremde Genmaterial in das Virusgenom integriert werden. Dazu wurde das Ad5-Genom deletiert (um „Platz" zu schaffen für die Aufnahme fremden Genmaterials). Das Virusgenom wurde dann asymmetrisch auf zwei Plasmide verteilt. Bei einem handelt es sich um ein Shuttle-Plasmid mit regulatorischen DNA-Sequenzen und *multicloning sites* für Fremdgene, damit das Plasmid in Prokaryonten vermehrt und die Fremdgene in Eukaryonten über einen

---

[8] Vgl. Klein TM, Wolf ED, Wu R, Sanford JC (1987), High velocity microprojectiles for delivering nucleic acids into living cells. Nature 327: 70–73.
[9] He TC, Zhou S, da Costa LT, Yu J, Kinzler KW, Vogelstein B. A simplified system for generating recombinant adenoviruses Proc Natl Acad Sci USA. (1998) 3; 95(5): 2509–14.

CMV-Promotor exprimiert werden können. Außerdem verfügt es über einen „rechten und linken Arm" für eine homologe Rekombination sowie über ein Antibiotikaresistenz-Gen. Das andere Plasmid besteht aus dem gesamten Adenovirusgenom, das eine Deletion bzgl. des E1-Gens aufweist, sowie ebenfalls aus regulatorischen Sequenzen für die Vervielfältigung, die homologe Rekombination, sowie eines weiteren Antibiotikaresistenz-Gens.[10] Zunächst wird das gewünschte Fremdgen in die *multicloning site* des Shuttle-Plasmids ligiert und in üblichen *E. coli*-K12-Derivaten vermehrt und anschließend isoliert. Das Shuttle-Plasmid verfügt auch über ein Reportergen, das GFP (dieses wird später bei der Produktion der rekombinanten Viren wichtig). Die Antibiotikaresistenz lässt eine einfachere Selektion auf positive Klone nach der Ligation des Fremdgens zu. Dieses Plasmid umfasst etwa neun Kilobasenpaare. Das restliche adenovirale Genom, das in das zweite Plasmid integriert ist, umfasst damit mehr als 30 Kilobasenpaare. Das deletierte E1-Gen wird im natürlichen Infektionszyklus in der frühen Phase nach der Infektion des Wirts „abgelesen". Durch dessen Deletion wird erreicht, dass die Viren ihren Wirt zwar infizieren, sich darin aber nicht vermehren können. Es können also keine neuen Viren im Wirt hergestellt werden, es sei denn, der Wirt kann diese Deletion komplementierten, das heißt, er verfügt selbst über das E1-Gen. Das trifft für die Zelllinie HEK 293 zu, die zur Produktion der rekombinanten Viren im Verlauf der Methode verwendet wird.[11] Diese Zelllinie ist in die RG 1 eingestuft. Zur Herstellung der rekombinanten Viren wird das Shuttle-Plasmid (inklusive des ligierten Fremdgens) mittels Elektroporation gemeinsam mit dem Plasmid, welches das adenovirale Genom enthält, in *E.-coli*-BJ5183-Zellen transformiert. Diese Zellen besitzen ein Rekombinasesystem, das heißt, sie können die homologe Rekombination zwischen Klonierungskassette des Shuttle-Plasmids und dem adenoviralen Genom des zweiten Plasmids unterstützen.

Normalerweise meiden Molekularbiologen diese *E.-coli*-Zellen für Transformationen, da Rekombinationsereignisse gerade bei Klonierungen unerwünscht sind. In diesem Fall nutzt man aber eine Rekombination gezielt aus. Nach der homologen Rekombination werden positive Klone (die Rekombination war erfolgreich) isoliert. Dabei hilft ein Austausch der Kanamycin/Ampicillin-Resistenzgene durch den Rekombinationsvorgang. Durch einen analytischen „Restriktionsverdau" werden dann die „Bakterienklone" ermittelt, die das Fremdgen aus dem Shuttle-Plasmid in das adenovirale Genom übernommen haben. Das rekombinante adenovirale Genom wird dann mittels üblicher DNA-Isolierungsmethoden aus den BJ5183-Bakterien gewonnen und durch einen weiteren „Restriktionsverdau" linearisiert. Damit werden nun HEK-293-Zellen transfiziert. Diese Zelllinie hat einige Kopien von Teilen eines Adenovirus in ihr Genom integriert und komplementiert damit die E1-Deletion. Somit liegen alle Komponenten, die für die Zusammenlagerung und die Replikation der Virus-DNA benötigt werden, vor. Nach der

---

[10] Vgl. hierzu die schematische Darstellung des Herstellungsverfahrens in: He TC, Zhou S, da Costa LT, Yu J, Kinzler KW, Vogelstein B. A simplified system for generating recombinant adenoviruses Proc Natl Acad Sci USA. (1998) 3; 95(5): 2509–14.
[11] Vgl. He TC, Zhou S, da Costa LT, Yu J, Kinzler KW, Vogelstein B. A simplified system for generating recombinant adenoviruses Proc Natl Acad Sci USA. (1998) 3; 95(5): 2509–14.

Transfektion der Zellen werden diese einige Tage kultiviert, und mithilfe des Reportergens GFP (unter Verwendung eines Fluoreszenzmikroskops) wird der Verlauf der Virusproduktion überwacht, bis die rekombinanten Viruspartikel geerntet werden können. Dazu werden die Zellen von der Zellkulturschale abgeschabt und danach durch physikalische Verfahren (Einfrieren/Auftauen) Viren freigesetzt. Diese können nun für die Infektion anderer Zellen, Gewebe oder Organismen eingesetzt werden, und das Fremdgen kann exprimiert werden. Die rekombinanten Viren können sich nicht in diesen Zellen vermehren, da ihnen das dazu notwendige E1-Gen fehlt. Kurz gesagt, es werden rekombinante, infektiöse, aber nichtreplikative Viren durch dieses Verfahren hergestellt. Das ist unter Sicherheitsaspekten für gentechnische Arbeiten wichtig.

Erzeugung rekombinanter Lentiviren (Gentransfer mit Lentiviren)

Lentiviren gehören zur Familie der Retroviridae. Zu den Lentiviren zählen z. B. die HI-Viren (HIV). Diese sind verantwortlich für die Immunschwächekrankheit AIDS (erworbenes Immunschwächesyndrom). Als Erbmaterial enthalten Lentiviren einzelsträngige RNA-Moleküle, die in der Wirtszelle zunächst in DNA „umgeschrieben" werden. Im natürlichen Zyklus wird dazu ein Enzym, die **Reverse Transkriptase** eingesetzt, welche Bestandteil der Virionen ist. Die „umgeschriebene DNA" gelangt in den Kern der Wirtszelle und integriert mittels des Enzyms Integrase (eine DNA-Endonuklease) in das Wirtsgenom. Dort verbleibt es als sog. Provirus, bis dieses im Rahmen der Virusproduktion abgelesen wird. Das Provirus kann über lange Zeitspannen in dem Genom der Wirtszelle verbleiben. Wenn die RNA des Virus in DNA umgeschrieben wird, entstehen sogenannte *long terminal repeats* (LTRs). Diese werden ebenfalls in das Wirtsgenom integriert. Sie verfügen über einen Promotor, der zellulär aktiviert werden kann. Dies führt dann zur Transkription neuer Virus-RNA im Wirt. Das Genom dieser Retroviren weist immer die Gene gag, pol und env auf. Dabei kodiert gag für mehrere Strukturproteine, die erst nach der Translation in verschiedene kleinere Proteine gespalten werden. pol kodiert für die Reverse Transkriptase und Integrase, env für virale Hüllproteine.[12]

Warum werden Retroviren als Gentransfervehikel verwendet? Wie beschrieben, integrieren sie ihre Erbinformation als Provirus in das Genom der Wirtszelle, und das macht sie für gentechnische Arbeiten besonders attraktiv. Es kann damit zu einem stabilen Gentransfer in das Genom der Zielzelle kommen, wobei allerdings das Problem besteht, dass der Integrationsort im Genom nicht vorhersehbar ist. Auch können Lentiviren in teilende Zellen sowie nichtteilende Zellen integrieren, was sie besonders attraktiv als Gentransfervehikel macht. Nichtteilende Zellen sind oftmals besonders schwer zu transfizieren. Zur Abschwächung der Pathogenität der Lentiviren für einen Einsatz bei gentechnischen Arbeiten wurden einzelne Proteinkomponenten zum Erreichen einer hohen biologischen Sicherheit verändert. Dazu wurden die für die Virusherstellung die notwendigen Gene gag, pol und env jeweils auf einzelne Plasmide verteilt. Diese drei Plasmide sowie ein

---

[12] Vgl. Madigan Michael T. und Martinko John M. (2009), Brock Mikrobiologie; Pearson Education.

weiteres viertes Plasmid, in das zwischen den LTRs (zur Integration) das Fremdgen eingefügt wurde, werden mittels einer Kotransfektion in eine Produktionszelllinie überführt. Dort sind dann alle Komponenten für eine Virusproduktion vorhanden. Das Fremdgen wird in RNA „umgeschrieben", und alle weiteren viralen Komponenten werden in der Produktionszelllinie über die kotransfizierten Plasmide bereitgestellt.

In den letzten Jahren sind weitere sicherheitsrelevante Veränderungen an dem lentiviralen Gentransfersystem vorgenommen worden. Es existieren mittlerweile verschiedene Systeme, die auch mit verschiedenen Zelllinien verwendet werden. Man spricht auch von Lentiviren der vierten Generation. In einer Stellungnahme der ZKBS zu retroviralen Gentransfersystemen, in der auch das lentivirale System erläutert wird, heißt es: „Üblicherweise werden die drei oder vier Plasmide, auf welche die für die Vektorherstellung notwendigen Gene und regulatorischen Sequenzen verteilt sind, auf eine Zelllinie kotransfiziert [...]. Dort werden rekombinante replikationsdefekte Lentiviren produziert und von der Zelllinie abgegeben."[13] Und diese Abgabe macht Lentiviren ebenfalls attraktiv für gentechnische Arbeiten, denn nach der Zusammenlagerung aller Viruskomponenten in den Produktionszellen werden die rekombinanten Viren durch die sog. Knospung in das Zellkulturmedium abgegeben und können ohne weiteren Reinigungsschritt verwendet werden (z. B., um eine Zelllinie zu infizieren und dort das gewünschte Fremdgen zu exprimieren).

6.1.5   Transgene Tiere

Bisher haben wir uns mit der Herstellung rekombinanter Mikroorganismen befasst. Aber auch höhere Lebewesen, sogar Säugetiere, können gentechnisch verändert erzeugt werden. Man spricht von transgenen Organismen, wenn diese in jeder Zelle die gentechnische Veränderung tragen (also auch in den Keimbahnzellen). Ein Fremdgen kann in diesem Fall also auch an die Tochterorganismen weitergegeben werden. Zur Herstellung gibt es verschiedene Verfahren, von denen wir hier exemplarisch auf die Mikroinjektion, die Erzeugung durch embryonale Stammzellen (ES-Zellen) und den somatischen Kerntransfer eingehen.

Bei der **Mikroinjektion**[14], einer Methode, die seit vielen Jahren z. B. mit Mäusen durchgeführt wird, werden befruchtete Eizellen zur Aufnahme fremder Gene eingesetzt. Dabei sind die Eizellen zwar befruchtet, aber es wird der Zeitpunkt abgepasst, zu dem noch keine Kernfusion des väterlichen und mütterlichen Zellkerns stattgefunden hat. Es

---

[13] Stellungnahme der ZKBS zu häufig durchgeführten gentechnischen Arbeiten mit den zugrunde liegenden Kriterien der Vergleichbarkeit: November 2011 Az. 6790-10-41 Allgemeiner Gentransfer mithilfe retroviraler Vektoren. (Die ausführliche Stellungnahme nennt auch Bedingungen und gibt Hinweise, unter welchen Sicherheitsstufen mit den replikationsdefekten Viren gearbeitet werden kann).

[14] Vgl. Capecchi MR (1980), High efficiency transformation by direct microinjection of DNA into cultured mammalian cells. Cell Nov; 22(2 Pt 2): 479–88.

liegen also noch sog. Vorkerne vor. Das fremde DNA-Material wird nun mithilfe einer sehr kleinen Pipette in die befruchtete Eizelle injiziert. Da es sich um sehr feine „Nadeln" handelt, die mit Mikromanipulatoren gesteuert werden, hat sich der Name „Mikroinjektion" etabliert. Bei der fremden DNA kann es sich um „nackte" Nukleinsäuren handeln, oder die Fremdgene sind vorher in Transfervektoren ligiert worden. Die DNA integriert in das Genom der befruchteten Zelle. Leider kann der genetische Ort, an dem das Fremdgen integriert, nicht sicher vorhergesagt werden. Das heißt, es ist auch möglich, dass es gar nicht integriert oder durch die Integration wichtige Gene zerstört werden. Dann entwickelt sich die Zygote nicht weiter. Die Erfolgsrate dieser Methode ist demnach relativ niedrig, zumal die so behandelten Zygoten, nachdem sie einige Tage unter Zellkulturbedingungen inkubiert werden, in „Leihmüttertiere" überführt werden müssen. Geboren werden dann z. B. transgene Mäuse, die i. S. d. GenTG gentechnisch veränderte Organismen darstellen. Da diese allen Regelungen des GenTG und dessen Rechtsverordnungen unterliegen, sind auch die Bestimmungen der GenTSV zu Tierhaltungsräumen, wie wir noch sehen werden, anzuwenden.

Transgene Tiere können auch mithilfe **embryonaler Stammzellen** hergestellt werden. Dazu werden zunächst trächtigen Tieren frühe Embryonen entnommen und daraus embryonale Stammzellen gewonnen, vereinzelt und kultiviert. In diese Zellen kann nun durch Transfektion ein Fremdgen mithilfe eines Vektors eingeschleust werden, sodass zunächst gentechnisch veränderte Zellen entstehen, die sich dann in eine Blastozyste ebenfalls in einer Leihmutter weiterentwickeln können. Wenn die gentechnisch veränderten Zellen sich innerhalb der Embryoentwicklung als Keimbahnzellen etablieren, können diese in der nächsten Generation weitergegeben werden. Da die Keimzellen dann transgen sind, entstehen in der kommenden Generation transgene Tiere. Auch hier entstehen transgene Tiere, die den Regelungen des GenTG und deren Rechtsverordnungen unterliegen.

Als weitere Methode können transgene Tiere durch den **somatischen Kerntransfer** entstehen. Dazu werden Körperzellen, also somatische Zellen eines Tieres, mit gentechnischen Verfahren zunächst verändert und anschließend in eine nichtbefruchtete und zuvor „entkernte" Eizelle transferiert.[15] Die Eizelle entwickelt sich zu einem Embryo, dessen frühes Stadium in ein „Leihmuttertier" eingesetzt wird. Dieses Verfahren wurde auch durch das Klonschaf Dolly berühmt – allerdings mit dem Unterschied, dass dafür keine gentechnisch veränderten Körperzellen verwendet wurden; daher war es auch nicht GenTG-relevant.

6.1.6 Transgene Pflanzen

Auch ganze Pflanzen können mithilfe gentechnischer Verfahren transgen hergestellt werden. Bei Pflanzen besteht jedoch eine zusätzliche Barriere zum Einschleusen der Fremdge-

---

[15] Vgl. T.A. Brown, Gentechnologie für Einsteiger, Spektrum Akademischer Verlag Heidelberg (6. Auflage 2011).

ne, die Zellwand. Transgene Pflanzen werden beispielsweise erzeugt, um stressresistente Varianten (z. B. resistent gegen Wasserknappheit oder Hitze) zu generieren. Eine der bekanntesten Methoden zur Erzeugung transgener Pflanzen ist die **Transformation mithilfe eines Bodenbakteriums,** das unter natürlichen Bedingungen Teile seines Genoms in das Genom von Pflanzen einschleust und dadurch Pflanzentumore erzeugt. Es handelt sich um *Agrobacterium tumefaciens.* Die Tumore entstehen aber nur dann, wenn das Bakterium ein sog. tumorinduzierendes Plasmid (Ti-Plasmid) mit überträgt. Dieses Ti-Plasmid musste zur Anwendung für gentechnische Verfahren zunächst mit molekularbiologischen Verfahren so verändert werden, dass durch seine Übertragung in die Pflanze die Induktion des Tumorwachstums unterbunden wird sowie Fremdgene eingefügt werden können. Pflanzenteile werden dann mit dem rekombinanten Ti-Plasmid mittels *A. tumefaciens* infiziert, und das Fremdgen wird so auf die Pflanze übertragen. Meist werden jedoch einzelne Pflanzenzellen oder Protoplasten (zellwandfreie Pflanzenzellen) mit dieser Methode behandelt, damit ganze transgene Pflanzen und nicht nur Pflanzenteile entstehen. Die entstehenden Pflanzen sind dann durch die Integration des Fremdgens in jeder Zelle transgen, sodass sie ihr „gentechnisch hergestelltes Merkmal" weitervererben. Sie sind also GVO in ihrer Gesamtheit und unterliegen sämtlichen Regelungen des GenTG. Das hat Auswirkungen auf ihre Haltung und Züchtung, auf die Gewächshäuser oder die Felder, auf denen sie freigesetzt werden.

Ein weiteres Verfahren zur Erzeugung transgener Pflanzen ist die **Protoplastentransformation.** Das Fremdgen wird, wie bei anderen Vektoren auch, zunächst in einer *multi cloning site* mit molekularbiologischen Methoden eingefügt und nach einer Transformation, in z. B. *E. coli,* vervielfältigt. Die Protoplasten können, ähnlich wie eukaryotische Zelllinien, mithilfe einer Elektroporation oder durch chemische Agenzien zur Aufnahme des rekombinanten Vektors vorbereitet werden. Unterschiedlich zu den Zelllinien ist aber, dass aus den transformierten Pflanzenzellen dann eine komplette Pflanze entstehen kann. Dazu werden aufwendige Techniken eingesetzt, die hier nicht weiter erläutert werden. Es soll nur darauf hingewiesen werden, dass Pflanzenzellen im Gegensatz zu tierischen Zellen totipotent sind, das heißt, aus (fast) jeder Pflanzenzelle können sich eine gesamte Pflanze und damit auch die entsprechenden transgenen Samen entwickeln. Transgene Pflanzen lassen sich auch mithilfe der „Genkanone" stellen (Abschn. 6.1.3). Man kann sich damit die komplizierte Zellwandentfernung zur Protoplastenherstellung sparen. Diese Methode wurde ursprünglich für die Herstellung transgener Pflanzen entwickelt, um die „Barriere" Zellwand zu überwinden. Die Herstellung transgener Pflanzen unterliegt vollumfänglich dem GenTG und seinen Rechtsverordnungen.[16]

---

[16] Vgl. F. Kempen und R. Kempen, Gentechnik bei Pflanzen, Springer-Verlag Berlin Heidelberg (3. Auflage 2006).

6.2 Das Lagern gentechnisch veränderter Organismen

Die Lagerung von GVO ist eine gentechnische Arbeit. Das bedeutet, dass diese auch nur in dafür vorgesehenen Laboren/Anlagen stattfinden darf. In Genlaboren werden GVO auf verschiedene Arten und Weisen gelagert. Oftmals werden zur Langzeitlagerung Glycerol-Stocks angesetzt, in denen kleine Bakterienkulturen (ca. 5 ml) mit Glycerol versetzt und eingefroren werden. In der Regel werden auf diese Art transformierte Bakterien zur späteren Anzucht und Isolierung von rekombinanten Plasmiden gelagert. Die mit Glycerol versetzten Kulturen werden für die Lagerung zunächst in flüssigem Stickstoff „schockgefroren", bevor sie dann für die Langzeitlagerung in einen Gefrierschrank bei ca. −80 °C überführt werden. Diese Gefrierschränke sind meist mit erheblichen Anschaffungskosten verbunden. Daher teilen sich derartige Schränke in der Praxis oft mehrere Arbeitsgruppen einer Universität. Es werden also nicht nur die Kulturen gelagert, die der Projektleiter der gentechnischen Anlage „im Blick" hat, die über einen solchen Gefrierschrank verfügt, sondern auch Kulturen anderer Arbeitsgruppen. Dabei ist zu bedenken, dass der Projektleiter für die gentechnischen Arbeiten in seiner Anlage verantwortlich ist, also auch für die Lagerung von GVO und nun auch noch für die GVO der befreundeten Gruppe, die im Lagerraum den diesen Gefrierschrank mitbenutzt. Sichergestellt werden muss also, dass diese Lagerung auch entsprechend der Risikobewertung der gentechnisch veränderten Organismen erfolgt, sprich, die Lagerung muss gemäß der Risikogruppe der GVO im Labor der entsprechenden Sicherheitsstufe gelagert werden. Steht der Schrank in einer gentechnischen Anlage der Sicherheitsstufe 1, können darin keine GVO höherer Risikogruppen (RG 2–4) gelagert werden! Die Lagerung von GVO der RG 2 in einem Genlabor der Sicherheitsstufe 1 würde bedeuten, dass eine gentechnische Arbeit in einer nicht dafür zugelassenen Anlage durchgeführt wird. Das kann sogar ein Bußgeld für den verantwortlichen Projektleiter der Gruppe nach sich ziehen (sofern die Risikobewertung vom Betreiber auf ihn übertragen wurde), die über den Gefrierschrank verfügt und ihre eigenen Stocks ordnungsgemäß einlagert! Der Projektleiter, der den Gefrierschrank zur Verfügung stellt, führt im Sinne des GenTG weitere gentechnische Arbeiten durch. Diese müssen aufgezeichnet und ggf. sogar angezeigt werden (Arbeiten der Sicherheitsstufe 2).

Zellkulturen und damit auch gentechnisch veränderte Zelllinien werden in der Regel in flüssigem Stickstoff in dafür vorgesehenen Behältern gelagert. Auch hier gelten dieselben Bestimmungen wie für den oben beschriebenen Gefrierschrank mit allen Konsequenzen für den verantwortlichen Projektleiter im Genlabor, der die Stickstoffbehälter bereitstellt. Es gibt zahlreiche Zelllinien, die in die Risikogruppe 2 eingestuft werden. Die Zelllinienliste der ZKBS hat momentan über 50 Zelllinien in der RG 2 dazu gelistet. Die Lagerung dieser Zelllinien kann also ebenfalls nur in einem Genlabor der Sicherheitsstufe 2 erfolgen. Hier ist darauf hinzuweisen, dass im Einzelfall behördlicherseits auch bestimmungsrechtliche „Lockerungen" für eine Lagerung von Organismen erfolgen können. Diese sind aber zuvor am besten abzustimmen und keinesfalls vom Projektleiter eigenmächtig durchzuführen.

Eine weitere eher kurzfristige Lagerung ist im normalen Kühlschrank z. B. bei 4 °C möglich. Hier werden Bakterienkulturen über Nacht oder beispielsweise für die Isolierung von Plasmiden einige Tage im Kulturmedium gelagert. Auch dieser Kühlschrank muss dann in einem der Sicherheitsstufe für die gentechnischen Arbeiten entsprechenden Genlabor stehen. Gleiches gilt für die ebenfalls kurzfristige, bei 4° erfolgende Lagerung von Agarplatten z. B. zur Isolierung/Analyse von Bakterienkolonien. Auch dieser Kühlschrank muss in einer entsprechenden gentechnischen Anlage stehen.

6.3   Das Vermehren gentechnisch veränderter Organismen

Gentechnisch veränderte Organismen werden meistens nicht nur für einen experimentellen Ansatz hergestellt, sondern zum Teil nach Wochen oder Monaten für Kontrollen oder neue Versuchsansätze erneut benötigt. Oder die Versuchsreihen erfordern eine ständige Produktion, z. B. für biochemische Analysen oder Messungen. Wird beispielsweise für Messreihen regelmäßig die gleiche transfizierte Zelllinie benötigt, so wird auch das rekombinante Expressionsplasmid dafür benötigt. Dazu werden immer wieder die gleichen Bakterien mit dem Plasmid transformiert oder eingefrorene Glycerol-Stocks für die Produktion verwendet. Es wird also ein entsprechendes Wachstumsmedium für Bakterienkulturen mit den transformierten Bakterien für die Plasmidproduktion „angeimpft". All diese Arbeiten fallen unter die Regelungen des GenTG, denn es werden bereits hergestellte GVO wieder vermehrt. Die Arbeiten sind also aufzuzeichnen und dürfen nur in einem entsprechenden Genlabor durchgeführt werden. Allerdings können Aufzeichnungen von wiederkehrenden Vermehrungen oder Transfektionen oftmals zusammengefasst und als „eine Arbeit" dargestellt werden (was aber zuvor behördlicherseits besprochen werden sollte), sodass sich hier der Aufzeichnungsaufwand reduzieren lässt. Auch die Vermehrung transgener Tiere und Pflanzen ist weiter aufzuzeichnen. Auch dies ist eine gentechnische Arbeit. Werden die Tiere gekreuzt und es entstehen neue GVO, unterliegen diese Arbeiten ebenfalls den Regelungen des GenTG und seinen Rechtsverordnungen.

6.4   Das Entsorgen gentechnisch veränderter Organismen

Wie GVO selbst sowie Abfälle, die mit GVO kontaminiert sind, aus gentechnischen Anlagen zu entsorgen sind, regelt § 13 GenTSV. Dort heißt es: „Abwasser sowie flüssiger und fester Abfall aus Anlagen, in denen gentechnische Arbeiten durchgeführt werden, sind im Hinblick auf die von gentechnisch veränderten Organismen ausgehenden Gefahren nach dem Stand der Wissenschaft und Technik unschädlich zu entsorgen."[17] Die richtige Entsorgung wird damit also konsequenterweise an das Gefährdungspotential der GVO gekoppelt.

---

[17] § 13 Abs. 1 GenTSV.

Zunächst zur Entsorgung von Abfällen in Anlagen der **Sicherheitsstufe 1**: Dazu finden sich in § 13 GenTSV konkrete Angaben für Abfall von gentechnisch veränderten Mikroorganismen: „Abfall aus Anlagen, in denen gentechnische Arbeiten der Sicherheitsstufe 1 [. . .] durchgeführt werden, kann ohne besondere Vorbehandlung entsorgt werden, wenn zur Herstellung der gentechnisch veränderten Organismen als Empfängerorganismen solche Stämme von Mikroorganismen verwendet werden, die nach folgenden Kriterien bereits der Risikogruppe 1 zugeordnet sind."[18] Die Kriterien dazu sind:

„1)   [Die GVO] stellen nach dem Stand der Wissenschaft kein Risiko für die menschliche Gesundheit und die Umwelt dar.

2)   Sie sind nicht human-, tier- oder pflanzenpathogen.

3)   Sie geben keine Organismen höherer Risikogruppen ab.

4)   Sie zeichnen sich aus, durch experimentell erwiesene oder langfristig sichere Anwendung oder eingebaute biologische Schranken, die ohne Beeinträchtigung eines optimalen Wachstums im Fermenter die Überlebensfähigkeit und Replikationsfähigkeit in der Umwelt begrenzen.

5)   Die Vektoren erfüllen die Bedingungen des § 6 Abs. 5."[19]

Das trifft zu, wenn der Vektor als biologische Sicherheitsmaßnahme anerkannt ist. Gentechnisch veränderte Pflanzen oder Tiere, mit denen in Sicherheitsstufe 1 gearbeitet wird, können ohne weitere Vorbehandlung entsorgt werden, wenn von ihnen keine schädlichen Einwirkungen auf die Rechtsgüter laut § 1 GenTG zu erwarten sind.[20] Gleiches gilt, wenn gering kontaminierte Abfälle oder Abwasser in der gentechnischen Anlage anfallen.[21]

Erfüllen die Abfälle und Abwasser nicht die genannten Kriterien, so gilt nach § 13 GenTSV: „Abwasser sowie flüssiger und fester Abfall aus Anlagen, in denen gentechnische Arbeiten der Sicherheitsstufe 1 oder 2 [. . . .] durchgeführt werden, [. . . .] sind so vorzubehandeln, dass die darin enthaltenen gentechnisch veränderten Organismen soweit inaktiviert werden, dass Gefahren für die in § 1 Nr. 1 Gentechnikgesetz bezeichneten Rechtsgüter nicht zu erwarten sind. Die Anforderungen nach Satz 1 gelten als erfüllt, wenn mittels einer Inaktivierungskinetik nachgewiesen wird, dass die Inaktivierungsdauer mindestens dem Wert entspricht, bei dem keine Vermehrungsfähigkeit und gegebenenfalls keine Infektionsfähigkeit des gentechnisch veränderten Organismus mehr beobachtet wird. Als Methoden der Abwasser- und Abfallbehandlung kommen insbesondere in Betracht:

1. Inaktivierung durch physikalische Verfahren, wie durch Einwirkung von bestimmten Temperatur- und Druckbedingungen auf gentechnisch veränderte Organismen wäh-

---

[18] § 13 Abs. 2a–aa) GenTSV.
[19] § 13 Abs. 1 und 2 GenTSV.
[20] Vgl. § 13 Abs. 2 bb GenTSV.
[21] Vgl. § 13 Abs. 2b GenTSV.

rend bestimmter Verweilzeiten oder – soweit die Beschaffenheit des Abfalls oder des Abwassers ein physikalisches Inaktivierungsverfahren nicht zulässt –

2. Inaktivierung mit chemischen Verfahren durch Einwirkung von geeigneten Chemikalien unter bestimmten Temperatur-, Verweilzeit- und Konzentrationsbedingungen."[22]

In den meisten gentechnischen Anlagen werden Autoklaven zur Inaktivierung von GVO oder damit kontaminierten Lösungen verwendet. Dabei werden das Abwasser und der Abfall für mindestens 20 min bei einer Temperatur von 121 °C autoklaviert, was den Anforderungen der GenTSV für die Inaktivierung von GVO in einem Genlabor der Sicherheitsstufe 2 entspricht.[23] Verschiedentlich wird in Anlagen der Sicherheitsstufe 2 mit Mikroorganismen gearbeitet, die Sporenbildner sind. Diese Sporen sind oft hitzeresistent und werden bei einer Temperatur von 134 °C inaktiviert.

Kommen wir nun zur Entsorgung in den Sicherheitsstufen 3 und 4. In § 13 GenTSV wird gefordert: „Flüssiger und fester Abfall und erforderlichenfalls Abwasser aus Anlagen, in denen gentechnische Arbeiten der Sicherheitsstufe 3 [...] sowie flüssiger und fester Abfall und Abwasser aus Anlagen, in denen gentechnische Arbeiten der Sicherheitsstufe 4 nach § 7 Abs. 1 Satz 2 Nr. 4 des Gentechnikgesetzes durchgeführt werden, sind in der Anlage durch Autoklavieren bei einer Temperatur von 121 °C für die Dauer von 20 min zu sterilisieren. In Anwesenheit von extrem thermostabilen Organismen oder Sporen soll eine Erhöhung der Temperatur auf 134 °C erfolgen. Auf Antrag kann die Genehmigungsbehörde auch andere thermische Verfahren zur Sterilisierung zulassen. Die Zentrale Kommission für die Biologische Sicherheit gibt bei ihrer Stellungnahme zur Sicherheitseinstufung einer gentechnischen Arbeit der Sicherheitsstufe 3 und zu den erforderlichen Sicherheitsmaßnahmen auch einen Hinweis zur Erforderlichkeit der Abwasserbehandlung. Die Einhaltung der Temperatur und Dauer der Sterilisierung ist durch selbstschreibende Geräte zu protokollieren. Die Geräte zur Überprüfung der Temperatur und Dauer der Sterilisierung sind so auszulegen, dass bei Nichteinhaltung der Anforderungen eine Freisetzung von Organismen ausgeschlossen ist. Während der Sterilisierung ist eine homogene Temperaturverteilung sicherzustellen. Der Sterilisierungserfolg ist durch geeignete Verfahren vom Betreiber zu überprüfen. Kühlsysteme sind so auszubilden, dass eine Kühlwasserbelastung mit gentechnisch veränderten Organismen ausgeschlossen ist. Soweit eine Sterilisierung durch thermische Verfahren nicht möglich ist, kann die Genehmigungsbehörde auf Antrag auch chemische Sterilisierungsverfahren zulassen. Diese müssen umweltverträglich sein. Insbesondere dürfen keine Hinweise darauf vorliegen, dass von den eingesetzten Stoffen schädliche Auswirkungen auf eine nachgeschaltete Abwasserbehandlungsanlage, auf Gewässer oder die nachfolgende Entsorgung als Abfall ausgehen. Die homogene Chemikalienverteilung ist sicherzustellen und die Betriebsdaten, wie z. B. die Chemikaliendosis, sind aufzuzeichnen."[24]

---

[22] § 13 Abs. 3 GenTSV.
[23] § 13 Abs. 4 GenTSV.
[24] § 13 Abs. 5 GenTSV.

6.5   Innerbetrieblicher Transport von GVO

Zu den gentechnischen Arbeiten, die den Regelungen des GenTG unterliegen, zählt auch der innerbetriebliche Transport. Innerbetrieblich meint damit nicht nur die Gebäude eines Betreibers, sondern auch Wege, beispielsweise Privatstraßen des Betriebsgeländes. Worauf zu achten ist, machen wir uns am Beispiel zweier fiktiver Universitäten deutlich. Zunächst die Campus-Universität A. Die Gebäude der Universität liegen auf einem klar umrissenen Gebiet. Es gibt dort eine medizinische, biologische, biochemische und seit Neuestem auch eine ingenieurwissenschaftlich-biotechnologische Fakultät, in denen gentechnisch gearbeitet wird. Einige Arbeitsgruppen der unterschiedlichen Fakultäten möchten miteinander kooperieren und vor allem Mikroorganismen und z. T. auch transgene Tiere und Pflanzen für gentechnische Arbeiten miteinander austauschen. So sollen Mikroorganismen (GVO der RG 2), die bei „Biochemikern" hergestellt wurden, bei den „Ingenieuren" in einem Mini-Forschungsfermenter auf Fermentertauglichkeit überprüft werden. Da die Arbeitsgruppe der Fakultät für Ingenieurwissenschaften nicht über einen Bakterienschüttelinkubator verfügt, soll der Fermenter mit 2 l der GVO-Kultur, die bei den „Biochemikern" hergestellt wurde, „angeimpft" werden.

Darf die „GVO-Kultur" von der Biochemie zu den Ingenieuren? Und wenn ja, wie muss der Transport gewährleistet werden? Zunächst zur ersten Frage. Ja, der Kolben darf samt GVO-Füllung transportiert werden. Es handelt sich um ein und denselben Betreiber der Genlabore in der biochemischen wie in der ingenieurwissenschaftlichen Fakultät, nämlich um die Universität A. Also unterliegt der Transport nur dem GenTG, da er innerbetrieblich erfolgt. Da spielt es auch keine Rolle, dass der Weg dorthin quer über das gesamte Campusgelände erfolgen muss. Der innerbetriebliche Transport ist eine gentechnische Arbeit. Die GVO müssen sicher und richtig verpackt transportiert werden Für die Sicherheitsstufe 2 heißt es: „Gentechnisch veränderte Organismen dürfen nur in verschlossenen und gegen Bruch geschützten und bei Kontamination von außen desinfizierten, gekennzeichneten Behältern innerbetrieblich transportiert werden."[25]

Nun das gleiche Beispiel an Universität B, deren Fakultäten über die Stadt verteilt liegen. Der Transport erfolgt also auch über öffentliche Straßen. Es handelt sich um einen Transport von einer gentechnischen Anlage des Betreibers B in eine gentechnische Anlage desselben Betreibers, aber in einem anderen Stadtteil. Dem GenTG unterliegt dieser Transport bis zur ersten öffentlichen Straße, wenn er also das Betriebsgelände verlässt. Der Kolben mit der GVO-Kultur unterliegt auf öffentlichen Straßen und Wegen den Regelungen zum Transport gefährlicher Güter. Und damit werden, je nachdem welcher Risikogruppe die GVO zugeordnet werden, besondere Kennzeichnungen für diesen Transport notwendig. Der Transport über die öffentlichen Straßen ist nicht innerbetrieblich. Da spielt es auch keine Rolle, dass die gentechnische Anlage, die am Ende des Transportweges steht, wieder demselben Betreiber (Universität B) zuzuordnen ist.

---

[25] Abschnitt A, Stufe 2 Nr. 11 Anhang III, GenTSV: Hier werden die Kriterien für den innerbetrieblichen Transport im Rahmen der Arbeiten der Sicherheitsstufe 2 für den Laborbereich beschrieben.

Pflicht zur Dokumentation

7

Kirsten Bender

Generell gilt, dass gentechnische Arbeiten jeder Sicherheitsstufe sowie auch Freisetzungen aufgezeichnet werden müssen. Diese Aufzeichnungen müssen, je nach Art der gentechnischen Arbeit oder Freisetzung, unterschiedlich lange aufbewahrt werden. Aufzeichnungen werden i. d. R. bei Revisionen gentechnischer Anlagen seitens der Überwachungsbehörde kontrolliert.

7.1 Die Gentechnik-Aufzeichnungsverordnung

Die Gentechnik-Aufzeichnungsverordnung (GenTAufzV) regelt die erforderlichen Angaben für gentechnische Arbeiten sowie für Freisetzungen. Sie regelt auch die Art (Form) der Aufzeichnungen sowie deren Vorlagepflicht.[1]

7.1.1 Aufzeichnungen zu gentechnischen Arbeiten (außer Freisetzungen)

Für gentechnische Arbeiten der Sicherheitsstufe 1 und der Stufen 2–4 gelten unterschiedliche Aufbewahrungsfristen. Die Aufzeichnungen der gentechnischen Arbeiten der Sicherheitsstufe 1 müssen zehn Jahre aufbewahrt werden, Aufzeichnungen zu Arbeiten ab der Sicherheitsstufe 2 sogar 30 Jahre. In § 2 der GenTAufzV wird dazu aufgeführt, welche Inhalte die Aufzeichnungen abbilden müssen. Dazu zählen zunächst allgemeine Daten, wie die Verantwortlichen, die Anlage und der Beginn der Arbeiten (§ 2 GenTAufzV):

- Namen und Anschrift des Betreibers und Lage der gentechnischen Anlage, in der die gentechnischen Arbeiten durchgeführt werden

---

[1] § 4 Aufzeichnungs- und Vorlagepflichtiger, Aufbewahrungsfrist GenTAufzV.

© Springer-Verlag GmbH Deutschland, ein Teil von Springer Nature 2019
K. Bender und P. Kauch, *Gentechnisches Labor – Leitfaden für Wissenschaftler*,
https://doi.org/10.1007/978-3-642-34694-1_7

- Namen des Projektleiters
- Namen des oder der Beauftragten für die Biologische Sicherheit
  wenn weitere Arbeiten aufgenommen werden, Datum der Aufnahme der gentechnischen Arbeiten
- Aktenzeichen und Datum der Anzeige
- Aktenzeichen und Datum der Anmeldung
- Aktenzeichen und Datum des Genehmigungsbescheides
- die Sicherheitsstufe der gentechnischen Arbeiten (1–4)
- Zeitpunkt des Beginns sowie des Abschlusses der gentechnischen Arbeiten

Welches Datum als Beginn der gentechnischen Arbeit eingetragen wird, kann auch davon abhängen, welches Zulassungsverfahren für die gentechnischen Arbeiten gewählt wurde. In Kap. 8 werden wir dazu die verschiedenen Zulassungsverfahren noch konkreter kennenlernen. Hier sei darauf hingewiesen, dass im Falle einer Anmeldung einer S2-Anlage und der erstmaligen Aufnahme der gentechnischen Arbeiten in der Anlage der Betreiber 45 Tage bis zum Beginn der Arbeiten warten muss. Diese Frist kann nur mit Zustimmung der Behörde verkürzt werden. Liegt eine solche Zustimmung vor, so wird in diesem Fall der Anmeldung einer S2-Anlage bzw. der gentechnischen Arbeiten darin das Datum der Zustimmung der Behörde aufgeführt.[2] Hier muss darauf hingewiesen werden, dass der Gesetzgeber neben den Daten für die oben erwähnten Zulassungsarten auch noch „weitere gentechnische Arbeiten" kennt. Verdeutlichen wir das an einem Beispiel für gentechnische Arbeiten der Sicherheitsstufe 2: Während der Arbeiten mit rekombinanten Lentiviren (RG 2), die der Sicherheitsstufe 2 zugeordnet wurden, stellt sich heraus, dass ein anderer experimenteller Ansatz wahrscheinlich erfolgversprechender ist. Konkret wäre es von großem Nutzen, ein Zellsystem X, an dem biochemische Messungen für das rekombinante Protein bisher durchgeführt wurden, auf ein Zellsystem Y umzustellen. Angemeldet in den gentechnischen Arbeiten wurde aber nur das Zellsystem X. Das Zellsystem Y ist nicht von den Antragsunterlagen und dessen Beschreibungen erfasst, soll aber mit dem rekombinanten Virus infiziert werden. Wir haben also „weitere gentechnische Arbeiten" der Sicherheitsstufe 2. Die neuen „weiteren Arbeiten" sind vom ursprünglichen Zulassungsantrag nicht erfasst und müssen daher der Behörde mitgeteilt werden. Somit haben wir für diese Arbeiten ein neues Datum als Beginn der Arbeiten, nämlich das Datum, mit dem der Behörde die Arbeiten mitgeteilt wurden. Diese Information an die Behörde muss immer *vor* dem Beginn der Arbeiten liegen! Erst ausprobieren, ob das Zellsystem Y die entsprechenden messtechnischen Verbesserungen bringt und dann die „weiteren gentechnischen Arbeiten" anzeigen, geht nicht!

Meist ist der Beginn der Arbeiten leicht zu definieren, aber welches Datum soll das Ende der gentechnischen Arbeiten dokumentieren? Hierbei ist daran zu denken, dass ein tiefgefrorener „Bakterienklon" vielleicht noch gelagert wird. Die Lagerung ist eine gen-

---

[2] Vgl. § 12 Abs. 5 Satz 1 GenTG.

technische Arbeit. Diese ist erst beendet, wenn diese GVO entsorgt sind, also auch nicht mehr gelagert werden.

In den Aufzeichnungen muss auch die „Art der Ausgangsorganismen und der Ausgangsstoffe" aufgeführt werden.[3] Dies sind:

„a) Organismen als Spender der genetischen Information

b) Reinigungsgrad der Nukleinsäuren

c) Vektor, soweit benutzt

d) Merkmale des Empfängerorganismus, soweit sie für die Sicherheitsbeurteilung der gentechnischen Arbeiten von Bedeutung sind."[4]

Als Reinigungsgrad der Nukleinsäure kann z. B. angegeben werden: „Aus Agarosegel isoliert" oder „synthetisch hergestellt". Letzteres kommt immer häufiger vor; hierbei wird das Gen nicht klassisch kloniert, sondern als Auftragssynthese durch eine Firma hergestellt. Es kann dann z. B. direkt in einen Vektor „eingebaut" werden. Als Information für die Synthese dienen dann die Sequenzen aus den einschlägigen Datenbanken. Als relevant für die Sicherheitsbeurteilung können hier z. B. Änderungen in der Toxizität (Toxingene) oder Gene/Proteine mit sensibilisierender Wirkung zählen. Auch durch die gentechnische Veränderung eingebrachte Resistenzen oder die Veränderung von Auxotrophien von GVO können eine Rolle spielen. Des Weiteren müssen bei den gentechnischen Arbeiten der Sicherheitsstufe 2, 3 oder 4, bei denen mit humanpathogenen Organismen gearbeitet wird, die Personen, die diese Arbeiten durchführen, in den Aufzeichnungen benannt werden. Und gibt es einen Verdacht, dass es durch die gentechnischen Arbeiten zu einer Gefährdung von Leben und Gesundheit von Menschen, der Umwelt, Tiere, Pflanzen und Sachgüter (§ 1 Nr. 1 GenTG) gekommen ist, und haben die Arbeiten nicht den erwarteten Verlauf gezeigt, so müssen diese Informationen ebenfalls in den Aufzeichnungen aufgeführt werden. Auch die erfolgte Risikobewertung, die anhand der Kriterien in der GenTSV durchgeführt wurde, muss in den Aufzeichnungen abgebildet werden.

Zusätzliche Aufzeichnungen gentechnischer Arbeiten (außer Freisetzungen)
Seit 2008, also seit Novellierung des GenTG, sehen die Überwachungsbehörden ggf. die Genlabore der Sicherheitsstufe 1 erst bei der ersten Revision der gentechnischen Anlage. Die weiteren Arbeiten, die durch den Projektleiter im S1-Genlabor in diesen Sicherheitsbereich eingestuft wurden, können die Überwachungsbehörden ebenfalls erst in der ersten Revision kontrollieren. Aufzuzeichnen sind im Laborbereich der Sicherheitsstufe 1 auch im Falle weiterer gentechnischer Arbeiten die „Beschreibung der gentechnischen Arbeiten einschließlich ihrer Zielsetzung und Änderungen der Sicherheitsstufe unter Angabe der Begründung hierfür und des Zeitpunktes"[5]. Gentechnische Arbeiten, die im Produktionsbereich stattfinden, müssen, wenn die Angaben für die Beurteilung des Schutzes

---

[3] Vgl. § 2 Abs. 1 Nr. 8 GenTAufzV.
[4] Vgl. § 2 Abs. 1 Nr. 8 GenTAufzV.
[5] § 2 Abs. 2 Nr. 1 und 2 GenTAufzV.

von Leben und Gesundheit von Menschen, der Umwelt, Tiere, Pflanzen und Sachgüter[6] wichtig sind, noch weitere Informationen beinhalten. Dazu zählen laut GenTAufzV das „Prinzip der Herstellung des Erzeugnisses, die dabei verwendeten Geräte, die zur Kontrolle während der Herstellung verwendeten Verfahren und Geräte und die Anzahl der Ansätze einschließlich der einzelnen Produktvolumina"[7].

In höheren Sicherheitsstufen gibt es ebenfalls zusätzliche Anforderungen an die Aufzeichnungen der gentechnischen Arbeiten:

So sind bei Arbeiten der Sicherheitsstufen 3 und 4

„1. die einzelnen Arbeitsschritte, die den Nachvollzug der gentechnischen Arbeiten ermöglichen, nach Zeitpunkt, Inhalt und unmittelbar beteiligten Personen,
2. bei gentechnischen Arbeiten im Laborbereich die voraussichtliche Anzahl der gentechnisch veränderten Organismen bei den einzelnen Ansätzen, jeweils zumindest nach Mindest- und Höchstmenge, sowie bei Mikroorganismen oder Zellkulturen das voraussichtliche Volumen des größten einzelnen Ansatzes,
3. bei gentechnischen Arbeiten im Produktionsbereich die Anzahl der gentechnisch veränderten Organismen bei den einzelnen Ansätzen, jeweils zumindest nach Mindest- und Höchstmenge,"[8]

aufzuzeichnen.

7.1.2   Aufzeichnungen bei Freisetzungen

Freisetzungen von gentechnisch veränderten Organismen, egal welcher Art der Organismus ist (Pflanzen, Tiere, Mikroorganismen), müssen genehmigt werden. Bei Freisetzungen denken zwar viele zunächst an die Freisetzung von GV-Pflanzen, aber es gibt auch Freisetzungen für Tiere oder Mikroorganismen. Das Bundesamt für Verbraucherschutz und Lebensmittelsicherheit, dem die ZKBS zugeordnet ist, führt über alle Freisetzungen ein Register, das öffentlich eingesehen werden kann.[9] Mikroorganismen könnten z. B. bei Impfstoffversuchen freigesetzt werden, mit dem Ziel, Tiere „in der Natur" zu impfen. Die Aufzeichnungen erfordern bei Freisetzungen folgende Angaben:

„1.   Namen und Anschrift des Betreibers, Lage der Freisetzungsfläche und Parzellenbelegung,
2.   Namen des Projektleiters,
3.   Namen des Beauftragten für die Biologische Sicherheit,
4.   Aktenzeichen und Datum des Genehmigungsbescheides,

---

[6] Vgl. § 1 Nr. 1 GenTG.
[7] § 2 Abs. 3 GenTAufzV.
[8] § 2 Abs. 4 Nr. 1–3 GenTAufzV.
[9] http://apps2.bvl.bund.de/freisetzung/.

5. Zeitpunkt des Beginns und der Beendigung der Freisetzung,

6. Beschreibung der freigesetzten Organismen einschließlich der gentechnischen Veränderung,

7. Anzahl oder Menge der ausgebrachten gentechnisch veränderten Organismen,

8. Verbleib der gentechnisch veränderten Organismen nach Beendigung der Freisetzung,

9. Anzahl der auf oder in der Umgebung der Freisetzungsfläche im Zusammenhang mit dem Freisetzungsvorhaben gelagerten gentechnisch veränderten Organismen,

10. Ort, Beginn und Ende der Lagerung,

11. Zeitpunkt und Ergebnis der Kontrollgänge,

12. wesentliche Maßnahmen zur Behandlung der Freisetzungsfläche und

13. jedes Vorkommnis, das nicht dem erwarteten Verlauf der Freisetzung entspricht und bei dem der Verdacht einer Gefährdung der in § 1 Nr. 1 des Gentechnikgesetzes bezeichnete Rechtsgüter nicht auszuschließen ist."[10]

Die Risikobewertungen der sicherheitsrelevanten Komponenten der gentechnischen Arbeit (z. B. Empfänger, Nukleinsäure, Vektor) sind immer vor dem Beginn der Arbeiten durchzuführen.[11]

7.1.3 Form der Aufzeichnungen

Die Unterlagen für Anmelde- und Genehmigungsverfahren können auch als Teil der Aufzeichnung dienen. In der Verordnung heißt es dazu: „Der Aufzeichnende kann in den Aufzeichnungen auf Angaben in den Anmelde- und Genehmigungsunterlagen verweisen."[12] Für Anzeigeverfahren (also Arbeiten für den S1-Bereich) finden sich dazu keine Hinweise.

Eine immer wiederkehrende Frage dabei ist, in welchem zeitlichen Zusammenhang die Aufzeichnungen mit den gentechnischen Arbeiten stehen sollen. Hier gilt zunächst generell, dass das Datum der Aufzeichnungen für den Beginn der Arbeiten auch *den Beginn* meint! Experimente zu beginnen und dann nach Tagen oder Wochen, nachdem bereits die ersten Analysen durchgeführt wurden, diese aufzuzeichnen, ist sicher nicht im Sinne des Gesetzgebers. Allerdings gibt die GenTAufzV auch keine genauen Zeitvorgaben. Es heißt dort: „Soweit erforderlich, sind die Aufzeichnungen fortlaufend und zeitnah zur Durchführung der Arbeit oder der Freisetzung zu führen."[13] Und außerdem: „Die Aufzeichnungen dürfen weder durch Streichung noch auf andere Weise unleserlich gemacht werden. Es dürfen keine Veränderungen vorgenommen werden, die nicht erkennen lassen, ob sie bei der ursprünglichen Eintragung oder erst später vorgenommen

---

[10] § 2 Abs. 5 GenTAufzV.
[11] Vgl. § 2 Abs. 7 GenTAufzV.
[12] § 2 Abs. 6 GenTAufzV.
[13] § 2 Abs. 7 GenTAufzV.

worden sind."[14] Dies bedeutet, dass die Aufzeichnungen nicht nachträglich geändert werden können. Wenn also in einer Tabelle die Arbeiten nummeriert werden, so dürfen diese Nummern z. B. nicht mehrfach vergeben oder gestrichen werden. Sollte sich in der Liste ein Fehler eingeschlichen haben, so müssten diese versehentlich vergebenen Nummern z. B. gestrichen und dieses mit einem Kürzel des Bearbeitenden signiert werden. Sinn ist, dass die Aufzeichnungen immer chronologisch nachvollziehbar sein sollen.

Häufig kommt die Frage auf, ob Aufzeichnungen auch auf Bildträgern oder anderen Datenträgern möglich sind. Hierzu findet sich in der GenTAufzV Folgendes: „Die Aufzeichnungen können auch auf einem Bildträger oder auf anderen Datenträgern geführt und aufbewahrt werden; hierbei muss sichergestellt sein, dass nachträgliche Änderungen des Inhalts nicht möglich sind. Bei der Aufbewahrung der Aufzeichnungen auf Datenträgern muss insbesondere sichergestellt sein, dass die Daten während der Aufbewahrungsfrist verfügbar sind und innerhalb einer angemessenen Frist lesbar gemacht werden können."[15] Schwierig wird es, wenn Bildträger verwendet werden, die ein besonderes Lesegerät benötigen, um die Informationen sichten zu können. Es ist zu gewährleisten, dass diese Geräte über die Aufbewahrungszeit vorhanden sind und auch funktionieren!

7.2   Die Formblätter

In der GenTAufzV finden sich die Angaben, die für die jeweiligen Aufzeichnungen verfügbar sein müssen. Allerdings findet sich kein Formblatt in dieser Verordnung, das generell verwendet werden kann. Es steht dem Betreiber, der für die Aufzeichnungen verantwortlich ist, also frei, in welcher Weise diese vorgenommen werden, solange die nötigen Angaben darin enthalten sind. In großen Firmen ist es z. B. üblich, dass Aufzeichnungen in die internen Administrationsstandards eingefügt werden. Es gibt allerdings ein behördlicherseits weitgehend akzeptiertes Formblatt, und zwar das Formblatt Z, das Angaben zum Spender, Empfänger und GVO tabellarisch abfragt. Dies ist oftmals auf den Internetseiten der Überwachungsbehörden hinterlegt.

Das Formblatt Z ist zwar nicht in dem offiziellen Formblattschlüssel, der für die Zulassung der Genlabore sowie für die gentechnischen Arbeiten verwendet werden muss, aufgeführt, aber es findet sich als Hinweis auf den meisten Internetseiten der jeweiligen Behörden, die für die Zulassung und/oder Überwachung zuständig sind.

---

[14] § 3 Abs. 1 GenTAufzV.
[15] § 3 Abs. 2 GenTAufzV.

Zulassungen gentechnischer Arbeiten

8

Petra Kauch

Ausgehend vom europäischen Recht, das in Anlagenzulassungsrecht einerseits und die Freisetzung und das Inverkehrbringen von gentechnisch veränderten Organismen andererseits unterscheidet, hält das Gentechnikgesetz (GenTG) zwei unterschiedliche Teile für die Zulassungen nach dem Gentechnikgesetz bereit: Im Zweiten Teil des Gesetzes (§§ 7 bis 12 GenTG) geht es zunächst nur um gentechnische Arbeiten in gentechnischen Anlagen, während im Dritten Teil (§§ 14 bis 16e GenTG) die Freisetzung und das Inverkehrbringen von gentechnisch veränderten Organismen geregelt ist. Diese Zweiteilung wird auch für die hier gewählte Darstellung der Zulassungen aufrechterhalten. Im Folgenden wird im Kap. 8 zunächst nur die Zulassung von gentechnischen Arbeiten dargestellt. Dies entspricht der gewählten Systematik des Buches. Der Ansatz aus Kap. 3 – erst die Arbeiten, dann die Anlagen – wird hier fortgeführt. In Kap. 9 folgt deshalb die Darstellung der Zulassungen von Anlagen und im Kap. 10 deren Ausgestaltung. Danach folgt die Darstellung der Zulassung bei Freisetzungen und der Einführung von GVO-Produkten in den Markt.

Für alle Verfahren – auch für Freisetzungen und das Inverkehrbringen – gilt gemeinsam, dass die Behörde jeweils von dem beabsichtigten Vorhaben Kenntnis haben will, *bevor* mit der Errichtung der Anlage, der Aufnahme der Nutzung oder den Arbeiten begonnen wird. Aus diesem Grunde spricht man auch von einer **präventiven Eröffnungskontrolle**. Dies ist deshalb von großer Bedeutung, weil die Zulässigkeit einer Tätigkeit davon abhängt, dass das ordnungsgemäße Verfahren bei der Behörde betrieben worden ist. Ist dies nicht der Fall, kann das im Einzelfall zu einem Bußgeld oder aber möglicherweise sogar zu einer Strafverfolgung führen, wie im Kap. 15 nachzulesen ist.

8.1 Arten von Zulassungen bei Tätigkeiten

Geht es – bei einem bereits bestehenden Labor – um die Zulassung von gentechnischen Arbeiten, so kennt das Gesetz als Arten von Zulassungen die Genehmigung, die Anmel-

© Springer-Verlag GmbH Deutschland, ein Teil von Springer Nature 2019
K. Bender und P. Kauch, *Gentechnisches Labor – Leitfaden für Wissenschaftler*,
https://doi.org/10.1007/978-3-642-34694-1_8

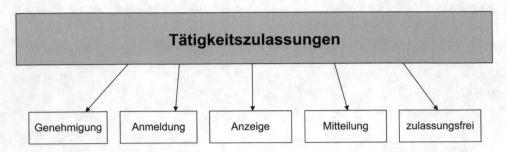

Abb. 8.1 Arten von Zulassungen bei Tätigkeiten

dung, eine Mitteilung und eine Anzeige. Daneben ist ein Teil der Tätigkeiten in einer geringen Sicherheitsstufe vollständig von der Zulassung freigestellt.

Die Frage, welche Form der Zulassung erforderlich ist, beantwortet sich nach der Zuordnung der Arbeit zu den Sicherheitsstufen (vgl. dazu Abschn. 5.1). Dabei lässt sich vorab bereits sagen, dass ein umfangreiches Genehmigungsverfahren in der Regel für Arbeiten der höheren Sicherheitsstufen 3 und 4 vorgesehen ist. Bei einem geringeren Risiko bei Arbeiten im Bereich der Sicherheitsstufe 2 reicht in der Regel eine Anzeige oder eine Anmeldung, während Arbeiten ohne Risiko zulassungsfrei sein können. Diese Zulassungserleichterungen sind durch gesetzliche Änderungen entstanden, nachdem man Erfahrungen mit Arbeiten der Sicherheitsstufen 1 und 2 hat sammeln können. Bei Erlass des Gentechnikgesetzes war noch für alle Tätigkeiten auf allen Sicherheitsstufen das umfangreiche Genehmigungsverfahren vorgesehen, so dass sich die Erleichterungen bei den anderen Zulassungsverfahren heute noch vom umfangreicheren Genehmigungsverfahren als Prototyp ableiten.

Für welche einzelnen Tätigkeiten welches Verfahren zu wählen ist (vgl. Abschn. 8.2), welche Voraussetzungen vorliegen müssen (vgl. Abschn. 8.3) und wo die Unterschiede bei den einzelnen Zulassungsverfahren sind (vgl. Abschn. 8.4) soll im Folgenden getrennt dargestellt werden. Dabei wird der Begriff der Zulassung stets als Oberbegriff benutzt.

8.2 Wann brauche ich welche Zulassung?

Betrachtet man im Folgenden die Zulassungsverfahren im Einzelnen (Abb. 8.2), so ist festzustellen, dass auf einer einheitlichen Sicherheitsstufe für die Tätigkeitszulassung und für die Anlagenzulassung nicht immer ein und dieselbe Zulassungsform gilt. So muss man beispielsweise bei der erstmaligen Zulassung einer gentechnischen Anlage, in der gentechnische Arbeiten der Sicherheitsstufe 2 durchgeführt werden sollen, ein Anmeldeverfahren betreiben, während für weitere gentechnische Arbeiten der Sicherheitsstufe 2 in einer bestehenden Anlage der Sicherheitsstufe 2 nur noch eine Anzeige erforderlich ist. Das heißt, dass auf ein und derselben Sicherheitsstufe unterschiedliche Zulassungsformen möglich sind. Aus diesem Grunde ist die Struktur der erforderlichen Zulassun-

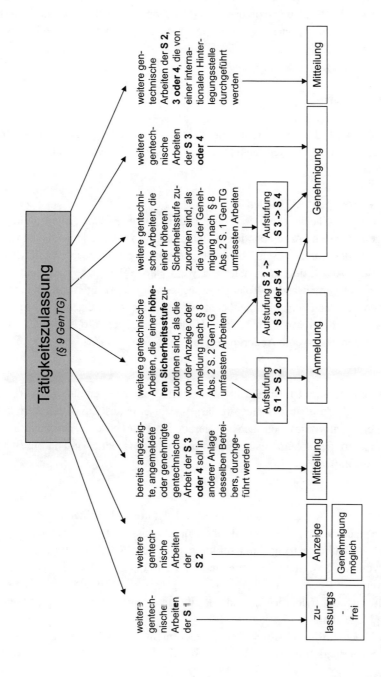

Abb. 8.2 Zulassungen bei Tätigkeiten

gen nicht unbedingt einfach nachzuvollziehen und für den Anwender plausibel. Hier soll möglichst systematisch dargestellt werden, wie die Zulassungen strukturiert sind. Anschließend werden die Zulassungsvoraussetzungen erörtert (Abschn. 8.3) und dargestellt, welche Verfahren für die Erwirkung einer sog. Anlagenzulassung durchlaufen werden muss (Abschn. 8.4).

8.2.1 Zulassungsfrei

Erfreulich ist zunächst, dass im Rahmen einer einmal zugelassenen gentechnischen Anlage der Sicherheitsstufe 1 weitere gentechnische Arbeiten der Sicherheitsstufe 1 zulassungsfrei sind.[1]

Begriff der weiteren gentechnischen Arbeit

Fraglich ist deshalb zunächst, wann denn eine weitere gentechnische Arbeit vorliegt. Um eine weitere gentechnische Arbeit handelt es sich dann, wenn eine andere als die zunächst bei der Zulassung der Anlage beschriebene Tätigkeit durchgeführt werden soll. Eine weitere gentechnische Arbeit liegt etwa dann vor, wenn neben der Erzeugung gentechnisch veränderter Organismen zusätzlich eine Lagerung von GVO erfolgen soll, die zuvor bei der Anlagengenehmigung noch nicht mitbeantragt war. Eine weitere gentechnische Arbeit liegt allerdings auch dann vor, wenn sich im Hinblick auf Spenderorganismus, Empfängerorganismus oder Vektor eine Änderung ergibt.

Bedeutung

Das bedeutet, dass in einer S1-Anlage alle gentechnischen Arbeiten durchgeführt werden dürfen, die die Sicherheitsstufe 1 nicht verlassen. Ein erneutes Zulassungsverfahren ist in diesen Fällen nicht vorgesehen. Dies ist gerade im Rahmen der Forschung eine wesentliche Erleichterung, da keine weiteren Anträge mehr erarbeitet und an die Behörden geschickt werden müssen.

Folgen

Bei S1-Arbeiten in S1-Anlagen sind allerdings drei Punkte zu beachten:

Zum einen bedeutet die Zulassungsfreiheit nicht, dass nicht *vor* Beginn der neuen S1-Arbeit die **Risikobewertung** durchzuführen ist. Die Risikobewertung hat stets vor Beginn der weiteren S1-Arbeit zu erfolgen. Der Zeitpunkt, nämlich die Vornahme der Risikobewertung vor Beginn der Arbeiten, ist strengstens zu dokumentieren, da die Überwachungsbehörde häufig überprüft, ob die Risikobewertung tatsächlich vor Beginn der Arbeiten vorgelegen hat.

Weiterhin bedeutet die Zulassungsfreiheit auch nicht, dass für weitere gentechnische Arbeiten der Sicherheitsstufe 1 in einem Genlabor der Sicherheitsstufe 1 keine **Aufzeich-**

---

[1] § 9 Abs. 1 GenTG.

nungen zu führen sind. Die Zulassungsfreiheit beinhaltet auch keinen Dispens von der Aufzeichnungspflicht.

Die Kehrseite der Zulassungsfreiheit für weitere gentechnische Arbeiten der Sicherheitsstufe 1 in gentechnischen Laboren der Sicherheitsstufe 1 ist, dass die Behörden (Zulassungsbehörde und Überwachungsbehörde) von weiteren gentechnischen Arbeiten der Sicherheitsstufe 1 in der Anlage keine Kenntnis haben. Über diese weiteren gentechnischen Arbeiten der Sicherheitsstufe 1 kann erstmals im Rahmen einer **Überwachung** gesprochen werden. Wenn es dabei zu Ungereimtheiten kommt, ist ein vorbeugendes Einschreiten der Behörde nicht mehr möglich, so dass diese nur nachträgliche Anordnungen und gegebenenfalls auch Bußgelder verhängen kann. Dies macht deutlich, dass sich im Bereich der weiteren gentechnischen Arbeiten der Sicherheitsstufe 1 in einem einmal angezeigten Genlabor der Sicherheitsstufe 1 das Risiko auf den Betreiber und den Projektleiter verlagert.

8.2.2   Anzeige

Sollen in einem Genlabor der Sicherheitsstufe 2 weitere gentechnische Arbeiten der Sicherheitsstufe 2 durchgeführt werden, so ist hierfür gem. § 9 Abs. 2 S. 1 GenTG eine Anzeige erforderlich. Für den Begriff der weiteren Arbeit gilt das zur Anzeige Gesagte (vgl. Abschn. 8.2.1). In diesem Fall räumt der Gesetzgeber dem Betreiber ein, dass dieser statt einer Anzeige auch eine Genehmigung beantragen kann.[2] Hintergrund dieser Option ist, dass mit einer Genehmigung eine weitreichendere Rechtswirkung erzielt werden kann als mit einer bloßen Anzeige (vgl. dazu Abschn. 8.2.3 und 8.3.3).

8.2.3   Genehmigung

Gem. § 9 Abs. 4 GenTG bedarf es einer Genehmigung der *Anlage*, wenn in der Anlage gentechnischen Arbeiten durchgeführt werden sollen, die einer höheren Sicherheitsstufe unterfallen, als die bisher genehmigten Arbeiten und es sich um Arbeiten der Sicherheitsstufen 3 und/oder 4 handelt.[3] Sollen in einem Genlabor der Sicherheitsstufe 3 oder 4 *weitere gentechnische Arbeiten* der Sicherheitsstufe 3 oder 4 durchgeführt werden, so ist dazu – wie bei der Zulassung der entsprechenden Anlagen – eine Genehmigung erforderlich.[4] Dies soll nach dem neuen § 9 Abs. 7 GenTG-E nun nicht mehr für weitere gentechnische Arbeiten gelten, die aufgrund eines Unfalls in einer gentechnischen Anlage von amtlichen Überwachungslaboren durchgeführt werden. Stattdessen sollen solche Arbeiten unverzüglich der zuständigen Behörde anzuzeigen sein.[5]

---

[2] § 9 Abs. 2 S. 2 GenTG.
[3] Kloepfer (2016), Umweltrecht, § 20 Rdnr. 117.
[4] § 9 Abs. 3 GenTG.
[5] BT-Drs. 18/6664 S. 4.

8.2.4 Anmeldung

Für den Fall der **Aufstockung von Arbeiten**, in einer S2 Anlage, in der bislang nur S1 Arbeiten durchgeführt worden sind und dann erstmals aktive Arbeiten der Sicherheitsstufe 2 durchgeführt werden sollen, sieht das Gesetz die Durchführung einer Anmeldung vor.

8.2.5 Mitteilung

Letztlich muss eine Mitteilung an die Zulassungsbehörde erfolgen, wenn eine bereits angezeigte, angemeldete oder genehmigte gentechnische Arbeit der Sicherheitsstufe 2 oder 3 **in einer anderen Anlage desselben Betreibers** durchgeführt werden soll.[6] Hier reicht dem Gesetzgeber eine Mitteilung an die Zulassungsbehörde deshalb, weil zuvor bereits für beide Anlagen desselben Betreibers ein Genehmigungsverfahren im Hinblick auf die Anlage – und damit auch auf die entsprechende Tätigkeit – durchgeführt worden ist. Die Zulassungsbehörde soll nur wissen, in welcher Anlage desselben Betreibers die Arbeiten tatsächlich ausgeführt werden.

Zudem ist eine Mitteilung vorgesehen, wenn weitere gentechnische Arbeiten der Sicherheitsstufe 2, 3 oder 4 von einer internationalen Hinterlegungsstelle durchgeführt werden sollen.[7]

8.3 Voraussetzungen der Zulassung

Die Voraussetzungen, unter denen eine gentechnische Arbeit als Tätigkeit zugelassen werden kann (Abb. 8.3), sind einheitlich in § 11 Abs. 1 GenTG niedergelegt. Zwar trägt § 11 GenTG den Titel „Genehmigungsvoraussetzungen", allerdings ist über die Verweisvorschrift in § 12 Abs. 7 GenTG sichergestellt, dass diese Voraussetzungen – bis auf eine einzige – auch erfüllt sein müssen, wenn eine Anzeige oder eine Anmeldung erforderlich sind.

8.3.1 Zuverlässigkeit

Erste Voraussetzung für die Erteilung einer Zulassung nach dem Gentechnikgesetz für die Durchführung gentechnische Arbeiten ist, dass „keine Tatsachen vorliegen dürfen, aus denen sich Bedenken gegen die Zuverlässigkeit des Betreibers und der für die Errichtung sowie für die Leitung und die Beaufsichtigung des Betriebes der Anlage verantwortlichen Personen" ergeben.

---

[6] § 9 Abs. 4a GenTG.
[7] § 9 Abs. 5 GenTG.

Voraussetzungen für Zulassungen bei Tätigkeiten

1. Keine Bedenken gegen die Zuverlässigkeit des PL und des Betreibers
2. Sachkunde des PL und des BBS und ständige Pflichtenerfüllung
3. Einhaltung der Pflichten
    - zur Risikobewertung
    - zu Sicherheitsvorkehrungen
    - der GenTSV
4. Einhaltung von Stand der Wissenschaft und Technik
5. Keine Bedenken bezüglich biologischer Waffen oder Kriegswaffen
6. Einhaltung aller anderen öffentlich-rechtlichen Vorschriften

Abb. 8.3 Voraussetzungen für Zulassungen bei Tätigkeiten

Das personenbezogene Merkmal der Zuverlässigkeit ist an den Betreiber und den Projektleiter geknüpft. Dies ergibt sich aus der Profilbeschreibung, wonach neben dem Betreiber auch derjenige zuverlässig sein muss, der für die Leitung und die Beaufsichtigung des Betriebes der Anlage verantwortlich ist. Dies ist nach dem Profil des § 3 Nr. 8 GenTG der Projektleiter (vgl. dazu Abschn. 3.2.2).

Aus der Formulierung des Gesetzes wird zudem deutlich, dass die Zuverlässigkeit im Verfahren nicht aktiv nachgewiesen werden muss. Es gilt zunächst die Vermutung, dass Verantwortliche in einem Genlabor auch zuverlässig sind. Nur wenn Tatsachen vorliegen, aus denen sich Bedenken gegen die Zuverlässigkeit ergeben, besteht Anlass zu weiteren Nachfragen. Sicherlich kann die Zuverlässigkeit dann in Abrede gestellt werden, wenn die zuständige Gentechnikbehörde mehrfach Anlass hatte, rechtskräftig Bußgelder gegen Verantwortliche in der Anlage zu erlassen. Zu der Frage, ob auch Bußgelder oder möglicherweise Strafen aus anderen Rechtsbereichen ausreichend sind – etwa bei Verstößen gegen die Straßenverkehrsordnung – existiert bislang keine Rechtsprechung.

8.3.2 Sachkunde

Weiterhin muss gewährleistet sein, dass der Projektleiter sowie der oder die Beauftragten für die Biologische Sicherheit die für ihre Aufgaben erforderliche Sachkunde besitzen und die ihnen obliegenden Verpflichtungen ständig erfüllen können.[8]

Im Hinblick auf die Sachkunde muss diese sowohl vom Projektleiter als auch vom Beauftragten für die Biologische Sicherheit nachgewiesen werden.

---

[8] § 11 Abs. 1 Nr. 2 GenTG.

Zu den Anforderungen an die Sachkunde kann vollinhaltlich auf das Kap. 13 verwiesen werden.

In der Praxis wird häufig diskutiert, was denn unter dem Begriff zu verstehen ist, dass der Projektleiter und der Beauftragte für die Biologische Sicherheit ihre Verpflichtungen „ständig" erfüllen können müssen. Da der Beauftragte für die Biologische Sicherheit die Erfüllung der Aufgaben des Projektleiters nur in regelmäßigen Abständen überwacht und den Betreiber berät, reicht es aus, wenn er in diese Zeit verfügbar ist. Da dem Projektleiter als originäre Aufgabe allerdings auch die Anordnung von Maßnahmen zur Gefahrenabwehr[9] obliegt, wird er sich bei längerer Abwesenheit – etwa im Falle der Krankheit, des Urlaubs oder eines Forschungsaufenthaltes im Ausland beziehungsweise einer mehrtägiger Tagungsveranstaltung – durch einen Vertreter vertreten lassen müssen.

8.3.3 Pflichtenerfüllung

Die dritte Voraussetzung für die Erteilung einer Zulassung ist, dass sichergestellt ist, dass vom Antragsteller die Pflicht zur Risikobewertung[10] und die Pflicht zur Einhaltung der dem Stand von Wissenschaft und Technik notwendigen Vorkehrungen[11] eingehalten wird. Zu den Genehmigungsvoraussetzungen zählt es deshalb, dass der Betreiber zu Beginn die mit der Arbeit verbundenen Risiken umfassend zu bewerten hat. Zudem muss er die Risikobewertung und die Sicherheitsmaßnahmen in regelmäßigen Abständen prüfen und das Ergebnis der Prüfung in einem Prüfbericht festhalten. Liegen Anzeichen dafür vor, dass die Risikobewertung und die Sicherheitsmaßnahmen nicht mehr zutreffen, so hat er diese zu überarbeiten, jedenfalls dann, wenn die Sicherheitsmaßnahmen nicht mehr angemessen sind oder für die Sicherheitsstufe nicht mehr zutreffend sind oder wenn die begründete Annahme besteht, dass die Risikobewertung nicht mehr dem neuesten wissenschaftlichen und technischen Kenntnisstand entspricht. Dies bedeutet, dass der Betreiber einer Anlage die Risikobewertung nicht nur einmal zu Beginn der Arbeiten vornehmen kann, sondern dass sich die Pflicht zur Bewertung der Risiken während des gesamten Betriebs der Anlage stets fortsetzt. Man spricht insofern von einer dynamischen Pflicht des Betreibers.

Zudem muss er für die Durchführung der vorgesehenen gentechnischen Arbeiten den Pflichten nachkommen, die sich aus den Rechtsverordnungen nach § 30 Abs. 2 Nr. 2, 4, 5, 6 und 9 GenTG ergeben. Die sich aus den Rechtsordnungen ergebenden Pflichten werden näher durch die Gentechnik-Sicherheitsverordnung konkretisiert. Es handelt sich vornehmlich um Fragen der Gestaltung von Arbeitsbereichen und Arbeitsverfahren, der Vorkehrungen zur Verhinderung von Betriebsunfällen sowie personenbezogene Vorgaben im Hinblick auf Kenntnisse und Fähigkeiten der Beschäftigten, deren Unterweisung sowie die Frage der arbeitsmedizinischen Betreuung von Beschäftigten. Kurz gesagt bedeutet

---

[9] § 14 Abs. 1 Nr. 7 GenTSV.
[10] § 6 Abs. 1 S. 1 GenTG.
[11] § 6 Abs. 2 S. 1 GenTG.

dies, dass der Betreiber neben den beiden Grundpflichten zur Risikobewertung und zur Abwehr von Gefahren auch die sich aus der Gentechnik-Sicherheitsverordnung ergebenden Pflichten einhalten muss.

8.3.4 Einhaltung von Stand der Wissenschaft und Technik

Weitere Voraussetzung ist, dass gewährleistet ist, dass für die erforderliche Sicherheitsstufe die nach dem Stand der Wissenschaft und Technik notwendigen Einrichtungen vorhanden und Vorkehrungen getroffen sind und deshalb schädliche Einwirkungen auf die geschützten Rechtsgüter nicht zu erwarten sind. Auch hier gilt, dass auf der Grundlage der vorgenommenen Risikobewertung die sich für die jeweilige Sicherheitsstufe ergebenden Sicherheitsmaßnahmen, die durch die Gentechnik-Sicherheitsverordnung konkretisiert werden, eingehalten werden müssen.

8.3.5 Keine Bedenken bezüglich bakteriologischer Waffen oder Kriegswaffen

Weitere Voraussetzung ist, dass keine Tatsachen vorliegen dürfen, denen die Verbote des Gesetzes über bakteriologische Waffen und des Gesetzes über die Kontrolle von Kriegswaffen entgegenstehen. Lange Zeit hatte diese Voraussetzung keine eigenständige Bedeutung. Dies hat sich mit Blick auf die Terroranschläge von New York grundlegend geändert. Dadurch nämlich ist die potentielle Möglichkeit gerade auch mit Viren und Bakterien waffenfähiges Material herzustellen zunehmend in den Blickpunkt geraten. Die Formulierung für diese Voraussetzung gleicht der zur Frage der Zuverlässigkeit in § 11 Abs. 1 Nr. 1 GenTG. Dementsprechend kommt es darauf an, ob Tatsachen vorliegen, denen die Verbote der beiden vorgenannten Gesetze entgegenstehen. Erst wenn derartige Tatsachen vorliegen, wäre eine der Genehmigungsvoraussetzungen nicht erfüllt.

8.3.6 Einhaltung aller anderen öffentlich-rechtlichen Vorschriften

Für die Erteilung einer Genehmigung muss zusätzlich hinzukommen, dass alle anderen öffentlich-rechtlichen Vorschriften und Belange des Arbeitsschutzes der Errichtung und dem Betrieb der gentechnischen Anlagen nicht entgegenstehen. Diese zuletzt genannte Vorschrift muss nicht erfüllt sein, wenn für die Anlage oder die Arbeit nur eine Anzeige oder eine Anmeldung erforderlich ist. Dies ergibt sich zwar nicht unmittelbar aus § 11 Abs. 1 Nr. 6 GenTG. Allerdings korrespondiert diese Vorschrift mit § 22 GenTG, der die Konzentrationswirkung einer gentechnik-rechtlichen Genehmigung regelt. Von einer Anlagengenehmigung werden nämlich zugleich auch andere die gentechnische Anlage betreffende behördliche Entscheidungen erfasst. Dies bedeutet, dass neben einer gentechnik-rechtlichen Genehmigung andere öffentlich-rechtliche Genehmigungen, Zulassungen, Vergleichungen, Erlaubnisse und Bewilligungen, etwa auf der Grundlage des Baugesetzbuchs, des Bundes-Immissionsschutzgesetzes, des Infektionsschutzgesetzes oder des Bundesnaturschutzgesetzes, um nur einige zu nennen, erfasst werden. Einzig eine behördliche Entscheidung auf der Grundlage des Atomgesetzes und seiner Nebengesetze wird nicht erfasst. Vor diesem Hintergrund ist es angezeigt, dass bei der Erteilung einer Genehmigung die anderen öffentlich-rechtlichen Vorschriften im Verfahren überprüft werden. Zugleich eröffnet diese Voraussetzung der Gentechnikbehörde die Möglichkeit, Stellungnahmen anderer Behörden im Verfahren einzuholen, soweit deren Genehmigungen durch die gentechnik-rechtlichen Genehmigungen eingeschlossen sind.

8.4 Zulassungsverfahren in der Praxis

Im Folgenden soll es darum gehen, wie die Zulassungsverfahren im Einzelnen abgelaufen. Wie bereits bei den Voraussetzungen für die Erteilung der Zulassungen deutlich geworden ist, bestehen zwischen einer Anzeige, einer Anmeldung und einer Genehmigung Unterschiede. Diese Unterschiede setzen sich auch im Ablauf der Verfahren und im Rahmen der Zulassungsentscheidungen fort. Dabei soll mit der Darstellung des Genehmigungsverfahrens begonnen werden. Anschließend folgt die Darstellung eines Anmeldeverfahrens und zuletzt die Darstellung des Anzeigeverfahrens. Der Hintergrund für diese Darstellung liegt in dem Umstand begründet, dass es 1990 nur das strenge Genehmigungsverfahren gegeben hat. Alle weiteren Lockerungen sind erst später erfolgt. Die Unterschiede zwischen den Verfahrenstypen lassen sich deshalb am besten als Erleichterung gegenüber einem vollen Genehmigungsverfahren darstellen. Vereinfacht kann man sagen, dass das volle Genehmigungsverfahren nach wie vor als sog. Prototyp des Verfahrens zur Erlangung einer Erlaubnis nach dem Gentechnikgesetz gilt.

8.4.1 Genehmigungsverfahren

Das Genehmigungsverfahren für die Zulassung von gentechnischen Arbeiten der Sicherheitsstufe 3 und 4 gestaltet sich umfangreich. Der Verfahrensablauf ist in Abb. 8.4 dargestellt. Dies findet seine Begründung in der sog. Konzentrationswirkung nach § 22 GenTG, die am Ende des Genehmigungsverfahrens noch näher dargestellt wird.

Antrag
Zunächst einmal muss für ein Genehmigungsverfahren der vollständige Antrag (Formblatt A) ausgefüllt und unterschrieben bei der Behörde eingereicht werden.[12] Die Formblätter sind über die Seite www.lag-gentechnik.de links unter „Für Antragsteller" bun-

---

[12] § 10 Abs. 1–Abs. 3 GenTG.

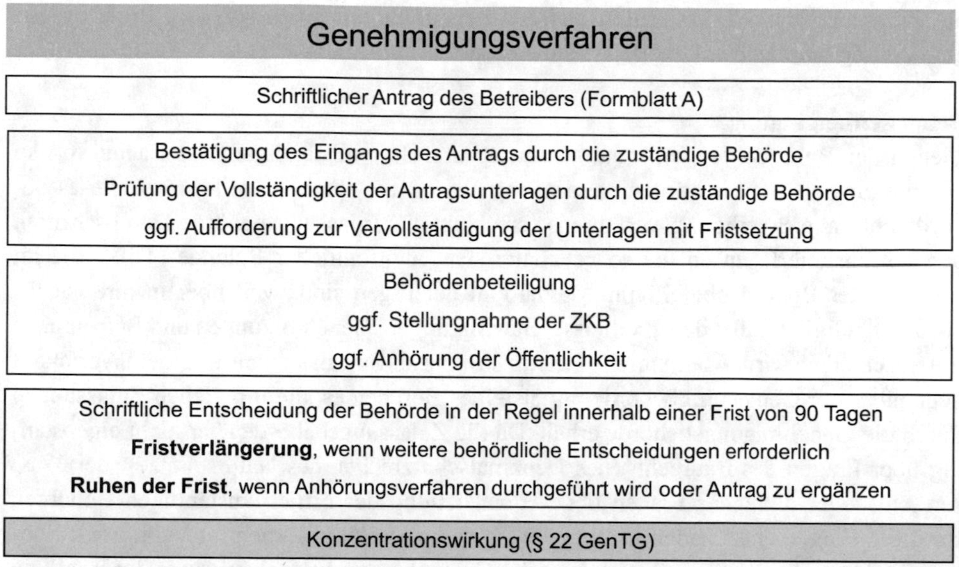

Genehmigungsverfahren

Schriftlicher Antrag des Betreibers (Formblatt A)

Bestätigung des Eingangs des Antrags durch die zuständige Behörde

Prüfung der Vollständigkeit der Antragsunterlagen durch die zuständige Behörde

ggf. Aufforderung zur Vervollständigung der Unterlagen mit Fristsetzung

Behördenbeteiligung

ggf. Stellungnahme der ZKB

ggf. Anhörung der Öffentlichkeit

Schriftliche Entscheidung der Behörde in der Regel innerhalb einer Frist von 90 Tagen

Fristverlängerung, wenn weitere behördliche Entscheidungen erforderlich

Ruhen der Frist, wenn Anhörungsverfahren durchgeführt wird oder Antrag zu ergänzen

Konzentrationswirkung (§ 22 GenTG)

Abb. 8.4 Genehmigungsverfahren

desweit einheitlich zu erhalten. Der Antrag A umfasst insgesamt sechs Seiten. Er ist zu ergänzen durch das Formblatt S, die Formblätter AL (Sicherheitsmaßnahmen im Laborbereich), AP (Sicherheitsmaßnahmen im Produktionsbereich) oder AG (Sicherheitsmaßnahmen in Gewächshäusern oder Klima-Kammern) AT (Sicherheitsmaßnahmen in Tierhaltungsbereichen). Selbstverständlich ist dafür entscheidend, in welchem Bereich die Arbeit stattfinden soll. Darüber hinaus ist das Formblatt GA (Angaben zu den vorgesehenen gentechnischen Arbeiten), das Formblatt GS (Angaben zum Spenderorganismus), das Formblatt GE (Angaben zum Empfängerorganismus) und ggf. das Formblatt GV (Angaben zum Vektor) sowie das Formblatt GO (Angaben zum gentechnisch veränderten Organismus (GVO)) beizufügen. Letztlich ist auch das Formblatt M (Angaben zur arbeitsmedizinischen Vorsorge) anzuhängen. Je nach Anlagetyp kann der Antrag mithin bis zu 33 Seiten umfassen. Wichtig ist, dass der Antrag vom Betreiber, dem Projektleiter und dem Beauftragten für die Biologische Sicherheit unterschrieben ist. Andernfalls erhält man den Antrag ohne weitere Bearbeitung direkt von der Zulassungsbehörde zurück.

Eingangsbestätigung durch die Behörde

Damit das Genehmigungsverfahren zügig durchgeführt werden kann und der Beginn des Laufs des Genehmigungsverfahrens eindeutig feststeht, ist der Eingang des Antrags und der beigefügten Unterlagen von der Behörde gegenüber dem Antragsteller unverzüglich schriftlich zu bestätigen. Ferner sind Antrag und Unterlagen auf die Vollständigkeit durch die Zulassungsbehörde zu prüfen und gegebenenfalls unter Fristsetzung, Ergänzungen zum Antrag oder zu den Unterlagen anzufordern.[13]

Behördenbeteiligung

Liegen der Behörde der vollständige Antrag und die vollständigen Unterlagen vor, so beginnt zunächst ein behördeninternes Beteiligungsverfahren.[14] Im Rahmen dieses behördeninternen Beteiligungsverfahrens verschickt die Zulassungsbehörde Durchschriften der Antragsunterlagen an die so genannten Träger öffentlicher Belange (TöB), die im Rahmen der Behördenbeteiligung deshalb zu beteiligen sind, weil über in ihre sachliche Zuständigkeit fallende Erlaubnisse, Bewilligungen, Genehmigungen und Befreiungen mitentschieden wird. Man spricht hier im Prinzip davon, dass man in einem Verfahren gegenüber der Gentechnikbehörde mittels eines Bescheides alle möglichen Zulassungen durch die Genehmigungsbehörde erhält. Da die Zulassungsbehörde aber nicht eigenständig über Fragen des Baurechts, des Denkmalschutzrechts, des Naturschutzes, des Wasserrechts oder ähnlicher Fragen ohne Hinzuziehung der örtlich zuständigen Behörden für diese Fragen entscheiden kann, muss sie deren Stellungnahmen im Verfahren einholen. Sie fragt also dort an, ob aus Sicht der Fachbehörden Bedenken gegen die Erteilung der Genehmigung nach dem Gentechnikgesetz bestehen. Die zu beteiligenden Behörden schicken in der Regel ihre Stellungnahmen unter Beifügung der aus ihrem Fachbereich entstammenden Auflagen und Bedingungen, die die Zulassungsbehörde nach dem Gentechnikgesetz dann nach Prüfung in ihrem Bescheid aufnimmt. So kann etwa das für die Stadt Münster zuständige Bauamt der Stadt Münster im Rahmen ihrer Zustimmung zur Erteilung der Genehmigung nach dem Gentechnikrecht Auflagen zum Brandschutz, zur Farbe der Dacheindeckung und der Gebäudeaußenwände bestimmen. Diese Vorgaben ergeben sich im Wesentlichen aus der Landesbauordnung oder den Satzungen der maßgeblichen Gemeinde, also hier der Stadt Münster. Erst wenn alle Stellungnahmen der Behörden eingeholt worden sind, holt die zuständige Behörde über die Bundesoberbehörde eine Stellungnahme der ZKBS zur sicherheitstechnischen Einstufung der vorgesehenen gentechnischen Arbeiten und zu den erforderlichen sicherheitstechnischen Maßnahmen ein. Die Kommission ist aufgerufen, ihre Stellungnahme unverzüglich abzugeben. Die Zulassungsbehörde hat die Stellungnahme der Kommission bei ihrer Entscheidung zu berücksichtigen. In der Regel folgt die Zulassungsbehörde der Stellungnahme der ZKBS. Da das Gesetz allerdings nur vorsieht, dass die Stellungnahme der ZKBS zu berücksichtigen ist, kann sich die Zulassungsbehörde auch über die Stellungnahme der ZKBS hinwegsetzen.[15] Für den Fall, dass die Zulassungsbehörde von der Stellungnahme der ZKBS abweicht, hat sie die Gründe dafür schriftlich darzulegen.[16]

---

[13] § 10 Abs. 4 GenTG.
[14] § 10 Abs. 7 GenTG.
[15] Vgl. dazu näher Kauch (2009), Gentechnikrecht, S. 84.
[16] Kauch (2009), Gentechnikrecht, S. 107.

Anhörungsverfahren

Nach der Beteiligung der betroffenen Behörden ist für den Betrieb einer gentechnischen Anlage, in der gentechnische Arbeiten der Sicherheitsstufe 3 oder 4 zu gewerblichen Zwecken durchgeführt werden sollen, ein Anhörungsverfahren durchzuführen. Dieses ist auch für Anlagen vorgesehen, in denen gentechnische Arbeiten der Sicherheitsstufe 2 zu gewerblichen Zwecken durchgeführt werden sollen, wenn für diesen Fall ein Genehmigungsverfahren nach dem Bundes-Immissionsschutzgesetz erforderlich wäre. Die näheren Einzelheiten eines solchen Anhörungsverfahrens regelt die Gentechnik-Anhörungsverordnung (vgl. Abschn. 1.3.5). Diese sieht vor, dass die zuständige Bundesoberbehörde das Vorhaben in ihrem amtlichen Veröffentlichungsblatt und in öffentlichen Tageszeitungen, die in den Gemeinden, in denen die beantragte Anlage errichtet werden soll, verbreitet sind, öffentlich bekannt macht.[17] In der Folgezeit sind Antrag und Unterlagen nach Bekanntgabe einen Monat zur Einsicht auszulegen.[18] Mit Ende der Auslegungsfrist können bis zu einen Monat Einwendungen gegen die Genehmigung der Arbeiten erhoben werden, die dann in das Verfahren einbezogen werden müssen.[19] Wird von so genannten Einwendern diese Frist nicht eingehalten, so sind sie mit ihren Einwendungen im weiteren Verfahren ausgeschlossen.[20] Mit denjenigen, die rechtzeitig Einwendungen gegen das Vorhaben erhoben haben, ist ein Erörterungstermin durchzuführen.[21] Die rechtzeitig erhobenen Einwendungen müssen dort erörtert werden. Einwender erhalten im Rahmen des Erörterungstermins Gelegenheit, ihre Einwendungen zu erläutern. Erst wenn auch das Erörterungsterminverfahren abgeschlossen ist, kann die Behörde über den Genehmigungsantrag entscheiden. Im Falle der Beantragung einer Vollgenehmigung ergeht also in jedem Fall eine schriftliche Entscheidung der Behörde.[22]

Behördliche Entscheidungen und Rechtsmittel

Das Gesetz sieht vor, dass im Falle eines Genehmigungsantrags die Zulassungsbehörde in einer Frist von 90 Tagen über diesen schriftlich zu entscheiden hat.[23] Diese Frist ruht, solange ein Anhörungsverfahren durchgeführt wird oder die Behörde die Ergänzung des Antrags oder der Unterlagen abwartet oder bis die erforderliche Stellungnahme der ZKBS zur sicherheitstechnischen Einstufung der vorgesehenen gentechnischen Arbeiten und für die erforderlichen sicherheitsrelevanten Maßnahmen vorliegt.[24] Andere Gründe rechtfertigen eine Verzögerung nicht. Die erteilte Genehmigung berechtigt den Betreiber dann zur Durchführung der im Genehmigungsbescheid genannten gentechnischen Arbeiten.

---

[17] § 2 S. 1 GenTAnhV.

[18] § 3 Abs. 2 S. 1 GenTAnhV

[19] § 5 Abs. 1 S. 1 GenTAnhV.

[20] § 18 Abs. 3 GenTG.

[21] § 6 Abs. 1 GenTAnhV.

[22] Vgl. zum gesamten Anhörungsverfahren Kauch (2009), Gentechnikrecht, S. 107 f.

[23] § 10 Abs. 5 S. 1 GenTG.

[24] Kauch (2009), Gentechnikrecht, S. 109.

Wie sich aus dem Wortlaut des § 11 Abs. 1 GenTG ergibt, ist die Genehmigung bei Vorliegen der Zulassungsvoraussetzungen der Nr. 1 bis Nr. 6 GenTG zu erteilen. Juristisch spricht man von einer sog. gebundenen Entscheidung. Dies bedeutet, dass der Betreiber bei Vorliegen der Genehmigungsvoraussetzungen einen Rechtsanspruch auf Erteilung der Genehmigung hat. Die Erteilung der Genehmigung ist damit nicht in das Ermessen der Behörde gestellt. Sollte die Genehmigung trotz des Vorliegens der Genehmigungsvoraussetzungen versagt werden, so hat der Betreiber einen klagbaren Anspruch und kann die Genehmigung gerichtlich einklagen.

Der Genehmigungsbescheid ist daran zu erkennen, dass er in der Regel als „Bescheid" zu Beginn des Schriftstücks bezeichnet wird. Zudem muss am Ende eine „Rechtsbehelfsbelehrung" angefügt werden. Die Rechtsbehelfsbelehrung unterscheidet sich in den einzelnen Bundesländern. Dies liegt darin begründet, dass in einem Teil der Bundesländer noch ein sog. Vorverfahren (Widerspruchsverfahren) vorgesehen ist, bevor Klage beim Verwaltungsgericht erhoben werden kann. In anderen Bundesländern findet ein solches Vorverfahren nicht statt. In diesen Fällen muss innerhalb eines Monats Klage gegen die ablehnende Entscheidung beim Verwaltungsgericht erhoben werden.

Die Besonderheit einer Genehmigung nach dem Gentechnikgesetz liegt darin, dass der Betreiber in diesem Fall nur ein Verfahren bei einer Behörde durchführen muss und dafür eine zentrale Entscheidung erhält. Diese sog. **Konzentrationswirkung** ist in § 22 und § 23 GenTG näher beschrieben. Es findet eine Verfahrenskonzentration in dem Sinne statt, dass nur ein Verfahren bei einer Behörde durchgeführt werden muss. Zudem findet eine Entscheidungskonzentration dergestalt statt, dass die Anlagengenehmigung andere die gentechnische Anlage betreffende behördliche Entscheidungen einschließt. Dies gilt insbesondere für andere öffentlich-rechtliche Genehmigungen, Zulassungen, Verleihungen, Erlaubnisse und Bewilligungen mit Ausnahme von behördlichen Entscheidungen nach atomrechtlichen Vorschriften. Hinzu kommt, dass die einmal erteilte gentechnik-rechtliche Genehmigung auch im Verhältnis zu Dritten eine Wirkung entfaltet. So sind nämlich privatrechtliche Ansprüche zur Abwehr benachteiligender Einwirkungen von einem Grundstück auf ein benachbartes Grundstück ausgeschlossen, wenn die Genehmigung bestandskräftig geworden ist. Das bedeutet, dass die Genehmigung als solche nach Ablauf der Rechtsmittelfrist von einem Dritten nicht mehr infrage gestellt werden kann. Gerade im gewerblichen Bereich ist dies gegenüber Konkurrenten oder aber in der Nähe befindlichen Anwohner von besonderer Bedeutung, da auch ihnen gegenüber die Zulässigkeit der Anlage mit der Genehmigung bestandskräftig festgestellt wird.

8.4.2   Anmeldeverfahren

Bei einer Anmeldung kann der Betreiber mit den Arbeiten vorzeitig beginnen. Der Ablauf des Anmeldeverfahrens ist in Abb. 8.5 dargelegt.

Anmeldungsverfahren
Schriftliche Anmeldung des Betreibers

Bestätigung des Eingangs der Anmeldung durch die zuständige Behörde Prüfung der Vollständigkeit der Anzeigemeldung durch die zuständige Behörde ggf. Aufforderung zur Vervollständigung der Unterlagen mit Fristsetzung

Behördenbeteiligung (-) ggf. Stellungnahme der ZKBS (-) ggf. Anhörung der Öffentlichkeit (-)

Fiktion der Zulassung **nach** einer Frist von **45 Tagen** **Ruhen der Frist**, wenn Unterlagen ergänzt werden müssen oder Stellungnahme der ZKBS erforderlich

keine Konzentrationswirkung nach § 22 Abs. 1 GenTG

Abb. 8.5 Anmeldeverfahren

Antrag

Zunächst gilt auch hier das Schriftformerfordernis für die Anmeldungen.[25] Die Anmeldung muss dementsprechend auf dem Formblatt A erfolgen. Hier gilt das zur Genehmigung Ausgeführte entsprechend.[26]

Eingangsbestätigung durch die Behörde

Auch in diesem Fall sieht das Gesetz vor, dass die Zulassungsbehörde dem Anmelder den Eingang der Anmeldung und der beigefügten Unterlagen unverzüglich schriftlich bestätigen muss.[27] Zudem hat sie zu prüfen, ob die Anmeldungen und die Unterlagen für die Beurteilung der Anmeldung ausreichend sind. Ebenso gilt, dass die zuständige Behörde den Anmelder unverzüglich aufzufordern hat, die Anmeldungen oder die Unterlagen innerhalb einer von ihr zu setzenden Frist zu ergänzen, wenn die Anmeldungen oder die Unterlagen nicht vollständig sind.

Keine Behördenbeteiligung

Für das Anmeldeverfahren ist die Beteiligung anderer Behörden, deren öffentlich-rechtliche Vorschriften durch das Vorhaben berührt werden können, nicht vorgesehen. Sollte über die gentechnik-rechtliche Zulassung hinaus eine andere behördliche Zulassung erforderlich sein, so muss diese vom Betreiber selbstständig erwirkt werden.

---

[25] § 12 Abs. 1 GenTG.
[26] Kauch (2009), Gentechnikrecht, S. 110 f.
[27] § 12 Abs. 3 GenTG.

Zudem ist eine Stellungnahme der Zentralen Kommission für die Biologische Sicherheit im Falle einer Anmeldung nur dann vorgesehen, wenn es um Arbeiten der Sicherheitsstufe 2 geht, die nicht mit einer bereits von der Kommission eingestuften gentechnischen Arbeit vergleichbar sind. Ansonsten erfolgt im Verfahren auch keine Stellungnahme der ZKBS. Auch eine Beteiligung der Öffentlichkeit ist im Rahmen einer Anmeldung nicht angezeigt.

Gesetzliche Fiktion

Bei der Anmeldung ergeht keine schriftliche Entscheidung der Behörde. Diese ist vom Gesetz nicht vorgesehen. Vielmehr führt das Gesetz aus, dass der Betreiber im Falle der Sicherheitsstufe 2 mit der Durchführung der erstmaligen gentechnischen Arbeiten 45 Tagen nach Eingang der Anmeldung bei der zuständigen Behörde oder mit deren Zustimmung auch früher beginnen kann. Wörtlich heißt es, der Ablauf der Frist gilt als Zustimmung zur Durchführung der gentechnischen Arbeit. Auch hier fingiert das Gesetz die Zulassung als erteilt, wenn die Frist von 45 Tagen abgelaufen ist. Sicherheitshalber sieht das Gesetz vor, dass die Frist ruht, solange die Behörde die Ergänzung der Unterlagen abwartet oder bis die erforderliche Stellungnahme der Kommission zur sicherheitstechnischen Einstufung der vorgesehenen gentechnischen Arbeit und zu den erforderlichen sicherheitstechnischen Maßnahmen vorliegt.[28]

Um nicht vorzeitig mit den gentechnischen Arbeiten zu beginnen, muss der Projektleiter an dieser Stelle sicher sein, wann die Frist von 45 Tagen zu laufen beginnt und wann die Frist sicher beendet ist. In der Praxis zeigen die Fragen immer wieder, dass hier große Unsicherheiten bei den Projektleitern bestehen. Sicherheitshalber sollte die Anmeldung per Einschreiben mit Rückschein abgesendet werden. Dann ist sicher auf dem Rückschein vermerkt, wann der Antrag bei der Behörde vorgelegen hat. Wiederum sicherheitshalber sollte dieser Tag bei der Berechnung der 45-Tage-Frist nicht mitgezählt werden. Beginnend mit dem Tag nach Eingang des Antrags sollten 45 Kalendertage abgezählt werden. Mit Ablauf des 45. Tages kann mit den Arbeiten begonnen werden. Auch der Tag des Beginns mit den Arbeiten sollte sorgsam berechnet und notiert werden.

8.4.3 Anzeigeverfahren

Das Anzeigeverfahren ist im Einzelnen in Abb. 8.6 dargestellt.

Antrag

Auch die bloße Anzeige[29] muss schriftlich erfolgen.[30] Dafür hat der Betreiber der Anlage das Formblatt AZ-S1 (siehe dazu Abschn. 4.1.3) vollständig ausgefüllt und unterschrieben

---

[28] § 12 Abs. 5 GenTG.
[29] Kauch (2009), Gentechnikrecht, S. 111 f.
[30] § 12 Abs. 1 GenTG.

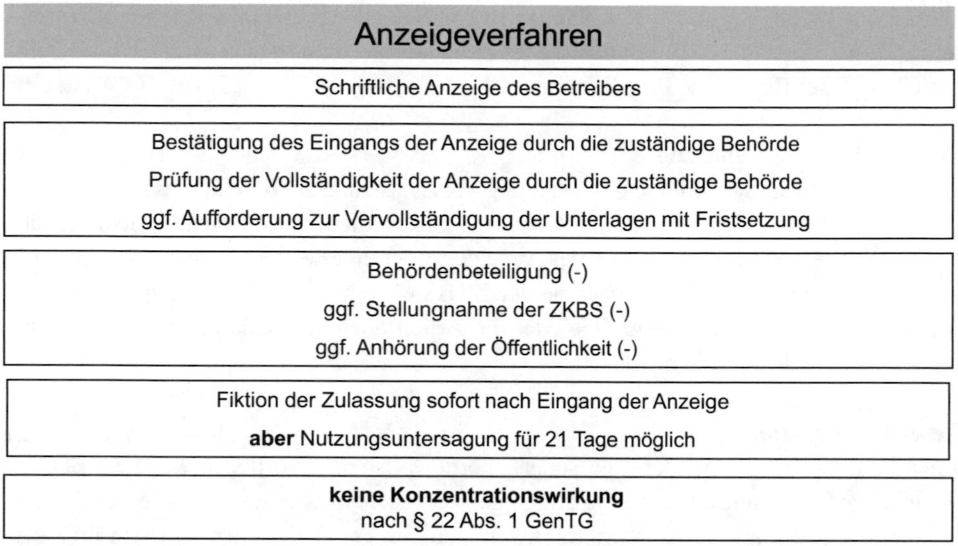

Anzeigeverfahren

Schriftliche Anzeige des Betreibers

Bestätigung des Eingangs der Anzeige durch die zuständige Behörde

Prüfung der Vollständigkeit der Anzeige durch die zuständige Behörde

ggf. Aufforderung zur Vervollständigung der Unterlagen mit Fristsetzung

Behördenbeteiligung (-)

ggf. Stellungnahme der ZKBS (-)

ggf. Anhörung der Öffentlichkeit (-)

Fiktion der Zulassung sofort nach Eingang der Anzeige

aber Nutzungsuntersagung für 21 Tage möglich

keine Konzentrationswirkung
nach § 22 Abs. 1 GenTG

Abb. 8.6 Anzeigeverfahren

bei der Zulassungsbehörde einzureichen. Das Formblatt umfasst neun Seiten. Besondere Obacht ist auch hier darauf zu legen, dass die Formblätter sowohl vom Betreiber, als auch vom Projektleiter und vom Beauftragten für die Biologische Sicherheit unterschrieben worden sind. Andernfalls werden die Unterlagen in der Regel sofort zurückgeschickt. Auch auf die Vollständigkeit der maßgeblichen Unterlagen, die beigefügt werden müssen, ist zu achten. Das vollständig ausgefüllte Formular ist bei der Zulassungsbehörde einzureichen. Dies geschieht in der Regel über den Postweg. Da der Projektleiter im Rahmen der Anzeige und des Anmeldeverfahrens sicher wissen muss, wann sein Antrag denn bei der Zulassungsbehörde eingegangen ist, ist ihm ein Einschreiben mit Rückschein an dieser Stelle zu empfehlen. In diesem Falle erhält er den rosa Rückschein, dem er dann das Zustellungsdatum entnehmen kann. Andernfalls muss er sich auf jeden Fall den Zugang seiner Anzeige durch ein Telefonat bei der Behörde bestätigen lassen. Dazu sollte er notieren mit wem er an welchem Tag und um welche Uhrzeit gesprochen hat und den Zusatz, dass ihm der Eingang seines Antrags bestätigt worden ist.

Eingangsbestätigung durch die Behörde

Liegt der Zulassungsstelle das Anzeigeformular des Betreibers vor, so beginnt die Prüfung der Behörde.[31] Zunächst hat die Behörde dem Betreiber den Eingang der Anzeige und der beigefügten Unterlagen unverzüglich schriftlich zu bestätigen. Zudem hat sie zu prüfen, ob die Anzeige und die Unterlagen für die Beurteilung der Anlage oder der Arbeiten ausreichend sind. Sind Anzeige oder Unterlagen unvollständig oder lassen sie eine

---

[31] § 12 Abs. 3 S. 3 i. V. m. S. 1 und S. 2.

Beurteilung nicht zu, so hat die zuständige Behörde den Betreiber unverzüglich aufzufordern, die Anzeige zu vervollständigen oder die Unterlagen zu ergänzen. Dazu wird dem Betreiber in der Regel eine Frist bestimmt.

Keine Behördenbeteiligung

Da das Gesetz eine schriftliche Entscheidung der Zulassungsbehörde in diesem Fall nicht vorsieht und auch andere öffentliche Vorschriften durch die Zulassungsstelle nicht geprüft werden müssen, wird in den Fällen der Anzeige weder eine weitere Behördenbeteiligung durchgeführt, noch eine Stellungnahme der ZKBS eingeholt. Auch eine Beteiligung der Öffentlichkeit, etwa weil die Anlage oder die Arbeit auch Auswirkungen außerhalb der Anlage haben kann, findet nicht statt.

Gesetzliche Fiktion

Sobald die Unterlagen bei der Zulassungsbehörde vollständig vorliegen, kann der Betreiber mit der Durchführung der erstmaligen gentechnischen Arbeiten im Falle der Sicherheitsstufe 1 sowie mit der Durchführung von weiteren gentechnischen Arbeiten im Falle der Sicherheitsstufe 2 sofort nach Eingang der Anzeige bei der zuständigen Behörde beginnen. Das Gesetz sieht die Durchführung der Arbeiten mit Ablauf der Einreichungsfrist kraft Gesetzes als legal an. Einer schriftlichen Entscheidung der Zulassungsbehörde bedarf es in diesen Fällen nicht.

Soweit in der Praxis in diesen Fällen gleichwohl eine schriftliche Entscheidung der Behörde erteilt worden ist, haben sich die Gerichte mit einer solchen Entscheidung sehr kritisch auseinandergesetzt. Denn nach Auffassung des Gerichtes fehlt es an einer rechtlichen Grundlage für einen zu erlassenden Bescheid.[32] Auch können in einem solchen Bescheid nicht einfach nur bestehende gesetzliche Verpflichtungen erneut aufgenommen werden. Ein Bescheid kann im Einzelfall nur dann ergehen, wenn bezogen auf die konkrete Anlage und die konkrete Tätigkeit Nebenbestimmungen individualisierend aufgenommen werden müssen. Nur in einem solchen Fall ist ein feststellender Verwaltungsakt durch die Behörde rechtlich zulässig.

---

[32] VG Frankfurt am Main, Urt. v. 11.05.2011 – 8 K 2233/08 –, juris.

Genlabore als Anlagen

9

Petra Kauch

Da gentechnische Arbeiten nur in gentechnischen Anlagen durchgeführt werden dürfen,[1] müssen die Errichtung und der Betrieb von gentechnischen Anlagen zugelassen werden. Dementsprechend sieht das Gentechnikgesetz (GenTG) Zulassungsverfahren für die Errichtung und den Betrieb gentechnischer Anlagen und – wenn das Labor bereits besteht auch Zulassungsverfahren für die Durchführung weiterer gentechnischer Arbeiten vor. Dieses System ist in Abb. 9.1 näher dargestellt.

9.1 Arten von Zulassungen

Geht es um die Zulassung einer gentechnischen Anlage, so kennt das Gesetz als Zulassung eine Genehmigung, eine Anmeldung oder eine Anzeige. Dies ist in Abb. 9.2 näher dargestellt. Im Gegensatz zur Tätigkeit genügt eine bloße Mitteilung in keinem Fall auch ist die Errichtung einer gentechnischen Anlage in keinem Fall zulassungsfrei.

Die Frage, welche Form der Zulassung jeweils erforderlich ist, beantwortet sich – wie bei den Tätigkeiten – nach der Zuordnung der Arbeit zu den Sicherheitsstufen (vgl. dazu

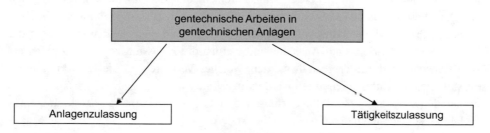

Abb. 9.1 Zulassungen bei Anlagen und Tätigkeiten

---

[1] § 8 Abs. 1 S. 1 GenTG.

© Springer-Verlag GmbH Deutschland, ein Teil von Springer Nature 2019
K. Bender und P. Kauch, *Gentechnisches Labor – Leitfaden für Wissenschaftler*,
https://doi.org/10.1007/978-3-642-34694-1_9

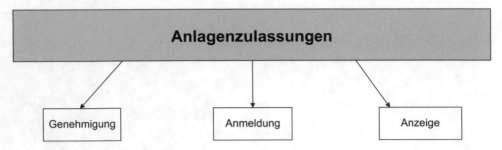

Abb. 9.2 Arten von Zulassungen bei Anlagen

Abschn. 5.1). Dabei lässt sich sagen, dass ein umfangreiches Genehmigungsverfahren in der Regel für Anlagen der höheren Sicherheitsstufen 3 und 4 vorgesehen ist. Bei einem geringeren Risiko bei Arbeiten in Anlagen im Bereich der Sicherheitsstufen 1 und 2 reicht in der Regel eine Anzeige oder eine Anmeldung. Diese Zulassungserleichterungen sind durch gesetzliche Änderungen entstanden, nachdem man Erfahrungen mit Anlagen der Sicherheitsstufen 1 und 2 hat sammeln können. Bei Erlass des Gentechnikgesetzes war noch für alle Anlagen auf allen Sicherheitsstufen umfangreiche Genehmigungsverfahren vorgesehen, so dass sich der Erleichterungen bei den anderen Zulassungsverfahren heute noch vom umfangreicheren Genehmigungsverfahren als Prototyp ableiten.

9.2 Welche Zulassung für welches Labor?

Betrachtet man im Folgenden die Zulassungsverfahren im Einzelnen, so ist festzustellen, dass auf einer einheitlichen Sicherheitsstufe für die Anlagenzulassung und für die Tätigkeitszulassung nicht immer ein und dieselbe Zulassungsform gilt. So muss man beispielsweise bei der erstmaligen Zulassung einer gentechnischen Anlage, in der gentechnische Arbeiten der Sicherheitsstufe 2 durchgeführt werden sollen, ein Anmeldeverfahren betreiben, während für weitere gentechnische Arbeiten der Sicherheitsstufe 2 in einer bestehenden Anlage der Sicherheitsstufe 2 nur noch eine Anzeige erforderlich ist. Das heißt, dass auf ein und derselben Sicherheitsstufe unterschiedliche Zulassungsformen möglich sind. Aus diesem Grunde ist die Struktur der erforderlichen Zulassungen nicht unbedingt einfach nachzuvollziehen. Hier soll möglichst systematisch dargestellt werden, wie die Zulassungen strukturiert sind. Anschließend werden die Zulassungsvoraussetzungen erörtert (Abschn. 9.3) und dargestellt werden, welches Verfahren für die Erwirkung einer sog. Anlagenzulassung durchlaufen werden muss (Abschn. 9.4). Dabei unterfallen – wie darzustellen sein wird – der Anlagenzulassung nicht nur die erstmalige Errichtung eines Genlabors, sondern auch deren wesentliche Änderung.

Wie sich das Zulassungsregime im Einzelnen darstellt kann strukturell Abb. 9.3 entnommen werden.

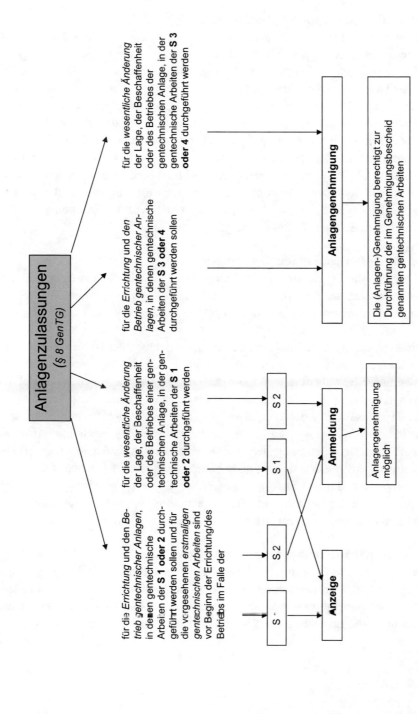

Abb. 9.3 Anlagenzulassungen

9.2.1   Erstmalige Errichtung und Betrieb

Anzeige für die Errichtung von S1-Genlaboren

Die Errichtung und der Betrieb einer gentechnischen Anlage, in der gentechnische Arbeiten der Sicherheitsstufe 1 durchgeführt werden sollen, sind vor Beginn anzuzeigen.[2] Damit ist die **Anzeige** die Zulassungsform für die Errichtung eines **S1-Genlabors**. Zu berücksichtigen ist dabei, dass die Anzeige für die Errichtung und den Betrieb eines S1 Labors vor Beginn der Errichtung bzw. des Betriebes erfolgen muss. Dies ist von besonderer Bedeutung dann, wenn die Zulassungsbehörde nicht identisch mit der Überwachungsbehörde ist. In der Praxis wird hier häufig dazu tendiert, die Angelegenheit vorab nur mit der Überwachungsbehörde zu besprechen. Diese ist allerdings im konkreten Fall für die Anzeige nicht zuständig, was bei dem Verfahren unbedingt berücksichtigt werden muss. Ansonsten läuft der Betreiber einer Anlage Gefahr, durch die Zulassungsbehörde eine Untersagungsverfügung zu bekommen, wenn er dieser nicht vor der Errichtung und der Aufnahme des Betriebes gegenüber die Anzeige erstattet hat.

Anmeldung für die Errichtung von S2-Genlaboren

Demgegenüber sind die Errichtung und der Betrieb einer gentechnischen Anlage, in der gentechnische Arbeiten der Sicherheitsstufe 2 durchgeführt werden sollen, vor Beginn anzumelden.[3] Die **Anmeldung** ist die Zulassungsform für die Errichtung eines **S2-Genlabors**.

Alternativ kann der Betreiber, der eine S2 Anlage errichten oder betreiben will, eine Anlagengenehmigung beantragen.[4] Hier scheint es auf den ersten Blick nicht einzuleuchten, warum denn der Betreiber ein – wie sich zeigen wird – umfangreicheres Verfahren durchführen soll, wenn er an sich doch mit einer Anmeldung auskommen kann. Allerdings gibt es durchaus Fälle, in denen der Betreiber einer Anlage sicher sein möchte, dass die Behörde seinem Vorhaben auch zustimmt und diese Zustimmung auch in schriftlicher Form vorliegt. Für diese Möglichkeit sieht der Gesetzgeber vor, dass eine Anlagengenehmigung beantragt werden kann. In der Praxis besteht dann Bedarf für eine Anlagengenehmigung, wenn zum Beispiel Start-up-Unternehmen ihre erste gentechnische Anlage selbst errichten und in Betrieb nehmen. Hier besteht ein erhöhtes Sicherheitsbedürfnis, dass möglicherweise allein durch eine gesetzliche Fiktion nicht befriedigt wird.

Genehmigung für die Errichtung von S3- und S4-Genlaboren

Geht es hingegen um die Errichtung und den Betrieb gentechnischer Anlagen, in denen gentechnische Arbeiten der Sicherheitsstufe 3 oder 4 durchgeführt werden sollen, bedürfen diese der Genehmigung (Anlagengenehmigung).[5] Die **Genehmigung** ist die Zulassungsform für die Errichtung von **S3- und S4-Genlaboren**. Die Genehmigung be-

---

[2] § 8 Abs. 2 S. 1 GenTG.
[3] § 8 Abs. 2 S. 1 GenTG.
[4] § 8 Abs. 2 S. 2 GenTG.
[5] § 8 Abs. 1 S. 1 GenTG.

rechtigt dann zur Durchführung der im Genehmigungsbescheid genannten gentechnischen Arbeiten.[6] Hier zeigt sich bereits einer der Vorteile einer Anlagengenehmigung. Gemäß dem in Kap. 2 erklärten sog. Schachtelprinzip enthält nämlich die Anlagengenehmigung zugleich auch die Berechtigung, die im Genehmigungsbescheid genannten gentechnischen Arbeiten durchführen zu können. Insoweit erhält der Betreiber einer gentechnischen Anlage neben der Erlaubnis für die Errichtung und den Betrieb der Anlage zugleich auch die Erlaubnis die im Genehmigungsbescheid genannten gentechnischen Arbeiten durchzuführen.

9.2.2   Wesentliche Änderungen

Sollte ein Betreiber einer gentechnischen Anlage, der diese bereits einmal zur Zulassung beantragt hat, die Auffassung vertreten, er habe damit alle Pflichten zur Zulassung ein für alle Mal erledigt und müsse sich um eine Anlagenzulassung nicht wieder bemühen, so geht er fehl. Werden nämlich in einem bestehenden Genlabor wesentliche Änderungen durchgeführt, so ist auch dafür erneut ein Zulassungsverfahren zu betreiben. Hier richten sich die Formen der Zulassungen nach der Erstzulassung. Dementsprechend ist für die wesentliche Änderung eines S1-Genlabors eine Anzeige, für die wesentliche Änderung eines S2-Genlabors eine Anmeldung und für die wesentliche Änderung eines S3- oder S4-Genlabor eine Genehmigung zu erwirken.

Ein erneutes Zulassungsverfahren bei bestehenden Genlaboren knüpft das Gesetz an die Voraussetzung, dass in dem Labor eine **wesentliche Änderung** der Lage, der Beschaffenheit oder des Betriebs der gentechnischen Anlage vorgenommen wird.[7] Eine wesentliche Änderung der Lage des Labors liegt vor, wenn das Labor z. B. in ein anderes Gebäude oder in andere Räumlichkeiten desselben Gebäudes umzieht. Eine wesentliche Änderung der Beschaffenheit der Anlage liegt vor, wenn die bauliche Substanz oder die sicherheitsrelevanten Einrichtungen geändert werden. Auch eine wesentliche Änderung des Betriebs der gentechnischen Anlage reicht aus, um im Einzelfall ein neues Zulassungsverfahren eröffnen zu müssen. Wurde beispielsweise zunächst in einem Labor in kleinem Maßstab gearbeitet und wird das Labor anschließend von einer neuen Arbeitsgruppe benutzt, die mit Tieren umgeht, so sind neben den Haltungsvorrichtungen für die Tiere auch andere sicherheitsrelevante Gerätschaften erforderlich. Dementsprechend stellt sich der Betrieb der gentechnischen Anlage anders dar als dies zuvor unter der Arbeitsgruppe der Fall gewesen ist. Dementsprechend ist von einer wesentlichen Änderung des Betriebs der Anlage auszugehen. Dies gilt auch, wenn die Sicherheitsstufe der Anlage nicht verlassen wird, also die neue Tätigkeit auch S1 ist und damit als Tätigkeit zulassungsfrei.

Wann von einer wesentlichen Änderung gesprochen werden kann, wird im Gesetz nicht weiter beschrieben. Es handelt sich mithin um einen unbestimmten Gesetzesbegriff.

---

[6] § 8 Abs. 1 S. 3 GenTG.
[7] § 8 Abs. 4 GenTG.

Es ist davon auszugehen, dass eine wesentliche Änderung jedenfalls dann gegeben ist, wenn sich die sicherheitsrelevanten Fragen für die gentechnischen Arbeiten im Genlabor neu stellen.[8] Dies ist der Fall, wenn die Änderung Einfluss auf die Risikobewertung und/oder die Sicherheitsmaßnahmen haben kann. So wird man von einer wesentlichen Änderung immer dann ausgehen müssen, wenn bauliche Veränderungen im Labor vorgenommen werden. Dies ist etwa der Fall, wenn ein zusätzlicher Raum zum Genlabor dazu genommen werden soll oder wenn Wände, Türen und Fenster im Genlabor geändert werden sollen. Allerdings dürfte unter sicherheitsrelevanten Aspekten auch dann von einer wesentlichen Änderung zu sprechen sein, wenn ihm Genlabor lediglich einige sicherheitsrelevante Einrichtungen (siehe dazu Abschn. 10.1) ausgetauscht werden. In diesem Fall ist es für den Projektleiter nicht immer offensichtlich, dass es sich dabei um die wesentliche Änderung des Betriebs der Anlage handelt. Deutlich wird dies etwa an dem Beispiel, dass in einem Genlabor der Sicherheitsstufe 1 bauseits standardmäßig eine Werkbank der Sicherheitsstufe 2 eingebaut war. Ist diese Sicherheitswerkbank defekt, so würde sicherlich ein 1 : 1 Austausch (alt gegen neu) sicherheitsrelevante Fragen nicht erneut aufwerfen. Aber bereits bei diesem Beispiel ist zu berücksichtigen, dass in der Regel eine Sicherheitswerkbank eines neueren Typs angeschafft wird. Möglicherweise ist das Lüftungssystem anders. In der Regel kann deshalb von einem 1 : 1 Austausch nicht gesprochen werden. Da es sich bei der Sicherheitswerkbank auf jeden Fall um eine sicherheitsrelevante Einrichtung handelt, wäre die Frage der wesentlichen Änderung auf jeden Fall mit der Zulassungsbehörde zu besprechen. Dies gilt erst recht, wenn statt der vormals vorhandenen Werkbank der Sicherheitsstufe 2 eine Werkbank der Sicherheitsstufe 1 gewählt wird.

In der Praxis ist es häufig so, dass über sicherheitsrelevante Änderungen erst im Rahmen einer Revision der Anlage gesprochen wird. Häufig merkt der Projektleiter erst dann, dass er eine wesentliche Änderung vorgenommen hat, wenn die Überwachungsbehörde bei der Revision feststellt, dass bestimmte Dinge bei ihrem letzten Besuch anders gewesen sind oder anders gestanden haben. An diesem Punkt hat der Projektleiter dann guten Grund die Frage der wesentlichen Änderung mit der Überwachungsbehörde zu diskutieren, damit der Betreiber ein erforderliches Anzeige-, Anmelde- oder Genehmigungsverfahren ggf. nachholen kann.

9.3   Voraussetzungen der Zulassung

Die Voraussetzungen, unter denen eine gentechnische Anlage zugelassen werden kann, sind – wie für die Tätigkeit – in § 11 Abs. 1 GenTG niedergelegt. Vergleiche dazu Abb. 9.4. Zwar trägt § 11 GenTG den Titel „Genehmigungsvoraussetzungen", allerdings ist über die Verweisvorschrift in § 12 Abs. 7 GenTG sichergestellt, dass diese Voraussetzungen – bis auf eine einzige – auch erfüllt sein müssen, wenn eine Anzeige oder eine Anmeldung erforderlich sind.

---

[8] Vgl. dazu auch LAG-Gentechnik, Dokumente, Beschlüsse der LAG, S. 29.

Voraussetzungen für Zulassungen bei Tätigkeiten

1.   Keine Bedenken gegen die Zuverlässigkeit des PL und des Betreibers
2.   Sachkunde des PL und des BBS und ständige Pflichtenerfüllung
3.   Einhaltung der Pflichten
     -   zur Risikobewertung
     -   zu Sicherheitsvorkehrungen
     -   der GenTSV
4. Einhaltung von Stand der Wissenschaft und Technik
5. Keine Bedenken bezüglich biologischer Waffen oder Kriegswaffen
6. Einhaltung aller anderen öffentlich-rechtlichen Vorschriften

Abb. 9.4   Voraussetzungen für Zulassungen bei Tätigkeiten

9.3.1   Zuverlässigkeit

Auch für die Erteilung einer Zulassung für die Errichtung und den Betrieb eines Genlabors ist Voraussetzung, dass „keine Tatsachen vorliegen dürfen, aus denen sich Bedenken gegen die Zuverlässigkeit des Betreibers und der für die Errichtung sowie für die Leitung und die Beaufsichtigung des Betriebes der Anlage verantwortlichen Personen" ergeben. Zu diesem Punkt kann auf die Zulassungsvoraussetzungen bei Tätigkeiten verwiesen werden (vgl. dazu Abschn. 8.2.1).

9.3.2   Sachkunde

Weiterhin muss gewährleistet sein, dass der Projektleiter sowie der oder die Beauftragten für die Biologische Sicherheit die für ihre Aufgaben erforderliche Sachkunde besitzen und die ihnen obliegenden Verpflichtungen ständig erfüllen können. Auch diese Voraussetzung ist umfassend bei den Zulassungsvoraussetzungen für Tätigkeiten erörtert worden (vgl. dazu Abschn. 8.2.2).

9.3.3   Pflichtenerfüllung

Die dritte Voraussetzung für die Erteilung einer Zulassung ist, dass sichergestellt ist, dass der Antragsteller die Pflicht zur Risikobewertung[9] und die Pflicht zur Einhaltung der dem Stand von Wissenschaft und Technik notwendigen Vorkehrungen[10] einhält. Zudem muss

---

[9] § 6 Abs. 1 S. 1 GenTG.
[10] § 6 Abs. 2 S. 1 GenTG.

er für die Durchführung der vorgesehenen gentechnischen Arbeiten den Pflichten nach
der Gentechnik-Sicherheitsverordnung nachkommen. Dazu kann insgesamt auf die Zulassungsvoraussetzungen bei Tätigkeiten verwiesen werden (vgl. Abschn. 8.2.3).

9.3.4   Einhaltung von Stand der Wissenschaft und Technik

Ferner muss gewährleistet sein, dass für die erforderliche Sicherheitsstufe die nach dem
Stand der Wissenschaft und Technik notwendigen Einrichtungen vorhanden und Vorkehrungen getroffen sind und deshalb schädliche Einwirkungen auf die geschützten Rechtsgüter nicht zu erwarten sind. Auch dies ist umfassend bei den Zulassungsvoraussetzungen
für Tätigkeiten erörtert worden (vgl. Abschn. 8.2.4).

9.3.5   Keine Bedenken bezüglich bakteriologischer Waffen
          oder Kriegswaffen

Weitere Voraussetzung ist, dass keine Tatsachen vorliegen dürfen, denen die Verbote des
Gesetzes über bakteriologische Waffen und des Gesetzes über die Kontrolle von Kriegs-
waffen entgegenstehen. Zu diesem Punkt kann auf die Zulassungsvoraussetzungen bei
Tätigkeiten verwiesen werden (vgl. Abschn. 8.2.5).

9.3.6   Einhaltung aller anderen öffentlich-rechtlichen Vorschriften

Für die Erteilung einer Genehmigung muss zusätzlich hinzukommen, dass alle anderen
öffentlich-rechtlichen Vorschriften und Belange des Arbeitsschutzes der Errichtung und
dem Betrieb der gentechnischen Anlagen nicht entgegenstehen. Diese zuletzt genannte
Vorschrift muss nicht erfüllt sein, wenn für die Anlage nur eine Anzeige oder eine Anmeldung erforderlich ist. Dazu kann insgesamt auf die Zulassungsvoraussetzungen bei
Tätigkeiten verwiesen werden (vgl. Abschn. 8.3.6).

9.4   Zulassungsverfahren in der Praxis

Im Folgenden soll es darum gehen, wie die Zulassungsverfahren im Einzelnen abgelaufen.
Wie bereits bei den Voraussetzungen für die Erteilung der Zulassung deutlich geworden
ist, bestehen zwischen einer Anzeige, einer Anmeldung und einer Genehmigung Unterschiede. Diese Unterschiede setzen sich auch im Ablauf der Verfahren und im Rahmen
der Zulassungsentscheidung durch (vgl. Abschn. 8.4.1–8.4.3 (Abschn. 8.4)).

9.4.1 Genehmigungsverfahren

Das Genehmigungsverfahren für die Zulassung von gentechnischen Anlagen der Sicherheitsstufe 3 und 4 gestaltet sich umfangreich. Der Verfahrensablauf ist in Abb. 9.5 dargestellt. Dies findet seine Begründung in der so genannten Konzentrationswirkung nach § 22 GenTG, die am Ende des Genehmigungsverfahrens noch näher dargestellt wird.

Antrag

Zunächst einmal muss für ein Genehmigungsverfahren der vollständige Antrag (Formblatt A) ausgefüllt und unterschrieben bei der Behörde eingereicht werden.[11] Der Antrag A umfasst insgesamt sechs Seiten. Er ist zu ergänzen durch das Formblatt S, die Formblätter AL (Sicherheitsmaßnahmen im Laborbereich), AP (Sicherheitsmaßnahmen im Produktionsbereich) oder AG (Sicherheitsmaßnahmen in Gewächshäusern oder Klima-Kammern) AT (Sicherheitsmaßnahmen in Tierhaltungsbereichen). Selbstverständlich ist dafür entscheidend, in welchem Bereich die Arbeit stattfinden soll. Darüber hinaus ist das Formblatt GA (Angaben zu den vorgesehenen gentechnischen Arbeiten), das Formblatt GS (Angaben zum Spenderorganismus), das Formblatt GE (Angaben zum Empfängerorganismus) und ggf. das Formblatt GV (Angaben zum Vektor) sowie das Formblatt GO (Angaben zum gentechnisch veränderten Organismus (GVO)) beizufügen. Letztlich ist auch das Formblatt M (Angaben zur arbeitsmedizinischen Vorsorge) anzuhängen. Je nach

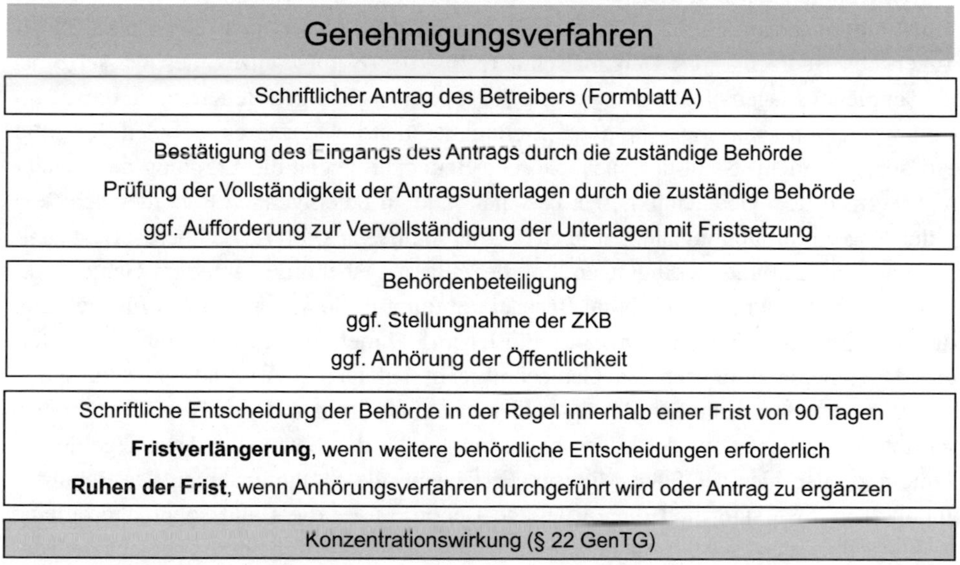

Genehmigungsverfahren

Schriftlicher Antrag des Betreibers (Formblatt A)

Bestätigung des Eingangs des Antrags durch die zuständige Behörde
Prüfung der Vollständigkeit der Antragsunterlagen durch die zuständige Behörde
ggf. Aufforderung zur Vervollständigung der Unterlagen mit Fristsetzung

Behördenbeteiligung
ggf. Stellungnahme der ZKB
ggf. Anhörung der Öffentlichkeit

Schriftliche Entscheidung der Behörde in der Regel innerhalb einer Frist von 90 Tagen
Fristverlängerung, wenn weitere behördliche Entscheidungen erforderlich
Ruhen der Frist, wenn Anhörungsverfahren durchgeführt wird oder Antrag zu ergänzen

Konzentrationswirkung (§ 22 GenTG)

Abb. 9.5 Genehmigungsverfahren

---

[11] Die Formblätter sind über die Seite www.lag-gentechnik.de links unter „Für Antragsteller" bundesweit erhältlich.

Anlagetyp kann der Antrag mithin bis zu 33 Seiten umfassen. Wichtig ist, dass der Antrag vom Betreiber, dem Projektleiter und dem Beauftragten für die Biologische Sicherheit unterschrieben ist. Andernfalls erhält man den Antrag ohne weitere Bearbeitung direkt von der Zulassungsbehörde zurück.

Eingangsbestätigung durch die Behörde
Damit das Genehmigungsverfahren zügig durchgeführt werden kann und der Beginn des Laufs des Genehmigungsverfahrens eindeutig feststeht, ist der Eingang des Antrags und der beigefügten Unterlagen von der Behörde gegenüber dem Antragsteller unverzüglich schriftlich zu bestätigen. Ferner sind Antrag und Unterlagen auf die Vollständigkeit durch die Zulassungsbehörde zu prüfen und gegebenenfalls unter Fristsetzung Ergänzungen zum Antrag oder zu den Unterlagen anzufordern.

Behördenbeteiligung
Liegen der Behörde der vollständige Antrag und die vollständigen Unterlagen vor, so beginnt zunächst ein behördeninternes Beteiligungsverfahren. Im Rahmen dieses behördeninternen Beteiligungsverfahrens verschickt die Zulassungsbehörde Durchschriften der Antragsunterlagen an die so genannten Träger öffentlicher Belange (TöB), die im Rahmen der Behördenbeteiligung deshalb zu beteiligen sind, weil über in ihre sachliche Zuständigkeit fallende Erlaubnisse, Bewilligungen, Genehmigungen und Befreiungen mitentscheiden wird. Man spricht hier im Prinzip davon, dass man in einem Verfahren gegenüber der Gentechnikbehörde mittels eines Bescheides alle möglichen Zulassungen durch die Genehmigungsbehörde erhält. Da die Zulassungsbehörde aber nicht eigenständig über Fragen des Baurechts, des Denkmalschutzrechts, des Naturschutzes, des Wasserrechts oder ähnlicher Fragen ohne Hinzuziehung der örtlich zuständigen Behörden für diese Fragen entscheiden kann, muss sie deren Stellungnahmen im Verfahren einholen. Sie fragt also dort an, ob aus Sicht der Fachbehörden Bedenken gegen die Erteilung der Genehmigung nach dem Gentechnikgesetz bestehen. Die zu beteiligenden Behörden schicken in der Regel ihre Stellungnahmen unter Beifügung der aus ihrem Fachbereich entstammenden Auflagen und Bedingungen, die die Zulassungsbehörde nach dem Gentechnikgesetz dann nach Prüfung in ihrem Bescheid aufnimmt. So kann etwa das für die Stadt Münster zuständige Bauamt der Stadt Münster im Rahmen seiner Zustimmung zur Erteilung der Genehmigung nach dem Gentechnikrecht Auflagen zum Brandschutz, zur Farbe der Dacheindeckung und der Gebäudeaußenwände bestimmen. Diese Vorgaben ergeben sich im Wesentlichen aus der Landesbauordnung oder den Satzungen der maßgeblichen Gemeinde, also hier der Stadt Münster. Erst wenn alle Stellungnahmen der Behörden eingeholt worden sind, holt die zuständige Behörde über die Bundesoberbehörde eine Stellungnahme der ZKBS[12] zur sicherheitstechnischen Einstufung der vorgesehenen gentechnischen Arbeiten und zu den erforderlichen sicherheitstechnischen Maßnahmen ein.

---

[12] Zur Zusammensetzung der Kommission vgl. Hasskarl/Bakhschai (2013), Deutsches Gentechnikrecht, S. 80.

Die Kommission ist aufgerufen, ihre Stellungnahme unverzüglich abzugeben. Die Zulassungsbehörde hat die Stellungnahme der Kommission bei ihrer Entscheidung zu berücksichtigen. In der Regel folgt die Zulassungsbehörde der Stellungnahme der ZKBS. Da das Gesetz allerdings nur vorsieht, dass die Stellungnahme der ZKBS zu berücksichtigen ist, kann sich die Zulassungsbehörde auch über die Stellungnahme der ZKBS hinwegsetzen. Für den Fall, dass die Zulassungsbehörde von der Stellungnahme der ZKBS abweicht, hat sie die Gründe dafür schriftlich darzulegen.[13]

Anhörungsverfahren

Nach der Beteiligung der betroffenen Behörden ist für den Betrieb einer gentechnischen Anlage, in der gentechnische Arbeiten der Sicherheitsstufe 3 oder 4 zu gewerblichen Zwecken durchgeführt werden sollen, ein Anhörungsverfahren[14] durchzuführen. Dieses ist auch für Anlagen vorgesehen, in denen gentechnische Arbeiten der Sicherheitsstufe 2 zu gewerblichen Zwecken durchgeführt werden sollen, wenn für diesen Fall ein Genehmigungsverfahren nach dem Bundes-Immissionsschutzgesetz erforderlich wäre. Die näheren Einzelheiten eines solchen Anhörungsverfahrens regelt die Gentechnik-Anhörungsverordnung. Diese sieht vor, dass die zuständige Bundesoberbehörde das Vorhaben in ihrem amtlichen Veröffentlichungsblatt und in öffentlichen Tageszeitungen, die in den Gemeinden, in denen die beantragte Anlage errichtet werden soll, verbreitet sind, öffentlich bekannt macht. In der Folgezeit sind Antrag und Unterlagen nach Bekanntgabe einen Monat zur Einsicht auszulegen. Mit Ende der Auslegungsfrist können bis zu einen Monat Einwendungen gegen die Genehmigung der Anlage erhoben werden, die dann in das Verfahren einbezogen werden müssen. Wird von so genannten Einwendern diese Frist nicht eingehalten, so sind sie mit ihren Einwendungen im weiteren Verfahren ausgeschlossen. Mit denjenigen, die rechtzeitig Einwendungen gegen das Vorhaben erhoben haben, ist ein Erörterungstermin durchzuführen. Die rechtzeitig erhobenen Einwendungen müssen dort erörtert werden. Einwender erhalten im Rahmen des Erörterungstermins Gelegenheit, ihre Einwendungen zu erläutern. Erst wenn auch das Erörterungsterminverfahren abgeschlossen ist, kann die Behörde über den Genehmigungsantrag entscheiden. Im Falle der Beantragung einer Vollgenehmigung ergeht also in jedem Fall eine schriftliche Entscheidung der Behörde.

Behördliche Entscheidungen und Rechtsmittel

Das Gesetz sieht vor, dass im Falle eines Genehmigungsantrags die Zulassungsbehörde in einer Frist von 90 Tagen über diesen schriftlich zu entscheiden hat. Diese Frist ruht, solange ein Anhörungsverfahren durchgeführt wird oder die Behörde die Ergänzung des Antrags oder der Unterlagen abwarten oder bis die erforderliche Stellungnahme der ZKBS

---

[13] Vgl. dazu Kauch (2009), Gentechnikrecht, S. 84.
[14] Zur Problematik des Anhörungsverfahrens vgl. Hasskarl/Bakhschai (2013), Deutsches Gentechnikrecht, S. 81.

zur sicherheitstechnischen Einstufung der vorgesehenen gentechnischen Arbeiten und für die erforderlichen sicherheitsrelevanten Maßnahmen vorliegt.

Die erteilte Genehmigung berechtigt den Betreiber dann zur Durchführung der im Genehmigungsbescheid genannten gentechnischen Arbeiten.

Wie sich aus dem Wortlaut des § 11 Abs. 1 GenTG ergibt, ist die Genehmigung bei Vorliegen der Zulassungsvoraussetzungen der Nr. 1 bis Nr. 6 GenTG zu erteilen. Juristisch spricht man von einer so genannten gebundenen Entscheidung. Dies bedeutet, dass der Betreiber bei Vorliegen der Genehmigungsvoraussetzungen einen Rechtsanspruch auf Erteilung der Genehmigung hat. Die Erteilung der Genehmigung ist damit nicht in das Ermessen der Behörde gestellt. Sollte die Genehmigung trotz des Vorliegens der Genehmigungsvoraussetzungen versagt werden, so hat der Betreiber einen klagbaren Anspruch und kann die Genehmigung gerichtlich einklagen.

Der Genehmigungsbescheid ist daran zu erkennen, dass er in der Regel als „Bescheid" zu Beginn des Schriftstücks bezeichnet wird. Zudem muss am Ende eine „Rechtsbehelfsbelehrung" angefügt werden. Die Rechtsbehelfsbelehrung unterscheidet sich in den einzelnen Bundesländern. Dies liegt darin begründet, dass in einem Teil der Bundesländer noch ein so genanntes Vorverfahren (Widerspruchsverfahren) vorgesehen ist, bevor Klage beim Verwaltungsgericht erhoben werden kann. In anderen Bundesländern findet ein solches Vorverfahren nicht statt. In diesen Fällen muss innerhalb eines Monats Klage gegen die ablehnende Entscheidung beim Verwaltungsgericht erhoben werden.

Die Besonderheit einer Genehmigung nach dem Gentechnikgesetz liegt darin, dass der Betreiber in diesem Fall nur ein Verfahren bei einer Behörde durchführen muss und dafür eine zentrale Entscheidung erhält. Diese so genannte **Konzentrationswirkung** ist in § 22 und § 23 GenTG näher beschrieben. Es findet eine Verfahrenskonzentration in dem Sinne statt, dass nur ein Verfahren bei einer Behörde durchgeführt werden muss. Zudem findet eine Entscheidungskonzentration dergestalt statt, dass die Anlagengenehmigung andere die gentechnische Anlage betreffende behördliche Entscheidungen einschließt. Dies gilt insbesondere für andere öffentlich-rechtliche Genehmigungen, Zulassungen, Verleihungen, Erlaubnisse und Bewilligungen mit Ausnahme von behördlichen Entscheidungen nach atomrechtlichen Vorschriften. Hinzu kommt, dass die einmal erteilte gentechnikrechtliche Genehmigung auch im Verhältnis zu Dritten eine Wirkung entfaltet. So sind nämlich privatrechtliche Ansprüche zur Abwehr benachteiligender Einwirkungen von einem Grundstück auf ein benachbartes Grundstück ausgeschlossen, wenn die Genehmigung bestandskräftig geworden ist. Das bedeutet, dass die Genehmigung als solche nach Ablauf der Rechtsmittelfrist von einem Dritten nicht mehr infrage gestellt werden kann. Gerade im gewerblichen Bereich ist dies gegenüber Konkurrenten oder aber in der Nähe befindlichen Anwohner von besonderer Bedeutung, da auch ihnen gegenüber die Zulässigkeit der Anlage mit der Genehmigung bestandskräftig festgestellt wird.

9.4.2 Anmeldeverfahren

Bei einer Anmeldung kann der Betreiber mit den Arbeiten vorzeitig beginnen. Der Ablauf des Anmeldeverfahrens ist in der Abb. 9.6 dargelegt.

Antrag

Zunächst gilt auch hier das Schriftformerfordernis für die Anmeldungen. Die Anmeldung muss dementsprechend auf dem Formblatt A erfolgen. Hier gilt das zur Genehmigung Ausgeführte entsprechend.

Eingangsbestätigung durch die Behörde

Auch in diesem Fall sieht das Gesetz vor, dass die Zulassungsbehörde dem Anmelder den Eingang der Anmeldung und der beigefügten Unterlagen unverzüglich schriftlich bestätigen muss. Zudem hat sie zu prüfen, ob die Anmeldungen und die Unterlagen für die Beurteilung der Anmeldung ausreichend sind. Ebenso gilt, dass die zuständige Behörde den Anmelder unverzüglich aufzufordern hat, die Anmeldungen oder die Unterlagen innerhalb einer von ihr zu setzenden Frist zu ergänzen, wenn die Anmeldungen oder die Unterlagen nicht vollständig sind.

Keine Behördenbeteiligung

Für das Anmeldeverfahren ist die Beteiligung anderer Behörden, deren öffentlich-rechtliche Vorschriften durch das Vorhaben berührt werden können, nicht vorgesehen. Sollte

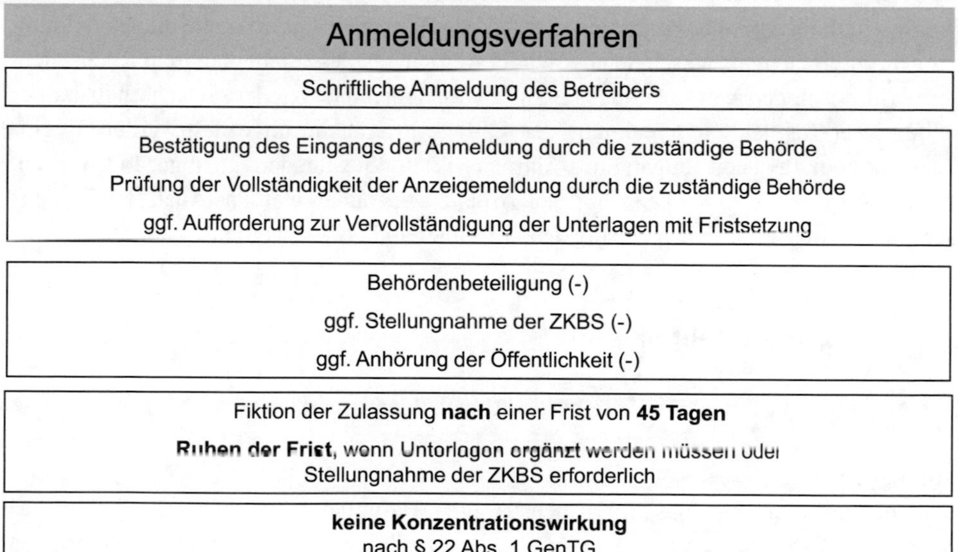

Anmeldungsverfahren

Schriftliche Anmeldung des Betreibers

Bestätigung des Eingangs der Anmeldung durch die zuständige Behörde
Prüfung der Vollständigkeit der Anzeigemeldung durch die zuständige Behörde
ggf. Aufforderung zur Vervollständigung der Unterlagen mit Fristsetzung

Behördenbeteiligung (-)
ggf. Stellungnahme der ZKBS (-)
ggf. Anhörung der Öffentlichkeit (-)

Fiktion der Zulassung **nach** einer Frist von **45 Tagen**
Ruhen der Frist, wenn Unterlagen ergänzt werden müssen oder
Stellungnahme der ZKBS erforderlich

keine Konzentrationswirkung
nach § 22 Abs. 1 GenTG

Abb. 9.6 Anmeldeverfahren

über die gentechnik-rechtliche Zulassung hinaus eine andere behördliche Zulassung erforderlich sein, so muss diese vom Betreiber selbstständig erwirkt werden.

Zudem ist eine Stellungnahme der Zentralen Kommission für die Biologische Sicherheit im Falle einer Anmeldung nur dann vorgesehen, wenn es um Arbeiten der Sicherheitsstufe 2 geht, die nicht mit einer bereits von der Kommission eingestuften gentechnischen Arbeit vergleichbar sind. Ansonsten erfolgt im Verfahren auch keine Stellungnahme der ZKBS. Auch eine Beteiligung der Öffentlichkeit ist im Rahmen einer Anmeldung nicht angezeigt.

Gesetzliche Fiktion

Bei der Anmeldung ergeht keine schriftliche Entscheidung der Behörde. Diese ist vom Gesetz nicht vorgesehen. Vielmehr führt das Gesetz aus, dass der Betreiber im Falle der Sicherheitsstufe 2 mit der Durchführung der erstmaligen gentechnischen Arbeiten 45 Tagen nach Eingang der Anmeldung bei der zuständigen Behörde oder mit deren Zustimmung auch früher beginnen kann. Wörtlich heißt es, der Ablauf der Frist gilt als Zustimmung zur Durchführung der gentechnischen Arbeit. Auch hier fingiert das Gesetz die Zulassung als erteilt, wenn die Frist von 45 Tagen abgelaufen ist. Sicherheitshalber sieht das Gesetz vor, dass die Frist ruht, solange die Behörde die Ergänzung der Unterlagen abwartet oder bis die erforderliche Stellungnahme der Kommission zur sicherheitstechnischen Einstufung der vorgesehenen gentechnischen Arbeit und zu den erforderlichen sicherheitstechnischen Maßnahmen vorliegt.

Um nicht vorzeitig mit den gentechnischen Arbeiten zu beginnen, muss der Projektleiter an dieser Stelle sicher sein, wann die Frist von 45 Tagen zu laufen beginnt und wann die Frist sicher beendet ist. In der Praxis zeigen die Fragen immer wieder, dass hier große Unsicherheiten bei den Projektleitern bestehen. Sicherheitshalber sollte die Anmeldung per Einschreiben mit Rückschein abgesendet werden. Dann ist sicher auf dem Rückschein vermerkt, wann der Antrag bei der Behörde vorgelegen hat. Wiederum sicherheitshalber sollte dieser Tag bei der Berechnung der 45-Tage-Frist nicht mitgezählt werden. Beginnend mit dem Tag nach Eingang des Antrags sollten 45 Kalendertage abgezählt werden. Mit Ablauf des 45. Tages kann mit den Arbeiten begonnen werden. Auch der Tag des Beginns mit den Arbeiten sollte sorgsam berechnet und notiert werden.

9.4.3   Anzeigeverfahren

Das Anzeigeverfahren ist im Einzelnen in Abb. 9.7 dargestellt.

Antrag

Auch die bloße Anzeige muss schriftlich erfolgen. Dafür hat der Betreiber der Anlage das Formblatt AZ-S1 (siehe dazu Abschn. 4.1.3) vollständig ausgefüllt und unterschrieben bei der Zulassungsbehörde einzureichen. Das Formblatt umfasst neun Seiten. Besondere Obacht ist auch hier darauf zu legen, dass die Formblätter sowohl vom Betreiber, als

Anzeigeverfahren
Schriftliche Anzeige des Betreibers

Bestätigung des Eingangs der Anzeige durch die zuständige Behörde Prüfung der Vollständigkeit der Anzeige durch die zuständige Behörde ggf. Aufforderung zur Vervollständigung der Unterlagen mit Fristsetzung

Behördenbeteiligung (-) ggf. Stellungnahme der ZKBS (-) ggf. Anhörung der Öffentlichkeit (-)

Fiktion der Zulassung sofort nach Eingang der Anzeige **aber** Nutzungsuntersagung für 21 Tage möglich

keine Konzentrationswirkung nach § 22 Abs. 1 GenTG

Abb. 9.7 Anzeigeverfahren

auch vom Projektleiter und vom Beauftragten für die Biologische Sicherheit unterschrieben worden sind. Andernfalls werden die Unterlagen in der Regel sofort zurückgeschickt. Auch auf die Vollständigkeit der maßgeblichen Unterlagen, die beigefügt werden müssen, ist zu achten. Das vollständig ausgefüllte Formular ist bei der Zulassungsbehörde einzureichen. Dies geschieht in der Regel über den Postweg. Da der Projektleiter im Rahmen der Anzeige und des Anmeldeverfahrens sicher wissen muss, wann sein Antrag denn bei der Zulassungsbehörde eingegangen ist, ist ihm ein Einschreiben mit Rückschein an dieser Stelle zu empfehlen. In diesem Falle erhält er den rosa Rückschein, dem er dann das Zustellungsdatum entnehmen kann. Andernfalls muss er sich auf jeden Fall den Zugang seiner Anzeige durch ein Telefonat bei der Behörde bestätigen lassen. Dazu sollte er notieren mit wem er an welchem Tag und um welche Uhrzeit gesprochen hat und den Zusatz, dass ihm der Eingang seines Antrags bestätigt worden ist.

Eingangsbestätigung durch die Behörde

Liegt der Zulassungsstelle das Anzeigeformular des Betreibers vor, so beginnt die Prüfung der Behörde. Zunächst hat die Behörde dem Betreiber den Eingang der Anzeige und der beigefügten Unterlagen unverzüglich schriftlich zu bestätigen. Zudem hat sie zu prüfen, ob die Anzeige und die Unterlagen für die Beurteilung der Anlage oder der Arbeiten ausreichend sind. Sind Anzeige oder Unterlagen unvollständig oder lassen sie eine Beurteilung nicht zu, so hat die zuständige Behörde dem Betreiber unverzüglich aufzufordern, die Anzeige zu vervollständigen oder die Unterlagen zu ergänzen. Dazu wird dem Betreiber in der Regel eine Frist bestimmt.

Keine Behördenbeteiligung

Da das Gesetz eine schriftliche Entscheidung der Zulassungsbehörde in diesem Fall nicht vorsieht und auch andere öffentliche Vorschriften durch die Zulassungsstelle nicht geprüft werden müssen, wird in den Fällen der Anzeige weder eine weitere Behördenbeteiligung durchgeführt, noch eine Stellungnahme der ZKBS eingeholt. Auch eine Beteiligung der Öffentlichkeit, etwa weil die Anlage oder die Arbeit auch Auswirkungen außerhalb der Anlage haben kann, findet nicht statt.

Gesetzliche Fiktion

Sobald die Unterlagen bei der Zulassungsbehörde vollständig vorliegen, kann der Betreiber mit der Durchführung der erstmaligen gentechnischen Arbeiten im Falle der Sicherheitsstufe 1 sowie mit der Durchführung von weiteren gentechnischen Arbeiten im Falle der Sicherheitsstufe 2 sofort nach Eingang der Anzeige bei der zuständigen Behörde beginnen. Das Gesetz sieht die Durchführung der Arbeiten mit Ablauf der Einreichungsfrist kraft Gesetzes als legal an. Einer schriftlichen Entscheidung der Zulassungsbehörde bedarf es in diesen Fällen nicht.

Soweit in der Praxis in diesen Fällen gleichwohl eine schriftliche Entscheidung der Behörde erteilt worden ist, haben sich die Gerichte mit einer solchen Entscheidung sehr kritisch auseinandergesetzt. Denn nach Auffassung des Gerichtes fehlt es an einer rechtlichen Grundlage für einen zu erlassenden Bescheid. Auch können in einem solchen Bescheid nicht einfach nur bestehende gesetzliche Verpflichtungen erneut aufgenommen werden. Ein Bescheid kann im Einzelfall nur dann ergehen, wenn bezogen auf die konkrete Anlage und die konkrete Tätigkeit Nebenbestimmungen individualisierend aufgenommen werden müssen. Nur in einem solchen Fall ist ein feststellender Verwaltungsakt durch die Behörde rechtlich zulässig.

Sicherheitsrelevante Ausstattung von Genlaboren

10

Kirsten Bender

Die vier Sicherheitsstufen, in die gentechnische Anlagen eingeteilt werden, basieren auf den Sicherheitsstufen der gentechnischen Arbeiten, die dort durchgeführt werden. Diese wiederum beruhen auf der Risikobewertung der Organismen. Dabei reicht das Spektrum der Organismen von Mikroorganismen über Pflanzen bis hin zu Säugetieren. Diese Vielfalt macht deutlich, wie unterschiedlich auch die dazu notwendigen gentechnischen Anlagen sein können und dass sie in Bezug auf ihre Sicherheitsausstattungen ebenfalls Unterschiede aufweisen. Denken wir auch daran, dass gentechnische Arbeiten per Gesetz, „die Erzeugung, Vermehrung, Lagerung, Zerstörung oder Entsorgung sowie der innerbetriebliche Transport gentechnisch veränderter Organismen sind"[1].

Die Anforderungen seitens der baulichen und der technisch/apparativen Ausstattung der Anlagen werden in den Anhängen der Gentechnik-Sicherheitsverordnung (GenTSV) aufgeführt.[2] Sie sind nicht nur für einen entsprechenden Zulassungsantrag für eine gentechnische Anlage wichtig, sondern müssen auch angepasst werden, wenn sich beispielsweise gentechnische Arbeiten sicherheitsrelevant ändern. Gentechnische Anlagen werden in vier Bereiche eingeteilt – *Laborbereich*, Produktionsbereich, Gewächshaus und Tierhaltungsräume – und jeweils in die Sicherheitsstufen 1–4 eingestuft.

Sehen wir uns also genauer an, welche Anforderungen an die jeweiligen Bereiche entsprechend ihrer Sicherheitsstufen gestellt werden. Dabei ist zu beachten, dass Ausstattungsmerkmale niedrigerer Sicherheitsstufen jeweils von der nächsthöheren eingeschlossen werden.[3]

---

[1] § 3 Nr. 2 GenTG.

[2] Vgl. Verordnung über die Sicherheitsstufen und Sicherheitsmaßnahmen bei gentechnischen Arbeiten in gentechnischen Anlagen (GenTSV).

[3] Vgl. Anhang III A Satz 1 (Laborbereich) sowie B Satz 1 (Produktionsbereich), Anhang IV Satz 2 sowie Anhang V Satz 1 GenTSV.

© Springer-Verlag GmbH Deutschland, ein Teil von Springer Nature 2019
K. Bender und P. Kauch, *Gentechnisches Labor – Leitfaden für Wissenschaftler*,
https://doi.org/10.1007/978-3-642-34694-1_10

10.1   Die bauliche Ausstattung eines Genlabors

Im Hinblick auf die bauliche Ausstattung, z. B. Größe oder Wandbeschichtung einer gentechnischen Anlage, müssen die Vorgaben der GenTSV Anhang III–V eingehalten werden. Alle gentechnischen Anlagen und Bereiche, in denen gentechnisch gearbeitet wird, müssen als solche gekennzeichnet werden. Im Folgenden werden viele (aber nicht alle) Punkte aus den Anhängen der GenTSV beschrieben. Sie sind sämtlich der GenTSV Anhang III–V entnommen. Es ist darauf zu achten, dass Anforderungen, die sich aus niedrigeren Sicherheitsstufen ergeben, in den höheren Stufen nicht nochmals aufgeführt werden. Zur Erleichterung für den Leser sind die Originaltexte des Anhangs kursiv gedruckt.

10.1.1   Laborbereich Sicherheitsstufe 1

„Der Gentechnik-Arbeitsbereich ist als solcher und entsprechend der Sicherheitsstufe der gentechnischen Arbeiten, für die er zugelassen ist, zu kennzeichnen.“[4]

Die Kennzeichnung ist nicht streng vorgegeben, wohl aber die Inhalte. Mögliche Kennzeichnungen:

- Genlabor Sicherheitsstufe 1
- Gentechnische Anlage Sicherheitsstufe 1
- Genlabor S1
- Gentechnische Anlage S1

Der Hinweis „Labor, Sicherheitsstufe 1“ ist nicht ausreichend. Aus der Kennzeichnung muss hervorgehen, dass es sich um eine gentechnische Anlage handelt.

„Die Arbeiten sollen in abgegrenzten und in ausreichend großen Räumen bzw. Bereichen durchgeführt werden. In Abhängigkeit von der Tätigkeit ist eine ausreichende Arbeitsfläche für jeden Mitarbeiter zu gewährleisten.“[5]

Es muss sich also nicht ausschließlich um abgeschlossene Räume handeln, die als gentechnische Anlage genutzt werden. Wenn beispielsweise in einer Universität Bereiche eines Großraumlabors mit Arbeitsflächen für gentechnische Arbeiten benutzt werden sollen, so kann man diese Bereiche innerhalb eines Raumes kennzeichnen. Das ist oftmals nötig, um Praktika mit mehreren Studierendengruppen durchzuführen. Wie wir gesehen haben, ist bereits die Transformation von Bakterien im Rahmen der Klonierung eines Fremdgens

---

[4] Anhang III A, Stufe 1 Nr. 1 GenTSV.
[5] Anhang III A Stufe 1 Nr. 2 GenTSV.

eine gentechnische Arbeit und muss in einem dafür vorgesehenen Labor oder Bereich durchgeführt werden. Solche einfacheren gentechnischen Arbeiten werden im Rahmen der Ausbildung oftmals in größeren Gruppen durchgeführt.

„Oberflächen (Arbeitsflächen sowie die an die Arbeitsflächen angrenzenden Wandflächen und Fußböden) sollen leicht zu reinigen und müssen dicht und beständig gegen die verwendeten Stoffe und Reinigungsmittel sein."[6]

Zunächst müssen wir uns mit einem in juristischen Texten oft verwendeten Ausdruck befassen. „Sollen" heißt nicht, dass es nicht unbedingt nötig ist, die Anforderung zu erfüllen. Im juristischen Sinne meint „sollen" eher „müssen". Denn nur im begründeten Ausnahmefall kann von einer Soll-Anforderung abgewichen werden. Die Arbeitsflächen „müssen" also leicht zu reinigen sein, es sei denn, es gibt besondere Gründe, warum das nicht der Fall sein kann. Wer schon einmal in Laboren gearbeitet hat, weiß, dass es auch selbst gebaute Arbeitsflächenkonstruktionen an Tischen, Geräten, Schränken etc. gibt. Und diese können auch schon sehr „betagt" sein. Hier ist unter dem Aspekt der Reinigung der verwendeten Oberflächen zu überprüfen, ob sie den Anforderungen der GenTSV standhalten. Die Anforderungen an die Oberflächen werden noch näher charakterisiert. Es handelt sich dabei auch um „die an die Arbeitsflächen angrenzenden Wandflächen und Fußböden"[7]. Diese müssen beständig und dicht gegen die verwendeten Stoffe sein. Werden also in einem Genlabor DNA-Isolierungen durchgeführt, bei denen organische Lösungsmittel verwendet werden, so kann seitens der Behörden ggf. gefordert werden, dass die Flächen „dicht und beständig" gegen diese „verwendeten Stoffe" sind. In Bezug auf die Beständigkeit der Oberflächen ist es also wichtig, dass genau überlegt wird, mit welchen Stoffen bei gentechnischen Arbeiten umgegangen wird.

Auch Reinigungsmittel können ganz verschieden sein. Denken wir dabei weniger an die handelsüblichen Reiniger für Fußböden, sondern beispielsweise an die Reinigung von Geräten, die auf Arbeitstischen im Genlabor stehen, wie Messgeräte, spezielle Mikroskope und Hochleistungsflüssigkeitschromatografie (High Performance Liquid Chromatography, HPLC). Für diese werden z. T. speziell auf die Geräte abgestimmte Reiniger verwendet, die mit GVO in Kontakt gekommen sind.

„Ein Waschbecken soll im Arbeitsbereich vorhanden sein."[8]

Hier haben wir wieder das „juristische Soll". In der Regel ist in jedem Labor ein Waschbecken vorhanden. Wenn ein Raum aber als reiner Lagerraum z. B. mit Kühlschränken genutzt wird, kann möglicherweise auf ein Waschbecken verzichtet werden. Es muss dann

---

[6] Anhang III A, Stufe 1 Nr. 3 GenTSV.
[7] Anhang III A Stufe 1 Nr. 3 GenTSV.
[8] Anhang III A Stufe 1 Nr. 4 GenTSV.

geprüft werden, ob der Raum auch ohne Waschbecken als gentechnische Anlage zugelassen werden kann.

„Labortüren sollen nach außen aufschlagen und sollen aus Gründen des Personenschutzes Sichtfenster aufweisen."[9]

Hier erweist sich das „juristische Soll" oft als besonders problematisch. Denn in alten Gebäuden, in denen gentechnische Labore in Räumen eingerichtet werden sollen, die bislang keine Laborräume waren, ist die geforderte Aufschlagrichtung oftmals nicht gegeben. Da aber nur in begründeten Ausnahmefällen von den Anforderungen der GenTSV abgewichen werden kann, ist die Aufschlagrichtung entsprechend der Verordnung zu ändern. Gleiches gilt für die geforderten Sichtfenster. In älteren Universitäten wurden beim Bau der Räume, die als Genlabor genutzt werden sollten, die Türen sogar extra in die (verkehrte) Aufschlagrichtung eingebaut, etwa um einen möglichen Fluchtweg nicht zu behindern. Im Einzelfall ist zu überprüfen, ob es eine Regelung gibt, die eine Zulassung als gentechnische Anlage ermöglicht, ohne dass die Türen und deren Aufschlagrichtung verändert werden müssen. Es gibt aber keinen allgemeinen Bestandsschutz für bestehende Bauten. In der Regel werden diese Türen umgebaut, so dass die Aufschlagrichtung stimmt und ein Sichtfenster vorhanden ist.

„Für die Beschäftigten sind Bereiche einzurichten, in denen sie ohne Beeinträchtigung ihrer Gesundheit durch gentechnisch veränderte Organismen essen, trinken, rauchen [. . .] oder schnupfen können."[10]

Meist gibt es allgemeine Pausenräume, in den z. B. gegessen werden kann.

10.1.2   Laborbereich Sicherheitsstufe 2

„Der Arbeitsbereich ist zusätzlich mit dem Warnzeichen ‚Biogefährdung' zu kennzeichnen."[11]

„Zutritt zum Labor haben außer den an den Experimenten Beteiligten nur Personen, die vom Projektleiter oder durch von ihm autorisierte Dritte hierzu ermächtigt wurden. Hierauf ist durch geeignete Kennzeichnung an den Zugängen hinzuweisen."[12]

Nun ist die reine Angabe, dass die Räume eine gentechnische Anlage sind, nicht mehr ausreichend. Der Hinweis „Biogefährdung" ist nicht nur für die Mitarbeiter wichtig, sondern

---

[9] Anhang III A Stufe 1 Nr. 5 GenTSV.
[10] Anhang III A Stufe 1 Nr. 16 GenTSV.
[11] Anhang III A Stufe 1 Nr. 1 GenTSV.
[12] Anhang III A Stufe 1 Nr. 3 GenTSV.

auch beispielsweise für Personal, das in der Anlage Wartungsarbeiten durchführen soll. Auch für die Feuerwehr soll damit deutlich gemacht werden, dass in der Anlage Arbeiten mit GVO stattfinden, von denen ein geringes Risiko für Mensch und Umwelt ausgehen kann. Der Projektleiter entscheidet, wer das Labor betritt/betreten darf. Dies können neben den Mitarbeitern der Arbeitsgruppe auch Wartungs- und Reinigungspersonal sein. Unbefugten ist der Zutritt also nicht gestattet, was z. B. durch ein Piktogramm an der Tür gewährleistet wird.

Mögliche Kennzeichnungen:

- Genlabor Sicherheitsstufe 2
- Gentechnische Anlage Sicherheitsstufe 2
- Genlabor S2
- Gentechnische Anlage S2, jeweils mit dem Piktogramm zur Biogefährdung.

„Labortüren müssen nach außen aufschlagen und aus Gründen des Personenschutzes ein Sichtfenster aufweisen."[13]

Hier wandelt sich das „juristische Soll" zum „Muss". Es gibt also keine Ausnahme mehr. Und es gibt auch keinen Verhandlungsspielraum. Eine gentechnische Anlage im Laborbereich kann nicht als S2-Anlage zugelassen werden, wenn diese Vorgaben nicht erfüllt sind. Arbeitsgruppen, die eine S1-Anlage in eine S2-Anlage umrüsten wollen, sollten sich hierzu vergewissern, dass entsprechende Türen vorhanden sind.

„Oberflächen müssen leicht zu reinigen und beständig gegenüber den eingesetzten Desinfektionsmitteln sein."[14]

In Genlaboren der Sicherheitsstufe 2 ist es erforderlich, einen Hygieneplan mit den entsprechenden Desinfektionsmitteln auszuarbeiten. Darin wird in der Regel zwischen dem Havariefall (ungewollte Kontamination mit GVO) und dem Prophylaxefall (allgemeine Reinigung) unterschieden. Oberflächen müssen also nicht nur gegen die verwendeten Stoffe (siehe S1-Genlabor), sondern auch gegen die verwendeten Desinfektionsmittel beständig sein.

„Für die Desinfektion und Reinigung der Hände müssen ein Waschbecken, dessen Armatur ohne Handberührung bedienbar sein sollte, und Desinfektionsmittel-, Handwaschmittel- und Einmalhandtuchspender vorhanden sein. Diese sind vorzugsweise in der Nähe der Labortür anzubringen. Einrichtungen zum Spülen der Augen müssen vorhanden sein."[15]

---

[13] Anhang III A Stufe 2 Nr. 4 GenTSV.
[14] Anhang III A Stufe 2 Nr. 4a GenTSV.
[15] Anhang III A Stufe 2 Nr. 7 GenTSV.

Hier ist wieder das juristische Sollen und Müssen zu beachten.

„Der Arbeitsbereich soll frei von Bodenabläufen sein. Ablaufbecken in Arbeitsflächen sollen mit einer Aufkantung versehen sein."[16]

Die Aufkantung soll verhindern, dass GVO, die z. B. durch Verschütten eine Arbeitsfläche kontaminiert haben, in den normalen Wasserkreislauf durch den Ablauf eines Waschbeckens gelangen. Wenn keine Aufkantungen vorhanden sind, können diese beispielsweise auch nachträglich angebracht und mit Silikon abgedichtet werden.

10.1.3 Laborbereich Sicherheitsstufe 3

Ein Genlabor der Sicherheitsstufe 3 muss von *„seiner Umgebung abgeschirmt"* [17] sein, und die Fenster dürfen sich nicht öffnen lassen. In ein Labor dieser Sicherheitsstufe kann man nicht mehr „aus Versehen" gelangen, selbst dann nicht, wenn man zu den „Befugten" gehört, die dort arbeiten. Das kann z. B. durch ein spezielles Zugangs- und Schließsystem erreicht werden, bei dem nur die befugten Personen über einen Zugangscode oder einen entsprechend gesicherten (elektronischen) Schlüssel verfügen.

Mögliche Kennzeichnungen:

- Genlabor Sicherheitsstufe 3
- Gentechnische Anlage Sicherheitsstufe 3
- Genlabor S3
- Gentechnische Anlage S3, jeweils mit dem Piktogramm zur Biogefährdung.

„In der Regel ist eine Schleuse einzurichten, über die das Labor zu betreten und zu verlassen ist. Die Schleuse ist mit zwei selbstschließenden Türen auszustatten, die bei bestimmungsgemäßem Betrieb gegeneinander verriegelt sind. Sie muss eine Händedesinfektionsvorrichtung enthalten. In der Regel ist in der Schleuse ein Handwaschbecken mit Ellenbogen-, Fuß- oder Sensorbetätigung einzurichten. In begründeten Einzelfällen kann auf eine Schleuse verzichtet werden. Falls erforderlich, ist eine Dusche einzurichten."[18]

„In der Regel ist" heißt, es kann auch Ausnahmen davon geben. Welche behördlicherseits akzeptiert werden, hängt von den konkreten gentechnischen Arbeiten ab, die im Labor stattfinden. In den Risikobewertungen der GVO sowie Spender- und Empfängerorganismen haben wir bereits die Bezeichnung 3* kennengelernt. Diese Organismen sind nicht auf dem Luftweg übertragbar, daher kann möglicherweise auf einzelne Sicherheitsmaßnahmen, die die GenTSV fordert, verzichtet werden. Da ein Genlabor der Sicherheitsstu-

---

[16] Anhang III A Stufe 2 Nr. 16 GenTSV.
[17] Anhang III A Stufe 3, Nr. 1, GenTSV.
[18] Anhang III A Stufe 3 Nr. 3 GenTSV.

fe 3 immer durch ein Genehmigungsverfahren zugelassen wird, wird im Vorfeld meist schon eng mit den entsprechen Behörden zusammengearbeitet. Fragen bzgl. der notwendigen Ausstattungen können so geklärt werden.

„Im Arbeitsbereich anfallende zu sterilisierende Abwässer sind grundsätzlich einer thermischen Nachbehandlung zu unterziehen: Sammeln in Auffangbehältern und Autoklavierung oder zentrale Abwassersterilisation. Alternativ können auch erprobte chemische Inaktivierungsverfahren eingesetzt werden. Bei bestimmungsgemäßem Betrieb und unter Beachtung der organisatorischen Sicherheitsmaßnahmen fallen aus der Schleuse keine kontaminierten Abwässer an."[19]

„Sofern mit pathogenen Organismen gearbeitet wird, für die eine Übertragung durch die Luft nicht ausgeschlossen werden kann, muss das Labor unter ständigem, durch Alarmgeber kontrollierbarem Unterdruck gehalten und die Abluft über Hochleistungsschwebstoff-Filter geführt werden. Die Rückführung kontaminierter Abluft in Arbeitsbereiche ist unzulässig."[20]

Hier wird noch einmal deutlich, dass die Luftübertragbarkeit von Organismen eine wichtige Rolle für die bauliche Ausrüstung der Anlage spielt. Auf einen Unterdruck kann also nur verzichtet werden, wenn die Organismen nicht über den Luftweg übertragen werden.

„Für sicherheitsrelevante Einrichtungen wie Lüftungsanlagen, einschließlich Ventilationssystem, Notruf und Überwachungseinrichtungen ist eine Notstromversorgung einzurichten. Zum sicheren Verlassen des Arbeitsbereichs ist eine Sicherheitsbeleuchtung einzurichten."[21]

Oftmals wird ein Genlabor in einer größeren Einrichtung wie z. B. einer Universität eingerichtet. Eine Notstromversorgung sicherheitsrelevanter Einrichtungen gewährleistet, dass auch Störfälle in ganz anderen Abteilungen, die möglicherweise Auswirkungen auf allgemeine technische Systeme haben, keinen Einfluss auf die Sicherheit im Genlabor haben. Das ist hier von besonderer Bedeutung, da oft mit (human-)pathogenen Organismen umgegangen wird.

10.1.4   Laborbereich Sicherheitsstufe 4

Genlabore der höchsten Sicherheitsstufe sind selten. Nach Angaben der Zentralen Kommission für biologische Sicherheit gab es mit Stand vom Dezember 2016 vier genehmigte

---

[19] Anhang III A Stufe 3 Nr. 9 GenTSV.
[20] Anhang III A Stufe 3 Nr. 11 GenTSV.
[21] Anhang III A Stufe 3 Nr. 12 GenTSV.

gentechnische Anlagen der Sicherheitsstufe 4. Die Anlagen sind mit zahlreichen Sicherheitsmerkmalen auszustatten.

„Das Labor muss entweder ein selbständiges Gebäude oder, als Teil eines Gebäudes, durch einen Flur oder Vorraum deutlich von den allgemein zugänglichen Verkehrsflächen abgetrennt sein. Das Labor soll keine Fenster haben. Sind Fenster vorhanden, müssen sie dicht, bruchsicher und dürfen nicht zu öffnen sein. Es müssen Maßnahmen getroffen werden, die jedes unbeabsichtigte oder unerlaubte Betreten des Labors verhindern. Alle Türen des Labors müssen selbstschließend sein. Die Arbeitsräume des Labors dürfen nur durch eine dreikammerige Schleuse betreten werden können."[22]

„Die Schleuse muss gegen den Vorraum und die Arbeitsräume mit einer entsprechenden Druckstaffelung versehen sein, um den Austritt von Luft aus dem isolierten Laborteil zu verhindern. Die mittlere Kammer der Schleuse muss eine Personendusche enthalten. Eine Einrichtung zum Einbringen großräumiger Geräte oder Einrichtungsgegenstände ist vorzusehen."[23]

Im Unterschied zum S3-Bereich kann hier unter keinen Umständen auf eine Schleuse verzichtet werden. Fast alle Bestimmungen sind Muss-Bestimmungen, für die es also auch keinen begründeten Ausnahmefall mehr gibt. Auch für Wände, Decken und Fußböden des Bereichs müssen gegenüber dem Außenbereich abgedichtet sein:

„Alle Durchtritte von Ver- und Entsorgungsleitungen müssen abgedichtet sein."[24]

„Alle Ver- und Entsorgungsleitungen sind durch geeignete Maßnahmen gegen Rückfluß zu sichern. Gasleitungen sind durch Hochleistungsschwebstoff-Filter, Flüssigkeitsleitungen durch keimdichte Filter zu schützen. Das Labor darf nicht an ein allgemeines Vakuumsystem angeschlossen werden."[25]

„Das Labor muss durch ein eigenes Ventilationssystem belüftet werden. Dieses ist so auszulegen, dass im Labor ständig ein Unterdruck gegenüber der Außenwelt aufrechterhalten wird. Der Unterdruck muss vom Vorraum bis zum Arbeitsraum jeweils zunehmen. Der in der letzten Stufe tatsächlich vorhandene Unterdruck muss von innen wie von außen leicht kontrollierbar und überprüfbar sein."[26]

„Unzulässige Druckveränderungen müssen durch einen hörbaren Alarm angezeigt werden. Zu- und Abluft sind so zu koppeln, dass bei Ausfall von Ventilatoren die Luft keines-

---

[22] Anhang III A. Stufe 4 Nr. 1 GenTSV.
[23] Anhang III A. Stufe 4 Nr. 2 GenTSV.
[24] Anhang III A Stufe 4 Nr. 3 GenTSV.
[25] Anhang III A Stufe 4 Nr. 8 GenTSV.
[26] Anhang III A Stufe 4 Nr. 6 GenTSV.

falls unkontrolliert austreten kann. Die Abluft aus dem Labor muss so aus dem Gebäude gelangen, dass eine Gefährdung der Umwelt nicht eintreten kann. Zu- und Abluft des Labors müssen durch zwei aufeinander folgende Hochleistungsschwebstoff-Filter geführt werden. Die Filter sind so anzuordnen, dass ihre einwandfreie Funktion in eingebautem Zustand überprüft werden kann. Zu- und Abluftleitungen müssen hinter den Filtern mechanisch dicht verschließbar sein, um ein gefahrloses Wechseln der Filter zu ermöglichen."[27]

Insgesamt ist dieses Labor komplett von der Umgebung abzuschirmen. Das gilt auch für das Lüftungssystem und die Ver- und Entsorgungsleitungen. Als zusätzliche Sicherheitsmaßnahme sind Gasleitungen mit weiteren Hochleistungsschwebstofffiltern auszustatten (HoSch-Filter), und Leitungen, die zur Versorgung mit Flüssigkeit verwendet werden (i. d. R. Wasser- und Abwasserleitungen) müssen einen „keimdichten" Filter haben. Der Aufwand, ein Genlabor der Sicherheitsstufe 4 zu bauen, ist extrem hoch. Werden alle Anforderungen erfüllt, so wird z. B. das Löschwasser im Falle eines Brandes im Genlabor aufgefangen und inaktiviert.

10.1.5   Produktionsbereich Sicherheitsstufe 1

Zwar gelten die Sicherheitsmaßnahmen, die für den Laborbereich gelten, für den Produktionsbereich sinngemäß fort[28], in der GenTSV wird der Produktionsbereich aber einzeln definiert als:

„Der Produktionsbereich ist dadurch gekennzeichnet, dass in ihm gentechnisch veränderte Organismen vermehrt oder mit ihrer Hilfe Substanzen gewonnen werden, wobei der Umgang mit diesen Organismen in weitgehend geschlossenen Apparaturen stattfindet."[29]

Auch im Produktionsbereich kann es labortypische Arbeiten geben. Dann werden die Vorgaben für den Laborbereich aus der GenTSV angewendet.[30] Im Produktionsbereich wird meistens mit großen Kulturvolumina umgegangen. Diese Produktionsanlagen findet man in biotechnologischen Unternehmen, die z. B. pharmazeutische Produkte mithilfe von GVO herstellen. Dabei kann es sich um bakterielle wie auch z. B. Zellkulturen als Produktionseinheiten handeln. Die technischen Anforderungen aus der GenTSV für den Produktionsbereich sind im Wesentlichen auf die apparative Ausstattung, also den Fermenter, bezogen.

---

[27] Anhang III A Stufe 4 Nr. 6 GenTSV.
[28] Vgl. Anhang III B Stufe 1 Nr. 1 GenTSV.
[29] § 3 Nr. 8 GenTSV.
[30] Vgl. § 9 Abs. 2 GenTSV.

Die Kennzeichnung des Produktionsbereichs hat analog zum Laborbereich zu erfolgen:

- Genlabor Sicherheitsstufe 1
- Gentechnische Anlage Sicherheitsstufe 1
- Genlabor S1
- Gentechnische Anlage S1

Baulich finden sich in der GenTSV für den Produktionsbereich wenige weitere Hinweise. Wir werden uns mit den apparativen Anforderungen für diesen Bereich in Abschn. 10.2 beschäftigen.

10.1.6   Produktionsbereich Sicherheitsstufe 2

Die Kennzeichnung für den Laborbereich erfolgt gemäß dem Laborbereich für diese Sicherheitsstufe.

Mögliche Kennzeichnungen:

- Genlabor Sicherheitsstufe 2
- Gentechnische Anlage Sicherheitsstufe 2
- Genlabor S2
- Gentechnische Anlage S2, jeweils mit dem Piktogramm zur Biogefährdung.

Wie im S1-Produktionsbereich, gibt es nur wenige weitere bauliche Vorgaben für den Produktionsbereich.

„Falls erforderlich, müssen die Fermenter innerhalb eines kontrollierten Bereichs liegen."[31]

Es wird also nicht explizit ein Raum mit Fermenter gefordert, sondern es kann sich um einen „Bereich" handeln. Große Produktionsanlagen stehen oftmals in großen Hallen, nicht in Räumen, wie wir sie für Labore kennen. Diese Hallen/Produktionsbereiche werden bei industriellen Anlagen zum Teil durch sog. Leitwarten überwacht.

„Falls erforderlich, muss der kontrollierbare Bereich abdichtbar sein, um eine Begasung zu ermöglichen."[32]

Ob die Möglichkeit einer Begasung erforderlich ist, hängt von den für die Produktion verwendeten Organismen/GVO ab. Dies sollte mit den Zulassungsbehörden erläutert werden.

---

[31] Anhang III B Stufe 2 Nr. 2 GenTSV.
[32] Anhang III B Stufe 2 Nr. 3 GenTSV.

10.1.7   Produktionsbereich Sicherheitsstufe 3

Die Kennzeichnung der gentechnischen Anlage hat, wie bereits in der Sicherheitsstufe 3, das Zeichen für Biogefährdung zu enthalten.
Mögliche Kennzeichnungen:

- Genlabor Sicherheitsstufe 3
- Gentechnische Anlage Sicherheitsstufe 3
- Genlabor S3
- Gentechnische Anlage S3

Für diesen Sicherheitsbereich ergeben sich nun weitere bauliche Voraussetzungen:

„Der Arbeitsbereich muss von seiner Umgebung abgeschirmt sein."[33]

Wie auch in der Sicherheitsstufe 3 des Laborbereichs können Personen in diesen Arbeitsbereich nicht mehr ohne Zugangskontrolle und schon gar nicht, ohne es zu „bemerken", gelangen. Dies kann durch ein Zugangskontrollsystem, wie z. B. mit über Nummern kodierte Zugangsregelungen an Türen, erreicht werden. Aber auch herkömmliche Schlüssellösungen sind hier denkbar.

„Fermenter müssen innerhalb eines kontrollierten Bereichs liegen."[34]

„Sofern mit pathogenen Organismen gearbeitet wird, für die eine Übertragung durch die Luft nicht ausgeschlossen werden kann, muss der Produktionsbereich unter ständigem, durch Alarmgeber kontrollierbarem Unterdruck gehalten und die Abluft über Hochleistungsschwebstoff-Filter geführt werden. Die Rückführung kontaminierter Abluft in den Arbeitsbereich ist unzulässig. Das Ventilationssystem muss eine Notstromversorgung haben."[35]

Für Organismen, die unter die Risikobewertung 3* fallen, werden diese Regelungen also nicht gefordert. Erinnern wir uns, Spenderorganismen und Empfängerorganismen, die in diese Risikogruppe eingeteilt sind, sind z. B. der AIDS-Erreger HIV (Human Immundeficiency Virus) und Hepatitis-C-Virus (HCV). Nicht unter die 3*-Gruppierung fällt z. B. das Gelbfiebervirus. Wird also mit Organismen gearbeitet, die nicht unter die *-Kategorie fallen, müssen die oben beschriebenen Lüftungsanlagen entsprechend ausgelegt sein. Der Unterdruck bewirkt, dass keine Organismen aus dem Labor in die Umgebung entweichen können. Sie werden durch den Unterdruck quasi kontinuierlich ins Labor bzw.

---

[33] Anhang III B Stufe 3 Nr. 1 GenTSV.
[34] Anhang III B Stufe 3 Nr. 2 GenTSV.
[35] Anhang III B Stufe 3 Nr. 3 GenTSV.

in den Produktionsbereich „gezogen". Alle oben aufgeführten Forderungen sind Muss-Bestimmungen, das heißt, hier kann keine Ausnahme zugelassen werden.

„In der Regel ist eine Schleuse einzurichten, über die der Produktionsbereich zu betreten und zu verlassen ist. Die Schleuse ist mit zwei selbstschließenden Türen auszustatten, die bei bestimmungsgemäßem Betrieb gegeneinander verriegelt sind. Sie muss eine Hände-desinfektionsvorrichtung enthalten. In der Regel ist in der Schleuse ein Handwaschbecken mit Ellenbogen-, Fuß- oder Sensorbetätigung einzurichten. Falls erforderlich, ist eine Dusche einzurichten. In begründeten Einzelfällen kann auf eine Schleuse verzichtet werden."[36]

Analog zum Laborbereich dieser Sicherheitsstufe kann es also im Produktionsbereich Ausnahmen geben, so dass nicht immer eine Schleuse gefordert wird. Auch hier gilt, dass die genauen Bedingungen, unter denen auf eine Schleuse verzichtet werden kann (wann es sich also um gentechnische Arbeiten handelt, die als begründeter Einzelfall zu bewerten sind), behördlicherseits abgeklärt werden sollten.

„Der Arbeitsbereich muss mit einer technischen Lüftung ausgestattet sein, wobei die Filtration der Raumabluft in der Regel nicht erforderlich ist."[37]

Für die Vorgaben einer technischen Lüftung stehen z. B. DIN oder andere Normen und Richtlinien zur Verfügung.

„Im Arbeitsbereich anfallende zu sterilisierende Abwässer sind grundsätzlich einer thermischen Nachbehandlung zu unterziehen: Sammeln in Auffangbehältern und Autoklavierung oder zentrale Abwassersterilisation. Alternativ können auch erprobte chemische Inaktivierungsverfahren eingesetzt werden.

Bei bestimmungsgemäßem Betrieb und unter Beachtung der organisatorischen Sicherheitsmaßnahmen fallen aus der Schleuse keine kontaminierten Abwässer an."[38]

Handelt es sich um eine zentrale Abwassersterilisation, ist dies bei den baulichen Maßnahmen zu bedenken.

---

[36] Anhang III B Stufe 3 Nr. 4 GenTSV.
[37] Anhang III B Stufe 3 Nr. 7 GenTSV.
[38] Anhang III B Stufe 3 Nr. 8 GenTSV.

10.1.8   Produktionsbereich Sicherheitsstufe 4

Mögliche Kennzeichnungen:

- Genlabor Sicherheitsstufe 4
- Gentechnische Anlage Sicherheitsstufe 4
- Genlabor S4
- Gentechnische Anlage S4, jeweils mit dem Piktogramm zur Biogefährdung.

„Die Arbeitsräume des Produktionsbereichs dürfen nur durch eine dreikammerige Schleuse betreten werden können. Die Schleuse muss gegen den Vorraum und die Arbeitsräume mit einer Druckstaffelung versehen sein, um den Austritt von Luft aus dem isolierten Produktionsbereich zu verhindern. Die mittlere Kammer der Schleuse muss eine Personendusche enthalten. Die Arbeitsbereiche müssen mit Materialschleusen mit gegenseitig verriegelbaren Türen ausgerüstet sein."[39]

Im Produktionsbereich wird von Arbeitsräumen mit Vorraum ausgegangen, die, ähnlich wie bei den Anforderungen des Laborbereichs, mit einer Schleuse auszurüsten sind.

„Fenster, Wände, Decken und Fußböden müssen nach außen dicht sein. Fenster dürfen sich im Normalbetrieb nicht öffnen lassen."[40]

„Im Arbeitsbereich muss ein Unterdruck durch geeignete Lüftungssysteme gewährleistet sein. Der Unterdruck ist durch ein Messgerät mit Alarmgeber laufend zu überwachen."[41]

Der Arbeitsbereich ist der Bereich, in dem sich Produktionsanlagen (Fermenter) und andere Gerätschaften (mikrobiologische Sicherheitswerkbänke, Arbeitstische, Zentrifugen etc.) befinden.

„Zu- und Abluft müssen über doppelt ausgeführte Hochleistungsschwebstoff-Filter geführt werden. Der Filterwechsel muss unter aseptischen Bedingungen erfolgen, wie z. B. Sack-im-Sack-System oder chemische Desinfektion.

Die Anlage ist so auszulegen, dass die gesamte Abwassermenge aus Fermenter und Abflüssen aufgefangen und sterilisiert werden kann."[42]

Wie schon für den Laborbereich beschrieben, muss auch hier gewährleistet sein, dass im Falle von z. B. Unfällen oder Havarien, also Vorkommnissen, die nicht unter „Normal-

---

[39] Anhang III B Stufe 4 Nr. 1 GenTSV.
[40] Anhang III B Stufe 4 Nr. 3 GenTSV.
[41] Anhang III B Stufe 4 Nr. 4 GenTSV.
[42] Anhang III B Stufe 4 Nr. 5 GenTSV.

betrieb" fallen, die GVO und biologischen Arbeitsstoffe nicht in die Umwelt abgegeben werden.

„Bereiche, in denen sich Aerosole bilden können, müssen räumlich abgetrennt sein. Die Abluft der Absaugungen ist über doppelt ausgeführte Hochleistungsschwebstoff-Filter zu führen. Der kontrollierte Bereich muss abdichtbar sein, um eine Begasung zu ermöglichen.

Das Gebäude muss so ausgeführt werden, dass im Brandfall Feuerlöschwasser nicht in das Kanalsystem gelangen kann."[43]

Auch hier haben wir luft-, gas- und brandtechnische Vorgaben wie im Laborbereich der Sicherheitsstufe 4. Besonders das Auffangen des Löschwassers ist eine technisch sehr aufwendige bauliche Maßnahme.

10.1.9   Gewächshäuser Sicherheitsstufe 1

In Gewächshäusern werden nicht nur gentechnisch veränderte Pflanzen hergestellt, sondern es kann auch mit gentechnisch veränderten Mikroorganismen (z. B. phytopathogenen Erregern) umgegangen werden, um diese in ihren Auswirkungen auf die Pflanze zu erforschen. Wichtig: Bei der Errichtung einer Klimakammer gelten die Vorgaben aus der GenTSV sinngemäß wie in Gewächshäusern! Und wenn in dem Gewächshaus mit gentechnisch veränderten Mikroorganismen gearbeitet wird, gelten zusätzlich auch die Bestimmungen aus Anhang III (Laborbereich).

Auch Gewächshäuser müssen als gentechnische Anlage gekennzeichnet sein. Dies können z. B. an der Eingangstür angebrachte Bezeichnungen sein:

- Genlabor Sicherheitsstufe 1
- Gentechnische Anlage Sicherheitsstufe 1
- Genlabor S1
- Gentechnische Anlage S1

Der Zusatz „Biogefährdung" muss hier nicht erfolgen.

„Der Boden des Gewächshauses kann aus Kies oder anderem gewächshaustypischen Material bestehen. Erdbeete sind ebenfalls geeignet. Es sollten jedoch mindestens die Gehwege befestigt (z. B. betoniert) sein. Sofern erforderlich, sollte ein Auffangen von kontaminiertem Ablaufwasser möglich sein."[44]

Kontaminiertes Ablaufwasser kann entstehen, wenn z. B. mit phytopathogenen Erregern gearbeitet wird. Erdbeete werden tatsächlich oft in Gewächshäusern eingerichtet. Ob dies

---

[43] Anhang III B Stufe 4 Nr. 9 GenTSV.
[44] Anhang IV Stufe 1 Nr. 2 GenTSV.

möglich ist, richtet sich nach den gentechnischen Arbeiten, die durchgeführt werden sollen. Beispielsweise kann es so einen Unterschied machen, ob mit Pflanzen gearbeitet wird, die sich vegetativ über Rhizome vermehren, die zum Teil auch entfernt von der Ursprungspflanze entstehen können. Hier wäre von Erdbeeten eher abzuraten.

„Die Fenster und sonstigen Öffnungen des Gewächshauses können zu Belüftungszwecken geöffnet werden und erfordern keine besondere Schutzvorrichtung, um Pollen, Mikroorganismen oder kleine Flugtiere (z. B. Gliederfüßer, Vögel) abzuhalten oder auszuschließen. Gegen die zuletzt Genannten werden jedoch Netze empfohlen."[45]

Gewächshäuser liegen oftmals außerhalb eines Gebäudekomplexes, in dem Sozialräume für Mitarbeiter vorhanden sind. Daher wird gefordert:

„Für die Beschäftigten sind Bereiche einzurichten, in denen sie ohne Beeinträchtigung ihrer Gesundheit durch gentechnisch veränderte Organismen essen, trinken, rauchen, schnupfen oder sich schminken können."[46]

10.1.10 Gewächshäuser Sicherheitsstufe 2

Die Kennzeichnung des Gewächshauses ist entsprechend den Vorgaben, die wir bereits aus dem Labor- und Produktionsbereich kennen, durchzuführen. Auch hier muss der Zusatz zur Biogefährdung angebracht sein. Ebenso gelten alle Bestimmungen sinngemäß für Klimakammern, und es können weitere Sicherheitsvorkehrungen erforderlich sein, wenn mit gentechnisch veränderten Mikroorganismen im Gewächshaus gearbeitet wird.
  Mögliche Kennzeichnungen:

- Genlabor Sicherheitsstufe 2
- Gentechnische Anlage Sicherheitsstufe 2
- Genlabor S2
- Gentechnische Anlage S2, jeweils mit dem Hinweis zur Biogefährdung

„Das Gewächshaus muss ein festes Bauwerk mit durchgehend wasserdichter Bedeckung sein; es sollte eben gelegen sein, so dass kein Oberflächenwasser eindringen kann, und über selbstschließende verriegelbare Türen verfügen."[47]

Hier sind die „Muss- und Soll-Bestimmungen" zu beachten. „Soll" ist wieder im juristischen Sinne zu verwenden. Nur im begründeten Ausnahmefall kann also von Vorgaben abgewichen werden.

---

[45] Anhang IV Stufe 1 Nr. 3 GenTSV.
[46] Anhang IV Stufe 1 Nr. 9 GenTSV.
[47] Anhang IV Stufe 2 Nr. 1 GenTSV.

„Das Ablaufwasser ist auf ein Mindestmaß zu reduzieren, soweit eine Übertragung von GVO über den Boden stattfinden kann. Sofern nur eine geringe Wahrscheinlichkeit besteht, dass vermehrungsfähiges Material durch den Boden verbreitet werden kann, ist Kies oder anderes poröses Material unter den Pflanztischen verwendbar. Erdbeete sind ebenfalls geeignet, sofern nur eine geringe Wahrscheinlichkeit besteht, dass vermehrungsfähiges biologisches Material sich durch den Boden verbreiten kann."[48]

Es ist sinnvoll, im Vorfeld der Arbeiten mit den Zulassungsbehörden abzustimmen, ob Erdbeete möglich sind.

„Die Fenster und sonstigen Öffnungen des Gewächshauses können zu Belüftungszwecken geöffnet werden, wenn sie mit Insektenschutzgittern ausgestattet sind. Besondere Schutzvorrichtungen zur Abwehr von Pollen oder Mikroorganismen sind nicht erforderlich. Wenn Ausblasventilatoren verwendet werden, ist das Eindringen von Insekten auf ein Mindestmaß zu beschränken, Luftklappen und Ventilatoren sind so zu konstruieren, dass sie sich nur bei Inbetriebnahme des Ventilators öffnen."[49]

„Sofern erforderlich, sollte der Zutritt zum Gewächshaus über einen getrennten Raum mit zwei verriegelbaren Türen erfolgen."[50]

Wann und ob der Zutrittsraum erforderlich ist, ist am besten mit den Zulassungsbehörden im Vorfeld abzuklären.

10.1.11 Gewächshäuser Sicherheitsstufe 3

Die Kennzeichnung des Gewächshauses ist auch hier entsprechend den Vorgaben, die wir bereits aus dem Labor- und Produktionsbereich kennen, durchzuführen.
   Mögliche Kennzeichnungen:

* Genlabor Sicherheitsstufe 3
* Gentechnische Anlage Sicherheitsstufe 3
* Genlabor S3
* Gentechnische Anlage S3, jeweils mit dem Hinweis auf Biogefährdung.

   Zwar sind in den höheren Sicherheitsstufen gentechnische Arbeiten mit Pflanzen selten, sie sind aber durchaus denkbar. In der Regel werden das Arbeiten mit phytopathogenen Pilzen oder Bakterien oder anderen Mikroorganismen sein, die ein erhöhtes Risikopotential besitzen. In einer Stellungnahme der ZKBS mit dem Aktenzeichen 6790-

---

[48] Anhang IV Stufe 2 Nr. 1 GenTSV.
[49] Anhang IV Stufe 2 Nr. 2 GenTSV.
[50] Anhang IV Stufe 2 Nr. 5 GenTSV.

10-53, die Kriterien für die Einstufung phythopathogener Organismen bei gentechnischen Arbeiten beschreibt, wurde bereits 2007 nicht ausgeschlossen, dass Phytopathogene auch als RG-3-Organismen eingestuft werden könnten. Sollten derartige Organismen zur Anwendung kommen, sind auch hier besondere Sicherheitskriterien für die Gewächshäuser notwendig. Außerdem gilt, wenn diese Mikroorganismen gentechnisch verändert sind, dass die entsprechenden Sicherheitsmaßnahmen aus dem Laborbereich einzuhalten sind.

„Der Fußboden des Gewächshauses ist aus wasserundurchlässigem Material mit Vorkehrungen zur Sammlung und Sterilisierung der Abwässer auszuführen. Dies ist nicht erforderlich, wenn die Experimentalpflanzen in geschlossenen Systemen kultiviert werden, bei denen eine Sammlung und Sterilisierung des Abwassers möglich ist.

Die Fenster und sonstigen Öffnungen sind zu verschließen und abzudichten. Es ist bruchsicheres Glas zu verwenden. Das Gewächshaus muss ein in sich abgeschlossenes Gebäude mit durchgehendem Dach sein, das von den frei zugänglichen Bereichen abgetrennt ist."[51]

Die Abgeschlossenheit des Gebäudes kennen wir bereits vom Laborbereich der Sicherheitsstufe 3. Ebenso folgende Forderungen:

„Es muss eine Schleuse vorhanden sein, über die das Gewächshaus zu betreten und zu verlassen ist. Die Schleuse ist mit zwei selbstschließenden Türen auszustatten, von denen die äußere abschließbar sein muss, und eine Händedesinfektionsvorrichtung enthalten muss. In der Regel ist in der Schleuse ein Handwaschbecken mit Ellenbogen-, Fuß- oder Sensorbetätigung einzurichten."[52]

„Die Gewächshausanlage ist mit einem Sicherheitszaun zu umgeben oder durch ein gleichwertiges Sicherheitssystem zu schützen."[53]

Diese Forderung findet sich nur bei Gewächshäusern.

„Die Innenwände, -decken und -böden müssen gegen Reinigungs- und Desinfektionsflüssigkeiten beständig sein. Alle Durchbrüche in den Strukturen und Flächen, wie Rohr- und Stromleitungen, sind abzudichten."[54]

„Es muss ein gesondertes Be- und Entlüftungssystem vorhanden sein. Das System hat für die Druckunterschiede und die Luftstromausrichtung zu sorgen, die erforderlich sind, um eine Luftzufuhr von außen in das Gewächshaus sicherzustellen."[55]

---

[51] Anhang IV Stufe 3 Nr. 1 GenTSV.
[52] Anhang IV Stufe 3 Nr. 3 GenTSV.
[53] Anhang IV Stufe 3 Nr. 4 GenTSV.
[54] Anhang IV Stufe 3 Nr. 6 GenTSV.
[55] Anhang IV Stufe 3 Nr. 8 GenTSV.

„Die Abluft aus dem Gewächshaus ist durch Hochleistungsschwebstoff-Filter nach außen zu leiten, sofern mit pathogenen Organismen gearbeitet wird, für die eine Übertragung durch die Luft nicht ausgeschlossen werden kann.

Die Belüftungsventilatoren sind mit Rückflussdämpfern auszustatten, die sich schließen, wenn der Belüftungsventilator abgeschaltet ist. Der Zu- und Abluftstrom wird unterbrochen, um jederzeit einen nach innen gerichteten (oder Null-)Luftstrom zu gewährleisten."[56]

Machen die gentechnischen Arbeiten einen derartigen Filter nötig, muss dieser gewartet und zum gegebenen Zeitpunkt ausgetauscht werden. Dabei muss der Filter zum Austausch besonders behandelt und kann nicht einfach aus der Anlage entfernt werden.

10.1.12   Gewächshäuser Sicherheitsstufe 4

Gentechnische Arbeiten der Sicherheitsstufe 4, die in Gewächshäusern durchzuführen sind, sind sicherlich sehr selten. Da sich das Gentechnikgesetz auf Mensch und Umwelt bezieht, sind diese aber auch denkbar. Die Anforderungen sind ähnlich wie in den gentechnischen Anlagen der Sicherheitsstufe 4, die wir bereits kennengelernt haben. Auch hier gilt: Wird dabei mit gentechnisch veränderten Organismen gearbeitet, sind die entsprechenden Vorgaben aus dem Laborbereich dieser Sicherheitsstufe zu beachten.

Mögliche Kennzeichnungen:

- Genlabor Sicherheitsstufe 4
- Gentechnische Anlage Sicherheitsstufe 4
- Genlabor S4
- Gentechnische Anlage S4, jeweils mit dem Hinweis zur Biogefährdung

„Das Gewächshaus muss entweder aus einem separaten Gebäude oder einer klar abgegrenzten und isolierten Zone innerhalb eines Gebäudes bestehen.

Im Gewächshaus muss durch geeignete Lüftungssysteme ein Unterdruck gewährleistet sein."[57]

„Die Zugangstüren zum Gewächshaus sind selbstschließend und abschließbar auszuführen. Für die ein- und austretenden Beschäftigten müssen durch eine Dusche getrennte äußere und innere Umkleideräume zur Verfügung stehen."[58]

---

[56] Anhang IV Stufe 3 Nr. 9 GenTSV.
[57] Anhang IV Stufe 4 Nr. 1 GenTSV.
[58] Anhang IV Stufe 4 Nr. 3 GenTSV.

In einer gentechnischen Anlage der Sicherheitsstufe 4 gibt es besondere Vorgaben für das Verhalten beim Betreten und Austreten aus der Anlage.

„Wände, Fußboden und Decke des Gewächshauses sind so zu konstruieren, dass sie eine gasundurchlässige innere Ummantelung bilden, die die Begasung ermöglicht und Sicherheit vor Anthropoiden bietet."[59]

„Alle Durchbrüche sind gasdicht auszuführen. Lüftungsanlagen müssen Hochleistungs-schwebstoff-Filter enthalten.

Jedes Gewächshaus muss ein eigenständiges Vakuumsystem besitzen. In-line-Hochleistungsschwebstoff-Filter sind so nahe wie möglich an jedem Punkt oder Vakuumzweighahn anzubringen. Andere Flüssigkeits- oder Gaszuleitungen zur Anlage sind durch Vorrichtungen zu sichern, die einen Rückfluss verhindern."[60]

Inline-Filter sind der Vakuumanlage z. B. vorgeschaltet, um die Abluft zu reinigen.

„Der Druck ist durch ein Meßgerät mit Alarmgeber laufend zu überwachen. Der Zu- und Abluftstrom wird unterbrochen, um jederzeit einen nach innen gerichteten (oder Null-) Luftstrom zu gewährleisten.

Hochleistungsschwebstoff-Filter haben zur Verfügung zu stehen, um die der Anlage zugeführte Luft zu behandeln."[61]

Das Gebäude muss „gasdicht" zur „Außenwelt" sein. Das bedeutet, dass auch kleinste Partikel (z. B. Mikroorganismen) das Gebäude nicht „verlassen" können. Sämtliche baulich bedingten Öffnungen sind demnach mit besonderen Filtersystemen auszustatten.

10.1.13   Tierhaltungsräume Sicherheitsstufe 1

Viele gentechnische Arbeiten werden an Tieren durchgeführt. Denken wir an die Herstellung transgener Tiere selbst, aber auch z. B. an Impfstudien, die mit rekombinanten Viren oder anderen Impfstoffen durchgeführt werden. Auch für Tierhaltungsräume gibt es daher für jede Sicherheitsstufe, in der gentechnische Arbeiten durchgeführt werden, besondere Anforderungen. Als Tierhaltungsraum wird ein Raum oder eine Einrichtung bezeichnet, in denen „normalerweise Vieh-, Zucht- oder Versuchstiere gehalten werden bzw. kleinere operative Eingriffe vorgenommen werden"[62].

Vorwegzuschicken ist ein Satz aus der Einleitung zu Tierhaltungsräumen der GenTSV: „Sofern in Tierhaltungsräumen mit gentechnisch veränderten Mikroorganismen gearbei-

---

[59] Anhang IV Stufe 4 Nr. 4 GenTSV.
[60] Anhang IV Stufe 4 Nr. 6 GenTSV.
[61] Anhang IV Stufe 4 Nr. 7 GenTSV.
[62] Anhang V Stufe 1 Nr. 2 GenTSV.

tet wird, gelten sinngemäß zusätzlich die Anforderungen des Anhangs III für Laboratorien der entsprechenden Sicherheitsstufe."[63] Wie immer schließen die Anforderungen der höheren Sicherheitsstufen, auch bei Tierhaltungsräumen, die niedrigeren mit ein.

Die Kennzeichnung erfolgt analog zu allen Bereichen. Mögliche Kennzeichnungen:

- Genlabor Sicherheitsstufe 1
- Gentechnische Anlage Sicherheitsstufe 1
- Genlabor S1
- Gentechnische Anlage S1

Bezüglich der Ausstattung einer Tierhaltungsanlage gilt:

„Sofern erforderlich, ist eine Abschirmung der Tieranlage (Gebäude oder abgetrennter Bereich innerhalb eines Gebäudes mit Tierhaltungsräumen und anderen Bereichen wie Umkleideräumen, Duschen, Autoklaven, Futterlagerräumen usw.) vorzunehmen."[64]

Was bedeutet „sofern erforderlich"? Denkbar ist, dass z. B. besondere Anzucht- und Haltungsbedingungen (Temperatur, Luftfeuchtigkeit etc.) eine räumliche Trennung nötig machen.

„Der Tierhaltungsraum (Raum oder Einrichtung, in denen normalerweise Vieh-, Zucht- oder Versuchstiere gehalten werden bzw. kleinere operative Eingriffe vorgenommen werden) ist als Gentechnik-Arbeitsbereich zu kennzeichnen. Er muss leicht zu reinigen und zu desinfizieren sein. In Abhängigkeit von der Tätigkeit ist eine ausreichende Arbeitsfläche für jeden Mitarbeiter zu gewährleisten."[65]

„Die Tierhaltungsräume müssen in Abhängigkeit von der Belegungsdichte ausreichend belüftet sein."[66]

Auch hier ist die angemessene Lüftung z. B. abhängig von der Art des Tieres/der Tiere, die in den Tierhaltungsräumen untergebracht sind.

„Tierhaltungsräume müssen für die beherbergten Tiere fluchtsicher und abschließbar sein."[67]

---

[63] Anhang V Einleitung GenTSV.
[64] Anhang V Stufe 1 Nr. 1 GenTSV.
[65] Anhang V Stufe 1 Nr. 2 GenTSV.
[66] Anhang V Stufe 1 Nr. 5 GenTSV.
[67] Anhang V Stufe 1 Nr. 6 GenTSV.

„Ein Eindringen von Wildformen der entsprechenden Tierarten in die Tierhaltungsräume muss ausgeschlossen sein.“[68]

In vielen Tierställen werden Versuchstiere gezüchtet. Besonders häufig trifft dies auf Ratten und Mäuse zu. Hier soll in beide Richtungen (Flucht und Eindringen) verhindert werden, dass sich die sog. Laborstämme, die häufig besondere Züchtungen sind, mit den Wildformen mischen. Dies trifft in besonderem Maße auch auf transgene Tiere zu, da diese möglicherweise artfremde Gene exprimieren und vererben können.

„Besteht bei transgenen Tieren keine Gefahr eines horizontalen Transfers des übertragenen Gens, können sie auch außerhalb in einem sicher eingefriedeten Bereich oder auf andere Weise eingeschlossen gehalten werden. Der Möglichkeit eines Diebstahls oder Entweichens ist durch geeignete Maßnahmen entgegenzuwirken. Die Überwachung des Tieres hat zu gewährleisten, dass ein Entweichen unverzüglich entdeckt werden kann.“[69]

Eine Weide (z. B. bei der Haltung von transgenen Schafen oder Rindern) oder auch der Teil eines Flusslaufs kann für eine Tierhaltung genutzt werden. Auch ein See oder ein Aquarium kann für Tierhaltungszwecke genutzt werden, wenn der Bereich eingeschlossen werden kann, also Bedingungen wie das Eindringen von anderen Tieren und der horizontale Gentransfer ausgeschlossen sind.

10.1.14   Tierhaltung Sicherheitsstufe 2

Mögliche Kennzeichnungen:

- Genlabor Sicherheitsstufe 2
- Gentechnische Anlage Sicherheitsstufe 2
- Genlabor S2
- Gentechnische Anlage S2 jeweils mit dem Hinweis auf Biogefährdung

Damit Räumlichkeiten in der Sicherheitsstufe 2 für die Tierhaltung zugelassen werden können, müssen nun weitere Vorgaben aus der GenTSV erfüllt sein. Wie immer gilt auch hier, dass die Anforderungen der Sicherheitsstufe 1 ebenfalls anzuwenden sind und die folgenden Vorgaben zusätzlich gewährleistet sein müssen.

„Alle Tiere sind in umschlossenen und abschließbaren Räumlichkeiten (Tierhaltungsräume o. ä.) zu halten, um die Möglichkeit eines Diebstahls oder unbeabsichtigter Freisetzung auszuschalten.“[70]

---

[68] Anhang V Stufe 1 Nr. 9 GenTSV.
[69] Anhang V Stufe 1 Nr. 8 GenTSV.
[70] Anhang V Stufe 2 Nr. 1 GenTSV.

„Der Tierhaltungsraum muss ein gesondertes Gebäude oder ein eindeutig abgegrenzter und räumlich abgetrennter Bereich innerhalb eines Gebäudes sein."[71]

Hier wird deutlich, dass die Möglichkeit einer eingezäunten Weide o. Ä. ab dieser Sicherheitsstufe nicht mehr besteht. Der Begriff „auszuschalten" macht dies zusätzlich klar. Auch haben wir eine Muss-Bestimmung in Bezug auf die Art des Gebäudes bzw. den Gebäudeteil. Hierzu gibt es also keinen Ausnahmefall.

„Es ist für eine Handwaschgelegenheit, vorzugsweise im Tierhaltungsraum, zu sorgen. Ist dies nicht möglich, ist diese im angrenzenden Bereich zu installieren. Wasserarmaturen sollten handbedienungslos, z. B. mit Ellenbogen-, Fuß- oder Sensorbetätigung eingerichtet sein."[72]

Wenn die Waschgelegenheit nicht im Raum selbst installierbar ist, stellt sich die Frage, wie weit der Begriff „angrenzend" gemeint ist. Möglicherweise ist es ratsam, im Vorfeld eine Stellungnahme der Behörden einzuholen, um nicht nachträgliche Forderungen zu „riskieren". Die Zulassung für diesen Bereich kann ohne Genehmigung nur mit einer Anmeldung erfolgen, sodass 45 Tage nach Eingang des Antrags bei der Behörde mit den Arbeiten begonnen werden kann. Dann sollten aber auch alle Voraussetzungen gemäß den Vorgaben der GenTSV und GenTG erfüllt sein.

„Sind Fußbodenabflüsse im Tierhaltungsraum vorhanden, muss in den Auffangbehältern immer Wasser stehen. Die Auffangbehälter sind regelmäßig zu desinfizieren und zu reinigen."[73]

Im Gegensatz zum Laborbereich sind Bodenabläufe möglich, sofern diese entsprechend gewartet werden. Im Laborbereich der Sicherheitsstufe 2 ist in einer Soll-Bestimmung geregelt, dass keine Bodenabläufe vorhanden sind. Diesbezüglich kann im Laborbereich also nur im begründeten Einzelfall davon abgewichen werden.

10.1.15 Tierhaltung Sicherheitsstufe 3

In Tierhaltungsräumern der Sicherheitsstufe 3 könnten Versuche an Tieren (z. B. Ratten und Mäuse) mit Mikroorganismen durchgeführt werden, die in die Risikogruppe 3 eingestuft sind. Dazu zählen ggf. auch Impfversuche. Organismen, für die die Übertragung durch den Luftweg auszuschließen ist, werden der Risikogruppe 3* zugeordnet. Das führt

---

[71] Anhang V Stufe 2 Nr. 2 GenTSV.
[72] Anhang V Stufe 2 Nr. 4 GenTSV.
[73] Anhang V Stufe 2 Nr. 9 GenTSV.

zu Erleichterungen bei der baulichen Ausstattung einer S3-Anlage, die dann aber nur für die 3*-Organismen zugelassen ist.

Mögliche Kennzeichnungen:

- Genlabor Sicherheitsstufe 3
- Gentechnische Anlage Sicherheitsstufe 3
- Genlabor S3
- Gentechnische Anlage S3 jeweils mit dem Hinweis auf Biogefährdung

„In den Tierhaltungsräumen müssen:

a) *in der Regel eine Schleuse vorhanden sein, über die der Tierhaltungsraum zu betreten und zu verlassen ist. Die Schleuse ist mit zwei selbstschließenden Türen auszustatten, die bei bestimmungsgemäßem Betrieb gegeneinander verriegelt sind; sie muss eine Händedesinfektionsvorrichtung enthalten. In der Regel ist in der Schleuse ein Handwaschbecken mit Ellenbogen-, Fuß- oder Sensorbetätigung einzurichten. In begründeten Einzelfällen ist eine Dusche einzurichten,*
b) *nicht zu öffnende Fenster,*
c) *übergangslose Fußleisten,*
d) *Notstromversorgung für sicherheitsrelevante Einrichtungen (z. B. Lüftungsanlage, Isolator),*
e) *Gasnotschalter,*
i) *geeignete Einrichtungen zur Verhinderung des Eindringens von Insekten, Nagern und Vögeln, vorhanden sein.“*[74]

Der Begriff „in der Regel“ macht deutlich, dass es auch Ausnahmen geben kann. In einer gentechnischen Anlage der Sicherheitsstufe 3 wird immer eine Genehmigung der Anlage und der Arbeiten erwirkt, sodass auf jeden Fall im Vorfeld des Betriebs geklärt wird, ob von „der Regel“ abgewichen werden kann.

„Im Arbeitsbereich anfallende zu sterilisierende Abwässer sind grundsätzlich einer thermischen Nachbehandlung zu unterziehen: Sammeln in Auffangbehältern und Autoklavierung oder zentrale Abwassersterilisation. Alternativ können auch erprobte chemische Inaktivierungsverfahren eingesetzt werden.“[75]

Der Begriff „sind zu unterziehen“ macht deutlich, dass es hierzu keine Alternative oder Ausnahme gibt – zumindest nicht ohne Absprache mit den Zulassungsbehörden

---

[74] Anhang V Stufe 3 Nr. 1 GenTSV.
[75] Anhang V Stufe 3 Nr. 8 GenTSV.

10.1.16 Tierhaltung Sicherheitsstufe 4

In Tierhaltungsräumen der Sicherheitsstufe 4 kann z. B. mit hoch tierpathogenen, aber auch humanpathogenen Viren gearbeitet werden. Dazu zählen z. B. das Rinderpestvirus oder das Maul-und-Klauenseuche-Virus. Tiere können aber auch hier als Modellorganismus für humanpathogene Mikroorganismen eingesetzt werden. Die Sicherheitsanforderungen sind also ähnlich, wie in den bereits besprochenen Anlagen der Sicherheitsstufe 4, sehr hoch.

Mögliche Kennzeichnungen:

- Genlabor Sicherheitsstufe 4
- Gentechnische Anlage Sicherheitsstufe 4
- Genlabor S4
- Gentechnische Anlage S4 jeweils mit dem Hinweis auf Biogefährdung

„Es muss entweder ein gesonderter Tierhaltungsraum oder ein eindeutig abgegrenzter und räumlich abgetrennter Bereich innerhalb eines Gebäudes zur Verfügung stehen. Die Zugangstüren zum Bereich sind selbstschließend und abschließbar auszuführen."[76]

„Der Tierhaltungsraum darf nur über eine dreikammerige Schleuse mit Dusche und Möglichkeiten zum getrennten Ablegen und Aufbewahren von Straßen- und Schutzkleidung betreten werden."[77]

„Es muss ein gesondertes Belüftungssystem vorhanden sein. Durch Unterdruck im Raum ist sicherzustellen, dass die Luft von außerhalb nach innen strömt. Zu- und Abluft sind so zu koppeln, dass die Luft keinesfalls unkontrolliert aus dem Bereich austreten kann. Die Abluft ist über Hochleistungsschwebstoff-Filter so abzuleiten, dass sie nicht in andere Arbeitsbereiche oder Ansaugvorrichtungen von Lüftungsanlagen kommen kann."[78]

„Im Übrigen müssen die Sicherheitsmaßnahmen denjenigen für ein Labor der Sicherheitsstufe 4 entsprechen."[79]

Die letzte Bestimmung aus Anhang V der GenTSV macht deutlich, dass hier die Sicherheitsvorkehrungen aus dem Laborbereich zu beachten sind.

---

[76] Anhang V Stufe 4 Nr. 1 GenTSV.
[77] Anhang V Stufe 4 Nr. 2 GenTSV.
[78] Anhang V Stufe 4 Nr. 3 GenTSV.
[79] Anhang V Stufe 4 Nr. 11 GenTSV.

10.2   Die apparative Ausstattung eines Genlabors

Für alle vier Bereiche (Labor, Produktion, Gewächshaus und Tierhaltung) werden in der GenTSV in Anhang III–V auch Vorgaben für die apparative Ausstattung festgelegt. Es werden außerdem konkrete Verhaltensregeln aufgezeigt, die wir ebenfalls abbilden.

10.2.1   Laborbereich Sicherheitsstufe 1

Viele der im Folgenden aufgeführten Verhaltensweisen gelten generell in Laboren, schon durch die „gute Laborpraxis" oder die „gute mikrobiologische Technik". Auch wird darauf hingewiesen, dass wie für die Ausstattung von Genlaboren das „Schachtelprinzip" (Kap. 2) gilt: Die Vorgaben aus höheren Stufen schließen die niedrigeren mit ein.

„Bei allen Arbeiten muss darauf geachtet werden, dass Aerosolbildung so weit wie möglich vermieden wird. Bei Arbeiten mit gentechnisch veränderten Organismen der Risikogruppe 1 mit sensibilisierenden oder toxischen Wirkungen sind entsprechende Maßnahmen zu treffen, die eine Exposition der Beschäftigten minimieren. Hier kann es sich z. B. um die Verwendung einer Sicherheitswerkbank, den Einsatz von Atemschutz oder die Vermeidung sporenbildender Entwicklungsphasen bei Pilzen handeln."[80]

Für Genlabore, auch bereits in der Sicherheitsstufe 1, gilt das oben beschriebene Aerosolvermeidungsgebot. Aerosole können z. B. bei Aufarbeitungen mit Ultraschallgeräten oder beim Zentrifugieren entstehen.

Haben die GVO kein toxisches oder sensibilisierendes Potential, kann auf weitere Sicherheitsmaßnahmen verzichtet werden. Achtung: Die Beschreibung für Organismen der Risikogruppe 1 „keine Gefahr für Mensch und Umwelt" ist an dieser Stelle etwas irreführend. Auch in der Risikogruppe 1 können sich Organismen finden, die der Beschreibung genügen, aber trotzdem z. B. sensibilisierende Wirkung besitzen. Ist das z. B. der Fall, können Sicherheitswerkbänke oder andere Sicherheitsmaßnahmen zusätzlich gefordert werden.

„Ein Autoklav muss innerhalb des Betriebsgeländes vorhanden sein."[81]

Stellen wir uns eine Campus-Universität vor, an der alle Fakultäten und Institute gesondert nach Natur-, Ingenieur- und Geisteswissenschaften in getrennten Gebäuden/Arealen zu finden sind. Möglicherweise ist auch eine Medizinische Fakultät dabei. Das Betriebsgelände kann also enorm groß sein. Ist in der eigenen Anlage z. B. kein Autoklav vorhanden, kann ein Autoklav, der an anderer Stelle im Betriebsgelände steht, benutzt werden. Das

---

[80] Anhang III A Stufe 1 Nr. 8 GenTSV.
[81] Anhang III A Stufe 1 Nr. 18 GenTSV.

Gentechnikgesetz regelt auch den innerbetrieblichen Transport gentechnisch veränderter Organismen.[82] Das heißt, hier ist die Campus-Uni im Vorteil, wenn keine öffentlichen Straßen den Campus trennen. Auch müssen die GVO selbstverständlich in für den Transport geeigneten verschlossen Behältnissen transportiert werden (z. B. bruchsicher, fluchtsicher). Handelt es sich nicht um eine Campus-Universität, ist diese Uni z. B. an ganz unterschiedlichen Stellen einer Stadt angesiedelt, wird der Weg immer auch über öffentliche Straßen und Plätze gehen. In diesem Fall werden GVO zum „Gefahrgut Straße", und der Transport unterliegt nicht dem GenTG, sondern anderen Vorschriften, z. B. dem Europäischen Übereinkommen über die internationale Beförderung gefährlicher Güter auf der Straße (ADR, Accord européen relatif au transport international des marchandises dangereuses par route). Das muss aber nicht heißen, dass es besondere Sicherheitsvorkehrungen für den Transport geben muss, da GVO der Risikogruppe 1 i. d. R. keine anderen Sicherheitsmaßnahmen erfordern als natürliche Organismen.

„Türen der Arbeitsräume sollen während der Arbeiten geschlossen sein."[83]

„Mundpipettieren ist untersagt, Pipettierhilfen sind zu benutzen.
  Spritzen und Kanülen sollen nur wenn unbedingt nötig benutzt werden."[84]

Bitte nicht schmunzeln und davon ausgehen, dass sowieso niemand mehr mit dem Mund pipettiert. Unbedingt, besonders bei neuen Mitarbeiterinnen und Mitarbeitern, in den jährlichen Belehrungen zum Verhalten im Labor darauf hinweisen.

„Nach Beendigung der Tätigkeit und vor Verlassen des Arbeitsbereiches müssen die Hände ggf. desinfiziert, sorgfältig gewaschen und rückgefettet (Hautschutzplan) werden."[85]

Dies ist den immer häufiger auftretenden Hautallergien und Hautunverträglichkeiten geschuldet. Um die Pflege z. B. der Haut/Hände auch bei längerem Tragen von Handschuhen zu gewährleisten, ist dieser Punkt zu beachten.

„Laborräume sollen aufgeräumt und sauber gehalten werden. Auf den Arbeitstischen sollen nur die tatsächlich benötigten Geräte und Materialien stehen. Vorräte sollen nur in dafür bereitgestellten Räumen oder Schränken gelagert werden."[86]

Das Genlabor ist kein „Vorratsschrank". Durch Platzmangel für normalerweise in größeren Gebinden bestellte Pipettierspitzen oder Zellkulturschalen findet man in Laboren zum

---

[82] Vgl. § 3 Nr. 2b GenTG.
[83] Anhang III A Stufe 1 Nr. 5 GenTSV.
[84] Anhang III A Stufe 1 Nr. 6 und 7 GenTSV.
[85] Anhang III A Stufe 1 Nr. 9 GenTSV.
[86] Anhang III A Stufe 1 Nr. 10 GenTSV.

Teil auch Lagerungen unter Tischen oder in Nischen. Die GenTSV hat hier eine klare Forderung!

„Die Identität und Reinheit der benutzten Organismen ist regelmäßig zu überprüfen, wenn dies für die Beurteilung des Gefährdungspotentials notwendig ist. Die zeitlichen Abstände richten sich nach dem möglichen Gefährdungspotential."[87]

Die Überprüfung von Identität und Reinheit der Organismen ist meist Bestandteil der gentechnischen Arbeiten, da Klonierungen von Fremdgenen oder Neukombinationen subgenomischer Fragmente immer überprüft werden, um sicherzustellen, dass auch die gewünschten Gene z. B. auf ein Plasmid übertragen wurden. Ratsam ist es, Konstrukte anderer Arbeitsgruppen zu kontrollieren – am besten durch eine DNA-Sequenzierung.

„Die Aufbewahrung der gentechnisch veränderten Organismen hat sachgerecht zu erfolgen."[88]

Viele GVO werden zur längeren Aufbewahrung eingefroren, damit z. B. wiederkehrende Kulturen für Experimente erneut „angeimpft" werden können. Ein Beispiel sind Bakterienkulturen, die durch Transformation der Bakterien rekombinante Plasmide enthalten. Sie können in verschließbare (z. B. verschraubbare) kleinere Reaktionsgefäße (z. B. 1,5 ml) gefüllt, zur Identifizierung nachvollziehbar beschriftet und, in einem Aufbewahrungskasten bei $-20\,°C$ als sog. Stabkultur mit Glycerin versetzt, bis zur weiteren Verwendung eingefroren werden. Eine sachgerechte Aufbewahrung kann, je nachdem welcher Organismus aufbewahrt werden soll, sehr unterschiedlich ausfallen. Die Identifizierung der jeweiligen Proben ist hier sehr wichtig. Zu bedenken ist auch, dass in Revisionen gentechnischer Anlagen seitens der Überwachungsbehörden Probenentnahmen durchgeführt werden können.

„Ungeziefer und Überträger von GVO (z. B. Nagetiere und Arthropoden) sind in geeigneter Weise zu bekämpfen, sofern erforderlich."[89]

„Verletzungen sind dem Projektleiter unverzüglich zu melden."[90]

Hier steht explizit „dem Projektleiter ... zu melden", auch wenn das vielleicht nicht immer der innerbetrieblichen Hierarchie entspricht. Der Projektleiter muss erfahren, was passiert ist, um möglicherweise auf gesundheitsgefährdende Aspekte hinzuweisen, wenn

---

[87] Anhang III A Stufe 1 Nr. 11 GenTSV.
[88] Anhang III A Stufe 1 Nr. 12 GenTSV.
[89] Anhang III A Stufe 1 Nr. 13 GenTSV.
[90] Anhang III A Stufe 1 Nr. 14 GenTSV.

an dem Unfall auch Organismen/GVO „beteiligt" waren. Denkbar wäre, dass z. B. ein bebrütetes Kulturgefäß zu Bruch geht und dabei Schnittverletzungen entstanden sind.

„Nahrungs- und Genussmittel sowie Kosmetika dürfen im Arbeitsbereich nicht aufbewahrt werden."[91]

„In Arbeitsräumen darf nicht gegessen, getrunken, geraucht, geschnupft oder geschminkt werden. Für die Beschäftigten sind Bereiche einzurichten, in denen sie ohne Beeinträchtigung ihrer Gesundheit durch gentechnisch veränderte Organismen essen, trinken, rauchen oder schnupfen können."[92]

Da nicht alle Institute oder Unternehmen (besonders Start-ups) ausreichend Räume zur Verfügung haben, kann hierzu möglicherweise auch eine Cafeteria dienen. In Universitäten beispielsweise können diese „Bereiche" auch die Cafeterien der einzelnen Fakultäten sein, wenn kein anderer Pausenraum zur Verfügung steht. Ob die Nutzung einer Cafeteria alternativ zu eigenen Räumen möglich ist, sollte aber im Vorfeld mit den Behörden abgeklärt werden.

„In Arbeitsräumen sind Laborkittel oder andere Schutzkleidung zu tragen."[93]

Diese Regelung führt gerade in der niedrigen Sicherheitsstufe S1 zum Teil zu Problemen bei der Durchsetzung. Das subjektive Empfinden der Notwendigkeit von Schutzkleidung ist oftmals anders als das vorgeschriebene. In den jährlichen Belehrungen sollte daher immer darauf hingewiesen sowie das Tragen von Schutzkleidung eingefordert werden. Aber auch in dieser Sicherheitsstufe wird, unabhängig von der Arbeit mit GVO, z. B. oft mit Chemikalien umgegangen, die es notwendig machen, die Laborkittelpflicht einzuhalten.

„Erforderlichenfalls ist außerhalb der primären physikalischen Einschließung auf das Vorhandensein lebensfähiger, in der Anwendung eingesetzter Organismen zu prüfen."[94]

Das kann z. B. bedeuten, dass je nach Anwendung, die mit den GVO stattfindet (Ultraschall, Zentrifugation, Elektrophorese etc.), ggf. auf Kontaminationen außerhalb der verwendeten Behältnisse geprüft werden sollte.

„Für den Fall des Austretens von GVO müssen wirksame Desinfektionsmittel und spezifische Desinfektionsverfahren zur Verfügung stehen."[95]

---

[91] Anhang III A Stufe 1 Nr. 15 GenTSV.
[92] Anhang III A Stufe 1 Nr. 16 GenTSV.
[93] Anhang III A Stufe 1 Nr. 17 GenTSV.
[94] Anhang III A Stufe 1 Nr. 19 GenTSV.
[95] Anhang III A Stufe 1 Nr. 20 GenTSV.

Entsprechende Desinfektionsmittel können z. B. auf den Internetseiten des Robert-Koch-Instituts (RKI) nachgesehen werden.[96] Es gibt eine große Anzahl unterschiedlicher Mittel. Manchmal werden diese an übergeordneter Stelle, z. B. durch das Chemikalienlager einer Universität, angeschafft und den Arbeitsgruppen zur Verfügung gestellt. Es ist unbedingt darauf achten, dass die Desinfektionsmittel, die man durch solche allgemeinen Stellen beziehen kann, auch den Anforderungen zur Desinfektion der Organismen genügt, mit denen im Genlabor gearbeitet wird.

„Gegebenenfalls ist für eine sichere Aufbewahrung von kontaminierten Laborausrüstungen und -materialien zu sorgen."[97]

Eine zwischenzeitige Aufbewahrung kann erforderlich sein, wenn z. B. bis zur Bestückung des Autoklaves die verwendeten Verbrauchsmittel gelagert oder Gerätschaften bis zur Desinfektion gesammelt werden müssen. Hier empfiehlt es sich, an die „Zwischenlager" den Hinweis „GVO" anzubringen.

10.2.2 Laborbereich Sicherheitsstufe 2

Auch hier ist die Vermeidung von Aerosolen sehr wichtig. Gefordert wird in der GenTSV für diesen Bereich:

„Bei Arbeiten, bei denen Aerosole entstehen können, muss sichergestellt werden, dass diese nicht in den Arbeitsbereich gelangen. Dazu sind insbesondere folgende Maßnahmen geeignet:

a) *Durchführung der Arbeit in einer Sicherheitswerkbank oder unter einem Abzug, bei denen ein Luftstrom vom Experimentator zur Arbeitsöffnung hin gerichtet ist oder*
b) *Benutzung von Geräten, bei denen keine Aerosole freigesetzt werden,*
c) *das Tragen geeigneter Schutzausrüstung, wenn technische und organisatorische Maßnahmen nicht ausreichen oder nicht anwendbar sind.*

   Die Abluft aus den unter Buchstabe a genannten Geräten muss durch einen Hochleistungsschwebstoff-Filter geführt oder durch ein anderes geprüftes Verfahren keimfrei gemacht werden. Die Funktionsfähigkeit der Geräte ist durch regelmäßige Wartung sicherzustellen."[98]

---

[96] Vgl. http://www.rki.de/DE/Content/Infekt/Krankenhaushygiene/Desinfektionsmittel/
Bekanntmachung.pdf?
[97] Anhang III A Stufe 1 Nr. 21 GenTSV.
[98] Anhang III A Stufe 2 Nr. 8 GenTSV.

In einem S2-Genlabor werden z. B. zum „Ernten" von gentechnisch veränderten Viruspartikeln oft Zentrifugen benutzt. Diese müssen eine sog. Bioabdichtung haben, das heißt, dass im Falle eines Lecks eines Probenröhrchens keine Viren nach außen dringen können. Dabei können die Rotoreinsätze (z. B. bei Swing-out-Rotoren) mit Deckeln versehen sein, die Zusatzdichtungen aufweisen (z. B. Klammern ähnlich wie an Einmachgläsern), und/oder der Zentrifugendeckel hat eine besondere Dichtung, z. B. einen zusätzlichen Gummiring.

„Ein Autoklav oder ein gleichwertiges Gerät zur Inaktivierung oder Sterilisierung muss im Labor vorhanden oder innerhalb desselben Gebäudes verfügbar sein."[99]

Es soll also verhindert werden – anders als bei gentechnischen Arbeiten der Sicherheitsstufe 1 –, dass weitere Wege zur Inaktivierung von Organismen erforderlich sind. Allerdings ist es auch möglich, den Autoklaven einer befreundeten Arbeitsgruppe mit zu benutzen. Aber Vorsicht: Die Zerstörung und Entsorgung von GVO sind gentechnische Arbeiten.[100] Und wir befinden uns in der Sicherheitsstufe 2! Das heißt, alle Zerstörungen von GVO für eine andere Gruppe, deren gentechnische Arbeiten nicht in der Zulassung des Projektleiters, der den Autoklaven zur Verfügung stellt, aufgeführt waren, wären hier anzuzeigen. Es handelt sich aus Sicht dieses Projektleiters um weitere gentechnische Arbeiten der Sicherheitsstufe 2! Das wird oftmals nicht bedacht.

„Abfälle, die gentechnisch veränderte Organismen enthalten, dürfen nur in geeigneten Behältern innerbetrieblich transportiert werden."[101]

„Gentechnisch veränderte Organismen dürfen nur in verschlossenen und gegen Bruch geschützten und bei Kontamination von außen desinfizierten, gekennzeichneten Behältern innerbetrieblich transportiert werden."[102]

Es gibt z. B. doppelwandige bruchsichere Gefäße, die – mit Metallklammern am Deckel versehen – ein Entweichen der GVO verhindern, falls der Transportbehälter hinunterfällt.

„Kontaminierte Prozessabluft, die in den Arbeitsbereich gegeben wird, muss durch geeignete Verfahren wie Filterung oder thermische Nachbehandlung gereinigt werden. Dies gilt z. B. auch für die Abluft von Autoklaven, Pumpen oder Bioreaktoren."[103]

Der Autoklav ist ein sicherheitsrelevantes Gerät. Die Prozessabluft muss ab der Sicherheitsstufe 2 am Gerät gefiltert werden. Nicht alle Autoklaven haben so einen Filter, be-

---

[99] Anhang III A Stufe 2 Nr. 9 GenTSV.
[100] § 3 Nr. 2 GenTG.
[101] Anhang III A Stufe 2 Nr. 10 GenTSV.
[102] Anhang III A Stufe 2 Nr. 11 GenTSV.
[103] Anhang III A Stufe 2 Nr. 17 GenTSV.

sonders wenn ältere Autoklaven zum Einsatz kommen sollen. Der Autoklav kann aber meist nachgerüstet werden. Hier geben die Hersteller Auskunft. Oft finden sich auch Hinweise in den Gerätebeschreibungen der Autoklaven, ob eine Nachrüstung möglich ist.

„In Abhängigkeit von der durchzuführenden Tätigkeit ist vom Betreiber geeignete persönliche Schutzausrüstung zur Verfügung zu stellen und vom Beschäftigten zu tragen. Getrennte Aufbewahrungsmöglichkeiten für die Schutz- und Straßenkleidung sind vorzusehen. Die Benutzung persönlicher Schutzausrüstung schließt das Tragen von Schutzkleidung mit ein. Die Reinigung der Schutzkleidung ist vom Betreiber durchzuführen. Die Schutzausrüstung darf nicht außerhalb der Arbeitsräume getragen werden.“[104]

Es können ggf. farblich unterschiedliche Kittel verwendet werden, da die Kittel, die im S2-Genlabor getragen werden, außerhalb sofort auffallen würden. Stichwort: Sozialkontrolle!
Die Schutzausrüstung ist vom Betreiber zur Verfügung zu stellen. Und auch die Reinigung hat der Betreiber zu regeln. Das heißt, Kittel werden nicht zum Waschen mit nach Hause genommen!

„Vor Reinigungs-, Instandsetzungs- und Änderungsarbeiten an kontaminierten Geräten oder Einrichtungen ist die Dekontamination durch das Laborpersonal durchzuführen oder zu veranlassen.“[105]

Im Genlabor der Sicherheitsstufe 2 finden sich oft mikrobiologische Sicherheitswerkbänke, z. B. der Klasse II. Der darin eingebaute Filter muss regelmäßig auf seine einwandfreie Leistung überprüft werden. Erfolgen solche Wartungsarbeiten, muss das Gerät, an dem diese Wartungen stattfinden, sauber zur Verfügung stehen. Notwendige Dekontaminationen müssen also im Vorfeld erfolgen.

„Alle Arbeitsflächen sind nach Beendigung der Tätigkeiten zu desinfizieren.“[106]

Die genaue Verwendung der Desinfektionsmittel regelt der Hygieneplan. Es wird zwischen Havarie- und Prophylaxefall unterschieden (Abschn. 10.1.2). Also bedeutet das, dass grundsätzlich nach gentechnischen Arbeiten die Arbeitsflächen zu reinigen sind, nicht nur nach einer unvorhergesehenen Kontamination (Havariefall).

„Werden Organismen verschüttet, muss unverzüglich der kontaminierte Bereich gesperrt und desinfiziert werden.“[107]

---

[104] Anhang III A Stufe 2 Nr. 6 GenTSV.
[105] Anhang III A Stufe 2 Nr. 12 GenTSV.
[106] Anhang III A Stufe 2 Nr. 13 GenTSV.
[107] Anhang III A Stufe 2 Nr. 14 GenTSV.

Hier wird der Havariefall beschrieben. Welche Desinfektionsmittel verwendet werden können, regelt der Hygieneplan. Es ist darauf zu achten, dass für den Havariefall oftmals längere Einwirkzeiten oder höhere Konzentrationen der Desinfektionsmittel anzuwenden sind.

„Ungeziefer und Überträger von GVO (z. B. Nagetiere und Arthropoden) sind in geeigneter Weise zu bekämpfen."[108]

„Gentechnisch veränderte Organismen der Risikogruppe 2 sind dicht verschlossen und sicher aufzubewahren."[109]

Wichtig: Meist werden die GVO in Gefrierschränken aufbewahrt. Dieser muss dann in dem entsprechenden Genlabor stehen, d. h., GVO der Risikogruppe 2 werden auch im S2-Labor aufbewahrt. Was nicht geht, ist, dass dafür ein Gefrierschrank in einem Nicht-Genlabor oder in einem Genlabor der Sicherheitsstufe 1 verwendet wird! Auch Gefrierschränke, die möglicherweise auf dem Flur *vor* einem Genlabor stehen, sind für die Lagerung von GVO nicht möglich.

10.2.3   Laborbereich Sicherheitsstufe 3

„Jedes Labor sollte über eigene Laborgerätschaften verfügen."[110]

Da ein Genlabor der Sicherheitsstufe 3 „von seiner Umgebung abgeschirmt" sein muss, ist auch klar, dass es über eine eigene Ausrüstung verfügen muss.

„Ein Autoklav oder eine gleichwertige Sterilisationseinheit muss im Labor vorhanden sein."[111]

Hiermit wird erreicht, dass keine Transportwege zur Entsorgung/Vernichtung von GVO oder Organismen, die in diesem Labor hergestellt oder verwendet werden, entstehen.

„Bei Arbeiten, bei denen Aerosole entstehen können, muss stets in Sicherheitswerkbänken der Klasse I oder II gearbeitet werden."[112]

In den meisten Laboratorien befinden sich mikrobiologische Sicherheitswerkbänke der Klasse II (MSW-Klasse II), da diese einen Produktschutz und den Schutz der Beschäftigten gewährleisten, sofern die Werkbank ordnungsgemäß gewartet wird. Dabei wird die

---

[108] Anhang III A Stufe 2 Nr. 15 GenTSV.
[109] Anhang III A Stufe 2 Nr. 18 GenTSV.
[110] Anhang III A Stufe 3 Nr. 5 GenTSV.
[111] Anhang III A Stufe 3 Nr. 6 GenTSV.
[112] Anhang III A Stufe 3 Nr. 7 GenTSV.

Raumluft angesogen, gefiltert und sauber in den Arbeitsbereich zurückgeführt, so dass auch die experimentellen Ansätze, die auf der Werkbank bearbeitet werden, vor Kontamination von außen geschützt sind. Durch eine spezielle Luftführung, den sog. Laminar Flow, wird eine Art Schleier aus Luft aufgebaut, der verhindert, dass Partikel aus der Werkbank zum Experimentator gelangen können. Wichtig ist hier der richtige Umgang mit der Werkbank. Zu viele Instrumente, Reaktionsgefäße oder eine Art „Vorratshaltung" von Pipettenspitzen, Zellkulturschalen etc. auf der Arbeitsfläche können den richtigen Luftstrom verhindern und so das Produkt und den Experimentierenden gefährden.

„Für die Kommunikation vom Labor nach außen muss eine geeignete Einrichtung vorhanden sein."[113]

Damit ist z. B. eine Wechselsprechanlage gemeint.

„Gentechnisch veränderte Organismen dürfen nur in bruchsicheren, dicht verschlossenen, entsprechend gekennzeichneten und außen desinfizierten Behältern innerbetrieblich transportiert werden."[114]

„In der Schleuse ist geeignete Schutzkleidung anzulegen. Beim Arbeiten sind Schutzhandschuhe zu tragen. Schutzkleidung, geschlossene Schuhe und Schutzhandschuhe sind vom Betreiber bereitzustellen. Die Schutzkleidung ist vor der Reinigung oder der Beseitigung zu sterilisieren. Die Schutzkleidung umfasst einen an den Rumpfvorderseiten geschlossenen Schutzkittel mit Kennzeichnung, geschlossene Schuhe, die entsprechend der Tätigkeit anzulegen sind, sowie in Abhängigkeit von der Tätigkeit Mundschutz (Berührungsschutz)."[115]

Im begründeten Ausnahmefall kann von einer Schleuse abgesehen werden, ggf. bei nicht luftübertragbaren Mikroorganismen. Dazu zählen z. B. HIV, HBV und HCV. Es ist also genau zu überprüfen, welchen Infektionsweg die verwendeten Organismen nehmen können.

„Der Zutritt zum Labor ist auf die Personen zu beschränken, deren Anwesenheit zur Durchführung der Versuche erforderlich ist und die zum Eintritt befugt sind. Der Projektleiter ist verantwortlich für die Bestimmung der zutrittsberechtigten Personen. Eine Person darf nur dann allein im Labor arbeiten, wenn eine von innen zu betätigende Alarmanlage vorhanden ist."[116]

---

[113] Anhang III A Stufe 3 Nr. 14 GenTSV.
[114] Anhang III A Stufe 3 Nr. 15 GenTSV.
[115] Anhang III A Stufe 3 Nr. 4 GenTSV.
[116] Anhang III A Stufe 3 Nr. 8 GenTSV.

Hier wird noch einmal deutlich, dass der Projektleiter derjenige ist, der bestimmt, wer im Labor arbeitet. Das entspricht nicht immer dem vor Ort geltenden Hierarchiegefüge, ist aber in der GenTSV eindeutig geregelt. Der Projektleiter kann also auch Personen, die sich z. B. nicht an die Inhalte seiner Belehrungen und Hinweise halten, vom Labor ausschließen, auch wenn es der Leitung der Arbeitsgruppe nicht gefällt.

„Beim Auswechseln von Filtern z. B. der lüftungstechnischen Anlage oder der Sicherheits-werkbank müssen diese entweder am Einbauort sterilisiert oder zwecks späterer Sterili-sierung durch ein geräteseits vorgesehenes Austauschsystem in einen luftdichten Behälter verpackt werden, sodass eine Infektion des Wartungspersonals und anderer Personen aus-geschlossen werden kann."[117]

In der Regel werden Filterwechsel von zertifizierten Fachfirmen durchgeführt, die das notwendige Zubehör zur Verfügung stellen.

10.2.4 Laborbereich Sicherheitsstufe 4

Im Folgenden werden die besonderen Anforderungen an die Sicherheitsstufe 4 für den Laborbereich zusammengefasst dargestellt. Weiterführende Information findet sich in der GenTSV.

„Alle Innenflächen des Labors, einschließlich der Oberfläche der Labormöbel, müssen desinfizierbar und gegen in diesem Labor benutzte Säuren, Laugen und organische Lö-sungsmittel widerstandsfähig sein."[118]

„Das Labor muss mit einem Durchreicheautoklaven ausgerüstet sein. Durch eine au-tomatisch wirkende Verriegelung ist sicherzustellen, dass die Tür nur geöffnet werden kann, nachdem der Sterilisierungszyklus in der Schleuse beendet wurde. Zum Ein- und Ausschleusen von Geräten und hitzeempfindlichem Material ist ein Tauchtank oder eine begasbare Durchreiche mit wechselseitig verriegelbaren Türen vorzusehen."[119]

„Das Kondenswasser des Autoklaven muss sterilisiert werden, bevor es in die allgemeine Abwasserleitung gelangt. Durch eine geeignete Anordnung von Ventilen und durch Hoch-leistungsschwebstoff-Filter gesicherte Entlüftungsventile sind diese Sterilisationsanlagen gegen Fehlfunktion zu schützen."[120]

---

[117] Anhang III A Stufe 3 Nr. 13 GenTSV.
[118] Anhang III A Stufe 4 Nr. 4 GenTSV.
[119] Anhang III A Stufe 4 Nr. 5 GenTSV.
[120] Anhang III A. Stufe 4 Nr. 7 GenTSV.

Wird in dem Labor mit humanpathogenen Organismen gearbeitet, so muss beachtet werden:

„Die Arbeiten dürfen nur in geschlossenen, gasdichten Sicherheitswerkbänken durchgeführt werden. Die Arbeitsöffnungen dieser Bänke sind mit armlangen, luftdicht angebrachten Schutzhandschuhen zu versehen. Die Belüftung dieser Sicherheitswerkbänke erfolgt durch individuelle Zu- und Abluftleitungen, die auf der Zuluftseite durch einen, auf der Abluftseite durch zwei aufeinanderfolgende Hochleistungsschwebstoff-Filter geschützt sind. Die Abluft der Sicherheitswerkbänke ist durch einen eigenen Kanal nach außen zu führen. Bei Normalbetrieb haben die Sicherheitswerkbänke im Vergleich zum Arbeitsraum einen Unterdruck aufzuweisen. Es muss sichergestellt sein, dass bei einem Ausfall des Stromnetzes Alarm gegeben wird.

Die Ventile des Lüftungssystems müssen stromlos in einen sicheren Zustand gelangen.

Die Sicherheitswerkbänke müssen eine Vorrichtung für das gefahrlose Ein- und Ausschleusen von Material und Gütern enthalten. Zum Zweck der Desinfektion der Arbeitsbänke muss eine von außen zu bedienende Begasungsanlage vorgesehen werden.

Eine Alternative zu den geschlossenen, gasdichten Sicherheitswerkbänken ist die Verwendung von fremdbelüfteten Vollschutzanzügen, die es erlauben, die unter den Sicherheitsmaßnahmen der Sicherheitsstufe 2 beschriebenen Sicherheitswerkbänke zu benutzen.

Zentrifugen, in denen Organismen zentrifugiert werden, mit denen nur unter den Bedingungen der Sicherheitsstufe 4 gearbeitet werden darf, dürfen nur in vergleichbaren Sicherheitswerkbänken betrieben werden oder sind entsprechend zu umbauen."[121]

„Im Labor darf niemals eine Person allein tätig sein, es sei denn, es besteht eine kontinuierliche Sichtverbindung oder Kameraüberwachung. Eine Wechselsprechanlage nach draußen oder eine Telefonverbindung muss vorhanden sein."[122]

„Vor Betreten des Arbeitsbereichs sind alle Kleidungsstücke einschließlich Uhren und Schmuck im Raum vor der Dusche abzulegen. Es sind eine besondere Schutzkleidung und Schutzhandschuhe zu tragen. Vor Verlassen des Arbeitsbereichs ist in dem Teil der Schleuse, der unmittelbar an die Arbeitsräume angrenzt, die Arbeitskleidung in sterilisierbare Behälter abzulegen. Die Straßenkleidung darf erst nach Duschen mit Abseifen angezogen werden. Die abgelegte Kleidung verbleibt in der Schleuse und wird beim nächsten Betreten des Arbeitsbereichs nach Sterilisierung ausgeschleust. Schutzkleidung und Schutzhandschuhe sind vom Betreiber bereitzustellen."[123]

Genlabore dieser Sicherheitsstufe sind selten. In Deutschland gibt es derzeit vier genehmigte Labore dieser Art, die alle zu öffentlich-rechtlichen Institutionen gehören.

---

[121] Anhang III A Stufe 4 Nr. 10 GenTSV.
[122] Anhang III A Stufe 4 Nr. 11 GenTSV.
[123] Anhang III A Stufe 4 Nr. 12 GenTSV.

10.2.5   Produktionsbereich Sicherheitsstufe 1

In allen Sicherheitsstufen des Produktionsbereichs ist der Fermenter das wichtigste sicherheitsrelevante Gerät. Fermenter werden für sehr unterschiedliche Kulturvolumina verwendet. Es gibt Fermenter für die Anzucht von wenigen Litern bis hin zu Tausenden Litern Kulturvolumen. In der biotechnologischen Großindustrie gibt es Fermenter, die mit 100.000 Litern Volumen arbeiten. Ein Fermenter wird i. d. R. durch Erhitzen oder Dampfsterilisation gereinigt, sodass er auch in gewisser Weise die Funktion eines Autoklaves (zur Inaktivierung des Kultiverguts oder Resten davon) übernimmt. Generell gelten auch hier Sicherheitsmaßnahmen des Laborbereichs sinngemäß.

„In Abhängigkeit von ihren Eigenschaften müssen lebensfähige Mikroorganismen oder Zellkulturen in einem System eingeschlossen sein, das den Prozess von der Umwelt trennt (Fermenter)."[124]

„Im Rahmen der Regeln guter mikrobiologischer Technik kommt der Vermeidung von Aerosolen besondere Bedeutung zu. Um zu verhindern, dass größere Mengen an Kultursuspensionen über die Abluft aus den technischen Apparaturen austreten, können z. B. folgende Maßnahmen getroffen werden:

- *Füllung der Fermenter bis max. 80 % und/oder*
- *Überwachung der Schaumbildung durch Sensoren und kontinuierliche oder geregelte Zugabe von Antischaummitteln und/oder*
- *Einbau von Wasch- und Abscheidevorrichtungen, wie z. B. Demister, Zentrifugalabscheider.*

Falls erforderlich, sind Aerosole während der Probenahme, der Zugabe von Material in einen Fermenter oder der Übertragung von Material in einen anderen Fermenter zu kontrollieren."[125]

Demister werden in der Anzucht und Produktion im Fermenter eingesetzt, um Feuchtigkeit (kleinste Tröpfchen) aus Gas bzw. Fermenterluft abzuscheiden.

„Falls erforderlich, sind spezifische Maßnahmen zur angemessenen Belüftung des Arbeitsbereichs anzuwenden, um die Kontamination der Luft auf ein Mindestmaß zu reduzieren."[126]

„Zur Wellenabdichtung sind Stopfbuchsen ausreichend."[127]

---

[124] Anhang III B Stufe 1 Nr. 2 GenTSV.
[125] Anhang III B Stufe 1 Nr. 3 GenTSV.
[126] Anhang III B Stufe 1 Nr. 4 GenTSV.
[127] Anhang III B Stufe 1 Nr. 5 GenTSV.

Stopfbuchsen werden an Schnittstellen zwischen sich bewegenden Kolben/Gestängen und Flüssigkeitsleitungen verwendet. Sie sollen den Rückfluss der Flüssigkeit in das andere Kompartiment verhindern. Diese Stoffbuchsen sind auf den Fermenter abgestimmt zu verwenden.

„Falls erforderlich, sind große Mengen an Kulturflüssigkeit, bevor sie aus dem Fermenter genommen werden, zu inaktivieren."

10.2.6   Produktionsbereich Sicherheitsstufe 2

Je höher die Sicherheitsstufe, desto größer sind die Anforderungen an den Fermenter, als *das* sicherheitsrelevante Gerät. Auch hier gilt, wie schon vorher, dass die niedrigen Sicherheitsbestimmungen/Anforderungen von den höheren eingeschlossen sind. Im Folgenden haben wir die apparativen Voraussetzungen der GenTSV für den Produktionsbereich der Sicherheitsstufe 2 aufgeführt.

„Der Zutritt ist nur autorisierten Personen erlaubt."[128]

„Ausreichende Sterilisationskapazität muss im Gebäude vorhanden sein."[129]

„An den Waschbecken müssen Direktspender mit Händedesinfektionsmitteln zur Verfügung stehen."[130]

„Die technischen Apparaturen sind konstruktionsmäßig so auszulegen, dass Aerosolbildung und Undichtigkeiten vermieden werden. Zur Sicherstellung, dass keine Aerosole in den Arbeitsbereich gelangen, sind insbesondere folgende Maßnahmen geeignet:

a) bei der Verwendung von Zentrifugen und Separatoren
- *Betreiben der Zentrifuge in Abzügen mit Abluftfilter oder Sicherheitswerkbänken,*
- *Verwendung dichter Zentrifugen (z. B. kontinuierlich betriebene in-line-Geräte),*
- *Verwendung eines Rotors mit dicht schließendem Deckel, Verwendung bruchsicherer und geschlossener Zentrifugeneinsätze oder -gefäße oder*
- *Einstellung nicht bruchsicherer Zentrifugengefäße in geschlossene und bruchsichere Einsätze,*

b) bei der Verwendung von Homogenisatoren
- *besondere Konstruktionsmerkmale wie Abdichten des Deckels mit einem O-Ring, geeignete Werkstoffe für Schüssel und Deckel,*

---

[128] Anhang III B Stufe 2 Nr. 4 GenTSV.
[129] Anhang III B Stufe 2 Nr. 5 GenTSV.
[130] Anhang III B Stufe 2 Nr. 6 GenTSV.

- *Betrieb und insbesondere Öffnen der Geräte in Abzügen oder Sicherheitswerkbän-ken oder*
- *Verwendung kontinuierlich betriebener in-line-Geräte.*

Diese Maßnahmen sind beim Betrieb von Geräten, die der Erreichung eines vergleich-baren Zieles dienen und an die deshalb dieselben Anforderungen zu stellen sind, sinnge-mäß anzuwenden." [131]

„Lebensfähige Mikroorganismen müssen in einem System eingeschlossen sein, das den Prozess von der Umwelt trennt (z. B. Fermenter). Um das Austreten von gentechnisch ver-änderten Organismen über die Fermenterabluft auf ein Minimum zu beschränken, können verwendet werden:

- *Zentrifugalabscheider,*
- *Venturi-Wäscher,*
- *Demister,*
- *Tiefenfilter,*
- *Maßnahmen zur Schaumkontrolle (chemisch, mechanisch)."* [132]

Demister haben wir schon in der Sicherheitsstufe 1 kennengelernt. Ein Venturi-Wä-scher trennt Feinstäube aus Gasen, indem diese an feinste Wassertröpfchen gebunden werden.

„Kontaminierte Prozessabluft, die in den Arbeitsbereich gegeben wird, muss durch geeig-nete Verfahren wie Filterung oder thermische Nachbehandlung gereinigt werden. Dies gilt z. B. auch für die Abluft von Autoklaven, Pumpen oder Bioreaktoren." [133]

Hier haben wir die gleichen Vorgaben wie im Laborbereich. Geeignete Filter, durch die mit Mikroorganismen kontaminierte Prozessabluft gereinigt werden kann, sind i. d. R. an den Geräten nachrüstbar.

„Werden Lösungen, die gentechnisch veränderte Organismen enthalten, verschüttet, ist der verunreinigte Bereich unverzüglich zu desinfizieren." [134]

Wie und wer im erforderlichen Falle die Desinfektion vornimmt, regelt der Hygieneplan. Hier werden nur Desinfektionsmittel aufgenommen, die entsprechend ihrer Wirksamkeit überprüft und z. B. in den Listen des Robert-Koch-Instituts geführt werden. Zu beachten

---

[131] Anhang III B Stufe 2 Nr. 7 GenTSV.
[132] Anhang III B Stufe 2 Nr. 8 GenTSV.
[133] Anhang III B Stufe 2 Nr. 8 GenTSV.
[134] Anhang III B Stufe 2 Nr. 9 GenTSV.

ist, dass der oben beschriebene Fall wieder eine Havarie darstellt. Es sind also die entsprechenden Konzentrationen und Einwirkzeiten des Desinfektionsmittels an den Havariefall anzupassen.

„Dichtungen müssen so beschaffen sein, dass das unbeabsichtigte Entweichen von gentechnisch veränderten Organismen auf ein Mindestmaß reduziert wird. Für Wellendurchführungen sind z. B. folgende Abdichtungen geeignet:

- *einfach wirkende Gleitringdichtung,*
- *Stopfbuchse mit Dampf- oder Desinfektionsmittelsperre.*"[135]

Nun ist die einfache Stopfbuchse, wie für den S1-Bereich, nicht mehr ausreichend.

„Arbeiten, bei denen Aerosole in den Arbeitsbereich austreten können, müssen in einer Sicherheitswerkbank der Klasse I oder II oder unter einem Abzug mit Hochleistungsschwebstoff-Filter durchgeführt werden. Die Oberfläche der Sicherheitswerkbank muss gegenüber Wasser, Säuren, Lösungs-, Desinfektions- und Dekontaminationsmitteln resistent und leicht zu reinigen sein."[136]

„Der Arbeitsbereich ist so auszulegen, dass durch Auffangvorrichtungen, deren Volumina sich mindestens am größten Einzelvolumen orientieren, ein unkontrollierter Austritt verhindert wird."[137]

„Zum Beimpfen und für Überführungsvorgänge sollen geschlossene Leitungen zwischen der Anlage und dem Impfbehälter verwendet werden."[138]

„Zur Probenahme sind Einrichtungen zu verwenden, die nach jedem Probenahmevorgang desinfiziert werden können. Die Probenahme ist unter Vermeidung von Aerosolen durchzuführen. Probenahmegefäße müssen während des Transports verschlossen sein und insbesondere gegen Bruch geschützt werden."[139]

„Gentechnisch veränderte Organismen sind vor dem Abernten durch validierte Verfahren zu inaktivieren oder in weitgehend geschlossenen Apparaturen weiter zu verarbeiten. Als Aufarbeitungsgeräte kommen in Frage:

- *Separatoren und Dekanter in geschlossener Ausführung,*
- *Filteranlagen (geschlossen),*

---

[135] Anhang III B Stufe 2 Nr. 10 GenTSV.
[136] Anhang III B Stufe 2 Nr. 11 GenTSV.
[137] Anhang III B Stufe 2 Nr. 12 GenTSV.
[138] Anhang III B Stufe 2 Nr. 13 GenTSV.
[139] Anhang III B Stufe 2 Nr. 14 GenTSV.

- *gekapselte Vakuumdrehfilter,*
- *Kammerfilterpresse.*"[140]

"Vor dem Öffnen der technischen Apparaturen, in denen mit gentechnisch veränderten Organismen umgegangen wurde, sind die verunreinigten Teile zu desinfizieren."[141]

"Für das Arbeiten mit gentechnisch veränderten Organismen ist ein Hygieneplan zu erstellen."[142]

"Schutzkleidung ist vom Betreiber bereitzustellen und vom Beschäftigten zu tragen. Getrennte Aufbewahrungsmöglichkeiten für die Schutz- und Straßenkleidung sind vorzusehen. Die Reinigung der Schutzkleidung ist vom Betreiber durchzuführen. Die Schutzkleidung darf nicht außerhalb der Arbeitsräume getragen werden."[143]

10.2.7   Produktionsbereich Sicherheitsstufe 3

Neben der in den niedrigeren Sicherheitsstufen beschriebenen apparativen Ausstattung werden nun weitere Sicherheitsmaßnahmen gefordert. Wesentlich dabei ist, dass Verbindungen/Leitungen des Fermenters nun mehrfach abgedichtet werden müssen. Die genauen Vorgaben sind:

"Boden und die Oberfläche der Sicherheitswerkbank, soweit vorhanden, müssen gegenüber Wasser, Säuren, Laugen, Lösungs-, Desinfektions- und Dekontaminationsmitteln resistent und leicht zu reinigen sein."[144]

"Die Apparaturen sind entsprechend dem Stand von Wissenschaft und Technik als geschlossene Systeme auszuführen."[145]

"Die Fermenterabluft muss entweder über ein geeignetes Filtersystem, z. B. mit Hochleistungsschwebstoff-Filter, abgeführt werden oder ist durch Erhitzen zu sterilisieren."[146]

"Dichtungen müssen so beschaffen sein, dass das unbeabsichtigte Entweichen von gentechnisch veränderten Organismen verhindert wird. Durchführungen von Antriebswellen müssen mit doppelt wirkenden Dichtelementen, wie z. B. durch doppelte Gleitringdich-

---

[140] Anhang III B Stufe 2 Nr. 15 GenTSV.
[141] Anhang III B Stufe 2 Nr. 16 GenTSV.
[142] Anhang III B Stufe 2 Nr. 17 GenTSV.
[143] Anhang III B Stufe 2 Nr. 18 GenTSV.
[144] Anhang III B Stufe 3 Nr. 6 GenTSV.
[145] Anhang III B Stufe 3 Nr. 9 GenTSV.
[146] Anhang III B Stufe 3 Nr. 6 GenTSV.

tung oder Doppellippendichtung, ausgestattet sein. Die Sperrflüssigkeit ist unter geringem Überdruck gegenüber dem Behälterinnendruck zu halten und zu überwachen. Der Antrieb kann auch über eine Magnetkupplung erfolgen."[147]

„Vor dem Abernten sind die gentechnisch veränderten Organismen zu sterilisieren oder in geschlossenen Apparaturen weiterzuverarbeiten. Als Erntegeräte kommen in Frage:

- *desinfizierbare Separatoren und Dekanter in geschlossener Ausführung,*
- *Membranfilteranlage (geschlossen),*
- *Cross-Flow-Filter.*"[148]

Ein Cross-Flow-Filter kann Flüssigkeiten von Schwebstoffen reinigen, indem die Flüssigkeiten über eine Filtrationsmembran geleitet werden. Das kann unter hohen Geschwindigkeiten des Filtriergutes erfolgen. Normalerweise bildet sich durch das Filtern über der Filtrationsmembran eine Schicht, die abgeschieden werden soll. Bei einem Cross-Flow-Filter entsteht eine solche Schicht nicht, trotzdem wird die Flüssigkeit vom Filtriergut abgetrennt.

„In der Schleuse ist geeignete Schutzkleidung anzulegen. Beim Arbeiten sind Schutzhandschuhe zu tragen. Schutzkleidung, geschlossene Schuhe und Schutzhandschuhe sind vom Betreiber bereitzustellen. Die Schutzkleidung umfasst einen an den Rumpfvorderseiten geschlossenen Schutzkittel mit Kennzeichnung, geschlossene Schuhe, die entsprechend der Tätigkeit anzulegen sind, sowie in Abhängigkeit von der Tätigkeit Mundschutz (Berührungsschutz). Die Schutzkleidung ist vor der Reinigung oder der Beseitigung zu sterilisieren."[149]

Bei Produktionsanlagen der Sicherheitsstufe 3 handelt es sich um genehmigungspflichtige Anlagen und Arbeiten. Welche Schutzausrüstungen gefordert werden, wird ebenfalls in dem Genehmigungsbescheid der Zulassung aufgeführt.

10.2.8   Produktionsbereich Sicherheitsstufe 4

Auch wenn Produktionsanlagen in dieser Sicherheitsstufe (wenn überhaupt) vorkommen, werden die Vorgaben aus der GenTSV hier aufgeführt, um die Sicherheitsstufen vollständig abzubilden:

„Zu- und Abluft müssen über doppelt ausgeführte Hochleistungsschwebstoff-Filter geführt werden. Der Filterwechsel muss unter aseptischen Bedingungen erfolgen, wie z. B. Sack-

---

[147] Anhang III B Stufe 3 Nr. 10 GenTSV.
[148] Anhang III B Stufe 3 Nr. 11 GenTSV.
[149] Anhang III B Stufe 3 Nr. 12 GenTSV.

im-Sack-System oder chemische Desinfektion. Die Abluft der Fermenter ist über Doppel-membranfilter zu führen."[150]

„Für den gesamten Arbeitsbereich sind Sicherheitsschaltungen vorzusehen, die einen Aus-tritt von gentechnisch veränderten Organismen auch bei Ausfall der Netzenergien ver-hindern. Das können z. B. sein: zwangsweise Schaltungen von Ventilen in den sicheren Zustand, Rückschlagklappen an Versorgungsleitungen, Notstromversorgung."[151]

„Bei Kontaminationsgefahr, z. B. nach dem Verschütten von Kulturlösungen, sind fremd-belüftete Vollschutzanzüge zu benutzen."[152]

„Zur Probenahme sind geschlossene Systeme zu verwenden. Das Probenahmegefäß muss insbesondere vor mechanischer Beschädigung geschützt werden."[153]

„Werden die Organismen vor dem Abernten nicht sterilisiert, müssen die folgenden Auf-arbeitungsschritte, bei denen noch mit lebenden Organismen zu rechnen ist, in geschlos-senen und desinfizierbaren Apparaturen erfolgen.

Bereiche, in denen sich Aerosole bilden können, müssen räumlich abgetrennt sein. Die Abluft der Absaugungen ist über doppelt ausgeführte Hochleistungsschwebstoff-Filter zu führen oder es muss in geschlossenen, gasdichten Sicherheitswerkbänken gearbeitet wer-den."[154]

10.2.9 Gewächshäuser Sicherheitsstufe 1

Wie bereits bei den baulichen Aspekten sind die Vorgaben aus der GenTSV auch bei Klimakammern anzuwenden. Außerdem findet sich in der GenTSV noch ein wichtiger Hinweis:

„Sofern in Gewächshäusern mit gentechnisch veränderten Mikroorganismen gearbeitet wird, gelten sinngemäß zusätzlich die Anforderungen des Anhangs III für Laboratorien der entsprechenden Sicherheitsstufe."[155]

Zwar denkt man bei Gewächshäusern zunächst an Arbeiten mit Pflanzen, die gentechnisch verändert wurden, es kann sich aber auch um Versuche handeln, bei denen z. B. gentech-nisch veränderte phyto- oder tierpathogene Mikroorganismen eingesetzt werden. Hier sind

---

[150] Anhang III B Stufe 4 Nr. 5 GenTSV.
[151] Anhang III B Stufe 4 Nr. 7 GenTSV.
[152] Anhang III B Stufe 4 Nr. 10 GenTSV.
[153] Anhang III B Stufe 4 Nr. 8 GenTSV.
[154] Anhang III B Stufe 4 Nr. 9 GenTSV.
[155] Anhang IV Einleitung GenTSV.

die entsprechenden Risikobewertungen der GVO und deren Zuordnung entscheidend für die notwendigen Sicherheitsmaßnahmen.

„In Abhängigkeit von der Tätigkeit ist eine ausreichende Arbeitsfläche für jeden Mitarbeiter zu gewährleisten.“[156]

„In gentechnischen Experimenten verwendete Organismen sind mit geeigneten Methoden, insbesondere durch Abschneiden der Vermehrungsorgane bei Pflanzen, vermehrungsunfähig zu machen, bevor sie außerhalb des Gewächshauses, jedoch auf dem umgebenden Gelände des Betreibers, unschädlich entsorgt werden.“[157]

Die GV-Pflanzen sind also erst nachdem sie vermehrungsunfähig gemacht wurden, zu entsorgen. Sollten GVO als Mikroorganismen eingesetzt werden, mit denen Versuche an transgenen oder Wildtyppflanzen vorgenommen werden, gelten für deren Vernichtung/Entsorgung die Vorgaben in Anhang III der GenTSV zu Laboratorien.

„Ein geeignetes, auf die Experimentalpflanzen abgestimmtes Programm zur erfolgreichen Bekämpfung von Pflanzenkrankheiten, Unkräutern, Insektenbefall und Nagetieren ist aufzustellen.“[158]

„Das Austreten von gentechnisch veränderten Organismen aus dem Gewächshaus ist auf das geringstmögliche Maß zu reduzieren.“[159]

„Verletzungen sind dem Projektleiter unverzüglich zu melden.“[160]

„Nahrungs- und Genussmittel sowie Kosmetika dürfen im Arbeitsbereich nicht aufbewahrt werden.“[161]

„In Arbeitsräumen darf nicht gegessen, getrunken, geraucht, geschnupft oder geschminkt werden. Für die Beschäftigten sind Bereiche einzurichten, in denen sie ohne Beeinträchtigung ihrer Gesundheit durch gentechnisch veränderte Organismen essen, trinken, rauchen, schnupfen oder sich schminken können.“[162]

---

[156] Anhang IV Stufe 1 Nr. 1a GenTSV.
[157] Anhang IV Stufe 1 Nr. 4 GenTSV.
[158] Anhang IV Stufe 1 Nr. 5 GenTSV.
[159] Anhang IV Stufe 1 Nr. 6 GenTSV.
[160] Anhang IV Stufe 1 Nr. 7 GenTSV.
[161] Anhang IV Stufe 1 Nr. 8 GenTSV.
[162] Anhang IV Stufe 1 Nr. 9 GenTSV.

10.2.10   Gewächshäuser Sicherheitsstufe 2

Werden die gentechnischen Arbeiten nicht in Gewächshäusern, sondern in Klimakammern durchgeführt, so gelten die folgenden Bestimmungen in Anhang IV sinngemäß auch dort.

„Abfälle, die gentechnisch veränderte Mikroorganismen enthalten, dürfen nur in geeigneten Behältern innerbetrieblich transportiert werden."[163]

Doppelwandige bruchsichere Transportbehälter sind eine Möglichkeit, um ein Austreten von Mikroorganismen auch bei einem Sturz des Transportbehälters zu verhindern.

„Zutritt zum Gewächshaus haben außer den an den Experimenten Beteiligten nur der Projektleiter oder durch ihn autorisierte Personen. Hierauf ist durch geeignete Kennzeichnung an den Zugängen hinzuweisen."[164]

Wie im Laborbereich hat der Projektleiter die Personen zu benennen, die zu dem Sicherheitsbereich Zutritt erhalten sollen. Damit sind alle anderen Personen ausgeschlossen. Hintergrund ist, dass die Personen, die Zutritt in den Sicherheitsbereich erhalten, auch zuvor belehrt werden müssen, wie sie sich zu verhalten haben. Zum Beispiel können keine Besuchergruppen durch die Anlage geführt werden, wenn der Projektleiter das nicht autorisiert hat.

„Arbeitsgeräte, die in unmittelbarem Kontakt mit gentechnisch veränderten Organismen waren, müssen vor einer Reinigung autoklaviert oder desinfiziert werden, wenn bei diesem Kontakt gentechnisch veränderte Organismen übertragen werden können."[165]

Gerätschaften können neben der Kontamination mit GVO (z. B. phytopathogenen Mikroorganismen) auch mit Erde oder anderen gewächshaustypischen Stoffen verunreinigt sein. Diese Geräte sollen i.S. einer Reinigung von diesen Stoffen behandelt werden. Um Verschleppungen der Mikroorganismen bei der Reinigung zu verhindern, werden diese also zunächst autoklaviert oder mit geeigneten Desinfektionsmitteln desinfiziert.

„Gentechnisch veränderte Organismen dürfen nur in verschlossenen und gegen Bruch geschützten Behältern innerbetrieblich transportiert werden."[166]

„Eine Händedesinfektionsmöglichkeit muss vorhanden sein."[167]

---

[163] Anhang IV Stufe 2 Nr. 3 GenTSV.
[164] Anhang IV Stufe 2 Nr. 5 GenTSV.
[165] Anhang IV Stufe 2 Nr. 6 GenTSV.
[166] Anhang IV Stufe 2 Nr. 7 GenTSV.
[167] Anhang IV Stufe 2 Nr. 8 GenTSV.

„Schutzkleidung ist vom Betreiber bereitzustellen und vom Beschäftigten zu tragen. Getrennte Aufbewahrungsmöglichkeiten für die Schutz- und Straßenkleidung sind vorzusehen. Die Reinigung der Schutzkleidung ist vom Betreiber durchzuführen. Die Schutzkleidung darf nicht außerhalb des Gewächshauses getragen werden."[168]

„Besteht ein Teil des Gewächshausbodens aus Kies oder ähnlichem Material, sind geeignete Behandlungen zur Beseitigung der im Kies eingefangenen Organismen durchzuführen."[169]

10.2.11   Gewächshäuser Sicherheitsstufe 3

Auch hier gilt, wenn mit gentechnisch veränderten Mikroorganismen der entsprechenden Risikogruppe gearbeitet wird, gelten die Anforderungen in Anhang III der GenTSV.

Gewächshäuser der Sicherheitsstufe 3 sind selten, doch die apparativen Anforderungen werden der Vollständigkeit halber trotzdem dargestellt.

„In der Schleuse ist eine geeignete Schutzkleidung einschließlich Schuhwerk anzulegen. Beim Arbeiten sind Schutzhandschuhe zu tragen. Schutzkleidung und Handschuhe sind vom Betreiber bereitzustellen. Die Schutzkleidung umfasst einen an den Rumpfvorderseiten geschlossenen Schutzkittel mit Kennzeichnung, geschlossene Schuhe, die entsprechend der Tätigkeit anzulegen sind, sowie in Abhängigkeit von der Tätigkeit Mundschutz (Berührungsschutz). Die Schutzkleidung ist vor der Reinigung oder der Beseitigung zu sterilisieren.

Die Gewächshausanlage ist mit einem Sicherheitszaun zu umgeben oder durch ein gleichwertiges Sicherheitssystem zu schützen."[170]

„Vakuumleitungen sind durch Hochleistungsschwebstoff-Filter oder gleichwertige Filter und Verschlüsse für flüssige Desinfektionsmittel zu sichern."[171]

„Die Abluft aus dem Gewächshaus ist durch Hochleistungsschwebstoff-Filter nach außen zu leiten, sofern mit pathogenen Organismen gearbeitet wird, für die eine Übertragung durch die Luft nicht ausgeschlossen werden kann. Bei dem Auswechseln des Filters muss dieser entweder zuerst sterilisiert oder zwecks späterer Sterilisierung unmittelbar in einen luftdichten Beutel verpackt werden."[172]

---

[168] Anhang IV Stufe 2 Nr. 9 GenTSV.
[169] Anhang IV Stufe 2 Nr. 10 GenTSV.
[170] Anhang IV Stufe 3 Nr. 4 GenTSV.
[171] Anhang IV Stufe 3 Nr. 7 GenTSV.
[172] Anhang IV Stufe 3 Nr. 3 GenTSV.

„Im Arbeitsbereich anfallende zu sterilisierende Abwässer sind grundsätzlich einer thermischen Nachbehandlung zu unterziehen: Sammeln in Auffangbehältern und Autoklavierung oder zentrale Abwassersterilisation. Alternativ können auch erprobte chemische Inaktivierungsverfahren eingesetzt werden. Bei bestimmungsgemäßem Betrieb und unter Beachtung der organisatorischen Sicherheitsmaßnahmen fallen aus der Schleuse keine kontaminierten Abwässer an.“[173]

„Der Zutritt zum Gewächshaus ist auf die Personen zu beschränken, deren Anwesenheit zur Durchführung der Versuche erforderlich ist und die zum Eintritt befugt sind. Der Projektleiter ist verantwortlich für die Bestimmung der zutrittsberechtigten Personen.“[174]

„Ein Autoklav oder eine gleichwertige Sterilisationseinheit muss im Gewächshaus vorhanden sein.“[175]

„Gentechnisch veränderte Organismen dürfen nur in bruchsicheren, dichtverschlossenen, entsprechend gekennzeichneten und außen desinfizierten Behältern innerbetrieblich transportiert werden.“[176]

Insgesamt erinnern die Ausstattungsmerkmale und Verhaltenshinweise an den Laborbereich der Sicherheitsstufe 3.

10.2.12 Gewächshäuser Sicherheitsstufe 4

Auch hier sollen die Anforderungen an die Gewächshäuser der Vollständigkeit halber erwähnt werden.

„Ein Durchreicheautoklav zur Sterilisierung des Materials, das die Gewächshausanlage verlässt, hat zur Verfügung zu stehen. Die Autoklavtür, die sich nach außen öffnet, ist zur Außenwand abzudichten und automatisch zu kontrollieren, sodass die Außentür nur nach Abschluß des Sterilisationszyklus des Autoklaven geöffnet werden kann.
  Eine begasbare Durchreiche oder eine gleichwertige Desinfektionsmethode hat zur Verfügung zu stehen, sodass das Material und die Ausrüstungsgegenstände, die nicht im Autoklaven sterilisiert werden können, sicher aus der Anlage gebracht werden können.“[177]

---

[173] Anhang IV Stufe 3 Nr. 9 GenTSV.
[174] Anhang IV Stufe 3 Nr. 9a GenTSV.
[175] Anhang IV Stufe 3 Nr. 10 GenTSV.
[176] Anhang IV Stufe 3 Nr. 13 GenTSV.
[177] Anhang IV Stufe 4 Nr. 5 GenTSV.

„Der Zutritt ist durch sichere, verschlossene Türen einzuschränken. Der Zugang ist vom Projektleiter zu regeln. Arbeiten mehrere Projektleiter in einem Bereich, hat der Betreiber den für die Regelung des Zugangs verantwortlichen Projektleiter zu bestimmen.

Eintretende Personen sind vor dem erstmaligen Betreten über die einzuhaltenden Vorsichtsmaßnahmen zur Gewährleistung der Umweltsicherheit zu unterrichten.

Es ist eine Liste aller Personen unter Angabe des Datums und des Zeitpunktes zu führen, die das Gewächshaus betreten und verlassen.“[178]

„Bei einem Notfall sind alle angemessenen Maßnahmen zu treffen, um das Austreten vermehrungsfähigen biologischen Materials aus der gentechnischen Anlage zu verhindern.“[179]

„Über das Material, das in das oder aus dem Gewächshaus verbracht ist, ist Buch zu führen. Versuchsorganismen, die in einem lebensfähigen oder intakten Zustand in das oder aus dem Gewächshaus verbracht werden sollen, sind in ein unzerbrechliches, versiegeltes Primärbehältnis zu geben und sodann in einem desinfizierten, versiegelten Transportbehältnis einzuschließen.“[180]

„Zubehör und andere Hilfsmittel werden mittels des Durchreicheautoklaven, der Begasungskammer oder der Schleuse, die bei jeder Benutzung angemessen zu desinfizieren sind, eingebracht. Nach Sicherung der Außentüren haben die Beschäftigten innerhalb der Anlage zur Innentür des Autoklaven, der Begasungskammer oder der Schleuse zu gehen. Diese Türen sind zu sichern, nachdem das Material in die Anlage verbracht worden ist.“[181]

„Kein Material, mit Ausnahme der Versuchsorganismen, die lebensfähig oder intakt bleiben sollen, darf ohne vorherige Sterilisierung aus dem Gewächshaus entfernt werden.“[182]

„Gliederfüßer und andere Makroorganismen, die im Zusammenhang mit Versuchen benutzt werden, die eine physikalische Einschließung dieser Sicherheitsstufe erfordern, sind in entsprechenden Behältern unterzubringen. Soweit es der Organismus erforderlich macht, sind die Versuche in den Behältern, in denen die beweglichen Organismen festgehalten werden, durchzuführen.“[183]

„In dem Warnhinweis vor biologischen Gefahren sind auch die benutzten Pflanzen, Mikroorganismen und Tiere sowie der Name des Projektleiters und anderer Verantwortlicher

---

[178] Anhang IV Stufe 4 Nr. 8 GenTSV.
[179] Anhang IV Stufe 4 Nr. 5 GenTSV.
[180] Anhang IV Stufe 4 Nr. 10 GenTSV.
[181] Anhang IV Stufe 4 Nr. 11 GenTSV.
[182] Anhang IV Stufe 4 Nr. 12 GenTSV.
[183] Anhang IV Stufe 4 Nr. 13 GenTSV.

aufzuführen. Ferner hat er besondere Auflagen für das Betreten des Bereichs anzugeben."[184]

„Unfälle im Gewächshaus, die eine unbeabsichtigte Freisetzung oder Streuung von Mikroorganismen zur Folge haben, sind unverzüglich dem Projektleiter und den jeweils zuständigen Behörden zu melden. Über diese Unfälle sind schriftliche Aufzeichnungen anzufertigen und aufzubewahren."[185]

„Das Gewächshaus darf nur durch die Umkleide- und Duschräume betreten und verlassen werden. Für die Beschäftigten, die die Anlage betreten, ist vollständige Schutzkleidung (möglicherweise Einwegkleidung), einschließlich Unterwäsche, Hosen und Hemden oder Overalls, Schuhen und Kopfbedeckungen vom Betreiber zur Verfügung zu stellen und von den Beschäftigten zu tragen. Bei Verlassen des Gewächshauses und vor Betreten des Duschbereichs haben die Beschäftigten ihre Schutzkleidung abzulegen und in einem Schließfach oder Wäschekorb im inneren Umkleideraum aufzubewahren. Die Beschäftigten haben sich bei jedem Verlassen der Anlage zu duschen. Alle Schutzkleidungen sind vor der Reinigung zu sterilisieren."[186]

10.2.13   Tierhaltungsräume Sicherheitsstufe 1

Die Anforderungen für den Tierhaltungsbereich werden in Anhang V der GenTSV zusammengefasst. Es gilt:

„Die Anforderungen der niedrigen Stufen sind von den höheren eingeschlossen. Sofern in Tierhaltungsräumen mit gentechnisch veränderten Mikroorganismen gearbeitet wird, gelten sinngemäß zusätzlich die Anforderungen des Anhangs III für Laboratorien der entsprechenden Sicherheitsstufe."[187]

„Tiere sind in Tierkäfigen oder anderen für die Tierart geeigneten Einrichtungen unterzubringen."[188]

Bei Tierhaltungsräumen denkt man zunächst an Käfige, in denen Ratten oder Mäuse gehalten werden. Es gibt aber eine Vielzahl anderer Tiere, mit denen in gentechnischen Anlagen umgegangen wird (z. B. Fische, Amphibien, Insekten). So gibt es transgene Fische, die in Aquarien gehalten werden, oder transgene Schafe, die in großen Tierställen

---

[184] Anhang IV Stufe 4 Nr. 14 GenTSV.
[185] Anhang IV Stufe 4 Nr. 15 GenTSV.
[186] Anhang IV Stufe 4 Nr. 16 GenTSV.
[187] Anhang V Stufe 1 Einleitung GenTSV.
[188] Anhang V Stufe 1 Nr. 7 GenTSV.

leben. Die Einrichtungen für Tiere können also sehr unterschiedlich sein. Auch unter Tierschutzaspekten sind die Tierbehausungen hier geeignet einzurichten.

„Material, das zur Sterilisierung oder Verbrennung bestimmt ist, sowie benutzte Tierkäfige und andere Einrichtungen sind so zu transportieren, dass Verunreinigungen der Umgebung auf das geringstmögliche Maß zu reduzieren sind."[189]

„Der Zutritt zum Raum ist auf hierzu ermächtigte Personen zu beschränken."[190]

„Es soll geeignete Schutzkleidung und geeignetes Schuhwerk getragen werden, die bei Verlassen des Tierhaltungsraums zu säubern oder abzulegen sind. Schutzkleidung und Schuhwerk sind vom Betreiber bereitzustellen."[191]

„Mundpipettieren ist untersagt; Pipettierhilfen sind zu benutzen."[192]

„Bei allen Arbeiten muss darauf geachtet werden, das Aerosolbildung so weit wie möglich vermieden wird."[193]

„Es sollen Maßnahmen ergriffen werden, um eine Fortpflanzung der Tiere zu verhindern, sofern nicht die Reproduktion Teil des Experiments ist."[194]

„Alle Tiere müssen leicht und versuchsbezogen zu identifizieren sein."[195]

Hier ist der Hinweis „versuchsbezogen" identifizierbar wichtig.

„Die Hände sind unverzüglich zu desinfizieren oder zu waschen, wenn Verdacht auf Kontamination besteht, sowie nach dem Umgang mit Tieren oder Tierabfällen."[196]

„Bei Verletzungen im Zusammenhang mit Tätigkeiten mit gentechnischen Arbeiten und infizierten oder infektionsverdächtigen Tieren sind Erste-Hilfe-Maßnahmen einzuleiten, der Projektleiter zu informieren und ggf. medizinische Hilfe in Anspruch zu nehmen."[197]

---

[189] Anhang V Stufe 1 Nr. 21 GenTSV.
[190] Anhang V Stufe 1 Nr. 3 GenTSV.
[191] Anhang V Stufe 1 Nr. 4 GenTSV.
[192] Anhang V Stufe 1 Nr. 10 GenTSV.
[193] Anhang V Stufe 1 Nr. 10 GenTSV.
[194] Anhang V Stufe 1 Nr. 12 GenTSV.
[195] Anhang V Stufe 1 Nr. 13 GenTSV.
[196] Anhang V Stufe 1 Nr. 14 GenTSV.
[197] Anhang V Stufe 1 Nr. 15 GenTSV.

„Das Personal ist im Umgang mit den zu verwendenden Tieren zu schulen. Die für den Umgang mit Tieren verantwortliche Person muss sicherstellen, dass alle, die mit den Tieren und dem Abfallmaterial in Berührung kommen, mit den örtlichen Regeln vertraut sind und alle anderen möglicherweise erforderlichen Vorsichtsmaßnahmen und Verfahren kennen."[198]

„Ungeziefer ist in geeigneter Weise zu bekämpfen."[199]

„Nahrungs- und Genussmittel sowie Kosmetika dürfen im Arbeitsbereich nicht aufbewahrt werden."[200]

„Im Tierhaltungsraum darf nicht gegessen, getrunken, geraucht oder geschnupft werden. Für die Beschäftigten sind Bereiche einzurichten, in denen sie ohne Beeinträchtigung ihrer Gesundheit durch gentechnisch veränderte Organismen essen, trinken, rauchen oder schnupfen können."[201]

„Tierkäfige und andere Einrichtungen sind nach Gebrauch zu reinigen."[202]

„Material, das zur Sterilisierung oder Verbrennung bestimmt ist, sowie benutzte Tierkäfige und andere Einrichtungen sind so zu transportieren, dass Verunreinigungen der Umgebung auf das geringstmögliche Maß zu reduzieren sind."[203]

In Tierhaltungsräumen werden oft Käfigwechselstationen verwendet. Welche Anforderungen diese erfüllen müssen, ist in einer Stellungnahme der ZKBS zusammengefasst.[204]

10.2.14   Tierhaltung Sicherheitsstufe 2

„Im Tierhaltungsraum ist eine Händedesinfektionseinrichtung bereitzustellen. Nach Abschluss der Arbeit sind die Hände zu desinfizieren. Es ist für eine Handwaschgelegenheit, vorzugsweise im Tierhaltungsraum, zu sorgen. Ist dies nicht möglich, ist diese im angrenzenden Bereich zu installieren. Wasserarmaturen sollten handbedienungslos, z. B. mit

---

[198] Anhang V Stufe 1 Nr. 16 GenTSV.
[199] Anhang V Stufe 1 Nr. 17 GenTSV.
[200] Anhang V Stufe 1 Nr. 18 GenTSV.
[201] Anhang V Stufe 1 Nr. 19 GenTSV.
[202] Anhang V Stufe 1 Nr. 20 GenTSV.
[203] Anhang V Stufe 1 Nr. 21 GenTSV.
[204] Vgl. Stellungnahme der ZKBS zu sicherheitstechnischen Anforderungen an Käfigwechselstationen in gentechnischen Anlagen der Stufen 1–4 (Az. 6790-07-49).

Ellenbogen-, Fuß- oder Sensorbetätigung eingerichtet sein. Es sind Handtücher zum einmaligen Gebrauch und Hautpflegemittel zur Verfügung zu stellen."[205]

„Bei Arbeiten, bei denen Aerosole entstehen können, sind folgende Maßnahmen zu treffen:

a) *Durchführung der Arbeiten in einer Sicherheitswerkbank oder unter einem Abzug, bei denen ein Luftstrom vom Experimentator zur Arbeitsöffnung hin gerichtet ist,*
b) *Benutzung von Geräten, bei denen keine Aerosole freigesetzt werden, oder*
c) *das Tragen geeigneter Schutzausrüstung, wenn technische und organisatorische Maßnahmen nicht ausreichen oder nicht anwendbar sind.*

Die Abluft aus den unter den Buchstaben a und b genannten Geräten muss durch einen Hochleistungsschwebstoff-Filter geführt oder durch ein anderes geprüftes Verfahren keimfrei gemacht werden."[206]

„Sofern erforderlich, sollten Filter an Isolatoren oder isolierten Räumen vorgesehen werden."[207]

„Einrichtungen zur Immobilisierung zwecks gefahrloser Handhabung infizierter oder zu infizierender Tiere sind bereitzuhalten. Eine Sicherheitsbeleuchtung ist für Arbeitsplätze mit besonderer Gefährdung für den Fall vorzusehen, dass die Allgemeinbeleuchtung ausfällt (Befriedung der Tiere)."[208]

„Gentechnisch veränderte Organismen dürfen nur in verschlossenen, gegen Bruch geschützten und bei Kontamination von außen desinfizierbaren, gekennzeichneten Behältern innerbetrieblich transportiert werden."[209]

„Befinden sich infizierte Tiere im Tierhaltungsraum, muss die Tür geschlossen bleiben. Sie ist mit einem Hinweis zu versehen, der auf die Art der Arbeiten hinweist."[210]

„Es sind Maßnahmen zum Schutz vor Arthropoden und Nagetieren zu ergreifen."[211]

„Für das Arbeiten mit gentechnisch veränderten Organismen ist ein Hygieneplan zu erstellen."[212]

---

[205] Anhang V Stufe 2 Nr. 4 GenTSV.
[206] Anhang V Stufe 2 Nr. 5 GenTSV.
[207] Anhang V Stufe 2 Nr. 15 GenTSV.
[208] Anhang V Stufe 2 Nr. 16 GenTSV.
[209] Anhang V Stufe 2 Nr. 7 GenTSV.
[210] Anhang V Stufe 2 Nr. 3 GenTSV.
[211] Anhang V Stufe 2 Nr. 6 GenTSV.
[212] Anhang V Stufe 2 Nr. 8 GenTSV.

„Arbeitsflächen sind nach Beendigung der Tätigkeit zu desinfizieren."[213]

„Arbeitsgeräte, die in unmittelbarem Kontakt mit gentechnisch veränderten Organismen waren, müssen vor einer Reinigung, Wartung oder Reparatur autoklaviert oder desinfiziert werden, wenn bei diesem Kontakt gentechnisch veränderte Organismen übertragen werden können."[214]

„Tierkäfige und andere Einrichtungen sind nach Gebrauch zu desinfizieren."[215]

„Abfälle, die gentechnisch veränderte Organismen enthalten, dürfen nur in geeigneten Behältern innerbetrieblich transportiert werden."[216]

„Schutzkleidung ist vom Betreiber bereitzustellen und vom Beschäftigten zu tragen. Getrennte Aufbewahrungsmöglichkeiten für die Schutz- und Straßenkleidung sind vorzusehen. Die Reinigung der Schutzkleidung ist vom Betreiber durchzuführen. Die Schutzkleidung darf nicht außerhalb der Arbeitsräume getragen werden."[217]

Auch hier finden sich Hinweise zu Käfigwechselstationen in einer Stellungnahme der ZKBS vom Mai 2009.[218]

10.2.15 Tierhaltung Sicherheitsstufe 3

„Es muss ein Autoklav oder eine gleichwertige Sterilisationseinheit vorhanden sein."[219]

„Filter an Isolatoren oder isolierten Räumen (durchsichtige Behälter, in denen kleine Tiere innerhalb oder außerhalb eines Käfigs gehalten werden; für große Tiere können isolierte Räume angebracht sein) sind vorzusehen."[220]

„Der Zutritt zum Tierhaltungsraum ist auf die Personen zu beschränken, deren Anwesenheit für die Durchführung der Versuche erforderlich ist und die zum Eintritt befugt sind. Der Projektleiter ist verantwortlich für die Bestimmung der zutrittsberechtigten Personen. Die Anwesenheit der Personen ist zu dokumentieren. Eine Person darf nur dann allein

---

[213] Anhang V Stufe 2 Nr. 10 GenTSV.
[214] Anhang V Stufe 2 Nr. 11 GenTSV.
[215] Anhang V Stufe 2 Nr. 12 GenTSV.
[216] Anhang V Stufe 2 Nr. 13 GenTSV.
[217] Anhang V Stufe 2 Nr. 14 GenTSV.
[218] Vgl. Stellungnahme der ZKBS zu sicherheitstechnischen Anforderungen an Käfigwechselstationen in gentechnischen Anlagen der Stufen 1–4 (Az. 6790-07-49).
[219] Anhang V Stufe 3 Nr. 1h GenTSV.
[220] Anhang V Stufe 3 Nr. 9 GenTSV.

im Tierhaltungsraum arbeiten, wenn die Handhabung der Versuchstiere allein sicher be-
herrschbar ist und eine von innen zu betätigende Alarmanlage oder ein anderes geeignetes
Überwachungssystem vorhanden ist."[221]

„In der Schleuse ist eine geeignete Schutzkleidung einschließlich Schuhwerk anzulegen.
Beim Arbeiten sind Schutzhandschuhe zu tragen. Schutzkleidung und Handschuhe sind
vom Betreiber bereitzustellen. Die Schutzkleidung ist vor der Reinigung oder der Be-
seitigung zu sterilisieren. Die Schutzkleidung umfasst einen an den Rumpfvorderseiten
geschlossenen Schutzkittel mit Kennzeichnung, geschlossene Schuhe, die entsprechend der
Tätigkeit anzulegen sind, sowie in Abhängigkeit von der Tätigkeit Mundschutz (Berüh-
rungsschutz)."[222]

„Gentechnisch veränderte Organismen dürfen nur in bruchsicheren, dicht verschlosse-
nen, entsprechend gekennzeichneten und außen desinfizierten Behältern innerbetrieblich
transportiert werden."[223]

„Die Arbeitsbereiche sind nach Verschütten von kontaminiertem Material sofort zu desin-
fizieren."[224]

„Bei der Entsorgung von Tierkadavern und Tiermaterial ist folgendes zu beachten:

a) Tierkadaver und Tiermaterial sind vor der Entsorgung zu sterilisieren.
b) Ist die Sterilisierung im Tierhaltungsraum nicht möglich, hat der Transport in dicht
   geschlossenen, bruchsicheren, lecksicheren und außen desinfizierten Behältern zu er-
   folgen.
c) Die Sterilisierung hat durch Verbrennen oder eine sonstige geeignete Weise zu erfol-
   gen, wobei sichergestellt sein muss, dass auch die Kernschichten des Tierkadavers und
   Tiermaterial erfaßt werden."[225]

„Beim Auswechseln von Filtern, z. B. der lüftungstechnischen Anlage oder der Sicher-
heitswerkbank, müssen diese entweder am Einbauort sterilisiert oder zwecks späterer
Sterilisierung durch ein geräteseits vorgesehenes Austauschsystem in einen luftdichten
Behälter verpackt werden, sodass eine Infektion des Wartungspersonals und anderer Per-
sonen ausgeschlossen werden kann."[226]

---

[221] Anhang V Stufe 3 Nr. 2 GenTSV.
[222] Anhang V Stufe 3 Nr. 3 GenTSV.
[223] Anhang V Stufe 3 Nr. 4 GenTSV.
[224] Anhang V Stufe 3 Nr. 5 GenTSV.
[225] Anhang V Stufe 3 Nr. 6 GenTSV.
[226] Anhang V Stufe 3 Nr. 7 GenTSV.

Hinweise an die Anforderungen von Käfigwechselstationen liefert die ZKBS-Stellung-nahme von Mai 2009.[227]

10.2.16   Tierhaltung Sicherheitsstufe 4

Wird mit Tieren im Sicherheitsbereich 4 gearbeitet, handelt es sich um Versuche/Arbeiten mit Mikroorganismen, die sehr schwere Krankheiten (human- oder tierpathogen) bewirken können. Daher sind die Vorgaben aus dem Laborbereich für diese Sicherheitsstufe ebenfalls gefordert. In der GenTSV heißt es dazu:

„Im Übrigen müssen die Sicherheitsmaßnahmen denjenigen für ein Labor der Sicherheits-stufe 4 entsprechen.“[228]

„Für die Desinfektion von Materialien, die aus dem Bereich ausgeschleust werden, muss eine desinfizierbare Schleuse zur Verfügung stehen. Die Desinfektion kann z. B. durch Dampf, chemische Mittel oder energiereiche Strahlung erfolgen.“[229]

„Die im Tierhaltungsraum benötigten Materialien, Gegenstände und Tiere sind über Schleusen, Begasungskammern oder Durchreicheautoklaven mit Einrichtungen zur Desin-fektion einzubringen. Vor und nach dem Einschleusen ist die Schleuse zu desinfizieren.“[230]

„Arbeiten mit humanpathogenen Organismen der Sicherheitsstufe 4 haben im Tierhal-tungsraum, soweit dies möglich ist (z. B. bei kleinen Versuchstieren), in einer Sicherheits-werkbank der Klasse III oder in geschlossenen Apparaturen oder mit fremdbelüfteten Vollschutzanzügen zu erfolgen.“[231]

„Vor dem Betreten des Tierhaltungsraumes sind alle Kleidungsstücke, einschließlich Uh-ren und Schmuck, abzulegen und zu deponieren. Bei Verlassen des Raumes ist die Schutz-kleidung abzulegen und zu dekontaminieren. Die Beschäftigten haben zu duschen.“[232]

„Der Zutritt ist nur Personen erlaubt, deren Anwesenheit im Tierhaltungsraum zur Durch-führung der Versuche erforderlich ist. Der Projektleiter ist verantwortlich für die Festle-gung der näheren Umstände und die Bestimmung, wer berechtigt ist, während der Versu-che den Tierhaltungsraum zu betreten oder dort zu arbeiten. Der Zugang ist vom Projekt-

---

[227] Vgl. Stellungnahme der ZKBS zu sicherheitstechnischen Anforderungen an Käfigwechselstatio-nen in gentechnischen Anlagen der Stufen 1 bis 4 (Az. 6790-07-49).
[228] Anhang V Stufe 4 Nr. 11 GenTSV.
[229] Anhang V Stufe 4 Nr. 5 GenTSV.
[230] Anhang V Stufe 4 Nr. 6 GenTSV.
[231] Anhang V Stufe 4 Nr. 9 GenTSV.
[232] Anhang V Stufe 4 Nr. 2 GenTSV.

leiter zu regeln. Arbeiten mehrere Projektleiter in einem Bereich, hat der Betreiber den für die Regelung des Zugangs verantwortlichen Projektleiter zu bestimmen. Die Anwesenheit von Stammpersonal und Betriebsfremden ist zu dokumentieren."[233]

„Gentechnisch veränderte Organismen oder damit kontaminiertes biologisches Material, das zu weiteren Untersuchungen im lebensfähigen oder intakten Zustand ausgeschleust werden soll, ist in einen unzerbrechlichen, dicht verschlossenen Behälter zu verpacken und entsprechend zu desinfizieren (z. B. Tauchbad mit Desinfektionsmittel, Begasung). Der Behälter ist in einen unzerbrechlichen zweiten Behälter zu stellen, der auch dicht verschlossen wird."[234]

„Alle übrigen Materialien müssen vor der Entfernung aus dem Tierhaltungsraum sterilisiert oder durch eine gleichwertige Behandlung desinfiziert werden. Ist dies nicht möglich, muss das Material in einem geschlossenen, bruchsicheren, lecksicheren Primärbehältnis verpackt und in einem desinfizierten, versiegelten Transportbehältnis zur Entsorgung verbracht werden."[235]

„Bei einem Notfall sind alle angemessenen Maßnahmen zu treffen, um das Austreten vermehrungsfähigen biologischen Materials aus dem Tierhaltungsraum zu verhindern."[236]

---

[233] Anhang V Stufe 4 Nr. 4 GenTSV.
[234] Anhang V Stufe 4 Nr. 7 GenTSV.
[235] Anhang V Stufe 4 Nr. 8 GenTSV.
[236] Anhang V Stufe 4 Nr. 10 GenTSV.

Freisetzung und Inverkehrbringen

Petra Kauch

Die Freisetzung von GVO sowie deren Inverkehrbringen unterliegen einer Genehmigung. Ihre Zulassungsverfahren sind im dritten Teil in §§ 14–16e GenTG geregelt. Die Voraussetzungen und die Verfahren für die Zulassungen sind nicht identisch, weil die Freisetzung eher lokale Auswirkungen hat, während das Inverkehrbringen aufgrund der Freiheit des Warenverkehrs in Europa europaweit wirkt.[1]

11.1 Gentechnisch veränderte Organismen außerhalb des geschlossenen Systems

Der Begriff der Freisetzung ist erfüllt beim gezielten Ausbringen von GVO in die Umwelt, soweit noch keine Genehmigung für das Inverkehrbringen zum Zweck des späteren Ausbringens in die Umwelt erteilt wurde. Das Freisetzen von GVO soll Forschungszwecken dienen. Die Freisetzung erfolgt in dosierten Schritten nach dem Step-by-Step-Konzept[2] vom Labor ins Gewächshaus und dann ins Freiland. Bei jedem Schritt werden alle Sicherheitsfragen erneut geprüft.[3]

11.1.1 Voraussetzungen der Freisetzung

Genehmigungserfordernis

Wer GVO freisetzt, bedarf einer Genehmigung.[4] Dies gilt nicht für Änderungen einer Freisetzung, die keine wesentlichen Auswirkungen auf die Beurteilung der Genehmi-

---

[1] Kauch (2009), Gentechnikrecht. S. 113 ff.

[2] Zur europarechtskonformen Auslegung des GenTG vgl. Kloepfer (2016), Umweltrecht, § 20 Rdnr. 160, 161.

[3] Kauch (2009), Gentechnikrecht. S. 113 ff.

[4] § 14 Abs. 1 S. 1 Nr. 1 GenTG.

© Springer-Verlag GmbH Deutschland, ein Teil von Springer Nature 2019
K. Bender und P. Kauch, *Gentechnisches Labor – Leitfaden für Wissenschaftler*,
https://doi.org/10.1007/978-3-642-34694-1_11

gungsvoraussetzungen haben. Ein vereinfachtes Verfahren ist für Nachmeldungen von Standorten vorgesehen. Eine Genehmigung kann sich auf die Freisetzung eines GVO oder einer Kombination von GVO am selben Standort oder an verschiedenen Standorten erstrecken, soweit die Freisetzung zum selben Zweck und innerhalb eines in der Genehmigung bestimmten Zeitraums erfolgt.[5] Dabei kann die Bundesrepublik für die absichtliche Freisetzung von GVO durch Rechtsverordnung mit Zustimmung des Bundesrates bestimmen, dass für die Freisetzung ein abweichendes vereinfachtes Verfahren gilt, soweit mit der Freisetzung von Organismen im Hinblick auf die Schutzzwecke genügend Erfahrungen gesammelt sind.[6] Eine solche Rechtsverordnung ist bislang nicht erlassen worden.

Genehmigungsvoraussetzungen

Die Genehmigungsvoraussetzungen sind in § 16 Abs. 1 GenTG geregelt. Dies ist in Abb. 11.1 dargestellt.

Eine Genehmigung für eine Freisetzung ist zu erteilen, wenn

- die Voraussetzungen entsprechend § 11 Abs. 1 Nr. 1 und 2 vorliegen
- gewährleistet ist, dass alle nach dem Stand von Wissenschaft und Technik erforderlichen Sicherheitsvorkehrungen getroffen werden
- nach dem Stand der Wissenschaft im Verhältnis zum Zweck der Freisetzung unvertretbare schädliche Einwirkungen auf die in § 1 Nr. 1 bezeichneten Rechtsgüter nicht zu erwarten sind.

Die erste Voraussetzung bedeutet, dass die Verantwortlichen zuverlässig und sachkundig sein müssen und ihre Pflichten ständig erfüllen können müssen.

Voraussetzungen für Freisetzungen

1. Keine Bedenken gegen die Zuverlässigkeit des PL und des Betreibers
2. Sachkunde des PL und des BBS und ständige Pflichtenerfüllung
3. Einhaltung der Pflichten
   - zur Risikobewertung
   - zu Sicherheitsvorkehrungen
   - der GenTSV
4. Einhaltung von Stand der Wissenschaft und Technik
5. Keine Bedenken bezüglich biologischer Waffen oder Kriegswaffen
6. Einhaltung aller anderen öffentlich-rechtlichen Vorschriften

Abb. 11.1 Voraussetzungen für Freisetzungen

---

[5] § 14 Abs. 3 GenTG.
[6] § 14 Abs. 4 GenTG.

Unter der zweiten Voraussetzung müssen alle für eine Freisetzung erforderlichen Sicherheitsvorkehrungen getroffen sein. Unter dem letzten Aspekt ist eine Gesamtabwägung der zu erwartenden Wirkungen vorzunehmen unter Berücksichtigung der beabsichtigten oder in Kauf genommenen möglichen schädlichen Auswirkungen und des Nutzens des Vorhabens.[7] Das Gentechnikgesetz lässt es also zu, dass Schäden an eben diesen Gütern nicht vollkommen auszuschließen sind.[8] Der zuständigen Bundesoberbehörde ist ein Beurteilungsspielraum eingeräumt, der nicht durch eigene Erkenntnisse des Gerichts ausgefüllt werden darf. Es kann nur prüfen, ob die Wertung der Bundesoberbehörde nachvollziehbar ist.[9] Der Verwaltung kommt die Verantwortung für die Risikoermittlung und die Risikobewertung zu. Das Gericht darf die der Verwaltung zugewiesene Aufgabe der Risikoabschätzung nicht durch eine eigene Wertung ersetzen. Bei der Risikobewertung für eine Freisetzung werden Aspekte wie der Gentransfer auf verwandte Kulturformen oder Wildpflanzen geprüft. Auch eine mögliche Steigerung der Überdauer- oder Ausbreitungsfähigkeit der transgenen Pflanzen in landwirtschaftlichen oder natürlichen Ökosystemen aufgrund der gentechnischen Veränderung ist zu ermitteln und zu bewerten. Eine Notwendigkeitsprüfung ist vom Gesetz nicht vorgesehen.

11.1.2   Zuständigkeit

Für eine Freisetzung ist eine Genehmigung beim Bundesamt für Verbraucherschutz und Lebensmittelsicherheit (BVL) zu beantragen. Die Freisetzung wird also bundesweit zentral zugelassen. Dies findet seine Begründung darin, dass eine Freisetzung auch überregionale Auswirkungen haben kann. Das Genehmigungsverfahren ist in Abb. 11.2 dargestellt.

11.1.3   Verfahrensablauf bei Freisetzungen

Das Verfahren beginnt in der Regel damit, dass der Betreiber das BVL über das geplante gentechnische Vorhaben unterrichtet. Das BVL soll dann den Antragsteller im Hinblick auf die Antragstellung beraten.

Geplante Änderungen durch das Opt-out-Verfahren
Zur Umsetzung des Opt-out-Verfahrens soll ein neuer § 16f GenTG-E zu Anbaubeschränkungen und -verboten eingefügt werden.[10] Dieser soll die Zuständigkeit des

---

[7] Zur Übertragung der Risiko-Nutzen-Analyse des GenTG auf automatisiert gesteuerte Fahrzeuge vgl. Hammer (diss.), Automatisierte Steuerung im Straßenverkehr, Frankfurt am Main 2015, S. 168.
[8] BVerfG, Urt. v. 24.11.2010 – 1BvF 2/05 –, NVwZ 2011, 94.
[9] Vgl. OVG Berlin, B v. 29.03.1994 – 1 S 45.93 –, ZUR 1994, 206 (208); VG Berlin, B v. 18.07.1995 – 14 A 181.94 –, ZUR 1996, 41 (43).
[10] BT-Drs. 18/6664 S. 4 f., 22 f.

Genehmigungsverfahren

Schriftlicher Antrag des Betreibers (Formblatt A)

Bestätigung des Eingangs des Antrags durch die zuständige Behörde
Prüfung der Vollständigkeit der Antragsunterlagen durch die zuständige Behörde
ggf. Aufforderung zur Vervollständigung der Unterlagen mit Fristsetzung

Behördenbeteiligung
ggf. Stellungnahme der ZKB
ggf. Anhörung der Öffentlichkeit

Schriftliche Entscheidung der Behörde in der Regel innerhalb einer Frist von 90 Tagen
Fristverlängerung, wenn weitere behördliche Entscheidungen erforderlich
Ruhen der Frist, wenn Anhörungsverfahren durchgeführt wird oder Antrag zu ergänzen

Konzentrationswirkung (§ 22 GenTG)

Abb. 11.2 Verfahrensablauf bei Freisetzungen

BVL erweitern.[11] Das BVL soll während eines EU-weiten Verfahrens über die Zustimmung/Zulassung oder die Erneuerung der Zustimmung/Zulassung zum Inverkehrbringen eines bestimmten GVO den Antragsteller über die Europäische Kommission dazu auffordern, dass der Antragsteller den geografischen Geltungsbereich seiner beantragten Zustimmung oder Zulassung ändert, sodass das Hoheitsgebiet der BRD teilweise oder vollständig vom Anbau ausgeschlossen werden kann. Die Bundesregierung soll ferner, soweit eine solche Aufforderung durch das BVL nicht erfolgt ist oder der geografische Geltungsbereich nicht beschränkt wurde, den Anbau des GVO beschränken oder untersagen.[12] Eine derartige Rechtsverordnung der Bundesregierung darf nur ergehen, soweit die Beschränkung oder das Verbot mit dem europäischen Recht im Einklang steht – also vor allem verhältnismäßig und nicht diskriminierend ist – und sich auf zwingende Gründe stützt, welche umweltpolitische Ziele, die Stadt- und Raumordnung, die Bodennutzung, sozioökonomische Auswirkungen, die Verhinderung des Vorhandenseins gentechnischer Organismen in anderen Erzeugnissen, agrarpolitische Ziele, die Wahrung der öffentlichen Ordnung oder die Wahrung sonstiger wichtiger Gründe des Allgemeinwohls betreffen.[13] Zuvor ist zudem eine Stellungnahme der Länder einzuholen.[14]

Die geplanten Maßnahmen zur Beschränkung oder Untersagung berühren nicht die Verwendung von Lebens- und Futtermitteln im betreffenden Mitgliedstaat, die einen zu-

---

[11] BT-Drs. 18/6664 S. 4 („zuständige Bundesoberbehörde" in § 16f Abs. 1 GenTG-E).
[12] BT-Drs. 18/6664 S. 6 (§ 16f Abs. 5 GenTG-E).
[13] BT-Drs. 18/6664 S. 6 (§ 16f Abs. 5 GenTG-E).
[14] BT-Drs. 18/6664 S. 6 (§ 16f Abs. 5 GenTG-E).

fälligen oder technisch unvermeidbaren Anteil gentechnisch veränderten Materials enthalten und die nach den festgelegten Schwellenwerten nicht gemäß der Verordnung (EG) Nr. 2003/1829 gekennzeichnet werden müssen.[15] Sie gelten auch nicht für den Anbau zugelassener GVO zu Forschungszwecken, wenn sichergestellt ist, dass keine Ausbreitung stattfindet und diese nicht in die Lebensmittelkette gelangen.[16]

Antrag

Das eigentliche Genehmigungsverfahren beginnt mit einem schriftlichen Antrag des Betreibers. Ein generalisierendes Formblatt gibt es für den Antrag auf Inverkehrbringen nicht.[17] Die Einzelheiten der erforderlichen Antragsunterlagen ergeben sich aus der Gentechnik-Verfahrensverordnung[18]. Dabei müssen die Unterlagen folgende Angaben enthalten:

- Name und Anschrift des Betreibers,
- die Beschreibung des Freisetzungsvorhabens hinsichtlich seines Zweckes und Standortes, des Zeitpunktes und des Zeitraumes,
- die Beschreibung der sicherheitsrelevanten Eigenschaften des einzusetzenden Organismus und der Umstände, die für das Überleben, die Landnutzung und die Verbreitung des Organismus von Bedeutung sind.

Unterlagen über vorangegangene Arbeiten in einer gentechnischen Anlage oder über Freisetzungen sind beizufügen:

- eine Risikobewertung und eine Darlegung der vorgesehenen Sicherheitsvorkehrungen,
- einen Plan zur Ermittlung der Auswirkungen des freizusetzenden Organismus auf die menschliche Gesundheit und die Umwelt,
- eine Beschreibung der geplanten Überwachungsmaßnahmen sowie Angaben über entstehende Reststoffe und ihre Behandlung sowie über Notfallpläne,[19]
- eine Zusammenfassung der Antragsunterlagen gemäß der Entscheidung 2002/813/EG des Rates vom 3. Oktober 2002 zur Festlegung des Schemas für die Zusammenfassung der Informationen zur Anmeldung einer absichtlichen Freisetzung von GVO in die Umwelt zu einem anderen Zweck als zum Inverkehrbringen.

---

[15] Falke, Neue Entwicklungen im europäischen Umweltrecht, ZUR 2015, 483 (441) (zit. im Folgenden: Falke, ZUR 2015, 483).
[16] BT-Drs. 18/6664 S. 9 (§ 16f Abs. 9 GenTG-E).
[17] Hilfreich ist ein Leitfaden zur Freisetzung, den das BVL auf seiner Homepage bereithält (www.bvl.bund.de).
[18] Verordnung über Antrags- und Anmeldeunterlagen und über Genehmigungs- und Anmeldeverfahren nach dem GenTG (Gentechnik-Verfahrensverordnung, GenTVfV) i.d.F. d. Bek. v. 4. November 1996 (BGBl. I S. 1657), zul. geänd. durch V v. 28. April 2008 (BGBl. I S. 766).
[19] Die GenTNotfV gilt ausweislich ihres Anwendungsbereichs nach § 1 GenTNotfV nur für gentechnische Anlagen, nicht für Freisetzungen.

Nach § 5 GenTVfV kommen die Sachkundenachweise für den Projektleiter und des bzw. der Beauftragten für Biologische Sicherheit hinzu.

Dabei muss der Antragsteller dem BVL eine Risikoabschätzung vorlegen, die, je nachdem ob es sich dabei um Mikroorganismen, Pflanzen oder Tiere handelt, sehr unterschiedliche Aspekte berücksichtigen muss. Im Antrag müssen unter anderem detaillierte Angaben zur gentechnischen Modifizierung (Genkonstrukt, Gentransfer, Markergene), zu deren Auswirkungen auf den Empfängerorganismus, zur gesundheitlichen Unbedenklichkeit, zum Verzehr bestimmter Teile sowie zur biologischen Sicherheit des GVO in der Umwelt enthalten sein. Zusätzlich müssen die Möglichkeiten zum Auskreuzen der neu eingeführten Gene durch die Verbreitung der Pollen durch Wind und Insekten abgeschätzt und Maßnahmen zu deren weitergehenden Verhinderung (z. B. Mantelsack, Schutzzonen) aufgezeigt werden.[20]

Eingangsbestätigung

Das BVL bestätigt den Eingang des Antrags und überprüft den Antrag auf Vollständigkeit und bewertet die Angaben.

EU-Beteiligungsverfahren

Zur Sicherstellung der Interessen der am Genehmigungsverfahren nicht beteiligten EU-Mitgliedstaaten ist für die Freisetzung ein gemeinschaftsweites Beteiligungsverfahren vorgesehen, das in der Gentechnik-Beteiligungsverordnung[21] (Abschn. 1.3.6) geregelt ist. Danach ist zu unterscheiden, ob ein Antrag im Inland oder in einem anderen Mitgliedstaat gestellt wird:

Bei **Inlandsanträgen**[22] hat das BVL der Kommission binnen 30 Tagen nach Eingang des Antrags eine Zusammenfassung der vom Antragsteller erhaltenen Antragsunterlagen zu übermitteln. Ferner hat sie den Mitgliedstaaten der EU und den anderen Vertragsstaaten des Abkommens über den Europäischen Wirtschaftsraum auf deren Anforderung eine Kopie der vollständigen Antragsunterlagen zu übermitteln. Das BVL hat vorgebrachte Bemerkungen der Mitgliedstaaten und der anderen Vertragsstaaten bei der Entscheidung über den Freisetzungsantrag zu berücksichtigen. Im Gegensatz zur Beteiligung der Mitgliedstaaten beim Inverkehrbringen ist dem BVL die Letztentscheidung über die Freisetzung vorbehalten (Abschn. 11.2.4). Dies findet seinen Grund darin, dass die Freisetzung eher lokal im Mitgliedstaat wirkt. Das BVL teilt seine Entscheidung über den Freisetzungsantrag

---

[20] Kauch (2009), Gentechnikrecht. S. 113 ff.

[21] Verordnung über die Beteiligung des Rates, der Kommission und der Behörden der Mitgliedstaaten der Europäischen Union und der anderen Vertragsstaaten des Abkommens über den Europäischen Wirtschaftsraum im Verfahren zur Genehmigung von Freisetzungen und Inverkehrbringen sowie im Verfahren bei nachträglichen Maßnahmen nach dem GenTG – Gentechnik-Beteiligungsverordnung (GenTBetV) v. 17. März 1995 (BGBl. I S. 734), zul. geänd. durch VO v. 23. März 2006 (BGBl. I S. 65).

[22] Vgl. dazu § 1 GenTBetV.

einschließlich der Begründung im Fall einer Ablehnung der Kommission den Mitgliedstaaten der EU und den anderen Vertragsstaaten mit.

Bei **Anträgen in anderen Mitgliedstaaten**[23] muss das BVL innerhalb von 30 Tagen, nachdem es die Unterlagen von der Kommission erhalten hat, die zuständigen Behörden des Mitgliedstaats um Auskünfte ersuchen oder eine Kopie der vollständigen Antragsunterlagen beantragen und über die Kommission oder unmittelbar ihre Bemerkungen übermitteln. Es muss die Zusammenfassung der Antragsunterlagen und die nachträglich erhaltenen Informationen unverzüglich dem Bundesamt für Naturschutz, dem Robert-Koch-Institut sowie dem Bundesinstitut für Risikobewertung, der Biologischen Bundesanstalt für Land- und Forstwirtschaft und ggf. dem Friedrich-Löffler-Institut und dem Paul-Ehrlich-Institut zuleiten. Für den Fall, dass sich die Freisetzungsfläche in der Nähe eines deutschen Bundeslandes befindet, hat die zuständige Bundesoberbehörde die jeweils zuständige Landesbehörde des angrenzenden Landes über die Entscheidung des Mitgliedstaates zu unterrichten.

Beteiligung anderer Behörden
Das BVL beteiligt diejenigen Behörden, deren Rechtsbereiche von der Freisetzung berührt sind. Dabei trifft es die Entscheidung über eine Freisetzung im Benehmen mit dem Bundesamt für Naturschutz und dem Robert-Koch-Institut sowie dem Bundesinstitut für Risikobewertung; ferner ist zuvor eine Stellungnahme der Biologischen Bundesanstalt für Land- und Forstwirtschaft und – soweit gentechnisch veränderte Wirbeltiere oder gentechnisch veränderte Mikroorganismen, die an Wirbeltieren angewendet werden, betroffen sind – auch des Friedrich-Loeffler-Instituts und des Paul-Ehrlich-Instituts einzuholen.[24]

Vor der Erteilung der Genehmigung prüft und bewertet die Zentrale Kommission für die Biologische Sicherheit (ZKBS) den Antrag im Hinblick auf mögliche Gefahren für Mensch, Tier und Umwelt unter Berücksichtigung der geplanten Sicherheitsvorkehrungen und gibt hierzu Empfehlungen ab. Für die Empfehlungen gilt – wie im Anlagenzulassungsrecht –, dass die Bundesanstalt für Verbraucherschutz und Lebensmittelsicherheit die Stellungnahme bei ihrer Entscheidung zu berücksichtigen hat.[25] Von der Stellungnahme der ZKBS kann die zuständige Bundesoberbehörde nur mit schriftlicher Begründung abweichen. Dies hat zur Folge, dass häufig die ZKBS die Entscheidung der zuständigen Bundesoberbehörde vorwegnimmt. Ob die Bundesoberbehörde von der Stellungnahme der ZKBS abweichen kann, ist umstritten (Abschn. 8.4.1).[26] Da die Mitglieder der Kommission nicht weisungsgebunden sind, setzen ihre Empfehlungen und Stellungnahmen auch für die gerichtliche Überprüfung Maßstäbe, weil dem Gericht grundsätzlich die sach-

---

[23] Vgl. dazu § 2 GenTBetV
[24] Zur früher vorgesehenen Beteiligung des Umweltbundesamtes (UBA) vgl. Nöh, Erfahrungen des Umweltbundesamtes (UBA) beim Vollzug des Gentechnikgesetzes bzw. der EU-Richtlinie 90/220/EWG, ZUR 1999, 12.
[25] §§ 16 Abs. 5 S. 2, 10 Abs. 7 S. 3 GenTG.
[26] Dazu Kauch (2009), Gentechnikrecht, S. 84.

liche Kompetenz für die Beurteilung fehlt, ob die Behörde bei ihrer Entscheidung den Stand von Wissenschaft ausreichend ermittelt und berücksichtigt hat.[27]

Im Rahmen der Behördenbeteiligung leitet die zuständige Behörde den Antrag und die erforderlichen Unterlagen unverzüglich an die zu beteiligenden Stellen weiter. Sie setzt den zu beteiligenden Stellen eine angemessene Frist für die Abgabe ihrer Äußerungen. Hat eine beteiligte Stelle oder Fachbehörde bis zum Ablauf der Frist keine Stellungnahme abgegeben, so kann die Genehmigungsbehörde davon ausgehen, dass diese sich nicht äußern will.

Beteiligung der Öffentlichkeit

Nach der Beteiligung der betroffenen Stellen wird ein Verfahren zur Beteiligung der Öffentlichkeit im Rahmen eines Anhörungsverfahrens durchgeführt, das in der Gentechnik-Anhörungsverordnung[28] geregelt ist. Die Anhörungspflicht entfällt, wenn eine Freisetzung nachgemeldet wird.

Zunächst hat das BVL das Vorhaben in ihrem amtlichen Veröffentlichungsblatt und in örtlichen Tageszeitungen, die in den Gemeinden, in denen die beantragte Freisetzung erfolgen soll, verbreitet sind, **öffentlich bekannt zu machen**. Alsdann sind der Antrag und die Unterlagen nach Bekanntgabe einen Monat zur Einsicht **auszulegen**. Bis zu einem Monat nach Ablauf der Auslegungsfrist können **Einwendungen** erhoben werden, die dann in das Verfahren einbezogen werden. Die Formulierung der Einwendungen muss die Verletzung oder Gefährdung eigener Rechte erkennen lassen.[29] So genannte Jedermann-Einwendungen in Form eines Formularschreibens reichen nicht aus.[30] Einwendungen können aber auf Sammellisten erhoben werden, wenn die Ausführungen erkennen lassen, welche eigenen Rechtsgüter als betroffen betrachtet werden.[31] Eine Begründung, weshalb der Einwender die Gefährdung befürchtet, ist nicht erforderlich.[32]

Nicht rechtzeitig erhobene Einwendungen, die nicht auf besonderen privat-rechtlichen Titeln beruht, werden mit Ablauf der Einwendungsfrist ausgeschlossen. Der Einwender ist grundsätzlich auch in einem späteren gerichtlichen Verfahren mit seinem Vorbringen ausgeschlossen.[33]

Letztlich ist ein **Erörterungstermin**, bei dem die Betreffenden ihre Einwendungen vorbringen und ggf. begründen können, durchzuführen. Zugelassen werden zum Erörterungstermin nur die Einwender, d. h., der Termin ist nicht öffentlich.

---

[27] Eberbach/Lange/Ronellenfitsch (1997), Gentechnikrecht, § 6 GenTSV, Rdnr. 83.

[28] Verordnung über Anhörungsverfahren nach dem Gentechnikgesetz (Gentechnik-Anhörungsverordnung, GenTAnhV) i.d.F. d. Bek. v. 4. November 1996 (BGBl. I S. 1649), zul. geänd. durch VO v. 28. April 2008 (BGBl. I S. 766).

[29] OVG Berlin, B v. 29.03.1994 – 1 S 45.93 –, ZUR 1994, 206 (208).

[30] Vgl. OVG Berlin, B v. 29.03.1994 – 1 S 45.93 –, ZUR 1994, 206 (207).

[31] VG Berlin, B v. 18.07.1995 – 14 A 181.94 –, ZUR 1996, 41 ff.

[32] OVG Berlin, B v. 29.03.1994 – 1 S 45.93 –, ZUR 1994, 206 (208) unter Hinweis auf BVerwGE, 60, 297 (311); 80, 207 (219).

[33] OVG Berlin, B v. 29.03.1994 – 1 S 45.93 –, ZUR 1994, 206 (207).

Entscheidung des BVL

Das BVL entscheidet unter Berücksichtigung der von den EU-Mitgliedstaaten und den anderen Vertragsstaaten des Abkommens über den Europäischen Wirtschaftsraum vorgebrachten Bemerkungen. Die Letztentscheidung über die Freisetzung liegt beim BVL (vgl. zum Regelungscharakter der Freisetzungsentscheidung (Abschn. 11.1)). Dieses teilt die Entscheidung über den Freisetzungsantrag einschließlich der Begründung im Fall einer Ablehnung der Kommission den EU-Mitgliedstaaten, den anderen Vertragsstaaten des Abkommens über den Europäischen Wirtschaftsraum und den zuständigen Landesbehörden mit.

Für die Genehmigung eines Antrags auf Freisetzung erhebt das BVL zwischen 2500 und 15.000 € Gebühren nach der GenTBKostV[34]. Bei einem außergewöhnlich hohen Aufwand kann eine **Gebühr** von bis zu 75.000 € festgesetzt werden. Bei einem außergewöhnlich niedrigen Aufwand kann die Gebühr bis auf 50 € ermäßigt werden.

Genehmigungsentscheidung

Nach Eingang der vollständigen Unterlagen und Klärung offener Fragen muss ein Antrag innerhalb von 90 Tagen rechtsgültig beschieden werden.[35] Auf die Erteilung einer Genehmigung besteht ein Rechtsanspruch, sofern sich aus der Sicherheitsbewertung keine Gefährdung für Mensch und Umwelt vom freigesetzten Organismus ableiten lässt. Bislang wurden alle eingereichten Anträge positiv beschieden. Eine Freisetzung ist stets zeitlich begrenzt und auf eine oder mehrere definierte Flächenareale beschränkt.

Rechtsschutz

Rechtsschutz gegen die Versagung bzw. die Erteilung einer Freisetzungsgenehmigung ist wegen der Zuständigkeit des BVL vor dem Verwaltungsgericht in Berlin zu suchen.[36]

Im Falle der Anfechtung einer Freisetzungsgenehmigung durch einen Dritten muss dieser vor Gericht eine Betroffenheit in eigenen Rechten geltend machen.[37] Dabei ist ein Dritter mit seinen Einwendungen vor dem Verwaltungsgericht dann nicht ausgeschlossen (materielle Präklusion), wenn er im Einwendungsverfahren Einwendungen auf einer Sammelliste geltend gemacht hat, die erkennen lassen, welche eigenen Rechtsgüter als betroffen betrachtet werden (Abschn. 11.1.3).[38] Problematisch ist bei einem Vorgehen gegen die Freisetzungsgenehmigung, dass bislang keine hinreichenden wissenschaftlichen Erkenntnisse möglich sind, um den Nachweis einer Gesundheitsgefährdung oder Eigentumsverletzung durch GVO zu erbringen. Die Aufhebung einer Freisetzungsgeneh-

---

[34] Bundeskostenverordnung zum Gentechnikgesetz (BGenTGKostV) v. 9. Oktober 1991 (BGBl. I S. 1972), zul. geänd. durch G v. 18. Juli 2016 (BGBl. I S. 1666).

[35] § 16 Abs. 3 S. 1 GenTG

[36] BVerwG, B v. 10.12.1996 – 7 AV 11-18.96 –, NJW 1997, 1022 f.

[37] Zur Drittanfechtung gegen den Freilandanbau vgl. VG Köln, Urt. v. 25.01.2007 – 13 K 2858/06 –, juris; vgl. zum Aneignungsrecht des Jagdpächters VG Braunschweig, Urt. v. 23.07.2008 – 2 A 227/07 –, juris.

[38] VG Berlin, B v. 18.07.1995 – 14 A 181.94 –, ZUR 1996, 41 (42).

migung, deren Befristung abgelaufen ist, kann mangels Rechtsschutzinteresse nicht ange-fochten werden.[39] Auch ein Fortsetzungsfeststellungsinteresse besteht mangels konkreter Gefahr der Wiederholung des Freilassungsversuchs in einem solchen Fall nicht.[40]

Anders als in § 29 BNatSchG ist weder vor Freisetzungen noch vor dem Inverkehrbrin-gen von GVO eine Beteiligung von Verbänden vorgesehen. Dementsprechend scheidet auch eine Klagemöglichkeit der Verbände aus.[41]

Neben dem Weg zum Verwaltungsgericht ist wegen privatrechtlich begründeter An-sprüche auch der Rechtsweg zu den ordentlichen Gerichten eröffnet. Abwehransprüche gegen Einwirkungen aus nach § 16 GenTG genehmigten Freilandversuchen können bei den Zivilgerichten anhängig gemacht werden. Beide Rechtswege sind nach der in Recht-sprechung und Literatur vorherrschenden Meinung gleichwertig und können nebenein-ander beschritten werden.[42] Zivilgerichtlich Klagen sind gerichtet auf die Vornahme von Untersuchungsmaßnahmen, die Beseitigung von Beeinträchtigungen oder die Unterlas-sung drohender Beeinträchtigungen durch die Freisetzung gentechnisch veränderten Ma-terials. Anspruchsgrundlagen sind hier § 1004 Abs. 1 und § 823 Abs. 1 BGB. Ob über-haupt ein Eingriff in das Eigentum vorliegt, beurteilt sich nach § 903 BGB. Ausgeschlos-sen sind zivilrechtliche Ansprüche dann, wenn die Benutzung des Grundstücks nicht oder nur unwesentlich beeinträchtigt wird,[43] was letztlich der Betreiber zu beweisen hat (Abschn. 16.3.3). Sobald die Freisetzungsgenehmigung rechtskräftig ist, ist auch das Zi-vilgericht wegen § 23 GenTG daran gebunden.

11.1.4 Eintragung in das Standortregister

Zum Zweck der Überwachung etwaiger Auswirkungen von GVO auf die geschützten Rechtsgüter und Belange sowie zum Zweck der Information der Öffentlichkeit werden bestimmte Angaben über Freisetzungen von GVO und über den Anbau von GVO in ei-nem Bundesregister erfasst.

Das Register wird beim BVL geführt und ist allgemein zugänglich.[44] Zur Führung des Standortregisters ist eine Mitteilung des Betreibers erforderlich, die dieser spätestens drei Werktage vor der Freisetzung bei der zuständigen Behörde abzugeben hat.[45] Mitzuteilen

---

[39] VG Berlin, Urt. v. 26.03.1998 – VG 14 A 164.95 –, ZUR 1998, 320.

[40] VG Berlin, Urt. v. 26.03.1998 – VG 14 A 164.95 –, ZUR 1998, 320.

[41] Zum Fehlen eines Verbandsklagerechts für Naturschutzverbände vgl. VG Berlin, Urt. v. 6. Mai 2004 – 14 A 17.04 –, juris.

[42] OLG Stuttgart, Urt. v. 24. August 1999 – 14 U 57/97 –, ZUR 2000, 29.

[43] OLG Stuttgart, Urt. v. 24. August 1999 – 14 U 57/97 –, ZUR 2000, 29 (30).

[44] Zur Anfrage Frankreichs, ob es ausreicht, die Parzelle, die betreffende Gemeinde oder das De-partment zu benennen, vgl. EuGH, Urt. v. 17. Februar 2009, Rs. C – 552/07 –, juris.

[45] Zuvor war hier eine frühestmögliche Mitteilung vorgesehen, die nach den Erfahrungen mit der 4. Änderung des Gentechnikgesetzes nicht mehr als erforderlich angesehen worden ist (BT-Drs. 16/6814 S. 23).

sind die Bezeichnung des GVO, seine gentechnischen Eigenschaften, das Grundstück der Freisetzung sowie die Größe der Freisetzungsfläche und der Freisetzungszeitraum.

Auch der Bewirtschafter der Fläche hat den Anbau von GVO spätestens drei Monate vor dem Anbau der Behörde mitzuteilen. Seine Angaben umfassen die Bezeichnung und den spezifischen Erkennungsmarker des GVO, seine gentechnisch veränderten Eigenschaften, den Namen und die Anschrift desjenigen, der die Flächen bewirtschaftet, das Grundstück des Anbaus sowie die Größe der Anbaufläche.

Aus diesen Angaben erstellt das BVL einen allgemein zugänglichen Teil des Registers, der die Bezeichnung und den spezifischen Erkennungsmarker des GVO, seine gentechnisch veränderten Eigenschaften, das Grundstück der Freisetzung oder des Anbaus sowie die Flächengröße erfasst. Auskünfte aus dem allgemein zugänglichen Teil des Registers werden im Wege des automatisierten Abrufs über das Internet erteilt. Das BVL erteilt außerdem aus dem nicht allgemein zugänglichen Teil des Registers Auskunft, auch über personenbezogene Daten, soweit der Antragsteller ein berechtigtes Interesse glaubhaft macht und kein Grund zu der Annahme besteht, dass der Betroffene ein überwiegendes schutzwürdiges Interesse an dem Ausschluss der Auskunft hat. Auf diese Art und Weise können etwa benachbarte Landwirte oder im Einzugsbereich einer Fläche mit GVO wirtschaftende Imker[46] weitergehende Informationen über die Standortflächen erhalten. Auch die die für die Ausführung des Gentechnikgesetzes zuständigen Landesbehörden dürfen zum Zweck der Überwachung die im nicht allgemein zugänglichen Teil des Registers gespeicherten Daten im automatisierten Verfahren abrufen, soweit ein Grundstück betroffen ist, das in ihrem Zuständigkeitsbereich liegt. Den Ländern wird für den Verwaltungsvollzug ein umfassender Zugang zu dem vom Bund geführten Register eingeräumt. Sie führen keine eigenen Standortregister.

11.2 Einführen von GVO-Produkten in den Markt

GVO dürfen erst dann in den Verkehr gebracht werden, wenn sie aus den Freisetzungsexperimenten und den begleitenden Sicherheitsüberprüfungen keine unvertretbaren negativen Auswirkungen auf Mensch und Umwelt erwarten lassen; insbesondere müssen Organismen bzw. Teile davon, die zum Verzehr bestimmt sind, lebensmittelrechtlichen Anforderungen entsprechen. Ein Inverkehrbringen liegt vor bei der Abgabe von Produkten, die GVO enthalten oder aus solchen bestehen, bei der Abgabe an Dritte und dem Verbringen in den Geltungsbereich des Gesetzes, soweit die Produkte nicht zu gentechnischen Arbeiten in gentechnischen Anlagen bestimmt oder Gegenstand einer genehmigten Freisetzung sind (Abschn. 2.2.3).

---

[46] Für Imker wird in der Literatur ein Einzugsbereich von 3–20 km angenommen; vgl. Palme, Die Novelle zur Grünen Gentechnik, ZUR 2005, 119 (124) (zit. im Folgenden: Palme, ZUR 2005, 119).

11.2.1 Voraussetzungen für die Produktabgabe

Genehmigungserfordernis

Der Genehmigung bedarf, wer

- Produkte in den Verkehr bringt, die GVO enthalten oder aus solchen bestehen,
- Produkte, die GVO oder aus solchen bestehen, zu einem anderen Zweck als der bisherigen bestimmungsgemäßen Verwendung in den Verkehr bringt oder
- Produkte in Verkehr bringt, die aus freigesetzten GVO gewonnen oder hergestellt wurden, für die keine Genehmigung nach Nr. 2 vorliegt.

Die Genehmigung für ein Inverkehrbringen kann dabei auf bestimmte Verwendungen beschränkt werden (Beispiel: Kartoffel zur Stärkeproduktion und nicht zum Verzehr). Sofern der Zweck des Inverkehrbringens beschränkt wurde und später erweitert werden soll, bedarf es einer erneuten Genehmigung.

Einer Genehmigung für ein Inverkehrbringen bedarf nicht, wer Produkte, die GVO enthalten oder aus solchen bestehen, in Verkehr bringt, die mit den in § 3 Nr. 3c GenTG genannten Verfahren hergestellt wurden. Zu den Verfahren zählen die Zellfusion und die Selbstklonierung. Dies gilt nur, soweit diese Produkte für Arbeiten in Anlagen bestimmt sind und in eine Anlage abgegeben werden, in der Erschließungsmaßnahme angewandt werden.

Soweit das Inverkehrbringen durch Rechtsvorschriften geregelt ist, die den Regelungen dieses Gesetzes und der aufgrund dieses Gesetzes erlassenen Rechtsverordnungen über die Risikobewertung, das Risikomanagement, die Kennzeichnung, Überwachung und Unterrichtung der Öffentlichkeit mindestens gleichwertig sind, gelten die Zulassungsvorschriften des Gentechnikgesetzes nicht. Dies bedeutet, dass andere Gesetze das Gentechnikgesetz nur dann verdrängen können, wenn die Vorschriften der anderen Gesetze eine dem Gentechnikgesetz entsprechende oder höhere Risikoabschätzung vorsehen. Möglich ist eine Verdrängung des Gentechnikgesetzes allenfalls durch das Pflanzenschutzgesetz und das Düngemittelgesetz, die eine vergleichbare Abschätzung vorsehen. Nicht verdrängt wird das Gentechnikgesetz vom Arzneimittelgesetz, Tiergesundheits-, Lebensmittel-, Futtermittel- und Bedarfsgegenständegesetzbuch sowie vom Chemikaliengesetz und Saatgutverkehrsgesetz. Diese Gesetze haben eine geringere Risikoabschätzung, sodass sie vom Gentechnikgesetz nicht verdrängt werden.

Voraussetzungen für die Produktabgabe

Derjenige, der Produkte mit GVO in Verkehr bringt, hat eine Produktinformation mitzuliefern, die die Bestimmungen der Genehmigung enthält, die sich auf den Umgang mit den Produkten bezieht und aus der hervorgeht, wie die Pflichten zum Umgang mit diesen Produkten erfüllt werden können. Dem Betreiber obliegt darüber hinaus nach dem Inverkehrbringen des Produkts eine Produktbeobachtungspflicht (Abschn. 12.1.1).

Voraussetzungen für Inverkehrbringen

1. Keine Bedenken gegen die Zuverlässigkeit des PL und des Betreibers
2. Sachkunde des PL und des BBS und ständige Pflichtenerfüllung
3. Einhaltung der Pflichten
    - zur Risikobewertung
    - zu Sicherheitsvorkehrungen
    - der GenTSV
4. Einhaltung von Stand der Wissenschaft und Technik
5. Keine Bedenken bezüglich biologischer Waffen oder Kriegswaffen
6. Einhaltung aller anderen öffentlich-rechtlichen Vorschriften

Abb. 11.3 Voraussetzungen für Inverkehrbringen

Die Voraussetzungen für das Inverkehrbringen sind in Abb. 11.3 dargestellt. Die Genehmigung für ein Inverkehrbringen ist zu erteilen oder zu verlängern, wenn nach dem Stand der Wissenschaft im Verhältnis zum Zweck des Inverkehrbringens unvertretbare schädliche Einwirkungen auf die geschützten Rechtsgüter nicht zu erwarten sind. Im Fall eines Antrags auf Verlängerung der Inverkehrbringensgenehmigung gilt das Inverkehrbringen bis zum Abschluss des Verwaltungsverfahrens nach deren Maßgabe als vorläufig genehmigt, sofern ein solcher Antrag rechtzeitig gestellt wurde.[47]

11.2.2 Zuständigkeit

Für die Genehmigung des Inverkehrbringens ist ein Antrag bei der zuständigen Bundesoberbehörde zu stellen.[48] Dies ist das Bundesamt für Verbraucherschutz und Lebensmittelsicherheit.[49] Zuvor war dies das Robert-Koch-Institut. Im Gegensatz zur Zulassung der Errichtung und des Betriebs gentechnischer Anlagen hat sich folglich auch hier der Bund die Zuständigkeit vorbehalten.

11.2.3 Verfahrensablauf beim Inverkehrbringen

Der Verfahrensablauf beim Inverkehrbringen ist in Abb. 11.4 dargestellt. Das Verfahren beginnt in der Regel damit, dass der Betreiber das BVL über das geplante gentechnische

---

[47] Zur Fortwirkung der Genehmigung vgl. auch OLG Brandenburg, Urt. v. 17. Januar 2008 – 5 U (Lw) 138/07 –, NJW 2008, 2127 ff.

[48] § 14 Abs. 1 GenTG.

[49] § 31 S. 2 GenTG,

Genehmigungsverfahren

Schriftlicher Antrag des Betreibers (Formblatt A)

Bestätigung des Eingangs des Antrags durch die zuständige Behörde Prüfung der Vollständigkeit der Antragsunterlagen durch die zuständige Behörde ggf. Aufforderung zur Vervollständigung der Unterlagen mit Fristsetzung

Behördenbeteiligung ggf. Stellungnahme der ZKB ggf. Anhörung der Öffentlichkeit

Schriftliche Entscheidung der Behörde in der Regel innerhalb einer Frist von 90 Tagen **Fristverlängerung**, wenn weitere behördliche Entscheidungen erforderlich **Ruhen der Frist**, wenn Anhörungsverfahren durchgeführt wird oder Antrag zu ergänzen

Konzentrationswirkung (§ 22 GenTG)

Abb. 11.4 Verfahrensablauf beim Inverkehrbringen

Vorhaben unterrichtet. Das BVL soll dann den Antragsteller im Hinblick auf die Antragstellung beraten. Das Verfahren für das Inverkehrbringen von GVO weist aufgrund der Verkehrsfähigkeit von Produkten in der EU einige Besonderheiten auf.

Antragsbefugnis
Zunächst muss derjenige, der einen Antrag auf Genehmigung des Inverkehrbringens stellt, in einem Mitgliedstaat der EU ansässig sein oder einen dort ansässigen Vertreter benennen.

Antragsunterlagen
Der Antrag muss alle Unterlagen enthalten, aus denen die Unbedenklichkeit der freigesetzten Organismen ersichtlich ist. Ein generalisierendes Formblatt gibt es für den Antrag auf Inverkehrbringen nicht.[50] Der Antrag muss insbesondere folgende Angaben enthalten:

- Name und Anschrift des Betreibers
- Bezeichnung und Beschreibung des in Verkehr zu bringenden Produkts im Hinblick auf die gentechnisch veränderten spezifischen Eigenschaften
- Unterlagen über vorangegangene Arbeiten in einer gentechnischen Anlage und über Freisetzungen (Nr. 2)

---

[50] Hilfreich ist ein Leitfaden zur Freisetzung, den das BVL auf seiner Homepage bereithält (www.bvl.bund.de).

- Beschreibung der zu erwartenden Verwendungsarten und der geplanten räumlichen Verbreitung
- Angaben zur beantragten Geltungsdauer der Genehmigung
- Risikobewertung nach § 6 Abs. 1 GenTG einschließlich einer Darlegung der möglichen schädlichen Auswirkungen
- Beschreibung der geplanten Maßnahmen zur Kontrolle des weiteren Verhaltens oder der Qualität des in Verkehr zu bringenden Produkts, der entstehenden Reststoffe und ihrer Behandlung sowie der Notfallpläne
- Beobachtungsplan unter Berücksichtigung der Beobachtungspflicht nach § 16c GenTG einschließlich der Angaben zu dessen Laufzeit
- Beschreibung von besonderen Bedingungen für den Umgang mit dem in Verkehr zu bringenden Produkt und einen Vorschlag für seine Kennzeichnung und Verpackung,
- Zusammenfassung der Antragsunterlagen zur Festlegung des Schemas für die Zusammenfassung der Anmeldeinformationen zum Inverkehrbringen von GVO als Produkt oder in Produkten

Eingangsbestätigung

Das BVL bestätigt den Eingang des Antrags und überprüft den Antrag auf Vollständigkeit.

Bewertung durch das BVL

Dann bewertet das BVL die Angaben. Die Bewertung dient der Information der übrigen Mitgliedstaaten und der Kommission. Vor der Entscheidung über einen Antrag auf Genehmigung des Inverkehrbringens ist nämlich das EU-Beteiligungsverfahren durchzuführen, da die Genehmigung für das Inverkehrbringen eines Produkts in allen EU-Mitgliedstaaten gilt.[51] Ebenso bedarf ein in einem anderen EU-Mitgliedstaat nach der Freisetzungsrichtlinie (FreisRL) genehmigtes Produkt für den Vertrieb in Deutschland keiner erneuten Genehmigung in Deutschland.[52]

Innerhalb von 90 Tagen nach Eingang des Antrags hat das BVL einen **Bewertungsbericht** zu erstellen und dem Antragsteller bekannt zu geben.[53] Bei der Berechnung der Frist bleiben die Zeitspannen unberücksichtigt, während derer vom Betreiber weitere Unterlagen angefordert wurden oder eine Öffentlichkeitsbeteiligung durchgeführt wird.

EU-Beteiligungsverfahren

Zur Sicherstellung der Interessen der am Genehmigungsverfahren nicht beteiligten EU-Mitgliedstaaten sieht die Freisetzungsrichtlinie auch für das Inverkehrbringen ein gemein-

---

[51] Vgl. dazu auch VG Augsburg, Urt. v. 30. Mai 2008 – 7 K 07.276, Au 7 K –, DVBl. 2008, 992 ff.; zur Frage, ob sich Österreich zum gentechnikfreien Bewirtschaftungsgebiet durch Gesetz erklären konnte, vgl. EuG, Urt. v. 5. Oktober 2005, Rs. T – 366/03 – und T –235/04 –, ZUR 2006, 83 ff.

[52] § 14 Abs. 5 S. 1 GenTG.

[53] § 16 Abs. 3 S. 2 GenTG.

schaftsweites Beteiligungsverfahren vor. Dies ist in der Gentechnik-Beteiligungsverord-nung[54] näher geregelt (Abschn. 1.3.6).

Bei **Inlandsanträgen**[55], die in Deutschland beim BVL gestellt worden sind, hat das BVL nach Antragseingang zum Inverkehrbringen von GVO eine Zusammenfassung der Antragsunterlagen den EU-Mitgliedstaaten sowie den anderen Vertragsstaaten des Abkommens über den Europäischen Wirtschaftsraum und der Kommission zu übermitteln.

Beabsichtigt das BVL die Genehmigung zu erteilen, so muss es innerhalb von 90 Tagen nach Antragseingang den Bewertungsbericht an die Kommission übermitteln. Erhebt weder die Kommission noch ein EU-Mitgliedstaat oder ein anderer Vertragsstaat des Abkommens über den Europäischen Wirtschaftsraum innerhalb von 60 Tagen nach Weiterleitung des Bewertungsberichts durch die Kommission mit Gründen versehene Einwände, so hat das BVL die Genehmigung zu erteilen. Werden mit Gründen versehene Einwände erhoben, versucht die zuständige Bundesoberbehörde in Verhandlungen nach Übersendung des Bewertungsberichts durch die Kommission eine Einigung mit dem Einwender herbeizuführen. Kommt eine Einigung zustande, hat die zuständige Bundesoberbehörde auch in diesem Fall entsprechend der Einigung zu entscheiden. Kommt indes keine Einigung zustande, entscheidet die Kommission oder der Rat. Das BVL hat in diesem Fall gemäß § 3 Abs. 4 S. 2 GenTBetV die Genehmigung zu erteilen.[56] Dies gilt nur dann nicht, wenn das BVL mittlerweile über neue Informationen verfügt, durch die sie zu der Auffassung gelangt, dass das angemeldete Produkt eine Gefahr für die menschliche Gesundheit oder die Umwelt darstellen kann. In diesem Fall muss die zuständige Behörde die Kommission und die übrigen Mitgliedstaaten unverzüglich unterrichten und innerhalb der in Art. 23 Abs. 2 FreisRL gesetzten Frist eine abschließende Entscheidung im Schutzklauselverfahren erstreben. Lehnt die Kommission oder der Rat das Inverkehrbringen ab, so hat die zuständige Bundesoberbehörde die Genehmigung zu versagen.[57] In diesem Fall liegt die Letztentscheidungsbefugnis bei der EU-Kommission.

Tatsächlich werden Genehmigungen über die gemeinschaftsweite Zulassung eines Inverkehrbringens von gentechnisch veränderten Produkten in der Regel durch die Kommission erteilt. Diese kann die Entscheidungskompetenz aufgrund der Möglichkeit, begründete Einwände zu erheben, an sich ziehen. So hat die Kommission beispielsweise bis 1998 die Zustimmung zum Inverkehrbringen von gentechnisch veränderten Sojabohnen, Chicorée und Mais erteilt. Die Entscheidungen ergingen, obwohl jedenfalls teilweise eine qualifizierte Mehrheit der Mitgliedstaaten das Inverkehrbringen ablehnte.

---

[54] Verordnung über die Beteiligung des Rates, der Kommission und der Behörden der Mitgliedstaaten der EU und der anderen Vertragsstaaten des Abkommens über den Europäischen Wirtschaftsraum im Verfahren zur Genehmigung von Freisetzungen und Inverkehrbringen sowie im Verfahren bei nachträglichen Maßnahmen nach dem GenTG (Gentechnik-Beteiligungsverordnung, GenTBetV) v. 17. Mai 1995 (BGBl. I S. 734), zul. geänd. durch VO v. 23. März 2006 (BGBl. I S. 65).

[55] Vgl. dazu § 3 GenTBetV.

[56] Vgl. dazu EuGH, Urt. v. 21. März 2000, Rs. C – 6/99 –, NVwZ 2001, 61 ff.

[57] § 3 Abs. 6 GenTBetV.

Beabsichtigt das BVL, die Genehmigung zu versagen, so hat es den Bewertungsbericht sowie die ihm zugrunde liegenden Informationen nach seiner Bekanntgabe gegenüber dem Antragsteller der Kommission zu übermitteln.[58]

Ist der **Antrag in einem anderen Mitgliedstaat gestellt** worden,[59] kann das BVL innerhalb von 60 Tagen, nachdem es von der Kommission den Bewertungsbericht erhalten hat, weitere Informationen anfordern, Bemerkungen vorbringen oder mit Gründen versehene Einwendungen erheben. In letzterem Fall wirkt es an einem Einigungsversuch mit. Das BVL hat den Bewertungsbericht unverzüglich an die Stellen weiterzuleiten, die im Rahmen des § 16 Abs. 4 S. 3 GenTG eine Stellungnahme abzugeben haben.

Entscheidung durch das BVL

Nach Abschluss des EU-Beteiligungsverfahrens hat das BVL über den Antrag unverzüglich, jedoch spätestens innerhalb von 30 Tagen schriftlich zu entscheiden (zur Frage eines eigenen Regelungscharakters der Entscheidung vgl. Abschn. 11.1).

Für die Genehmigung eines Antrags auf Inverkehrbringen erhebt das BVL in der Regel zwischen 5000 und 30.000 € Gebühren auf der Grundlage der Bundeskostenverordnung zum Gentechnikgesetz[60]. In Einzelfällen kann bei einem außergewöhnlich hohen Aufwand auch eine Gebühr von bis zu 150.000,00 € festgesetzt werden. Bei einem außergewöhnlich niedrigen Aufwand kann die Gebühr bis auf 50 € ermäßigt werden.

Beteiligung anderer Behörden

Die Entscheidung über die Erteilung der Genehmigung für ein Inverkehrbringen ergeht im Benehmen mit dem Bundesamt für Naturschutz, dem Robert Koch-Institut sowie dem Bundesinstitut für Risikobewertung. Zuvor ist eine Stellungnahme der Biologischen Bundesanstalt für Land- und Forstwirtschaft und – soweit gentechnisch veränderte Wirbeltiere oder gentechnisch veränderte Mikroorganismen, die an Wirbeltieren angewendet werden –, betroffen sind, des Friedrich-Loeffler-Instituts und des Paul-Ehrlich-Instituts einzuholen.[61]

Mit Erteilung der Genehmigung erlangen die Organismen die freie Verkehrsfähigkeit in der EU und können wie traditionelle Organismen behandelt werden. Im Lebensmittelbereich schließt die Erlaubnis zum Inverkehrbringen auch die fortlaufende Belieferung des Marktes ein.

Verlängerung der Inverkehrbringensgenehmigung

Wegen der Befristung der Inverkehrbringensgenehmigung auf höchstens zehn Jahre kann ein Antrag auf Verlängerung der Inverkehrbringensgenehmigung spätestens neun Monate vor Ablauf der Genehmigung gestellt werden. Es handelt sich dabei um eine Ausschluss-

---

[58] § 3 Abs. 1 S. 4 GenTBetV.
[59] Vgl. dazu § 4 GenTBetV.
[60] Bundeskostenverordnung zum Gentechnikgesetz (BGenTGKostV) vom 9. Oktober 1991 (BGBl. I S. 1972), zul. geänd. durch G v. 18. Juli 2016 (BGBl. I S. 1666).
[61] § 16 Abs. 4 S. 1 2. HS GenTG.

frist, d. h., nach Ablauf der Frist kann eine Verlängerung nicht beantragt werden. Es muss dann eine neue Genehmigung für das Inverkehrbringen beantragt werden.

11.2.4   Gleichwertige Entscheidungen

Der Genehmigung des Inverkehrbringens durch das BVL stehen Genehmigungen gleich, die von Behörden anderer Mitgliedstaaten der EU oder anderer Vertragsstaaten des Abkommens über den Europäischen Wirtschaftsraum nach deren Vorschriften zur Umsetzung der Richtlinien 2001/18/EG erteilt worden sind.

11.2.5   Umgang mit in Verkehr gebrachten Produkten

Die §§ 16a–d GenTG regeln das Standortregister, den Umgang mit in Verkehr gebrachten Produkten, die Beobachtung, die Entscheidung der Behörde beim Inverkehrbringen und Ausnahmen für nicht kennzeichnungspflichtiges Saatgut.

Vorsorgepflicht

Wer zum Inverkehrbringen zugelassene Produkte, die GVO enthalten oder aus solchen bestehen, anbaut, weiterverarbeitet, soweit es sich um Tiere handelt, hält oder diese erwerbswirtschaftlich, gewerbsmäßig oder in vergleichbarer Weise in den Verkehr bringt, hat Vorsorge dafür zu treffen, dass die geschützten Rechtsgüter und Belange durch die Übertragung von Eigenschaften eines Organismus, die auf gentechnischen Arbeiten beruhen, durch die Beimischung oder durch sonstige Erträge von GVO nicht wesentlich beeinträchtigt werden. Beim Anbau von Pflanzen, beim sonstigen Umgang mit Pflanzen und bei der Haltung von Tieren wird die Vorsorgepflicht durch die Einhaltung der guten fachlichen Praxis erfüllt.

Zur **guten fachlichen Praxis** gehören, soweit dies zur Erfüllung der Vorsorgepflicht erforderlich ist, insbesondere

- die Beachtung der Bestimmungen der Genehmigung für das Inverkehrbringen,
- beim Anbau von gentechnisch veränderten Pflanzen und bei der Herstellung und Ausprägung von Düngemitteln, die GVO enthalten, Maßnahmen, um Einträge in andere Grundstücke zu verhindern sowie Auskreuzungen in andere Kulturen benachbarter Flächen die Weiterverbreitung durch Wildpflanzen zu vermeiden,
- bei der Haltung gentechnisch veränderter Tiere die Verhinderung des Entweichens aus dem zur Haltung vorgesehenen Bereich und das Eindringen anderer Tiere der gleichen Art in diesem Bereich,
- bei Beförderung, Lagerung und Weiterverarbeitung von GVO die Verhinderung von Verlusten sowie von Vermischungen und Vermengungen mit anderen Erzeugnissen.

Die Grundsätze der guten fachlichen Praxis werden durch die Gentechnik-Pflanzenerzeugungsverordnung[62] näher bestimmt. Sie soll die Vorsorgepflicht des Erzeugers handhabbar machen und die Beachtung der Bestimmungen der Genehmigung für das Inverkehrbringen sicherstellen. Die Gentechnik-Pflanzenerzeugungsverordnung gilt für den Umgang mit zum Inverkehrbringen zugelassenen gentechnisch veränderten Pflanzen sowie für das Aufbringen von Stoffen, die vermehrungsfähige Bestandteile von gentechnisch veränderten Pflanzen enthalten, in der Landwirtschaft, Forstwirtschaft und Gartenbauwirtschaft.

Der Erzeuger gentechnisch veränderter Pflanzen muss seinen Nachbarn über den Anbau informieren, seinen Anbau an benachbarte Nutzungen anpassen, ggf. bei der Naturschutzbehörde anfragen, Sorgfaltsmaßnahmen im Hinblick auf Feldbestand, Lagerung, Beförderung, Ernte, eingesetzte Gegenstände und Durchwuchs ergreifen sowie Aufzeichnungen führen. Überwacht wird die Einhaltung der Vorsorgepflicht durch die Länder.

So hat der Erzeuger den Nachbarn spätestens drei Monate vor der Aussaat oder Anpflanzung seine persönlichen Daten, das Grundstück des Anbaus sowie die Größe der Anbaufläche und die Pflanzenart, die Bezeichnung und den spezifischen Erkennungsmarker der gentechnischen Veränderung mitzuteilen.[63] Der Erzeuger ist dann der Bewirtschafter der Anbaufläche, während als Nachbar der Bewirtschafter einer benachbarten Fläche gilt. Als benachbart gilt eine landwirtschaftlich, forstwirtschaftlich oder gartenbauwirtschaftlich genutzte Fläche, die ganz oder zum Teil innerhalb der für die Pflanzenart in der Anlage festgelegten Abstände liegt.[64] Beim Anbau von gentechnisch verändertem Mais gilt diejenige Fläche als benachbart, die innerhalb eines Abstands von 300 m vom Rand der Anbaufläche liegt. Der Erzeuger muss den Bewirtschafter der Nachbarfelder ermitteln. Lässt sich der bewirtschaftende Nachbar nicht ermitteln, so kann sich der Erzeuger an den Eigentümer des betreffenden Grundstücks wenden und ihn auffordern, die Informationen an den Bewirtschafter weiterzuleiten. Nach Ablauf eines Monats kann er dann davon ausgehen, dass der Eigentümer selbst der Bewirtschafter der betreffenden Fläche ist. In diesem Fall hat der Bewirtschafter die Anforderungen an die gute fachliche Praxis erfüllt.

Der Erzeuger muss mit seiner Anbaufläche konkret bestimmte Abstände zu Nachbarflächen einhalten. Für den Maisanbau enthält die Anlage zur Gentechnik-Pflanzenerzeugungsverordnung Vorgaben, da es sich bei Mais um die einzige gentechnisch veränderte Pflanzenart handelt, die mit gentechnikrechtlicher Genehmigung zum Inverkehrbringen sowie Sortenzulassung derzeit in Deutschland angebaut wird. Die Anlage trägt dabei drei Anbausituationen Rechnung. Zu Nachbarflächen mit konventionell angebautem Mais hat der Erzeuger einen Mindestabstand von 150 m einzuhalten. Zum Nachbarflächen mit ökologisch angebautem Mais zur Verwendung als ökologisches Lebensmittel oder Futter-

---

[62] Verordnung über die gute fachliche Praxis bei der Erzeugung gentechnisch veränderter Pflanzen (Gentechnik-Pflanzenerzeugungsverordnung, GenTPflEV) v. 7. April 2008 (BGBl. I S. 655).
[63] § 3 GenTPflEV.
[64] § 2 GenTPflEV.

mittel hat der Erzeuger einen Mindestabstand von 300 m einzuhalten. Dies findet letztlich seine Begründung darin, dass der Markt für ökologische Produkte besonders sensibel ist. Durch den europäischen Gesetzgeber ist anerkannt, dass GVO und deren Derivate mit der ökologischen Wirtschaftsweise unvereinbar sind.[65] Letztlich hat der Erzeuger durch geeignete Maßnahmen zu vermeiden, dass Flächen, auf denen Mais angebaut wird, der zur Verwendung als Saatgut bestimmt ist, wesentlich beeinträchtigt werden. Ein konkreterer Abstand ist hier nicht festgelegt worden. Die einzelnen Abstände gehen auf das Forschungsvorhaben einer Arbeitsgruppe zurück, die vom Bundesministerium für Ernährung, Landwirtschaft und Verbraucherschutz (BMEL) eingesetzt worden war.

Soweit eine Genehmigung für das Inverkehrbringen von GVO besondere Bedingungen für die Verwendung zum Schutz besonderer Ökosysteme, Umweltgegebenheiten oder geografischer Gebiete enthält, hat der Erzeuger spätestens drei Monate vor der erstmaligen Aussaat oder Anpflanzung bei der zuständigen Naturschutzbehörde anzufragen, ob und inwieweit diese Bedingungen in seinem Fall einschlägig sind.

Für den Erzeuger gelten **Ausnahmen von der Vorsorgepflicht**. Er muss die Grundsätze der guten fachlichen Parkpraxis gegenüber einem anderen nicht beachten, wenn dieser durch schriftliche Vereinbarung auf seinen Schutz verzichtet oder auf Anfrage die für seinen Schutz erforderlichen Auskünfte nicht erteilt hat und die Pflicht im jeweiligen Einzelfall ausschließlich dem Schutz des anderen dient. Diese Vorschrift eröffnet die Möglichkeit, dass durch schriftliche private Absprachen von den Vorgaben des Gentechnikgesetzes und der vorgesehenen Rechtsverordnung über die gute fachliche Praxis bei der Erzeugung gentechnisch veränderter Pflanzen hinsichtlich der wirtschaftlichen Koexistenz abgewichen werden kann. Mit Zustimmung des Nachbarn kann folglich der vorgeschriebene Abstand verringert werden. Eine solche Absprache kann allerdings nicht dazu führen, dass vorgegebene Mindestabstände gegenüber Dritten oder fachgesetzliche Anforderungen nicht eingehalten werden. Die Abweichung von den Vorgaben der guten fachlichen Praxis ist der zuständigen Behörde rechtzeitig vor der Aussaat oder Pflanzung anzuzeigen.[66] Die Anzeigepflicht besteht auch dann, wenn die betroffene konventionelle oder ökologische Kultur von derselben Person bewirtschaftet wird wie die gentechnisch veränderte Kultur.

Wer mit Produkten, die GVO enthalten oder daraus bestehen, für erwerbswirtschaftliche, gewerbsmäßige oder vergleichbare Zwecke umgeht, muss die **Zuverlässigkeit**, Kenntnisse, Fertigkeiten und Ausstattung besitzen, um die Vorsorgepflicht nach § 16 Abs. 1 GenTG erfüllen zu können.[67]

Letztlich hat derjenige, der Produkte, die GVO enthalten oder daraus bestehen, in Verkehr bringt, eine **Produktinformation mitzuliefern**, die die Bestimmung der Genehmigung enthält, soweit diese sich auf den Umgang mit dem Produkt beziehen, und aus

---

[65] Vgl. Erwägungsgrund 10 zur Verordnung (EG) Nr. 1804/1999.
[66] § 16b Abs. 1 S. 4 GenTG.
[67] § 16b Abs. 4 GenTG.

der hervorgeht, wie die Vorsorgepflicht, die gute fachliche Praxis und die Zuverlässigkeit erfüllt werden können.[68]

Damit eine Genehmigung zum Inverkehrbringen von GVO auf der EU-Ebene erteilt wird, muss der Antragsteller einen **Beobachtungsplan** (Monitoring) vorlegen. Damit soll auch nach dem Inverkehrbringen die Sicherheit von Umwelt und Gesundheit gewährleistet werden. Ziel der Beobachtung ist es zu bestätigen, dass eine Annahme über das Auftreten und die Wirkung einer etwaigen schädlichen Auswirkung eines GVO oder dessen Verwendung in der Risikobewertung zutrifft (fallspezifische Beobachtung), und das Auftreten schädliche Auswirkungen des GVO oder dessen Verwendung auf die menschliche Gesundheit und die Umwelt zu ermitteln, die in der Risikobewertung nicht vorgesehen wurden (allgemeine Beobachtung).[69]

11.2.6 Entscheidung des BVL beim Inverkehrbringen

Das BVL entscheidet im Rahmen der Genehmigung des Inverkehrbringens eines Produkts, das GVO enthält oder aus solchen besteht, über den Verwendungszweck, die besonderen Bedingungen für den Umgang mit dem Produkt und seine Verpackung, die Bedingungen für den Schutz besonderer Ökosysteme, Umweltgegebenheiten oder geografischer Gebiete, die Kennzeichnung, die Anforderungen an die Einzelheiten der Beobachtung auf der Grundlage der Risikobewertung, die Laufzeit des Beobachtungsplans und die Vorlagepflicht für Kontrollproben.

Genehmigungen zum Inverkehrbringen von GVO werden künftig für höchstens zehn Jahre erteilt. Eine Verlängerung der Genehmigung erfolgt für zehn Jahre. Dabei kann die Verlängerung für einen kürzeren oder längeren Zeitraum ausgesprochen werden. Bei der Verlängerung von Genehmigungen müssen insbesondere die Ergebnisse des Monitorings berücksichtigt werden. Im Rahmen des Moratoriums kann die zuständige Behörde, soweit dies zur Abwehr nach dem Stand der Wissenschaft im Verhältnis zum Zweck des Inverkehrbringens unvertretbarer schädlicher Einwirkungen auf die Rechtsgüter erforderlich ist, die nach § 16d Abs. 1 Nr. 5 GenTG getroffene Entscheidung nachträglich ändern, soweit dies zur Anpassung der Beobachtungsmethoden, der Probennahme- oder Analyseverfahren an den Stand der Wissenschaft oder zur Berücksichtigung von erst im Verlauf der Beobachtung gewonnenen Erkenntnissen erforderlich ist. § 16d Abs. 3 GenTG ist eine Spezialvorschrift zum Erlass einer nachträglichen Auflage, die Anforderungen an den in der Genehmigung festgelegten Beobachtungsplan an eine Änderung des Standes der Wissenschaft anzupassen.

---

[68] § 16b Abs. 5 GenTG.
[69] § 16c Abs. 2 GenTG.

11.2.7   Ausnahmen für Saatgut

Neu hinzugekommen ist eine Ausnahmevorschrift für nicht kennzeichnungspflichtige Produkte in § 16e GenTG. Danach sind die Vorschriften über das Standortregister und den Umgang mit in Verkehr gebrachten Produkten nicht auf Saatgut anzuwenden, welches nach § 17b Abs. 1 und 3 GenTG und Art. 12 und 24 VO (EG) Nr. 1829/2003 (Abschn. 1.2.2), auch in Verbindung mit den aufgrund dieser Vorschrift festgelegten Schwellenwerten, nicht mit einem Hinweis auf die gentechnische Veränderung gekennzeichnet werden muss oder im Falle des Inverkehrbringens gekennzeichnet werden müsste. Die Vorschrift soll klarstellen, dass Produkte, die unterhalb des für sie jeweils geltenden Schwellenwert liegen und daher nicht als gentechnisch verändert gekennzeichnet werden müssen, von der Pflicht zur Mitteilung an das Standortregister und der Vorsorgepflicht beim Umgang mit in Verkehr gebrachten Produkten ausgenommen sind. In den meisten Fällen wird dem Verwender des Produkts überhaupt nicht bewusst sein, dass es Spuren von GVO enthält.

11.2.8   Genehmigungsanspruch

Auch beim Inverkehrbringen besteht bei Vorliegen der Genehmigungsvoraussetzungen ein Rechtsanspruch auf Erteilung der Genehmigung.

Aufgaben von Betreiber, Projektleiter und Beauftragte für die Biologische Sicherheit

12

Petra Kauch

Für eine gentechnische Anlage sind – wie bereits in Abschn. 3.2 dargestellt – insgesamt drei Personen verantwortlich. Dies sind der Betreiber, der Projektleiter und der Beauftragte für die Biologische Sicherheit. Hier sollen ihre Aufgaben näher beleuchtet werden. Die Aufgaben der drei Verantwortlichen sind im Gesetz klar und deutlich geregelt und voneinander abgegrenzt.

12.1 Die Pflichten des Betreibers des Genlabors

Während die Pflichten des Projektleiters (PL) und des Beauftragten für die Biologische Sicherheit (BBS) in §§ 14 und 18 GenTSV[1] ausdrücklich und abschließend geregelt sind, gibt es eine zentrale Regelung der Pflichten für den Betreiber nicht. Die Pflichten des Betreibers werden verteilt im Gesetz oder in den Rechtsordnungen geregelt, wobei sie dem Betreiber entweder ausdrücklich zugeschrieben oder abstrakt formuliert werden. Eine Geltung für den Betreiber ergibt sich dann aus dem Kontext oder der Natur der Sache.

12.1.1 Betreiberpflichten aus dem Gentechnikgesetz

Die Grundpflichten
Das Gesetz kennt als Grundpflichten die Pflicht zur Risikobewertung, die Pflicht zur Gefahrenabwehr und -vorsorge, die Pflicht zur Führung von Aufzeichnungen und die Pflicht zur Bestellung sachverständigen Personals.[2] Diese Grundpflichten sind in Abb. 12.1 dargestellt

---

[1] Verordnung über die Sicherheitsstufen und Sicherheitsmaßnahmen bei gentechnischen Arbeiten in gentechnischen Anlagen (Gentechnik-Sicherheitsverordnung, GenTSV) i.d.F. d. Bek. v. 14. März 1995 (BGBl. I S. 297), zul. geänd. durch V v. 31. August 2015 (BGBl. I S. 1474).
[2] Vgl. dazu ausführl. Kauch (2009), Gentechnikrecht, S. 85 ff.

© Springer-Verlag GmbH Deutschland, ein Teil von Springer Nature 2019
K. Bender und P. Kauch, *Gentechnisches Labor – Leitfaden für Wissenschaftler*,
https://doi.org/10.1007/978-3-642-34694-1_12

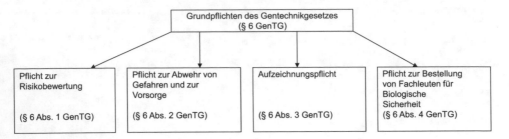

Abb. 12.1 Grundpflichten des Betreibers

Die erste und wohl auch wichtigste Pflicht des Betreibers ist die **Pflicht zur Risikobe-wertung**[3]. Diese ist in § 6 Abs. 1 GenTG geregelt. Danach hat derjenige, der gentechni-sche Anlagen errichtet oder betreibt und gentechnische Arbeiten durchführt, gentechnisch veränderte Organismen freisetzt oder Produkte, die gentechnisch veränderte Organismen enthalten oder aus solchen bestehen, als Betreiber in Verkehr bringt, die damit verbun-denen Risiken für die geschützten Rechtsgüter vorher umfassend zu bewerten (Risiko-bewertung) und diese Risikobewertung und die Sicherheitsmaßnahmen in regelmäßigen Abständen zu prüfen. Die Pflicht zur Risikobewertung besteht folglich für den Betreiber, da dieser die gentechnische Anlage errichtet und betreibt.[4] Die Risikobewertung muss überarbeitet werden, wenn es nach dem Prüfbericht erforderlich ist. Sie ist unverzüglich zu überarbeiten, wenn

1. die angewandten Sicherheitsmaßnahmen nicht mehr angemessen sind,
2. die der gentechnischen Arbeit zugewiesene Sicherheitsstufe nicht mehr zutreffend ist oder
3. die begründete Annahme besteht, dass die Risikobewertung nicht mehr dem neuesten wissenschaftlichen und technischen Kenntnisstand entspricht.

Die Pflicht zur Risikobewertung ist dynamisiert und setzt sich als Pflicht beim Betrieb der Anlage fort.[5]

Einzelheiten der Risikobewertung ergeben sich aus §§ 4 ff. GenTSV (Kap. 4) beschrie-ben.

Eine weitere wichtige Betreiberpflicht ist die **Pflicht zur Gefahrenabwehr und zur Vorsorge**. Der Betreiber hat die nach dem Stand von Wissenschaft und Technik not-wendigen Vorkehrungen zu treffen und unverzüglich anzupassen, um die Rechtsgüter vor möglichen Gefahren zu schützen und dem Entstehen solcher Gefahren vorzubeugen.[6] Die Pflichten zur Gefahrenabwehr und zur Vorsorge sind ebenfalls als dynamische Pflicht aus-

---

[3] Zum Begriff der Risikobewertung vgl. Kauch (2009), Gentechnikrecht, S. 87.
[4] Vgl. § 3 Nr. 7 GenTG.
[5] Vgl. Kauch (2009), Gentechnikrecht, S. 86.
[6] § 6 Abs. 2 GenTG.

gestaltet.[7] Sie wirkt über den Zeitpunkt der Betriebseinstellung hinaus, da der Betreiber sicherzustellen hat, dass auch nach einer Betriebseinstellung von der Anlage keine Gefahren für die geschützten Rechtsgüter[8] ausgehen können.[9]

Eine gerade auch im Rahmen der Überwachung wichtige Aufgabe ist die **Aufzeichnungspflicht**. Nach § 6 Abs. 3 GenTG hat der Betreiber Aufzeichnungen zu führen und der zuständigen Behörde auf ihr Verlangen vorzulegen. Einzelheiten der Aufzeichnungspflichten regelt die Gentechnik-Aufzeichnungsverordnung[10].

Letztlich muss der Betreiber im Rahmen der Grundpflichten darauf achten, dass er sachverständiges Personal in seiner Anlage beschäftigt. Die **Pflicht zur Bestellung sachverständigen Personals** ist in § 6 Abs. 4 GenTG ausdrücklich aufgenommen. Das Gentechnikgesetz sieht im Einzelnen die Bestellung eines PL sowie eines BBS oder Ausschüsse für Biologische Sicherheit (ABS) durch den Betreiber vor. Die näheren Einzelheiten sind in der Gentechnik-Sicherheitsverordnung geregelt (Abschn. 12.1.2).

Betreiberpflichten im Rahmen von Zulassungen
Die Errichtung und der Betrieb gentechnischer Anlagen, in denen gentechnische Arbeiten durchgeführt werden sollen, bedürfen in der Regel einer Anzeige, einer Anmeldung oder einer Genehmigung.[11] Gleiches gilt für die wesentliche Änderung der Lage, der Beschaffenheit und des Betriebs der Anlage.[12] Auch weitere gentechnische Arbeiten ab der Sicherheitsstufe 2 bedürfen einer Zulassung.[13] Alle Zulassungen nach dem Gentechnikgesetz erfordern das Einreichen eines Antrags durch den Betreiber als Antragsteller bei der Zulassungsbehörde.[14] Die Einzelheiten der Antragstellung sind in §§ 9, 12 GenTVfV[15] geregelt (Abschn. 8.4).

Mitteilungspflichten des Betreibers nach § 21 GenTG
Den Betreiber einer gentechnischen Anlage treffen zudem die Mitteilungspflichten gem. § 21 GenTG. Danach hat der Betreiber jede Änderung in der Beauftragung des PL, des BBS oder eines Mitglieds des ABS der für die Zulassung und der für die Überwachung zuständigen Behörde vorher mitzuteilen. Bei einer unvorhergesehenen Änderung hat die

---

[7] Vgl. Kauch (2009), Gentechnikrecht, S. 89.
[8] Siehe § 1 Nr. 1 GenTG.
[9] § 6 Abs. 2 S. 2 GenTG.
[10] Verordnung über Aufzeichnungen bei gentechnischen Arbeiten und bei Freisetzungen (Gentechnik-Aufzeichnungsverordnung, GenTAufzV) i.d.F. d. Bek. v. 4. November 1996 (BGBl. I S. 1645), zul. geänd. durch V v. 28. April 2008 (BGBl. I S. 766).
[11] § 8 Abs. 1 u. 2 GenTG.
[12] § 8 Abs. 4 GenTG.
[13] § 9 GenTG.
[14] §§ 10 Abs. 1, 12 Abs. 1 GenTG.
[15] Verordnung über Antrags- und Anmeldeunterlagen über die Genehmigungs- und Anmeldeverfahren nach dem Gentechnikgesetz (Gentechnik-Verfahrensverordnung, GenTVfV) i.d.F. d. Bek. v. 4. November 1996 (BGBl. I S. 1657), zul. geänd. durch V v. 28. April 2008 (BGBl. I S. 766).

Mitteilung unverzüglich zu erfolgen.[16] Beabsichtigt der Betreiber, den Betrieb einer Anlage einzustellen, so hat er dies unter Angabe des Zeitpunkts der Einstellung der für die Überwachung zuständigen Behörde unverzüglich mitzuteilen.[17] Der Mitteilung sind Unterlagen über die vom Betreiber vorgesehenen Maßnahmen bei Betriebseinstellung beizufügen. Mitzuteilen ist jede beabsichtigte Änderung der sicherheitsrelevanten Einrichtungen und Vorkehrungen einer gentechnischen Anlage, auch wenn die gentechnische Anlage durch die Änderung weiterhin die Anforderungen der für die Durchführung der angezeigten, angemeldeten oder genehmigten Arbeiten erforderlichen Sicherheitsstufe erfüllt.[18] Dass es sich dabei um eine Betreiberpflicht handelt, ergibt sich daraus, dass der Betreiber für die angezeigte, angemeldete oder genehmigte Anlage verantwortlich ist.[19] Letztlich hat der Betreiber der für die Anzeige, Anmeldung und Genehmigungserteilung und der für die Überwachung zuständigen Behörde unverzüglich jedes Vorkommnis mitzuteilen, das nicht dem erwarteten Verlauf der gentechnischen Arbeit entspricht und bei dem der Verdacht einer Gefährdung der geschützten Rechtsgüter besteht. Dabei sind alle für die Sicherheitsbewertung notwendigen Informationen sowie geplante oder getroffene Notfallmaßnahmen mitzuteilen.[20] Zudem hat der Betreiber der zuständigen Behörde unverzüglich mitzuteilen, wenn er neue Informationen über Risiken für die menschliche Gesundheit oder die Umwelt erhält.[21]

Kostentragungspflicht

Für Amtshandlung nach dem Gentechnikgesetz stehen aufgrund der Gentechnik-Kostenverordnung[22] Kosten, die vom Betreiber als Antragsteller und damit als Gebührenschuldner zu tragen sind. Dies ergibt sich aus § 24 GenTG.

Auskunfts- und Duldungspflichten

Weitere Pflichten ergeben sich für den Betreiber in seiner Beziehung zu den Behörden. Diese sind im Einzelnen in § 25 GenTG geregelt. So hat der Betreiber der zuständigen Behörde auf Verlangen unverzüglich die zur Überwachung erforderlichen Auskünfte zu erteilen oder die erforderlichen Hilfsmittel, einschließlich Kontrollproben, im Rahmen ihrer Verfügbarkeit zur Verfügung zu stellen.[23] Er hat der Überwachungsbehörde die Betretung und Besichtigung von Grundstücken, Geschäftsräumen und Betriebsräumen zu den Betriebs- und Geschäftszeiten,[24] alle erforderlichen Prüfungen einschließlich der Ent-

---

[16] § 21 Abs. 1 S. 2 GenTG.
[17] § 21 Abs. 1b S. 1 GenTG.
[18] § 21 Abs. 2 GenTG.
[19] Vgl. § 8 Abs. 2 GenTG.
[20] § 21 Abs. 3 GenTG.
[21] § 21 Abs. 5 GenTG.
[22] Bundeskostenverordnung zum Gentechnikgesetz (BGenTKost) v. 9. Oktober 1991 (BGBl. I S. 1972), zul. geänd. durch G v. 18. Juli 2016 (BGBl. I S. 1666).
[23] § 25 Abs. 2 GenTG.
[24] § 25 Abs. 3 Nr. 1 GenTG.

nahme von Proben[25] und die Einsicht in erforderliche Unterlagen, das Anfertigen von Ablichtungen oder Abschriften zu gestatten[26]. Der Betreiber hat die Überwachungsbehörde zu unterstützen und die erforderlichen geschäftlichen Unterlagen vorzulegen.[27]

Produktbeobachtungspflicht des Betreibers beim Inverkehrbringen gem. § 16c GenTG

Der GVO soll auch nach der Genehmigungserteilung im Hinblick auf seine Auswirkungen auf Mensch und Umwelt umfassend beobachtet werden (Abschn. 11.2.4). Die hierfür erforderlichen Strategien und Methoden sowie die Analyse, Berichterstattung und Überprüfung werden in Überwachungsplänen festgelegt.[28] Die Konkretisierung soll künftig in einer Rechtsverordnung geregelt werden. Überdies werden Anforderungen an Beobachtung nach § 16d Abs. 1 Nr. 5 GenTG in der Genehmigung festgeschrieben.

Pflichten des Betreibers im Rahmen behördlicher Anordnungen nach § 26 GenTG

Soweit die zuständige Behörde auf der Grundlage des § 26 GenTG weitere behördliche Anordnungen erlässt, ist der Betreiber zur Erfüllung dieser behördlichen Anordnungen und Auflagen verpflichtet. Dies ergibt sich im Rückschluss aus § 26 Abs. 2 GenTG, wonach die Behörde den Betrieb der Anlage untersagen kann, wenn der Betreiber einer gentechnischen Anlage einer Auflage, einer vollziehbaren nachträglichen Anordnung oder einer Pflicht aus einer Rechtsverordnung nicht nachkommt.

Haftungspflichten des Betreibers

Das Gentechnikgesetz sieht für den Betreiber einer gentechnischen Anlage eine besondere, sehr strenge Haftung vor. Diese ist in §§ 32–37 GenTG geregelt. Der Betreiber ist verpflichtet, den Schaden zu ersetzen, der daraus entsteht, dass infolge von Eigenschaften eines Organismus, die auf gentechnischen Arbeiten beruhen, jemand getötet, sein Körper oder seine Gesundheit verletzt oder eine Sache beschädigt wird.[29] Es handelt sich um eine verschuldensunabhängige Gefährdungshaftung.[30] Die Haftung nach dem Gentechnikgesetz ist nach dem Wortlaut ausschließlich Betreiberpflicht. Gleiches gilt für die Höchstbetragshaftung,[31] die im Rahmen der Haftung bestehenden Auskunftsansprüche[32] und die Pflicht zur Deckungsvorsorge[33].

---

[25] § 25 Abs. 3 Nr. 2 GenTG.
[26] § 25 Abs. 3 Nr. 3 GenTG.
[27] § 25 Abs. 3 S. 3 GenTG.
[28] Hasskarl/Bakhschai (2013), Deutsches Gentechnikrecht, S. 101.
[29] § 32 Abs. 1 GenTG.
[30] Vgl. Kauch (2009), Gentechnikrecht, S. 153.
[31] § 33 GenTG.
[32] § 35 GenTG.
[33] § 36 GenTG.

Pflichten des Betreibers nach Straf- und Bußgeldvorschriften

Um die Einhaltung der gesetzlichen Vorschriften zu sichern, enthält das Gentechnikgesetz und die auf seiner Grundlage ergangenen Rechtsverordnungen eine Vielzahl von Tatbeständen, deren Verwirklichung straf- oder bußgeldbewehrt ist. Entsprechend der oben ausgeführten gesetzlichen Verpflichtungen ist in der Regel der Betreiber Normadressat.[34] Bußgeldbewehrt sind beispielsweise Fehler bei der Risikobewertung, das Nichtführen von Aufzeichnungen, die Durchführung von Arbeiten in nicht dafür zugelassenen Anlagen, die Vornahme wesentlicher Änderungen ohne Zulassungsverfahren und Verstöße gegen vollziehbare Auflagen und Anordnungen.

12.1.2 Pflichten nach den Rechtsverordnungen

Weitere Pflichten des Betreibers ergeben sich aus den Rechtsordnungen, die auf der Grundlage des Gentechnikgesetzes erlassen worden sind.

Betreiberpflichten aus der Gentechnik-Sicherheitsverordnung

Derjenige, der gentechnische Arbeiten durchführen lässt, hat im Hinblick auf den Schutz der Beschäftigten zur Feststellung der erforderlichen Maßnahmen mögliche Gefahren zu ermitteln und zu beurteilen. Die Beurteilung muss Angaben nach § 10 Abs. 2 S. 2 Nr. 4 und 5 GenTG enthalten.[35] Ferner hat der Betreiber einer gentechnischen Anlage zum Schutz der geschützten Rechtsgüter die erforderlichen Maßnahmen nach den Vorschriften dieser Vorordnung einschließlich ihrer Anhänger sowie die nach dem Stand von Wissenschaft und Technik erforderlichen Vorsorgemaßnahmen zu treffen, um eine Exposition der Beschäftigten und der Umwelt gegenüber den gentechnisch veränderten Organismus so gering wie möglich zu halten. Insbesondere sind die allgemeinen Regelungen der Zentralen Kommission für die Biologische Sicherheit sowie zum **Schutz der Beschäftigten** und darüber hinaus die vom Ausschuss für Biologische Arbeitsstoffe ermittelten und vom Bundesministerium für Arbeit und Soziales im Bundesarbeitsblatt bekannt gegebenen Regeln und Erkenntnisse zu berücksichtigen.[36] Die Maßnahmen zur Abwehr unmittelbarer Gefahren sind unverzüglich zu treffen.[37] Bei gentechnischen Arbeiten der Sicherheitsstufe 2–4 im Produktionsbereich soll der Betreiber prüfen, ob gentechnische Arbeiten mit einem für die Beschäftigten geringeren gesundheitlichen Risiko als die von ihm in Aussicht genommenen durchgeführt werden können. Ist dem Betreiber die Durchführung dieser anderen gentechnischen Arbeiten zumutbar, soll er nur diese durchführen.[38] Welche Maßnahmen zur Abwehr von Gefahren zu treffen sind, hat der Betreiber zu regeln, bevor

---

[34] Auch der PL kann für bestimmte Pflichten Normadressat sein; vgl. dazu Kauch (2009), Gentechnikrecht, S. 154.

[35] § 8 Abs. 1 GenTSV.

[36] § 8 Abs. 2 GenTSV.

[37] § 8 Abs. 3 GenTSV.

[38] § 8 Abs. 5 GenTSV.

er die gentechnischen Arbeiten aufnimmt.[39] Für Labor- und Produktionsbereiche sind die sich aus Anhang III ergebenden technischen und organisatorischen Sicherheitsmaßnahmen einzuhalten. Soweit es sich um Fragen der baulichen Beschaffenheit von Anlagen und der Beschaffenheit von Betriebsmitteln handelt, obliegen diese Pflichten dem Betreiber.[40]

Gem. § 12 Abs. 2 GenTSV hat der Betreiber für die Beschäftigten auf der Grundlage der Risikobewertung eine **Betriebsanweisung** zu erstellen, in der die möglichen Gefahren gentechnischer Arbeiten für die menschliche Gesundheit und die Umwelt festgestellt sowie die erforderlichen Sicherheitsmaßnahmen und Verhaltensregeln festgelegt werden. Die Betriebsanweisung ist in verständlicher Form und einer den Beschäftigten verständlichen Sprache abzufassen und an geeigneter Stelle in der Arbeitsstätte bekannt zu machen. In der Betriebsanweisung sind auch Anweisungen für das Verhalten im Gefahrenfall und für die Erste Hilfe zu geben. Nach § 12 Abs. 3 GenTSV sind die Beschäftigten, die mit gentechnischen Arbeiten befasst werden, anhand der Betriebsanweisung über die auftretenden Gefahren, insbesondere im Umgang mit Organismen der Risikogruppe R2–R4 nach § 5 in Verbindung mit Anhang I sowie über die Sicherheitsmaßnahmen zu unterweisen. Frauen sind zusätzlich über mögliche Gefahren für werdende Mütter zu unterrichten. Die Unterweisungen müssen vor der Beschäftigung erfolgen und sind danach mindestens einmal jährlich mündlich und arbeitsplatzbezogen zu wiederholen. Inhalt und Zeitpunkt der Unterweisungen sind schriftlich festzuhalten und von der Untergebenen durch Unterschrift zu bestätigen. Die Unterweisung ist bei gentechnischen Arbeiten der Sicherheitsstufe 2, 3 oder 4 oder jeder sicherheitsrelevanten Änderung dieser Arbeit vorzunehmen.

Nach § 12a GenTSV hat der Betreiber bei den betroffenen Beschäftigten und wenn ein Betriebs- oder Personalrat vorhanden ist, diesem sowie dem Betriebsarzt die mit den gentechnischen Arbeiten verbundenen **Risiken** und die zu **treffenden Sicherheitsmaßnahmen** und, wenn er Schutzausrüstungen zur Verfügung zu stellen hat, die Gründe für die Auswahl der Schutzausrüstungen und die Bedingungen, unter denen sie zu benutzen sind, **mitzuteilen.** Im Falle von Betriebsstörungen sind die betroffenen Beschäftigten und der Betriebs- oder Personalrat zu unterrichten. In dringenden Fällen hat der Betreiber sie über die getroffenen Maßnahmen unverzüglich zu unterrichten.

Soweit **Abwasser** sowie flüssige und feste Abfälle aus Anlagen, in denen gentechnische Arbeiten durchgeführt werden, im Hinblick auf die von gentechnisch veränderten Organismen ausgehenden Gefahren nach dem Stand der Wissenschaft und Technik unschädlich **zu entsorgen** sind,[41] handelt es sich ebenfalls um eine anlagebezogene Betreiberpflicht.

Der Betreiber hat den **BBS bei der Erfüllung seiner Aufgaben zu unterstützen** und ihm insbesondere, soweit dies zur Erfüllung seiner Aufgaben erforderlich ist, Hilfspersonal sowie Räume, Einrichtungen, Geräte und Arbeitsmittel zur Verfügung zu stellen. Der

---

[39] § 8 Abs. 6 GenTSV.
[40] Vgl. z. B. Anhang III A I Ziff. 1–4, 18, 20, 21 GenTSV.
[41] § 13 GenTSV.

Betreiber hat dem BBS die zur Erfüllung seiner Aufgaben erforderliche Fortbildung unter Berücksichtigung der betrieblichen Belange auf seine Kosten zu ermöglichen.[42] Der BBS darf wegen der Erfüllung der ihm übertragenen Aufgaben nicht benachteiligt werden. Der Betreiber hat vor der Beschaffung von Einrichtungen und Betriebsmitteln, die für die Sicherheit gentechnische Arbeiten mit Anlagen bedeutsam sein können, eine Stellungnahme des BBS einzuholen. Die Stellungnahme ist so rechtzeitig einzuholen, dass sie bei der Entscheidung über die Beschaffung angemessen berücksichtigt werden kann. Der Betreiber hat dafür zu sorgen, dass der BBS seine Vorschläge oder Bedenken unmittelbar der entscheidenden Stelle vortragen kann, wenn er sich mit dem PL nicht einigen konnte und der BBS der besonderen Bedeutung der Sache eine Entscheidung dieser Stelle für erforderlich hält.

Betreiberpflichten aus der Gentechnik-Verfahrensverordnung

Zunächst hat der Betreiber im Rahmen der Verfahren zur Beantragung einer Zulassung für eine gentechnische Anlage, eine gentechnische Arbeit, eine Freisetzung oder das Inverkehrbringen die zuständige Behörde über das geplante gentechnische Vorhaben zu unterrichten.[43]

Alsdann hat der Betreiber die erforderlichen Unterlagen für gentechnische Anlagen, erstmalige oder weitere gentechnische Arbeiten gem. § 10 GenTG i. V. m. § 4 GenTVfV auf den amtlichen Vordrucken[44] vorzulegen. Die Anträge sind gemäß den Vordrucken von ihm zu unterschreiben.

Betreiberpflichten aus der Gentechnik-Aufzeichnungsverordnung

Wegen § 6 Abs. 3 GenTG obliegt dem Betreiber die Führung der Aufzeichnungen. Dies wird durch § 4 Abs. 2 GenTAufzV[45] noch einmal bestätigt, wonach der Betreiber den PL mit der Führung der Aufzeichnung beauftragen kann. Zudem sind die Aufzeichnungen vom Betreiber zu unterschreiben.[46] Ferner hat der Betreiber die Aufzeichnungen der zuständigen Behörde auf ihr Ersuchen vorzulegen und die Aufzeichnungen aufzubewahren.[47] Für Aufzeichnungen von gentechnischen Arbeiten der Sicherheitsstufe 1 beträgt die Aufbewahrungspflicht zehn Jahre von gentechnischen Arbeiten der Sicherheitsstufe 2–4 30 Jahre. Bei einer Betriebsstilllegung hat der Betreiber die Aufzeichnungen gem.

---

[42] § 19 GenTSV.

[43] § 2 GenTVfV.

[44] Jeweils erhältlich auf den Internetseiten der zuständigen Bezirksregierung bzw. Regierungspräsidien.

[45] Verordnung über Aufzeichnungen bei gentechnischen Arbeiten und bei Freisetzungen (Gentechnik-Aufzeichnungsverordnung, GenTAufzV) i.d.F. d. Bek. v. 4. November 1996 (BGBl. I S. 1644), zul. geänd. durch V v. 28. April 2008 (BGBl. I S. 766).

[46] § 3 Abs. 3 S. 1 GenTAufzV.

[47] § 4 Abs. 1 S. 1 GenTAufzV.

§ 4 Abs. 3 GenTAufzV unverzüglich der zuständigen Behörde auszuhändigen, soweit die Aufbewahrungsfristen noch nicht abgelaufen sind.[48]

Betreiberpflichten aus der Gentechnik-Anhörungsverordnung
Es ist zu berücksichtigen, dass sich die Gentechnik-Anhörungsverordnung[49] ausschließlich an die Genehmigungsbehörde wendet. Lediglich im Rahmen eines Erörterungstermins ist der Betreiber einer gentechnischen Anlage in der Regel anwesend. Dies ergibt sich mittelbar daraus, dass die Gentechnik-Anhörungsverordnung in § 8 Abs. 2 GenTAnhV vorsieht, dass der Antragsteller (Betreiber) vom Wegfall des Termins zu unterrichten ist.

Betreiberpflichten aus der Gentechnik-Notfallverordnung
Der Betreiber hat gem. § 5 Abs. 1 GenTNotfV bei einem Unfall die zuständige Behörde unverzüglich zu unterrichten und dabei Umstände des Unfalls, Identität und Mengen der entwichenen gentechnisch veränderten Organismen, alle anderen für die Bewertung der Auswirkungen des Unfalls auf die geschützten Rechtsgüter notwendigen Informationen und die getroffenen Maßnahmen anzugeben.

Betreiberpflichten aus der Bundeskostenverordnung zum Gentechnikgesetz
Die für Amtshandlung nach dem Gentechnikgesetz – es handelt sich dabei vornehmlich um Zulassungsanträge und andere behördliche Anordnungen – entstehenden Kosten (vgl. § 24 GenTG) sind vom Betreiber als Antragssteller zu tragen. Dieser wird in § 4 GenTKostV als Gebührenschuldner bezeichnet.

Betreiber- und Erzeugerpflichten aus der Pflanzenerzeugungsverordnung
Diese Verordnung regelt die Grundsätze der guten fachlichen Praxis im Sinne des § 16b Abs. 3 des Gentechnikgesetzes bei der erwerbsmäßigen Erzeugung gentechnisch veränderter Pflanzen. Hier sind u. a. die Abstände zwischen Feldern mit GVO, Feldfrüchten mit herkömmlichem Anbau und Feldfrüchten mit ökologischem Anbau geregelt.

12.2 Die Pflichten des Projektleiters im Genlabor

12.2.1 Projektleiterpflichten nach dem Gentechnikgesetz

Der PL führt die unmittelbare Planung, Leitung oder Beaufsichtigung der gentechnischen Arbeiten und seit 1993 die Freisetzung durch.[50]

---

[48] Ausführlich in Kauch (2009), Gentechnikrecht, S. 90 f.
[49] Verordnung über Anhörungsverfahren nach dem Gentechnikgesetz (Gentechnik-Anhörungsverordnung, GenTAnhV) i.d.F. d. Bek. v. 4. November 1996 (BGBl. I S. 1649), zul. geänd. durch V v. 28. April 2008 (BGBl. I S. 766).
[50] § 3 Nr. 8 GenTG u. § 14 Abs. 1 S. 1 GenTSV.

12.2.2   Projektleiterpflichten nach den Rechtsverordnungen

Der Verantwortungsbereich des PL ist in § 14 Abs. 1 S. 2 GenTSV detailliert geregelt. So ist er für die Beachtung der Schutzvorschriften in §§ 8–13 GenTSV sowie der seuchen-, tierseuchen-, tierschutz-, artenschutz- und pflanzenschutzrechtlichen Vorschriften verantwortlich.[51] Ihm obliegen die Überwachung der Anzeige- und Anmeldefristen und die Überwachung der Vollziehbarkeit der Freisetzungsgenehmigung.[52] Er ist zudem für die Einhaltung behördlicher Auflagen und Anordnungen sowie für das Ergreifen von Maßnahmen zur Gefahrenabwehr im Falle einer Gefahr verantwortlich.[53]

Im Verhältnis zu weiteren Beschäftigten hat er auf deren ausreichende Qualifikation und Einweisung zu achten und diese zu unterweisen.[54] Im Verhältnis zum Beauftragten oder Ausschuss für Biologische Sicherheit hat er diese zu unterrichten.[55]

Gegenüber dem Betreiber hat er unverzüglich jedes Vorkommnis anzuzeigen, dass nicht dem erwarteten Verlauf der gentechnischen Arbeit oder der Freisetzung entspricht und bei dem der Verdacht einer Gefährdung besteht.[56] Im Rahmen von Freisetzungen hat er darauf zu achten, dass eine sachkundige Person regelmäßig anwesend und grundsätzlich verfügbar ist.[57]

Ebenso kann ihm gem. § 4 Abs. 2 GenTAufzV die Führung der Aufzeichnungen übertragen werden.

Wird eine gentechnische Arbeit oder eine Freisetzung mehreren PL gemeinsam zugeordnet, sind die Verantwortlichkeiten der einzelnen PL nach § 14 Abs. 2 GenTSV eindeutig festzulegen.

12.2.3   Projektleiter als Gentechnikbevollmächtigter

In der Praxis kommt es häufig vor, dass ein sog. Gentechnikbevollmächtigter eingesetzt wird. Da das Gentechnikgesetz und die darauf basierenden Rechtsverordnungen einen Gentechnikbevollmächtigten nicht kennen, soll seine Position hier näher beleuchtet werden.

Das Gentechnikgesetz nennt insgesamt drei Verantwortliche in gentechnischen Anlagen. Es handelt sich dabei um den Betreiber[58], den PL[59] und den BBS[60]. In der Praxis ist die Rede davon, der Betreiber könne einen Gentechnikbevollmächtigten bestellen, der

---

[51] § 14 Abs. 1 S. 2 Nr. 1 GenTSV.
[52] § 14 Abs. 1 S. 2 Nr. 2a und 2b GenTSV.
[53] § 14 Abs. 1 S. 2 Nr. 3 und 7 GenTSV.
[54] § 14 Abs. 1 S. 2 Nr. 4 und 5 GenTSV.
[55] § 14 Abs. 1 S. 2 Nr. 6 GenTSV.
[56] § 14 Abs. 1 S. 2 Nr. 8 GenTSV.
[57] § 14 Abs. 1 S. 2 Nr. 9 GenTSV.
[58] § 3 Nr. 7 GenTG.
[59] § 3 Nr. 8 GenTG.
[60] § 3 Nr. 8 GenTG.

dann im Auftrag des Betreibers für die Einhaltung der allgemeinen Schutzpflichten des Arbeitsschutzes zuständig sei. Dies wird im Folgenden näher erläutert.

Zunächst einmal suggeriert die Bezeichnung „Gentechnikbevollmächtigter", dass derjenige, der zum Gentechnikbevollmächtigten bestellt wird, in Vollmacht des Betreibers handeln kann. Daraus wäre zu schließen, dass der Gentechnikbevollmächtigte für den Betreiber Rechtsverhältnisse begründet, d. h. Verträge abschließen kann. Die Übertragung von Betreiberpflichten auf den Bevollmächtigten wäre damit dann nicht verbunden. In der Praxis ist allerdings eine Bevollmächtigung, d. h. die Erteilung einer Vollmacht, in der Regel nicht gemeint. Vielmehr soll eine im Gentechnikgesetz nicht genannte Person bestimmte Aufgaben des Betreibers wahrnehmen. Es handelt sich damit nicht um eine Bevollmächtigung, sondern um eine Übertragung von Pflichten. Insofern wäre der Begriff des Gentechnikbeauftragten wohl eher zutreffend, da der Beauftragte nicht in Vollmacht des Betreibers handelt, sondern deshalb, weil der Betreiber bestimmte Pflichten auf ihn übertragen hat. Bei der Aufgabenübertragung ist zweierlei zu berücksichtigen: Zum einen ergibt sich nicht allein aus der Bestellung eines Gentechnik*bevollmächtigten*, dass dieser Betreiberpflichten wahrnehmen soll. Die einzelnen Betreiberpflichten müssen vielmehr konkret und im Einzelnen auf diesen übertragen werden. Zum anderen ist eine generelle Übertragung sämtlicher Betreiberpflichten nach dem Gentechnikgesetz und seinen Rechtsordnungen auf einen Dritten nicht zulässig. Dieses wird entsprechend auch für den fälschlich als Gentechnikbevollmächtigten bezeichneten gelten.

12.3 Kontrolle durch den BBS im Laboralltag

Weiteres sachverständiges Personal im Sinne der Grundpflicht des § 6 Abs. 4 GenTG sind der Beauftragte oder die Ausschüsse für Biologische Sicherheit.

12.3.1 Bestellung des Beauftragten für Biologische Sicherheit

Je nach Art und Umfang des geplanten Vorhabens hat der Betreiber nach Anhörung des Betriebs- und Personalrates einen oder mehrere Beauftragte für die Biologische Sicherheit (BBS) schriftlich zu bestellen.[61] Werden mehrere BBS bestellt, sind die dem einzelnen BBS obliegenden Aufgaben genau zu bezeichnen.[62]

---

[61] § 16 Abs. 1 S. 1 GenTSV.
[62] § 16 Abs. 1 S. 2 GenTSV.

12.3.2   Aufgaben des Beauftragten für die Biologische Sicherheit

Gem. § 18 GenTSV nehmen die BBS Überwachungsfunktionen gegenüber dem PL sowie beratende Aufgaben gegenüber dem Betreiber war. Der Betreiber ist verpflichtet, BBS bei der Erfüllung ihrer Aufgaben zu unterstützen[63] und jede Benachteiligung wegen dieser Tätigkeit zu unterlassen[64]. Dies zeigt deutlich die ambivalente Stellung des BBS, der einerseits in einem Arbeitsverhältnis zum Betreiber steht, diesen aber andererseits kontrollieren soll.

12.3.3   Sachkunde des Beauftragten für Biologische Sicherheit

Die Qualifikation, d. h. die Sachkunde der BBS regelt ebenfalls § 17 GenTSV. Zum BBS darf nur eine Person bestellt werden, die die erforderliche Sachkunde besitzt. Dabei richten sich die erforderliche Sachkunde des BBS und ihr Nachweis nach der für den PL geltenden Vorschrift des § 15 GenTSV (Kap. 13).

12.3.4   Verhältnis zum Betreiber

Die Pflichten des Betreibers selbst sind in § 19 GenTSV geregelt. Der Betreiber hat den BBS bei der Erfüllung seiner Aufgaben zu unterstützen und ihm insbesondere, soweit dies zur Erfüllung seiner Aufgaben erforderlich ist, Hilfspersonal sowie Räume, Einrichtungen, Geräte und Arbeitsmittel zur Verfügung zu stellen. Er hat ihm die zur Erfüllung seiner Aufgaben erforderliche Fortbildung unter Berücksichtigung der betrieblichen Belange auf seine Kosten zu ermöglichen. Dabei darf er den BBS nicht wegen der Erfüllung der diesem obliegenden Aufgaben benachteiligen.

Will der Betreiber Einrichtungen und Betriebsmittel beschaffen, die für die Sicherheit gentechnischer Arbeiten in gentechnischen Anlagen bedeutsam sein können, so hat er vorher eine Stellungnahme des BBS einzuholen. Diese Stellungnahme ist so rechtzeitig einzuholen, dass sie bei der Entscheidung über die Beschaffung angemessen berücksichtigt werden kann. Letztlich hat der Betreiber dafür zu sorgen, dass der BBS seine Vorschläge oder Bedenken unmittelbar der entscheidenden Stelle vortragen kann, wenn er sich mit dem PL nicht einigen konnte und er wegen der besonderen Bedeutung der Sache eine Entscheidung dieser Stelle für erforderlich hält.

---

[63] § 19 Abs. 1 GenTSV.
[64] § 19 Abs. 2 GenTSV.

Sachkunde

Petra Kauch

Das Gentechnikgesetz (GenTG) verlangt sowohl vom Projektleiter (PL) als auch vom Beauftragten für die Biologische Sicherheit (BBS) und von den Mitgliedern des Ausschusses für die Biologische Sicherheit den Nachweis einer Sachkunde. Ausgangspunkt dafür sind die Pflicht des Betreibers zur Bestellung sachkundigen Personals nach § 6 Nr. 4 GenTG und die Genehmigungsvoraussetzung nach § 11 Abs. 1 Nr. 2 GenTG, wonach die Genehmigung zur Errichtung und zum Betrieb einer gentechnischen Anlage nur erteilt werden kann, wenn gewährleistet ist, dass der PL sowie der oder die BBS unter anderem die für ihre Aufgaben erforderliche Sachkunde besitzen. Damit sowohl der PL als auch der BBS oder aber die Mitglieder des Ausschusses für die Biologische Sicherheit ihre Aufgaben sachgerecht erfüllen können, müssen sie die erforderliche Sachkunde nicht nur besitzen, sondern auch nachweisen können. Aus den Angaben und Nachweisen muss sich für den Betreiber und die Zulassungsbehörde die Gewährleistung ergeben, dass sie die für die zu übernehmenden Aufgaben erforderliche Sachkunde besitzen und die ihnen übertragenen Aufgaben damit auch erfüllen können.[1]

Wie der Begriff der erforderlichen Sachkunde zu verstehen ist, ist im Einzelnen in § 15 GenTSV näher bestimmt. Diese Bestimmung gilt unmittelbar nur für den PL, ist aber über einen Verweis in § 17 GenTSV auch für den BBS maßgeblich. Danach darf zum BBS nur eine Person bestellt werden, die die erforderliche Sachkunde besitzt. Die erforderliche Sachkunde und deren Nachweis richten sich nach der für den PL geltenden Vorschrift des § 15 GenTSV. Daraus ergibt sich auch, dass der Betreiber selbst die erforderliche Sachkunde nicht besitzen muss.

---

[1] Vgl. Matzke, Gentechnikrecht, Textausgabe mit Einführung und Erläuterungen, Baden-Baden 1999, S. 51 (zit. im Folgenden: Matzke (1991), Gentechnikrecht, S.).

© Springer-Verlag GmbH Deutschland, ein Teil von Springer Nature 2019
K. Bender und P. Kauch, *Gentechnisches Labor – Leitfaden für Wissenschaftler*,
https://doi.org/10.1007/978-3-642-34694-1_13

13.1 Erforderliche Kenntnisse

Der PL muss nachweisbare Kenntnisse insbesondere in klassischer und molekularer Genetik und praktische Erfahrung im Umgang mit Mikroorganismen, Pflanzen oder Tieren sowie die erforderlichen Kenntnisse über Sicherheitsmaßnahmen und Arbeitsschutz bei gentechnischen Arbeiten besitzen.[2] Die seuchen- und pflanzenschutzrechtlichen Vorschriften bleiben unberührt.[3]

Demnach muss ein PL, in dessen Zuständigkeitsbereich mit human-, tier- oder pflanzenpathogenen Organismen gearbeitet wird, über eine Erlaubnis zum Arbeiten mit Krankheitserregern nach §§ 19 IFG oder nach §§ 3 ff. Tierseuchen-Erregerverordnung oder nach pflanzenschutzrechtlichen Vorschriften verfügen. Diese personenbezogene Erlaubnis ist in Übereinstimmung mit der geplanten gentechnischen Arbeit nachzuweisen. Beispielsweise genügt eine Erlaubnis nach dem Infektionsschutzgesetz nicht für den Umgang mit pflanzenpathogenen Organismen. Bei den persönlichen Erlaubnissen handelt es sich ebenfalls um eine Genehmigungsvoraussetzung, Sie kann daher nicht im Rahmen der Konzentrationswirkung von Genehmigungsverfahren nach dem Gentechnikgesetz mitbeantragt werden, sondern muss vorher vorliegen.

Nach Auffassung der Bund/Länderarbeitsgemeinschaft Gentechnik (LAG) muss der PL im Rahmen des § 15 Abs. 1 S. 2 GenTSV eine Erlaubnis zum Arbeiten mit Krankheitserregern nach dem Infektionsschutzgesetz, der Tierseuchenerreger-Verordnung oder nach pflanzenschutzrechtlichen Vorschriften nicht selbst besitzen. Vielmehr sei die Vorschrift dahin auszulegen, dass der PL zwar befugt sein muss, derartige Arbeiten durchzuführen, nicht aber selbst Inhaber einer entsprechenden Erlaubnis sein muss. Vielmehr genüge es, wenn der Institutsleiter, das Forschungsinstitut oder der Träger der Einrichtung, in der die gentechnischen Arbeiten durchgeführt werden sollen, über diese Erlaubnis verfügt.[4]

13.2 Nachweise

Die Gentechnik-Sicherheitsverordnung unterscheidet im Hinblick auf die zu erbringenden Nachweise danach, ob in einem Labor gearbeitet wird, ob ein Produktionsbereich oder die Landwirtschaft betroffen ist.

13.2.1 Allgemeine Nachweise für Labore

Die erforderliche Sachkunde besitzt der PL, wenn er ein naturwissenschaftliches, medizinisches oder tiermedizinisches Hochschulstudium abgeschlossen hat, eine mindestens

---

[2] § 15 Abs. 1 S. 1 GenTSV.
[3] § 15 Abs. 1 S. 2 GenTG.
[4] http://www.lag-gentechnik.de/dokumente/EndfassungLAGBeschlusssammlung.pdf, S. 71.

dreijährige Tätigkeit auf dem Gebiet der Gentechnik, insbesondere der Mikrobiologie, der Zellbiologie, der Virologie oder der Molekularbiologie, und die Bescheinigung über den Besuch einer von der zuständigen Landesbehörde anerkannten Fortbildungsveranstaltung nachweisen kann.[5] In der Regel fällt es den PL oder BBS nicht schwer, den Nachweis zu führen. In der Praxis ist allenfalls der Nachweis einer mindestens dreijährigen Tätigkeit auf dem Gebiet der Gentechnik problematisch.

13.2.2   Besondere Nachweise für Produktionsbereiche

Bei Arbeiten im Produktionsbereich werden statt des Abschlusses eines naturwissenschaftlichen, medizinischen oder tiermedizinischen Hochschulstudiums auch der Abschluss eines ingenieurwissenschaftlichen Hoch- oder Fachhochschulstudiums und eine mindestens dreijährige Tätigkeit auf dem Gebiet der Bioverfahrenstechnik anerkannt.[6]

13.2.3   Besondere Nachweise für die Landwirtschaft

Im Bereich der Landwirtschaft kann die erforderliche Sachkunde durch den Abschluss eines biologischen oder landwirtschaftlichen Hochschulstudiums und einer mindestens dreijährigen Tätigkeit in einem Pflanzenzuchtbetrieb oder einer wissenschaftlichen Einrichtung im Pflanzenschutz, im Pflanzenbau oder in der Pflanzenzüchtung nachgewiesen werden.[7] Im Fall einer landwirtschaftlichen Tätigkeit kann die Behörde auf die Vorlage der Bescheinigung einer Fortbildungsveranstaltung verzichten, wenn der PL in dieser Eigenschaft mindestens drei Jahre in einem nach den „Richtlinien zum Schutz vor Gefahren durch in-vitro neukombinierte Nukleinsäuren" registrierten Labor tätig war.[8] Eine solche Anerkennung wird aber in der Regel von der Behörde mit Einschränkungen der zulässigen Arbeiten versehen. Zur Sachkunde dieses Personenkreises zählt insbesondere der Nachweis über praktische Erfahrungen im Umgang mit (Mikro-)Organismen, die nicht unter einer dreijährigen Tätigkeitsdauer liegen dürfen. Voraussetzung für eine Anerkennung der Sachkunde sind in jedem Fall Kenntnisse in klassischer und molekularer Genetik.

13.3   Anerkennung anderer Abschlüsse

Die Behörde kann auch den Abschluss einer anderen Aus-, Fort- oder Weiterbildung als Nachweis der erforderlichen Sachkunde anerkennen, wenn die Vermittlung der erforderli-

---

[5] Vgl. § 15 Abs. 1 S. 2 Nr. 1–3 GenTSV.
[6] § 15 Abs. 2 S. 2 GenTSV.
[7] § 15 Abs. 2 S. 3 GenTSV.
[8] § 15 Abs. 2 S. 4 GenTSV.

chen Kenntnisse und Fertigkeiten Gegenstand der Aus-, Fort- oder Weiterbildung gewesen ist und diese unter Berücksichtigung der durchzuführenden gentechnischen Arbeiten mit den in Abs. 2 S. 1 Nr. 1 und 2 GenTSV genannten Anforderungen als gleichwertig anzusehen ist.[9]

13.4 Beschränkte Sachkunde

Nach der geänderten Fassung der Gentechnik-Sicherheitsverordnung kann die Zulassungsbehörde den Nachweis der erforderlichen Sachkunde des PL beschränken. Diese Vorschrift wirft einige Probleme auf. Fraglich ist, unter welchen Voraussetzungen der Nachweis der erforderlichen Sachkunde beschränkt werden kann. Aus dem Wortlaut des § 15 Abs. 3 S. 2 GenTSV ließe sich schließen, dass eine Beschränkung des Nachweises der erforderlichen Sachkunde nur von der festgelegten gentechnischen Arbeit abhinge. Nur darauf ist in der Vorschrift nach dem Wortlaut abgestellt. Das wiederum hätte zur Konsequenz, dass auch eine Hausfrau, die weder über ein naturwissenschaftliches, medizinisches oder tiermedizinisches Hochschulstudium verfügt und auch keine mindestens dreijährige Tätigkeit auf dem Gebiet der Gentechnik, insbesondere der Mikrobiologie, der Zellbiologie, Virologie oder der Molekularbiologie, verfügt, für bestimmte gentechnische Arbeiten einen eingeschränkten Nachweis erhalten kann. Dies scheint bedenklich. Von daher wird man die Vorschrift des § 15 Abs. 3 S. 2 GenTSV eher im Kontext mit § 15 Abs. 3 S. 1 GenTSV lesen müssen. Danach kann die Behörde auch den Abschluss einer anderen Aus-, Fort- oder Weiterbildung als Nachweis der erforderlichen Sachkunde nach Abs. 2 S. 1 Nr. 1 und 2 anerkennen, wenn die Vermittlung der nach Abs. 1 erforderlichen Kenntnisse und Fertigkeiten Gegenstand der Aus-, Fort- oder Weiterbildung gewesen ist und diese unter Berücksichtigung der durchzuführenden gentechnischen Arbeiten mit den in Abs. 2 S. 1 Nr. 1 und 2 genannten Anforderungen als gleichwertig anzusehen ist. Demnach gelten für einen beschränkten Nachweis der Sachkunde folgende Voraussetzungen in jedem Fall:

1. der Abschluss einer anderen Aus-, Fort- oder Weiterbildungsmaßnahme muss erreicht worden sein,
2. Die Aus-, Fort- oder Weiterbildung muss die nach Abs. 1 erforderlichen Kenntnisse und Fertigkeiten zum Gegenstand gehabt haben.
3. Die Weiterbildungsmaßnahme muss als gleichwertig anzusehen sein.

Nur wenn diese Voraussetzungen erfüllt sind, kann die Behörde den Nachweis der erforderlichen Sachkunde beschränken.

Von der LAG werden im Zusammenhang mit dieser Vorschrift die Schulen genannt.[10] In den meisten Schulen gebe es keine Lehrerinnen oder Lehrer mit dem geforderten

---

[9] § 15 Abs. 2 S. 1 Nr. 1 und 2 GenTSV.
[10] http://www.lag-gentechnik.de/dokumente/EndfassungLAGBeschlusssammlung.pdf, S. 74.

Hochschulabschluss und der dreijährigen Tätigkeit auf dem Gebiet der Gentechnik. Zur Durchführung ausschließlich gentechnischer Arbeiten der Sicherheitsstufe 1 und auch nur mit bestimmten Organismen (Spender = R 1, Empfänger = R 1, Vektor-Empfänger-System = biologische Sicherheitsmaßnahmen) kann die Bestellung von Lehrkräften mit geeigneter naturwissenschaftlicher Lehrbefähigung zu PL erfolgen. In diesen Fällen liegen die oben genannten Voraussetzungen vor, da die betreffenden Lehrkräfte über ihr Studium einen Abschluss erreicht, in diesem ggf. auch die Kenntnisse in klassischer und molekularer Gentechnik und praktische Erfahrung im Umgang mit Mikroorganismen, Pflanzen oder Tieren und die Kenntnisse über Sicherheitsmaßnahmen und Arbeitsschutz bei gentechnischen Arbeiten erlangt haben. Auch durch ein Ökotrophologiestudium mit einer Spezialisierung im Bereich Umwelt kann dieser Nachweis ggf. erbracht werden. In den vorgenannten Fällen kann die Behörde dann den Nachweis der erforderlichen Sachkunde vollständig oder aber nach § 15 Abs. 3 S. 2 GenTSV eingeschränkt erteilen.

13.5 Anerkannte Fortbildungsveranstaltungen

Zu den Nachweisen für die erforderliche Sachkunde zählt auch die Bescheinigung über den Besuch einer von der zuständigen Landesbehörde anerkannten Fortbildungsveranstaltung, auf der die Kenntnisse nach § 15 Abs. 4 GenTSV vermittelt werden. Der Sachkundenachweis über den Besuch einer Fortbildungsveranstaltung hat in den ersten Jahren nach Inkrafttreten des Gentechnikgesetzes für Verwirrung und Verärgerung vor allem bei denen gesorgt, die vor Erlass des Gentechnikgesetzes zwar gentechnisch gearbeitet, nicht aber als PL tätig waren.[11] Einige „Pioniere" der Gentechnik in Deutschland fühlten sich hinsichtlich ihrer Kenntnisse und Erfahrungen nicht richtig beurteilt.[12]

13.5.1 Inhalte einer Fortbildungsveranstaltung

Eine solche Fortbildungsveranstaltung muss die wesentlichen Grundzüge bestimmter Themenbereiche umfassen, die in § 15 Abs. 4 S. 1 GenTSV genannt sind. So muss das Gefährdungspotential von Organismen bei gentechnischen Arbeiten in gentechnischen Anlagen unter besonderer Berücksichtigung der Mikrobiologie und bei Freisetzungen bearbeitet werden. Zudem muss über Sicherheitsmaßnahmen für gentechnische Laboratorien, gentechnische Produktionsbereiche und Freisetzungen gesprochen werden. Letztlich sind auch die Rechtsvorschriften zu Sicherheitsmaßnahmen für gentechnische Laboratorien, Produktionsbereiche und Freisetzungen und zum Arbeitsschutz zu erörtern. Die so bundeseinheitlich geregelten Lerninhalte haben der anfänglichen Kritik Rechnung getragen und werden deshalb auch wegen der bundeseinheitlichen Geltung der Fortbildungs-

---

[11] Matzke (1991), Gentechnikrecht, S. 53.
[12] Matzke (1991), Gentechnikrecht, S. 53.

bescheinigungen nicht mehr als Diskriminierung der eigenen Kenntnisse und Fähigkeiten betrachtet.[13] Bei den Fortbildungsveranstaltungen kann es sich sowohl um innerbetriebliche als auch externe Veranstaltungen handeln. Die Inhalte der Fortbildungsveranstaltungen werden konkretisiert durch Vorgaben der LAG. In einem dreiseitigen Katalog sind dort die drei Themenschwerpunkte sowohl im Hinblick auf die Lehrzeiten als auch im Hinblick auf die Inhalte näher dargestellt.[14]

13.5.2   Anerkennung der Fortbildungsveranstaltung

Die Behörde kann gem. § 15 Abs. 4 S. 2 GenTSV geeignete Veranstaltungen als Fortbildungsveranstaltungen im Sinne des § 15 Abs. 4 S. 1 GenTSV anerkennen. Da es sich mithin um eine Kann-Bestimmung handelt, wäre die staatliche Anerkennung für eine Fortbildungsveranstaltung streng genommen nicht erforderlich. Gleichwohl ist es so, dass die Mehrzahl der am Markt befindlichen Fortbildungsveranstaltungen über eine solche staatliche Anerkennung bereits aus Gründen des Wettbewerbs verfügt. Auch die LAG hat es bereits in ihrer Sitzung vom 15./16. Oktober 1991 für vertretbar angesehen, wenn die zuständige Behörde eine Fortbildungsveranstaltung anerkenne.[15] Die Teilnehmerzahl für eine Fortbildungsveranstaltung sollte die Zahl 50 möglichst nicht überschreiten.[16] Eine geeignete Fortbildungsveranstaltung kann auch ein Fernkurs sein, sofern die dort vermittelten Lehrinhalte mindestens den vom Länderausschuss Gentechnik verabschiedeten Lerninhalte für Fortbildungsveranstaltungen umfassen und die erforderliche Teilnahme über eine Abschlussprüfung nachgewiesen wird.[17]

Ob eine Fortbildungsveranstaltung anerkannt werden kann, muss die Behörde im Einzelfall entscheiden. Zuständig für die Anerkennung ist die Behörde, in dessen Zuständigkeitsbereich sich der Sitz des Veranstalters befindet. Nicht maßgeblich ist, an welchem Veranstaltungsort die Fortbildungsveranstaltung durchgeführt wird.[18]

Die Anerkennung der Veranstaltung setzt neben der ständigen Anwesenheit des Teilnehmers auch die Vermittlung der Lerninhalte durch qualifizierte Referenten voraus und muss durch den Veranstalter bescheinigt werden.[19] Die von einer anerkannten Fortbildungsveranstaltung erteilte Bescheinigung – kurz „Projektleiterschein" genannt –, gilt dann bundesweit. Die Teilnehmer an einer anerkannten Fortbildungsveranstaltung werden durch den Veranstalter an die anerkennende Behörde zurückgemeldet und dort in eine Liste eingetragen. Im Falle des Wechsels in den Zuständigkeitsbereich einer anderen Landesbehörde wird im Rahmen der Nachweise auf diese Listen zu den anerkannten Fort-

---

[13] Matzke (1991), Gentechnikrecht, S. 53.

[14] http://www.lag-gentechnik.de/LehrinhalteLAG.pdf.

[15] http://www.lag-gentechnik.de/dokumente/EndfassungLAGBeschlusssammlung.pdf, S. 69.

[16] http://www.lag-gentechnik.de/dokumente/EndfassungLAGBeschlusssammlung.pdf, S. 73.

[17] http://www.lag-gentechnik.de/dokumente/EndfassungLAGBeschlusssammlung.pdf, S. 75.

[18] Matzke (1991), Gentechnikrecht, S. 53.

[19] Matzke (1991), Gentechnikrecht, S. 53.

bildungsveranstaltungen bundesweit zurückgegriffen. Ist ein PL einmal dort „gelistet",
kann er bundesweit PL werden, ohne erneut an einer Fortbildungsveranstaltung teilnehmen zu müssen.

13.6   Erforderliche Angaben in den Anträgen

Da die erforderliche Sachkunde Genehmigungsvoraussetzung ist, wird im Formblatt ein
für Anzeige-, Anmeldungs- oder Genehmigungsverfahrens die Sachkunde des PL detailliert einschließlich Fortbildungsmaßnahmen und weiterer personenbezogener Erlaubnissen (z. B. nach Seuchen- oder Strahlenschutzrecht) abgefragt. Dem Antrag sind die
Zeugnisse, Diplomurkunden, Promotionsurkunden, Staatsexamen oder sonstige Urkun-
denkopien ebenso beizufügen wie Publikationen, Arbeitsbescheinigungen, Arbeits- und
Beschäftigungszeugnisse sowie Bestätigungen von Vorgesetzten. Die LAG fordert den
Nachweis des Besuchs einer Fortbildungsveranstaltung sowohl für den PL als auch für
den BBS. Er sei sowohl in den Genehmigungs- als auch Anmelde- und Anzeigeverfahren
beizufügen. Im Falle eines Verstoßes gegen die Verpflichtung zum Besuch einer Fortbildungsveranstaltung sei eine Untersagung der gentechnischen Arbeit nach § 12 Abs. 7
GenTG in Betracht zu ziehen.[20]

13.7   Keine regelmäßige Weiterbildungspflicht

Im Gegensatz zum Strahlenschutzrecht und neuerdings auch zum Pflanzenschutzrecht,
kennt die Gentechnik-Sicherheitsverordnung keine Pflicht zur regelmäßigen Fortbildung.
Insofern wirkt der einmal erteilte Projektleiterschein in einer Fortbildungsveranstaltung
wie ein Führerschein. Er bleibt den PL und den BBS ein Leben lang ohne Erneuerung
oder nachträgliche Überprüfung erhalten. Da sich im Bereich der Gentechnologie sowohl
bei den gesetzlichen Vorgaben als auch im Rahmen der Risikobewertungen, der Sicherheitsmaßnahmen und auch im Bereich des Arbeitsschutzes in den letzten 20 Jahren noch
erhebliche Änderungen ergeben haben, ist dies durchaus kritisch zu sehen. Es lässt sich
inhaltlich auch kaum begründen, warum ein Landwirt neuerdings alle drei Jahre an einer
Fortbildungsveranstaltung im Bereich des Pflanzenschutzes teilnehmen muss, während
dies für Arbeiten mit GVO, Freisetzungen und beim Inverkehrbringen von Organismen,
die GVO enthalten oder aus solchen bestehen, nicht gefordert ist.

---

[20] http://www.lag-gentechnik.de/dokumente/EndfassungLAGBeschlusssammlung.pdf, S. 70.

Behördliche Maßnahmen

14

Petra Kauch und Kirsten Bender

Hinsichtlich der Maßnahmen, mit denen der Betreiber und der Projektleiter (PL) bei der Errichtung einer gentechnischen Anlage oder bei dem Betrieb einer solchen konfrontiert werden können, sind drei Bereiche voneinander zu trennen. Zunächst ist zu klären, welche Behörde denn überhaupt zuständig ist. Danach ist in den Blick zu nehmen, welche Behörden welche Maßnahmen erlassen können.

14.1 Zuständige Behörden

Petra Kauch

So wie das Gentechnikgesetz (GenTG) einerseits in Verfahren für die Zulassung von gentechnischen Anlagen und gentechnischen Arbeiten und andererseits in Verfahren für das Freisetzen und das Inverkehrbringen von GVO unterscheidet, so sind auch die Zuständigkeiten der Behörden unterschiedlich geregelt. Grundsätzlich bestimmen dabei die einzelnen Länder, welche Behörden für die Ausführung des Gesetzes zuständig sein sollen.

14.1.1 Zuständige Behörden im Laborbereich

Die einzelnen Bundesländer haben die Zuständigkeiten für die Zulassung von Laboren und für gentechnische Arbeiten unterschiedlich geregelt. Zum Teil ist ein und dieselbe Behörde sowohl für die Zulassung als auch für die Überwachung zuständig. In anderen Ländern wiederum sind für die Zulassungen anderer Behörden (**Zulassungsbehörde**) zuständig als für die Überwachung (**Überwachungs-, Revisions-** oder **Inspektionsbehörde**). Für den Laborbereich gilt zunächst die Zuständigkeitsverteilung in den Bundesländern, wie sie sich aus Tab. 14.1 ergibt.

© Springer-Verlag GmbH Deutschland, ein Teil von Springer Nature 2019
K. Bender und P. Kauch, *Gentechnisches Labor – Leitfaden für Wissenschaftler*,
https://doi.org/10.1007/978-3-642-34694-1_14

Tab. 14.1 Zuständigkeiten in den Ländern für Zulassungen und Überwachungen

Land **Stand: 06. Juli 2017**	Genehmigung/Überwachung
Baden-Württemberg	**Regierungspräsidium Tübingen** Referat 57 Konrad-Adenauer-Straße 20 , 72072 Tübingen *Herr Axel Nägele* Tel.: 07071/757-5232 E-Mail: axel.naegele@rpt.bwl.de
Bayern	*Ober- und Niederbayern, Schwaben* **Regierung von Oberbayern** 80534 München Tel.: 089/2176-0 Fax: 089/2176-2914 E-Mail: poststelle@reg-ob.bayern.de *Unter-, Mittel- und Oberfranken, Oberpfalz* **Regierung von Unterfranken** Peterplatz 9, 97070 Würzburg Tel.: 0931/380-00 Fax: 0931/380-2222 E-Mail: poststelle@reg-ufr.bayern.de
Berlin	**Landesamt für Gesundheit und Soziales – LAGeSo –** Referat I C FG I C 4 (Gentechnik) Postfach 31 09 29 10639 Berlin *Frau Dr. Andrea Tran-Betcke – I C 4* Tel.: 030/90229-2410 Fax: 030/90229-2096 E-Mail: Andrea.Tran-Betcke@lageso.berlin.de **Senatsverwaltung für Stadtentwicklung und Umwelt** Referat IX C (Industrieanlagen) *Herr Dr. Dirk Liebrecht – IX C 1* Tel.: 030/ 9025-2166 Fax: 030/9025-2929
Brandenburg	**Landesamt für Arbeitsschutz, Verbraucherschutz und Gesundheit** Abteilung Verbraucherschutz – V1 (Lebensmittel-, Futtermittelüberwachung, Gentechnik, Chemikaliensicherheit) Dorfstraße 1 14513 Teltow OT Ruhlsdorf *Herr Dr. Torsten Hoffmann* Tel.: 0331/8683-510; 0335/5603164; 0160/94675451 Fax: 0331/275484291 E-Mail: torsten.hoffmann@lavg.brandenburg.de

Tab. 14.1 (Fortsetzung)

Land Stand: 06. Juli 2017	Genehmigung/Überwachung	
Bremen	**Gewerbeaufsicht des Landes Bremen** Parkstraße 58–60 28209 Bremen *Frau Renate Hesse* Tel.: 0421/3616254 E-Mail: Renate.Hesse@gewerbeaufsicht.bremen.de	
Hamburg	**Genehmigung** **Behörde für Umwelt und Energie** Referat Gentechnik Neuenfelder Straße 19 21109 Hamburg *Herr Heino Niebel* Tel.: 040/42840-2466 Fax: 040/42797-2466 E-Mail: Heino.Niebel@ bue.hamburg.de	**Überwachung** *Gentechnik* **Behörde für Umwelt und Energie** (siehe Genehmigung) *Arbeitsschutz* **Behörde für Gesundheit und Verbraucherschutz** Amt für Arbeitsschutz Billstraße 80 20539 Hamburg E-Mail: arbeitnehmerschutz@ bgv.hamburg.de
Hessen	**Regierungspräsidium Gießen** Dezernat 44 – Gentechnik Landgraf-Philipp-Platz 1–7 35390 Gießen Tel.: 0641/303-0 Fax: 0641/303-4103 E-Mail: jens.gerlach@rpgi.hessen.de	
Mecklenburg-Vorpommern	**Genehmigung** **Landesamt für Gesundheit und Soziales Mecklenburg-Vorpommern (LAGuS)** Abt. 3 – Dezernat Infektionsschutz/Prävention Gertrudenstraße 11, 18057 Rostock *Herr Dr. Tilo Sasse* Tel.: 0381/4955-369, Fax: 0381/495539-369 E-Mail: tilo.sasse@ lagus.mv-regierung.de	**Überwachung** **Landesamt für Gesundheit und Soziales Mecklenburg-Vorpommern (LAGuS)** Abt. 5 – Arbeitsschutz und technische Sicherheit E.-Schlesinger-Straße 35, 18059 Rostock *Frau Marita Höppner* Tel.: 0381/331-59184 E-Mail: marita.hoeppner@ lagus.mv-regierung.de

Tab. 14.1 (Fortsetzung)

Land **Stand: 06. Juli** **2017**	Genehmigung/Überwachung
Niedersachsen	**Staatliches Gewerbeaufsichtsamt Braunschweig** Petzvalstraße 18 38104 Braunschweig, Tel.: 0531/37006-0 Fax: 0531/37006-80 E-Mail: poststelle@gaa-bs.niedersachsen.de **Staatliches Gewerbeaufsichtsamt Göttingen** Alva-Myrdal-Weg 1 37085 Göttingen Tel.: 0551/5070-01, Fax: 0551/5070-250 E-Mail: poststelle@gaa-goe.niedersachsen.de **Staatliches Gewerbeaufsichtsamt Hannover** Am Listholze 74 30177 Hannover Tel.: 0511/9096-0, Fax: 0511/9096-199 E-Mail: poststelle@gaa-h.niedersachsen.de **Staatliches Gewerbeaufsichtsamt Hildesheim** Goslarsche Straße 3 31134 Hildesheim Tel.: 05121/163-0, Fax: 05121/163-99 E-Mail: poststelle@gaa-hi.niedersachsen.de

Tab. 14.1 (Fortsetzung)

Land **Stand: 06. Juli 2017**	Genehmigung/Überwachung	
NRW	**Genehmigung**	**Überwachung**
	Bezirksregierung Düsseldorf Dezernat 53 Postfach 30 08 65, 40408 Düsseldorf *Frau Dr. Uta Freisem-Rabien* Tel.: 0211/475-2050 E-Mail: uta.freisem-rabien@ brd.nrw.de *Frau Dr. Bettina Frölich* Tel.: 0211/475-2048 E-Mail: bettina.froelich@brd.nrw.de *Frau Dr. Heike Petry-Hansen* Tel.: 0211/475-2742 E-Mail: heike.petry-hansen@ brd.nrw.de *Herr Volker Tiebing* Tel.: 0211/475-2049 E-Mail: volker.tiebing@brd.nrw.de Fax: 0211/475-2790	**Bezirksregierung Arnsberg für den Regierungsbezirk Arnsberg** Dienstgebäude: Ruhrallee 1–3 44139 Dortmund *Herr Andreas Niemann* Tel.: 0231/5415-546 E-Mail: andreas.niemann@ bezreg-arnsberg.nrw.de **Bezirksregierung Detmold für den Regierungsbezirk Detmold** Dezernat 53 Leopoldstraße 15, 32756 Detmold Kammerratsheide 66, 33609 Bielefeld *Herr Dr. Mathias Keller* Tel.: 0521/9715-5306 Fax: 0521/9715-450 E-Mail: mathias.keller@brdt.nrw.de **Bezirksregierung Düsseldorf für den Regierungsbezirk Düsseldorf** Dezernat 53 Postfach 30 08 65, 40408 Düsseldorf, *Frau Dr. Silke Busch* Tel.: 0211/475-2794 Fax: 0211/475-9091 E-Mail: silke.busch@brd.nrw.de **Bezirksregierung Köln für den Regierungsbezirk Köln** Dezernat 53 50606 Köln *Herr Dr. Andreas Friemann* Tel.: 0221/147-2813 Fax: 0221/147-4168 E-Mail: andreas.friemann@ bezreg-koeln.nrw.de **Bezirksregierung Münster für den Regierungsbezirk Münster** Dezernat 53 – MS Nevinghoff 22 48147 Münster *Frau Dr. Heike Hessberg* Tel.: 0251/2375-5640 Fax: 0251/2375-222 E-Mail: heike.hessberg@brms.nrw.de

Tab. 14.1 (Fortsetzung)

Land **Stand: 06. Juli 2017**	Genehmigung/Überwachung	
Rheinland-Pfalz	**Genehmigung**	**Überwachung**
	Struktur- und Genehmigungsdirektion Süd Friedrich-Ebert-Straße 14 67433 Neustadt/W. Tel.: 06321/99-0 Fax: 06321/99-2900 E-Mail: poststelle@sgdsued.rlp.de	**Struktur- und Genehmigungsdirektion Süd** Friedrich-Ebert-Straße 14 67433 Neustadt/W. Tel.: 06321/99-0 Fax: 06321/99-2900 E-Mail: poststelle@sgdsued.rlp.de (Regionalstellen Gewerbeaufsicht Neustadt/Wstr. und Mainz) **Struktur- und Genehmigungsdirektion Nord** Stresemannstraße 3–5, 56068 Koblenz Tel.: 0261/120-0 Fax: 0261/120-2200 E-Mail: poststelle@sgdnord.rlp.de (Regionalstellen Gewerbeaufsicht Trier, Koblenz, Idar-Oberstein)
Saarland	**Ministerium für Umwelt und Verbraucherschutz des Saarlandes** Keplerstraße 18 66117 Saarbrücken Herr Dr. Andre Johann Tel.: 0681/501-3514 Fax: 0681/501-4488 E-Mail: poststelle@umwelt.saarland.de in Einvernehmen mit **Ministerium für Soziales, Gesundheit, Frauen und Familie** Franz-Josef-Röder-Straße 23, 66119 Saarbrücken	
Sachsen	**Sächsisches Staatsministerium für Umwelt und Landwirtschaft** Referat 54 Postfach 100510 01076 Dresden *Herr Dr. Bernd Maurer* Tel.: 0351/564-6540 *Herr Dr. Udo Mücke* Tel.: 0351/564-6551 *Frau Petra Riedel* Tel.: 0351/564-6552 Fax: 0351/564-6549 E-Mail: poststelle@smul.sachsen.de	

Tab. 14.1 (Fortsetzung)

Land **Stand: 06. Juli 2017**	Genehmigung/Überwachung	
Sachsen-Anhalt	**Genehmigung**	**Überwachung**
	Landesverwaltungsamt Sachsen-Anhalt Referat 402 Dessauer Straße 70, 06118 Halle (Saale) *Herr Dr. Günther Röllich* Tel.: 0345/514-2540, Fax: 0345/514-2512 E-Mail: Guenther.Roellich@ lvwa.sachsen-anhalt.de *Herr Oliver Götzl* Tel.: 0345/514-2129, Fax: 0345/514-2512 E-Mail: Oliver.Goetzl@ lvwa.sachsen-anhalt.de	*Gentechnik* (siehe Genehmigung) *Arbeitsschutz* **Landesamt für Verbraucherschutz Sachsen-Anhalt** **Dezernat 53 – Gewerbeaufsicht West** Klusstraße 18 38820 Halberstadt Tel.: 03941/586-3 Fax: 03941/586-454 E-Mail: ga-west@lav.ms.sachsen-anhalt.de **Landesamt für Verbraucherschutz Sachsen-Anhalt** **Dezernat 54 – Gewerbeaufsicht Ost** PF 1802 06815 Dessau-Rosslau Tel.: 0340/6501-0 Fax: 0340/6501-294 E-Mail: ga-ost@lav.ms.sachsen-anhalt.de **Landesamt für Verbraucherschutz Sachsen-Anhalt** **Dezernat 55 – Gewerbeaufsicht Mitte** Große Steinernetischstraße 4 39104 Magdeburg PF 1748 39007 Magdeburg Tel.: 0391/2564-0 Fax: 0391/2564-202 E-Mail: ga-mitte@lav.ms.sachsen-anhalt.de **Landesamt für Verbraucherschutz Sachsen-Anhalt** **Dezernat 56 – Gewerbeaufsicht Nord** PF 101552 39555 Stendal Tel.: 03931/494-0 Fax: 03931/212018 E-Mail: ga-nord@lav.ms.sachsen-anhalt.de **Landesamt für Verbraucherschutz Sachsen-Anhalt** Dezernat 57 – Gewerbeaufsicht Süd PF 110434 06018 Halle (Saale) Tel.: 0345/5243-0 Fax: 0345/5243-214 E-Mail: ga-sued@lav.ms.sachsen-anhalt.de

Tab. 14.1 (Fortsetzung)

Land **Stand: 06. Juli 2017**	Genehmigung/Überwachung	
Schleswig-Holstein	**Ministerium für Energiewende, Landwirtschaft, Umwelt, Natur und Digitalisierung des Landes Schleswig-Holstein** Mercatorstraße 3 24106 Kiel *Frau Dr. Gabriela Zelmer* Tel.: 0431/988-7124 Fax: 0431/988-615-7124 E-Mail: gabriela.zelmer@melund.landsh.de	
Thüringen	**Genehmigung**	**Überwachung**
	Thüringer Landesverwaltungsamt **Abteilung IV** Postfach 22 49 99403 Weimar Tel.: 0361/3773-7690, Fax: 0361/3773-7603	*Gentechnik* **Thüringer Landesamt für Verbraucherschutz** **Abteilung 3** Tennstedter Straße 8/9 99947 Bad Langensalza Tel.: 0361/573815-346, Fax: 0361/573815-038 E-Mail: raimund.eck@ tlv.thueringen.de *Arbeitsschutz* **Abteilung 6** Karl-Liebknecht-Straße 4 98527 Suhl Tel.: 03681/73-5400, Fax: 03681/73-3398 *Landwirtschaft* **Thüringer Landesanstalt für Landwirtschaft** Naumburger Straße 98 07743 Jena Tel.: 03641/68-30 Fax: 03641/68-3390

In den Ländern, in denen die Zulassungen bei einer Behörde beantragt werden müssen, die nicht zugleich auch Überwachungsbehörde ist, ist es in zurückliegender Zeit in der Praxis gelegentlich zu einem Problem gekommen. Wegen der Nähe zur Überwachungsbehörde neigen nämlich die Verantwortlichen dazu, ihre Vorhaben mit der Überwachungsbehörde abzustimmen. Nach dieser Abstimmung wird dann häufig mit dem Bau der Einrichtung und auch mit den Arbeiten in Abstimmung mit der Überwachungsbehörde begonnen. Seitens der Überwachungsbehörden werden dann die passenden Anträge nur im Nachgang der Zulassungsbehörde übersandt. Dieses Verhalten ist von der Zulassungsbehörde nicht akzeptiert worden. Vielmehr haben Verantwortliche in diesen Fällen

Untersagungsverfügungen erhalten, da ein Zulassungsverfahren nicht betrieben worden war. Dieser Fall zeigt, dass sich PL stets *vor* Beginn der Errichtung und *vor* der Durchführung der Arbeiten an die sachlich richtige Behörde zu wenden haben. Es schützt sie nicht, wenn sie in Übereinstimmung mit der Überwachungsbehörde gehandelt haben, weil die Überwachungsbehörde in diesen Fällen für die Zulassung von Laboren und Tätigkeiten sachlich nicht zuständig ist. Dabei stört es die Behörden in der Regel nicht, wenn die mangelnde Abstimmung zwischen den Behörden auf dem Rücken der Verantwortlichen ausgetragen wird.

14.1.2 Zuständige Behörden bei Freisetzungen und beim Inverkehrbringen

Demgegenüber ist für Genehmigungen für das Freisetzen und das Inverkehrbringen gentechnisch veränderter Organismen als Bundesoberbehörde das Bundesamt für Verbraucherschutz und Lebensmittelsicherheit (BVL) zuständig. In diesem Bereich bleibt den zuständigen Landesbehörden die Überwachungsbefugnis. Wer im Einzelnen in den Ländern diese Überwachungsfunktion wahrnimmt, ergibt sich aus Tab. 14.2.

Tab. 14.2 Überwachungsfunktion der Länder bei Freisetzungen und beim Inverkehrbringen

Land **Stand: 06. Juli 2017**	Freisetzung/Inverkehrbringen
Baden-Württemberg	**Regierungspräsidium Tübingen** Referat 57 Konrad-Adenauer-Straße 20, 72072 Tübingen *Herr Axel Nägele* Tel.: 07071/757-5232 E-Mail: axel.naegele@rpt.bwl.de
Bayern	*Ober- und Niederbayern, Schwaben* **Regierung von Oberbayern** 80534 München Tel.: 089/2176-0 Fax: 089/2176-2914 E-Mail: poststelle@reg-ob.bayern.de *Unter-, Mittel- und Oberfranken, Oberpfalz* **Regierung von Unterfranken** Peterplatz 9, 97070 Würzburg Tel.: 0931/380-00 Fax: 0931/380-2222 E-Mail: poststelle@reg-ufr.bayern.de

Tab. 14.2 (Fortsetzung)

Land **Stand: 06. Juli 2017**	Freisetzung/Inverkehrbringen
Berlin	**Pflanzenschutzamt Berlin** Mohriner Allee 137 12347 Berlin *Herr Holger-Ulrich Schmidt* Tel.: 030/700006-215 Fax: 030/700006-255 E-Mail: Pflanzenschutzamt@senstadtum.berlin.de
Brandenburg	**Landesamt für Arbeitsschutz, Verbraucherschutz und Gesundheit** Abteilung Verbraucherschutz – V1 (Lebensmittel-, Futtermittelüberwachung, Gentechnik, Chemikaliensicherheit) Dorfstraße 1 14513 Teltow OT Ruhlsdorf *Herr Dr. Torsten Hoffmann* Tel.: 0331/8683-510; 0335/5603164; 0160/94675451 Fax: 0331/275484291 E-Mail: torsten.hoffmann@lavg.brandenburg.de
Bremen	**Gewerbeaufsicht des Landes Bremen** Parkstraße 58–60 28209 Bremen *Frau Renate Hesse* Tel.: 0421/3616254 E-Mail: Renate.Hesse@gewerbeaufsicht.bremen.de
Hamburg	*Gentechnik* **Behörde für Umwelt und Energie** Referat Gentechnik Neuenfelder Straße 19 21109 Hamburg *Herr Heino Niebel* Tel.: 040/42840-2466 Fax: 040/42797-2466 E-Mail: Heino.Niebel@bue.hamburg.de *Arbeitsschutz* **Behörde für Gesundheit und Verbraucherschutz** Amt für Arbeitsschutz Billstraße 80 20539 Hamburg E-Mail: arbeitnehmerschutz@bgv.hamburg.de
Hessen	**Regierungspräsidium Gießen** Dezernat 44 – Gentechnik Landgraf-Philipp-Platz 1–7 35390 Gießen Tel.: 0641/303-0 Fax: 0641/303-4103 E-Mail: jens.gerlach@rpgi.hessen.de

Tab. 14.2 (Fortsetzung)

Land **Stand: 06. Juli 2017**	Freisetzung/Inverkehrbringen
Mecklenburg-Vorpommern	**Ministerium für Landwirtschaft und Umwelt Mecklenburg-Vorpommern** Paulshöher Weg 1 19061 Schwerin Postanschrift: 19048 Schwerin *Herr Dr. Bernd Broschewitz* Tel.: 0385/588 6500 Fax: 0385/588 6052 **Landesamt für Landwirtschaft, Lebensmittelsicherheit und Fischerei Mecklenburg-Vorpommern** Thierfelderstraße 18 18059 Rostock *Frau Sybille Wegner* Tel.: 0381/4035-446, E-Mail: sybille.wegner@lallf.mvnet.de *Frau Nadine Ließ* Tel: 0381/4035-468 E-Mail:nadine.liess@lallf.mvnet.de Fax: 0381/400-1510
Niedersachsen	**Staatliches Gewerbeaufsichtsamt Braunschweig** Petzvalstraße 18 38104 Braunschweig, Tel.: 0531/37006-0 Fax: 0531/37006-80 E-Mail: poststelle@gaa-bs.niedersachsen.de **Staatliches Gewerbeaufsichtsamt Göttingen** Alva-Myrdal-Weg 1 37085 Göttingen Tel.: 0551/5070-01, Fax: 0551/5070-250 E-Mail: poststelle@gaa-goe.niedersachsen.de **Staatliches Gewerbeaufsichtsamt Hannover** Am Listholze 74 30177 Hannover Tel.: 0511/9096-0, Fax: 0511/9096-199 E-Mail: poststelle@gaa-h.niedersachsen.de **Staatliches Gewerbeaufsichtsamt Hildesheim** Goslarsche Straße 3 31134 Hildesheim Tel.. 05121/163-0, Fax: 05121/163-99 E-Mail: poststelle@gaa-hi.niedersachsen.de

Tab. 14.2 (Fortsetzung)

Land Stand: 06. Juli 2017	Freisetzung/Inverkehrbringen
NRW	**Bezirksregierung Arnsberg für den Regierungsbezirk Arnsberg** Dienstgebäude: Ruhrallee 1–3 44139 Dortmund *Herr Andreas Niemann* Tel.: 0231/5415-546 E-Mail: andreas.niemann@bezreg-arnsberg.nrw.de **Bezirksregierung Detmold für den Regierungsbezirk Detmold** Dezernat 53 Leopoldstraße 15, 32756 Detmold Kammerratsheide 66, 33609 Bielefeld *Herr Dr. Mathias Keller* Tel.: 0521/9715-5306 Fax: 0521/9715-450 E-Mail: mathias.keller@brdt.nrw.de **Bezirksregierung Düsseldorf für den Regierungsbezirk Düsseldorf** Dezernat 53 Postfach 30 08 65, 40408 Düsseldorf, *Frau Dr. Silke Busch* Tel.: 0211/475-2794 Fax: 0211/475-9091 E-Mail: silke.busch@brd.nrw.de **Bezirksregierung Köln für den Regierungsbezirk Köln** Dezernat 53 50606 Köln *Herr Dr. Andreas Friemann* Tel.: 0221/147-2813 Fax: 0221/147-4168 E-Mail: andreas.friemann@bezreg-koeln.nrw.de **Bezirksregierung Münster für den Regierungsbezirk Münster** Dezernat 53 – MS Nevinghoff 22 48147 Münster *Frau Dr. Heike Hessberg* Tel.: 0251/2375-5640 Fax: 0251/2375-222 E-Mail: heike.hessberg@brms.nrw

Tab. 14.2   (Fortsetzung)

Land **Stand: 06. Juli 2017**	Freisetzung/Inverkehrbringen
Rheinland-Pfalz	**Struktur- und Genehmigungsdirektion Süd** Friedrich-Ebert-Straße 14 67433 Neustadt/W. Tel.: 06321/99-0 Fax: 06321/99-2900 E-Mail: poststelle@sgdsued.rlp.de (Regionalstellen Gewerbeaufsicht Neustadt/Wstr. und Mainz) **Struktur- und Genehmigungsdirektion Nord** Stresemannstraße 3–5, 56068 Koblenz Tel.: 0261/120-0 Fax: 0261/120-2200 E-Mail: poststelle@sgdnord.rlp.de (Regionalstellen Gewerbeaufsicht Trier, Koblenz, Idar-Oberstein)
Saarland	**Ministerium für Umwelt und Verbraucherschutz des Saarlandes** Keplerstraße 18 66117 Saarbrücken Herr Dr. Andre Johann Tel.: 0681/501-3514 Fax: 0681/501-4488 E-Mail: poststelle@umwelt.saarland.de in Einvernehmen mit **Ministerium für Soziales, Gesundheit, Frauen und Familie** Franz-Josef-Röder-Straße 23, 66119 Saarbrücken
Sachsen	**Sächsisches Staatsministerium für Umwelt und Landwirtschaft** Referat 54 Postfach 100510 01076 Dresden *Herr Dr. Bernd Maurer* Tel.: 0351/564-6540 *Herr Dr. Udo Mücke* Tel.: 0351/564-6551 *Frau Petra Riedel* Tel.: 0351/564-6552 Fax: 0351/564-6549 E-Mail: poststelle@smul.sachsen.de
Sachsen-Anhalt	**Landesverwaltungsamt Sachsen-Anhalt** Referat 402 Dessauer Straße 70, 06118 Halle (Saale) *Herr Dr. Günther Röllich* Tel.: 0345/514-2540, Fax: 0345/514-2512 E-Mail: Guenther.Roellich@lvwa.sachsen-anhalt.de *Herr Oliver Götzl* Tel.: 0345/514-2129, Fax: 0345/514-2512 E-Mail: Oliver.Goetzl@lvwa.sachsen-anhalt.de

Tab. 14.2 (Fortsetzung)

Land **Stand: 06. Juli 2017**	Freisetzung/Inverkehrbringen
Schleswig-Holstein	**Ministerium für Energiewende, Landwirtschaft, Umwelt, Natur und Digitalisierung des Landes Schleswig-Holstein** Mercatorstraße 3 24106 Kiel *Frau Dr. Gabriela Zelmer* Tel.: 0431/988-7124 Fax: 0431/988-615-7124 E-Mail: gabriela.zelmer@melund.landsh.de
Thüringen	*Gentechnik* **Thüringer Landesamt für Verbraucherschutz** **Abteilung 3** Tennstedter Straße 8/9 99947 Bad Langensalza Tel.: 0361/573815-346, Fax: 0361/573815-038 E-Mail: raimund.eck@tlv.thueringen.de *Arbeitsschutz* **Abteilung 6** Karl-Liebknecht-Straße 4 98527 Suhl Tel.: 03681/73-5400, Fax: 03681/73-3398 *Landwirtschaft* **Thüringer Landesanstalt für Landwirtschaft** Naumburger Straße 98 07743 Jena Tel.: 03641/68-30 Fax: 03641/68-3390

14.2 Befugnisse der Zulassungsbehörden

Petra Kauch

Systematisch kann man sagen, dass das Gentechnikgesetz an die Unterscheidung von Zulassungsbehörde und Überwachungsbehörde auch für die Befugnisse anknüpft. Die Befugnisse der Zulassungsbehörde sind in §§ 19 und 20 GenTG geregelt, während die der Überwachungsbehörde in §§ 25 und 26 GenTG enthalten sind, wie sich aus Abb. 14.1 ergibt.

Das Gesetz geht davon aus, dass es im Rahmen von Anzeige-, Anmelde- und Genehmigungsverfahren Aufgabe der Zulassungsbehörde ist, die näheren Einzelheiten für die Errichtung der Anlage oder deren Betrieb im Wege von Nebenbestimmungen und Auflagen zu regeln. Nebenbestimmungen und Auflagen werden deshalb in der Regel direkt mit dem Genehmigungsbescheid verbunden. Aber auch die nachträgliche Aufnahme von

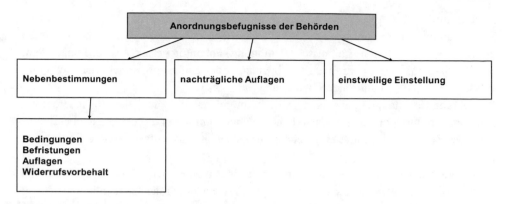

Abb. 14.1 Anordnungsbefugnisse der Behörden

Nebenbestimmungen oder Auflagen ist zulässig.[1] So kann die Zulassungsbehörde beispielsweise nachträglich die in Abb. 14.1 genannten Anordnungen treffen. „Der Betreiber soll ab dem Jahr 2012, spätestens nach dem auf den Abschluss des Verfahrens folgenden März, in drei aufeinander folgenden Jahren den Durchwuchs von Mais auf der Anbaufläche anhand einer mindestens fünfmaligen Begehung pro Frühjahr [...] feststellen. Die Ergebnisse der Begehungen sind der Behörde jeweils bis zum 31. Juli des Kalenderjahres vorzulegen."

Die Befugnisse der Zulassungsbehörde sind dabei nicht immer leicht von den Befugnissen der Überwachungsbehörde zu unterscheiden. Grundsätzlich ist aber nur die Zulassungsbehörde befugt, ihre (Zulassungs-)Entscheidungen mit Nebenbestimmungen zu versehen und Auflagen anzuordnen, weil Nebenbestimmungen und Auflagen Teil der Zulassung sind. Auch nachträgliche Auflagen bedeuten die teilweise Aufhebung der ursprünglichen Zulassung, verbunden mit dem Erlass einer neuen, inhaltlich beschränkten Zulassung, sodass auch nachträgliche Auflagen in den Bestand der ursprünglichen Zulassung eingreifen und diese modifizieren. Diese Befugnis kommt ausschließlich der Zulassungsbehörde zu.[2]

14.2.1 Nebenbestimmungen

Die Zulassungsbehörde kann zunächst Nebenbestimmungen erlassen.[3] Nebenbestimmungen sind Bedingungen, Befristungen, Auflagen und Widerrufsvorbehalte. Bedingungen und Auflagen sind bei einer gentechnikrechtlichen Genehmigung zulässig und geboten, soweit sie erforderlich sind, um die Genehmigungsvoraussetzungen sicherzustellen

---

[1] § 19 S. 3 GenTG.
[2] Zu repressiven Kontrollinstrumenten vgl. auch Erbguth/Schlacke (2014), Umweltrecht, § 14 Rdnr. 60–62.
[3] § 19 GenTG.

Bedingungen

Eine Bedingung liegt vor, wenn die Wirksamkeit der Zulassung von einem ungewissen Eintritt eines zukünftigen Ereignisses (Bedingung) abhängig gemacht wird. Je nachdem, ob die Wirksamkeit mit dem Erreichten beginnen oder enden soll, spricht man von einer aufschiebenden oder auflösenden Bedingung.

Soll eine Genehmigung erst dann als wirksam gelten, wenn auch das Abwasserentsorgungssystem durch die untere Wasserbehörde abgenommen und die Abnahmebescheinigung der Zulassungsbehörde eingereicht wurden, liegt eine **aufschiebende Bedingung** vor.

Andererseits steht eine Genehmigung unter einer **auflösenden Bedingung,** wenn die Abgabe von Saatgut zum Anbau erst erfolgen darf, nachdem der Genehmigungsinhaber einen Plan zur Beobachtung der Umweltauswirkungen i.S.v. von Anhang VII der Richtlinie 2001/18/EG vorgelegt hat.[4] Dabei darf eine auflösende Bedingung allerdings nicht im Widerspruch zum Wesen der Genehmigung stehen, durch die dem Betroffenen ein Recht verliehen wird, auf das der Betroffene vertrauen kann.

Befristung

Eine Befristung liegt vor, wenn die Wirksamkeit der Zulassung von einem bestimmten Zeitablauf (Befristung) abhängig gemacht wird. Je nachdem, ob die Wirksamkeit mit dem Zeitablauf beginnen oder enden soll, spricht man von einer Anfangs- oder Endfrist. So kann beispielsweise das Ruhen einer Inverkehrbringensgenehmigung durch Bescheid befristete angeordnet werden (**Endfrist**).[5] Ein weiteres Beispiel ist, dass mit den Arbeiten erst mit Ablauf des 31. März 2012 begonnen werden darf (**Anfangsfrist**).

Auflage

Die Auflage unterscheidet sich von der Bedingung und der Befristung dadurch, dass ihre Nichteinhaltung die Wirksamkeit der Zulassung unberührt lässt. Sie enthält eine selbstständig durchsetzbare Forderung, durch die von dem Betroffenen ein bestimmtes Tun, Dulden oder Unterlassen abverlangt wird. Durch Auflagen können insbesondere bestimmte Verfahrensabläufe oder Sicherheitsvorkehrungen angeordnet werden. Dem Betreiber einer Anlage kann zudem eine bestimmte Beschaffenheit oder Ausstattung der gentechnischen Anlage mittels einer Auflage vorgegeben werden. So kann etwa die Durchführung aerosollastiger Arbeiten unter der **Auflage** gestattet werden, dass dabei ein Mundschutz getragen werden muss.

Als **unzulässige Auflage** hat allerdings das VG Frankfurt folgende Auflage angesehen: „Die Arbeitsbereiche, in denen mit humanpathogenen GVO umgegangen wird, sind durch zunächst in halbjährlichem Abstand durchzuführende Nachweisverfahren auf das Vorkommen dieser GVO zu überwachen. Dabei sind relevante Stellen in den Arbeitsbereichen wie Arbeitsflächen, Geräte (bspw. Zentrifugen, Sicherheitswerkbänke) oder sonstige

---

[4] VG Braunschweig, Urt. v. 28. Mai 2008 – 2 B 90/08 –, ZUR 2008, 543 ff.
[5] BayVGH, Urt. v. 27. März 2012 – 22 BV 11.2175, juris.

Einrichtungsgegenstände (bspw. Armaturen, Türgriffe) zu beproben." Dazu hat das Gericht ausgeführt, nachträgliche Auflagen seien nur zulässig, wenn sie erforderlich sind, um die Zustimmungsfiktion eintreten zu lassen, also wenn die Behörde, gegenüber der die Anzeige der Arbeiten zu erfolgen hat, berechtigt gewesen wäre, für die Durchführung der angezeigten oder angemeldeten gentechnischen Arbeiten Auflagen vorzusehen. Dies sei im konkreten Fall ausgeschlossen, weil die Beweisaufnahme ergeben habe, dass es nach dem Stand von Wissenschaft und Technik auszuschließen ist, dass humanpathogene GVO entstehen.[6]

Widerrufsvorbehalt

Der Widerrufsvorbehalt ist eine Nebenbestimmung zu einem Verwaltungsakt, durch den die erlassende Behörde sich die Befugnis vorbehält, künftig – unter Umständen nach Eintritt eines bestimmten Ereignisses – den Verwaltungsakt nach pflichtgemäßem Ermessen zu widerrufen, etwa wenn sich die Zulassungsbehörde den Widerruf der Genehmigung für den Fall vorbehält, dass eine spätere Bewertung durch die ZKBS zu einem anderen Ergebnis bei der Risikobewertung kommt.

14.2.2 Nachträgliche Auflagen

Das Gesetz lässt auch die nachträgliche Anordnung von Auflagen zu.[7] Die Behörde kann bei neuen wissenschaftlichen und technischen Erkenntnissen nachträgliche Auflagen erlassen und damit die Genehmigung nachträglich einschränken.[8]

14.2.3 Einstweilige Einstellung

Das Gentechnikgesetz sieht ferner vor, dass die einmal erteilte Genehmigung nachträglich ausgesetzt werden kann. So kann die Behörde anstelle einer Rücknahme oder eines Widerrufs der Genehmigung die einstweilige Einstellung der Tätigkeit anordnen, wenn die Voraussetzungen für die Fortführung des Betriebs der gentechnischen Anlage, der gentechnischen Arbeit oder der Freisetzung nachträglich entfallen sind.[9] Diese einstweilige Einstellung gilt, bis der Betreiber nachgewiesen hat, dass die Voraussetzungen wieder vorliegen. Die Genehmigungsbehörde hat so die Möglichkeit, statt die Genehmigung vollständig aufzuheben, ein milderes Mittel zu wählen und die einstweilige Einstellung der Tätigkeit anzuordnen. Gerade dann, wenn die Behebung des Mangels möglich ist, soll der

---

[6] VG Frankfurt, Urt v 11. Mai 2011 – 8 K 2233/08, 8 K/2233/08. F –, UPR 2012, 79.
[7] § 19 S. 3 GenTG.
[8] Zur Problematik des Erlasses nachträglicher Auflagen, wenn die Genehmigung in einem anderen Mitgliedstaat erteilt worden ist vgl. Kauch (2009), Gentechnikrecht, S. 141.
[9] § 20 Abs. 1 S. 1 GenTG.

Betreiber die Möglichkeit haben, die Voraussetzungen für die Fortführung seines Betriebs der Anlage zu schaffen.

14.3   Revisionen und Anordnungen durch die Überwachungsbehörde

Petra Kauch und Kirsten Bender

Die zuständigen Landesbehörden haben die Durchführung des Gentechnikgesetzes, seiner Rechtsverordnung und die Einhaltung der unmittelbar geltenden Rechtsakte der Europäischen Gemeinschaften zu überwachen.[10] Diese Überwachung erfolgt im Rahmen der sog. Revisionen durch die Überwachungsbehörden.

14.3.1   Revisionen

Petra Kauch

Vorbereitung des Revisionstermins
Kirsten Bender

Gentechnische Arbeiten und Anlagen werden, egal ob sie in der Industrie oder im Bereich der öffentlichen Forschung angesiedelt sind, überwacht. Das heißt, dass in regelmäßigen Abständen Vertreter der Überwachungsbehörden die Anlage besuchen und kontrollieren. Dabei werden auch die gentechnischen Aufzeichnungen überprüft. Diese im Rahmen der Überwachung durchgeführten Begehungen der gentechnischen Anlage nennt man Revision. Die Regelmäßigkeit, mit der eine Revision durchgeführt wird, legt die Behörde fest. In der Regel werden Revisionen vorher angekündigt, „verlassen" kann man sich darauf aber nicht. Es gibt durchaus Fälle, in denen auch unangemeldete Revisionen erfolgen. Zu Revisionen werden zum Teil auch der BBS, Vertreter des Betreibers, der Personal- oder Betriebsrat sowie Vertreter der Arbeitssicherheit vor Ort eingeladen. Der PL der Anlage hat also ggf. einige Personen zu erwarten. Was in einer gentechnischen Anlage durch die Behördenvertreter überprüft wird, kann unterschiedlich sein. Die sicherheitsrelevanten Geräte und deren Überwachung (z. B. Prüfungen zur Partikelrückhaltung mikrobiologischer Sicherheitswerkbänke, Autoklav) zählen sicher dazu. Ein wichtiger Punkt ist auch die Kontrolle der Aufzeichnungen. Hier wird von den Überwachungsbehörden meist Einsicht verlangt.

Die gesamte Anlage wird bei Revisionen auf mögliche Mängel überprüft. Werden beispielsweise Risse in Silikonfugen, die zur Abdichtung dienen, gefunden, so wird das in den Revisionsbericht aufgenommen. Auch nicht mehr dichte Fußböden oder brüchige

---

[10] § 25 Abs. 1 S. 1 GenTG.

Wandanstriche können dazugehören. Der Revisionsbericht wird durch die Behörde zugestellt und enthält ggf. die Aufforderung, die gefundenen Mängel bis zu einem bestimmten Datum zu beseitigen. Sollten dort Mängel oder Anforderungen erhalten sein, denen der PL oder der Betreiber nicht zustimmt, so sollte darauf auch entsprechend reagiert werden. Wer für die Beseitigung von Mängeln zuständig ist, kann unterschiedlich sein. So hat ein PL, der an einer Universität oder in einer großen Firma arbeitet, möglicherweise keinen Einfluss auf bauliche Veränderungen in der Anlage. Mängelbeseitigungen, die direkt mit den von ihm durchgeführten gentechnischen Arbeiten einhergehen, hat er i. d. R. selbst durchzuführen.

Verhalten im Revisionstermin
Petra Kauch

Damit die Überwachungsbehörde ihrer Überwachungsfunktionen nachkommen kann, haben der Betreiber und die verantwortlichen Personen der zuständigen Behörde auf Verlangen unverzüglich die erforderlichen Auskünfte zu erteilen und die erforderlichen Hilfsmittel einschließlich Kontrollproben im Rahmen ihrer Verfügbarkeit zur Verfügung zu stellen.[11] Dabei sind die mit der Überwachung beauftragten Personen befugt, zu den Betriebs- und Geschäftszeiten Grundstücke, Geschäftsräume und Betriebsräume zu betreten und zu besichtigen, Prüfungen einschließlich Probennahmen durchzuführen und Unterlagen einzusehen und hieraus Ablichtungen oder Abschriften anzufertigen.[12]

Prüfungen gehen dabei über bloße Besichtigungen hinaus. Da eine möglichst lückenlose Überwachung gentechnischer Vorhaben sicherzustellen ist, sind der Überwachungsbehörde alle erforderlichen Prüfungen gestattet, ohne dass das Gesetz diese inhaltlich näher bestimmt. Dabei ist der Begriff „Prüfung" weit auszulegen. Beispielsweise kann die Behörde Stichproben nehmen, die sich ggf. auch auf angrenzende Räume erstrecken können. Sämtliche Prüfungen einschließlich der Stichprobennahme kann die Behörde entweder dem Betreiber aufgeben oder selbst mit eigenen Geräten durchführen.[13] Prüfungen finden dort ihre Grenze, wo diese von der Überwachungskompetenz der Landesbehörde nicht mehr gedeckt sind und das Übermaßverbot nicht beachtet wird.

Die Pflicht des Betreibers, Prüfungen und Besichtigungen zu dulden, besteht unmittelbar und kann von der Behörde ggf. auch ohne Ankündigung durchgesetzt werden,[14] beispielsweise wenn es bei vorangegangen Revisionen zu Unregelmäßigkeiten gekommen ist. In der Regel wird die Behörde aber aus Gründen der Verhältnismäßigkeit ihr

---

[11] § 25 Abs. 2 GenTG.
[12] § 25 Abs. 3 GenTG.
[13] Koch/Igelgaufts, Kommentar zum Gentechnikgesetz mit Rechtsverordnungen und EG-Richtlinien, Weinheim, Loseblatt, Stand 1992, § 25 Rdnr. 22.
[14] Roller/Jülich, Die Überwachung gentechnischer Freisetzungen. Zu den Befugnissen der Landesbehörden nach dem Gentechnikgesetz, ZUR 1996, 74 (76) (zit. im Folgenden: Roller/Jülich, ZUR 1996, 74).

Zutritts- und Prüfungsverlangen dem Betreiber **ankündigen** müssen.[15] Die Überwachungsbehörden haben ein umfassendes **Einsichtsrecht** in alle Unterlagen, die mit dem Vorhaben in irgendeiner Weise zu tun haben. Das Einsichtsrecht besteht bereits dann, wenn die Kenntnis der Unterlagen der Behörde bei der Erfüllung ihrer Überwachungsaufgaben nützlich sein kann.[16] Es erstreckt sich auf alle Unterlagen, die der Betreiber aufzuzeichnen hat.[17] Es erstreckt sich nicht auf den Jahresbericht des BBS.

Besteht eine **dringende Gefahr für die öffentliche Sicherheit und Ordnung**, können die vorgenannten Maßnahmen auch in Wohnräumen und zu jeder Tages- und Nachtzeit getroffen werden.[18] Die auskunftspflichtige Person kann nur diejenigen Auskünfte verweigern, die sie selbst wegen einer Straftat oder einer Ordnungswidrigkeit belasten würden.[19]

14.3.2 Anordnungsmöglichkeiten der Überwachungsbehörde bei Missständen

Petra Kauch

§§ 25 und 26 GenTG enthalten die für die Überwachung maßgeblichen Anordnungsbefugnisse. Ihr Geltungsbereich ist nicht immer leicht von den nachträglichen Eingriffsbefugnissen der Genehmigungsbehörde nach §§ 19 und 20 GenTG abzugrenzen.[20] Die aufsichtsrechtlichen Anordnungen nach §§ 25, 26 GenTG berühren als unabhängige, eigenständige Verwaltungsakte den Bestand der Genehmigung nicht. Sie sind in der Regel vorläufiger Natur, bis die Genehmigungsbehörde ihrerseits den Sachverhalt gewürdigt und über den Bestand der Genehmigung entschieden hat.

Einzelfallanordnung nach § 26 Abs. 1 S. 1 GenTG
Die zuständige Überwachungsbehörde kann im Einzelfall Anordnungen treffen, die zur Beseitigung festgestellter oder zur Verhütung künftiger Verstöße gegen das Gentechnikgesetz und die Rechtsverordnungen notwendig sind.[21] Nach dieser Generalklausel kann die Überwachungsbehörde zur Beseitigung festgestellter oder zur Verhütung künftiger Verstöße gegen gentechnikrechtliche Bestimmungen durch eine Einzelfallanordnung eine konkrete Pflicht aussprechen und weitere Aufzeichnungspflichten verlangen, wenn

---

[15] Roller/Jülich, ZUR 1996, 74 (76).
[16] Hirsch/Schmidt-Didczuhn, Gentechnikgesetz (GenTG), München 1991, § 25 Rdnr. 15 (zit. im Folgenden: Hirsch/Schmidt-Didczuhn (1991), GenTG, § Rdnr.).
[17] § 6 Abs. 3 GenTG.
[18] § 25 Abs. 3 S. 2 GenTG.
[19] § 25 Abs. 4 GenTG.
[20] Vgl. dazu ausführlich Roller/Jülich, ZUR 1996, 74 ff.
[21] Zur fehlenden Zuweisung der Zuständigkeit im Saarland vgl. OVG Saarland, Urt. v. 29.01.2008 – 1 A 165/07, juris.

damit die Erfüllung der Risikovorsorgepflicht sichergestellt werden soll. Auch kann sie die Aufbewahrungspflicht konkretisieren und beispielsweise die Rückstellung von Proben verlangen, wenn der Genehmigungsbescheid dazu keine Regelungen enthält.[22]

Eine Einzelfallanordnung stellt einen eigenständigen Verwaltungsakt dar. Er lässt den Bestand der Genehmigung unberührt. Ist der Betreiber damit nicht einverstanden, muss er dagegen ein Rechtsmittel einlegen, ohne dass er Gefahr läuft, seine Zulassung zu verlieren.

In der Praxis wird häufig gefragt, ob die Überwachungsbehörde eine Untersagung auch erlassen kann, wenn die vorhandenen sicherheitsrelevanten Einrichtungen und Vorkehrungen nicht oder nicht mehr ausreichend sind. Denn grundsätzlich ist die Überwachungsbehörde an die von der Genehmigungsbehörde vorgenommene Risikobewertung gebunden. Sie kann somit nicht wegen des Fehlens der Genehmigungsvoraussetzungen die endgültige Untersagung der Durchführung eines gentechnischen Vorhabens anordnen, wenn die Genehmigungsbehörde an der Genehmigung festhält.[23] Mittels der ihr zustehenden Überwachungsmaßnahmen darf die Überwachungsbehörde also keine von der Genehmigungsbehörde abweichende Sicherheitsphilosophie durchsetzen, soweit diese in der Genehmigung ihren Niederschlag gefunden hat.[24] In diesem Fall muss die Genehmigungsbehörde die Genehmigung nachträglich selbst ändern.

Untersagung nach § 26 Abs. 1 S. 2 GenTG

Die zuständige Landesbehörde kann insbesondere den Betrieb einer gentechnischen Anlage bzw. gentechnischen Arbeit ganz oder teilweise untersagen. Voraussetzung für eine solche Untersagung ist, dass eine erforderliche Anzeige oder Anmeldung unterblieb, eine erforderliche Genehmigung oder Zustimmung nicht vorliegt oder ein Grund zur Rücknahme oder zum Widerruf einer Genehmigung gegeben ist.

Ist die **erforderliche Zulassung unterblieben**, so kann die zuständige Landesbehörde als Überwachungsbehörde die Untersagung des Vorhabens verfügen. Die Untersagung kann sich sowohl auf Teile des Vorhabens beziehen als auch zeitlich begrenzt werden, wobei eine Untersagungsdauer von mehr als drei Jahren nicht möglich ist, da dies zum Erlöschen der Genehmigung führen würde. Die Untersagung ist ein gravierender Eingriff in die Rechte des Betreibers, so dass sie stets nur als letztes Mittel angeordnet werden darf. Sie hat in der Regel nur vorläufigen Charakter. Für den Fall, dass die erforderliche Zulassung unterblieben ist, ist die Untersagungsverfügung nicht nur vorläufiger, sondern dauerhafter Natur.[25]

Voraussetzung für eine Untersagungsverfügung ist, dass eine erforderliche Zulassung nicht eingeholt wurde. Hier ist Vorsicht geboten. An einer Zulassung fehlt es nicht nur dann, wenn diese gar nicht eingeholt worden ist, sondern auch dann,

- wenn die Genehmigung nichtig ist,

[22] Roller/Jülich, ZUR 1996, 74 (77 ff.).
[23] Hirsch/Schmidt-Didczuhn (1991), GenTG, § 25 Rdnr. 3.
[24] Roller/Jülich, ZUR 1996, 74 (75).
[25] Roller/Jülich, ZUR 1996, 74.

- wenn mit ihr verknüpfte aufschiebende Bedingungen oder modifizierende Auflagen
  nicht erfüllt worden sind,
- wenn eine auflösende Bedingung eingetreten ist oder
- wenn eine erteilte Genehmigung zurückgenommen, widerrufen oder erloschen ist.

Die Untersagung kann auch verfügt werden, wenn ein Grund zur Rücknahme oder zum Widerruf einer Genehmigung gegeben ist. An sich ist in diesem Fall die Genehmigungsbehörde befugt, ihre Genehmigung zurückzunehmen oder zu widerrufen. Für den Widerruf und die Rücknahme einer Genehmigung ist ausschließlich die Genehmigungsbehörde zuständig. Die Überwachungsbehörde kann eine Untersagungsanordnung aussprechen. Hier kommt der Überwachungsbehörde eine eigenständige Prüfungskompetenz im Hinblick auf das Vorliegen von Widerrufs- und Rücknahmegründen zu. Im Unterschied zur Kompetenz der Genehmigungsbehörde kann die Überwachungsbehörde in diesen Fällen allerdings nur eine zeitlich befristete Untersagungsverfügung erlassen. Eine endgültige Entscheidung über die Untersagung des Vorhabens muss von der Genehmigungsbehörde getroffen werden.

Untersagung nach § 26 Abs. 2 GenTG
Ausreichend ist auch, dass **gegen Nebenbestimmungen oder nachträgliche Auflagen verstoßen wird**. Kommt der Betreiber einer gentechnischen Anlage einer Auflage, einer vollziehbaren nachträglichen Anordnung oder einer Pflicht aufgrund einer Rechtsverordnung nicht nach und betriff die Auflage, die Anordnung oder die Pflicht die Beschaffenheit oder den Betrieb der gentechnischen Anlage, so kann die Überwachungsbehörde bis zur Erfüllung der Auflage, der Anordnung oder der Pflicht aus einer Rechtsverordnung den Betrieb ganz oder teilweise untersagen. Der Verstoß muss eine von der Genehmigungsbehörde angeordnete Nebenbestimmung oder eine nachträglich verfügte Auflage, betreffen.

Stilllegungs- und Beseitigungsverfügung nach § 26 Abs. 3 GenTG
Die zuständige Behörde kann ferner anordnen, dass eine gentechnische Anlage, die ohne die erforderliche Anmeldung oder Genehmigung errichtet, betrieben oder wesentlich geändert wird, ganz oder teilweise stillzulegen oder zu beseitigen ist. Eine Pflicht zur Anordnung der Stilllegung besteht jedenfalls dann, wenn die geschützten Rechtsgüter auf andere Weise nicht ausreichend geschützt werden können.

Untersagungen bei Freisetzungen nach § 26 Abs. 4 GenTG
Die Freisetzung ist von der Überwachungsbehörde zu untersagen, wenn entweder die erforderliche Genehmigung nicht vorliegt oder ein Grund zur Rücknahme oder zum Widerruf der Genehmigung gegeben ist. Die Behörde kann die Freisetzung untersagen, wenn gegen Nebenbestimmungen oder nachträgliche Auflagen nach § 19 GenTG verstoßen wird

oder vorhandene sicherheitsrelevante Einrichtungen und Vorkehrungen nicht oder nicht mehr ausreichen.[26]

Untersagung beim Inverkehrbringen nach § 26 Abs. 5 GenTG

Auch beim Inverkehrbringen hat die Überwachungsbehörde eine Untersagung auszusprechen, wenn die erforderliche Genehmigung nicht vorliegt. Die Behörde hat das Inverkehrbringen bis zu einer Entscheidung des Rates oder der Kommission der Europäischen Gemeinschaft vorläufig zu untersagen, wenn das Ruhen der Genehmigung angeordnet worden ist. Sie kann das Inverkehrbringen bis zu dieser Entscheidung vorläufig ganz oder teilweise untersagen, wenn der hinreichende Verdacht besteht, dass die Voraussetzungen für das Inverkehrbringen nicht mehr vorliegen.

---

[26] Zur Reichweite der Anordnungsbefugnis nach § 26 Abs. 4 GenTG vgl. BVerwG, Urt. v. 29. Februar 2012 – 7C 8/11m –, juris; zur Rechtmäßigkeit einer Vernichtungsanordnung bei gentechnischer Verunreinigung von Saatgut vgl. OVG Lüneburg, Urt. v. 27. Januar 2014 – 13 LC 101/12 –, juris; zum Nachweis v. GVO im Saatgut vgl. OVG Magdeburg, Urt. v. 29. November 2012 – 2 L 158/09 –, juris.

Petra Kauch

Um sicherzustellen, dass der Betreiber, der Projektleiter (PL) und der Beauftragte für die Biologische Sicherheit (BBS) die ihnen nach dem Gesetz obliegenden Verpflichtungen auch einhalten, hat der Gesetzgeber im Fünften Teil des Gentechnikgesetzes (GenTG) Haftungsvorschriften und im Sechsten Teil auch Straf- und Bußgeldvorschriften aufgenommen. Im Sinne einer Appellfunktion verfährt der Gesetzgeber in dieser Weise immer dann, wenn er die Anwender des Gesetzes in besonderem Maße auf Haftungsfragen oder Strafen und Bußgelder hinweisen will. Der Anwender soll sich nicht nur einen Überblick darüber verschaffen, welche Pflichten er einhalten soll, sondern ihm soll auch bewusst werden, welche Pflichtverletzungen nicht mehr geduldet werden können und deshalb mit einer Sanktion belegt werden.

In der Praxis wird dabei vielfach der Begriff der Haftung nicht richtig verstanden. Haftung im Sinne der Haftungsvorschriften bedeutet, dass jemand Schadensersatz in Geld dafür leisten muss, dass ein Dritter zu Schaden gekommen ist. Es geht also im Sinne der Haftung nur darum, einem geschädigten Dritten einen Vermögensnachteil auszugleichen. Davon zu unterscheiden sind Ordnungswidrigkeiten und Straftatbestände, bei denen juristisch nicht von einer Haftung gesprochen wird. Diese Unterscheidung wird gegliedert nach der Belastung für den Verantwortlichen (Abb. 15.1).

So regelt das Gentechnikgesetz die Frage der Haftung, das heißt den Ausgleich von tatsächlich entstandenen Schäden im Geld. Juristisch ist von einer verschuldensunabhängigen Gefährdungshaftung des Betreibers ohne Haftungsausschluss für höhere Gewalt auszugehen. Dies bedeutet, dass der Betreiber einer gentechnischen Anlage allein dafür haftet, dass er durch die Anlage Dritte der Gefahr von gentechnisch veränderten Organismen aussetzt. Vergleichbar ist dies etwa mit der Haftung des Fahrzeugführers, der allein dafür einstehen muss, dass er mit seinem Fahrzeug ein gefährliches Werkzeug führt. Verschuldensunabhängig ist die Haftung deshalb, weil es auf die Frage, ob der Betreiber sich bei seinem Verhalten etwas vorzuwerfen hat, gar nicht ankommt. Auch für Fälle höherer Gewalt, das heißt im Falle einer Explosion, eines Flugzeugsabsturzes oder eines Erdbebens bleibt die Betreiberhaftung bestehen.

© Springer-Verlag GmbH Deutschland, ein Teil von Springer Nature 2019
K. Bender und P. Kauch, *Gentechnisches Labor – Leitfaden für Wissenschaftler*,
https://doi.org/10.1007/978-3-642-34694-1_15

Haftung, Ordnungswidrigkeiten und Straftaten

- Haftung (Schadensersatz)

  – verschuldensunabhängige Gefährdungshaftung des Betreibers ohne Haftungsausschluss für höhere Gewalt

- Ordnungswidrigkeiten (Bußgeld)

  – durch Betreiber, Projektleiter und Beauftragten für Biologische Sicherheit begehbar

- Straftatbestände (Geldstrafe oder Freiheitsstrafe)

  – durch Betreiber, Projektleiter und Beauftragten für Biologische Sicherheit begehbar

Abb. 15.1 Haftung, Ordnungswidrigkeiten und Straftaten

Bei den Ordnungswidrigkeiten wiederum geht es um Verstöße gegen gesetzliche Vorschriften, für die ein Bußgeld verhängt werden kann. Adressat eines solchen Bußgeldbescheids kann sowohl der Betreiber als auch der PL, möglicherweise auch der BBS sein.

Letztlich hat das Gesetz auch Straftatbestände aufgenommen, sodass gegen den PL, den Betreiber und den BBS von Gesetzes wegen Geld- oder Freiheitsstrafen in einem Verfahren vor den Strafgerichten verhängt werden können, wenn es um besonders schwerwiegende Verstöße gegen das Gentechnikgesetz und seine Rechtsordnungen geht.

Im Folgenden sollen zunächst die Ordnungswidrigkeiten (Abschn. 15.1), dann mögliche Straftatbestände (Abschn. 15.2) und zuletzt die Haftungsvorschriften (Kap. 16) erläutert werden.

15.1 Bußgelder vermeiden

In der Praxis haben Bußgelder, die für Ordnungswidrigkeiten verhängt werden, an Bedeutung gewonnen. Dies liegt darin begründet, dass gerade bei Genlaboren der Sicherheitsstufe 1 die Überwachungsbehörden erst im Rahmen der Revisionen auf bestimmte Missstände aufmerksam werden. Ein präventives, d. h. vorbeugendes Einschreiten durch die Überwachungsbehörde ist dann nicht mehr möglich, sodass Sanktionsmöglichkeiten auf nachträgliche Maßnahmen und ein Sanktionieren des Fehlverhaltens der PL und der Betreiber beschränkt ist. Ordnungswidrigkeiten können sowohl durch den Betreiber, den PL und – eher eingeschränkt – durch den BBS begangen werden. Dabei sei zunächst angemerkt, dass Bußgelder stets personenbezogen verhängt werden und eine Einstandspflicht des Arbeitgebers im Hinblick auf die Übernahme des Bußgeldes nicht besteht.

Bußgeldtatbestände ergeben sich sowohl aus dem Gentechnikgesetz[1] als auch aus den auf seiner Grundlage erlassenen Rechtsverordnungen.

15.1.1 Bußgeldtatbestände im Gentechnikgesetz

Was ein Bußgeld auslösen kann, ist im Einzelnen in § 38 GenTG aufgeführt. Sieht man sich diese Vorschrift an, so wird man nicht verhehlen können, dass dem PL, dem Betreiber oder dem BBS auch bei mehrfachem Durchlesen der Vorschrift nicht klar ist, was sich hinter einigen Ordnungswidrigkeitentatbeständen verbirgt. So besteht etwa § 38 Abs. 1 Nr. 9 GenTG aus einer Ziffernfolge, ohne dass ersichtlich ist, welche Handlung tatsächlich unerlaubt ist und mit einem Bußgeld belegt werden kann. Unter Aspekten der gesetzlichen Bestimmtheit ist diese Vorschrift deshalb auf jeden Fall zu bemängeln.

Zur Übersichtlichkeit sind die einzelnen Bußgeldtatbestände in Abb. 15.2 zusammengestellt.

---

[1] Vgl. weitergehend Kauch (2009), Gentechnikrecht, S. 168 f.

Bußgeldtatbestände in den Rechtsverordnungen

Nr. 1

Risikobewertung für gentechnische Arbeiten der **S 1 nicht richtig**, nicht vollständig oder nicht rechtzeitig **durchgeführt**
(250 €– 5.100 €)

Nr. 1a

Aufzeichnungen nicht führt
(250 €– 5.100 €)

Nr. 2

gentechnische Arbeiten nicht in dafür zugelassenen Anlagen durchgeführt
S 1 (510 €– 25.600 €)
S 2 (2.600 €– 50.000 €)

Nr. 3

Anlage errichtet oder erstmals Arbeiten durchgeführt ohne Genehmigung
S 3 (5.100 €– 50.000 €)
S 4 (10.200 €– 50.000 €)

Nr. 4

wesentliche Änderungen der Anlage, des Betriebes oder der gentechnischen Arbeiten nicht, nicht richtig oder nicht rechtzeitig **angezeigt oder angemeldet**
Errichtung/Lage (250 €– 10.200 €)
Betrieb (250 €– 25.600 €)

Nr. 5

wesentliche Änderungen der Anlage ohne Genehmigung
Lage (250 €– 10.200 €)
Betrieb (250 €– 25.600 €)

Nr. 6

Anzeigepflicht für S 2 verletzt
(250 €– 25.600 €)

Nr. 6a

ohne Genehmigung weitere gentechnische Arbeiten der **S 3 u. S 4 durchgeführt**
S 3 (5.100 €– 50.000 €)
S 4 (10.200 € - 50.000 €)

Nr. 6b

weitere gentechnische Arbeiten einer höheren Sicherheitsstufe als zugelassen durchgeführt
S3 5.100 - 50.000
S4 10.200 - 50.000

Nr. 7

Inverkehrbringen gentechnisch veränderter Organismen **ohne Genehmigung**
(510 €– 50.000 €)

Nr. 7a

Verstoß gegen die Beobachtungspflicht für Produkte (§ 16c Abs. 1)
(250 €– 10.000 €)

Nr. 8

Verstoß gegen vollziehbare Auflage bzw. Anordnung nach §§ 16d Abs. 3, 19 S. 2 GenTG
S 1 (35 € - 15.300 €)
S 2 - 4 (100 €– 15.300 €)

Nr. 9

Verstöße gegen Mitteilungspflichten
(35 €– 10.200 €)

Nr. 10

Verstoß gegen Produktinformationspflicht zur Überwachung
(35 €– 2.600 €)

Nr. 11/11a

Verstoß gegen Verpflichtungen für Produkte und gegen Überwachungspflichten nach § 25 GenTG
(100 €– 2.600 €)

Nr. 12

Verstoß gegen Rechtsverordnungen zu Typen von Mikroorganismen und anderen GVO (nach RVO)

Abb. 15.2 Bußgeldtatbestände im Gentechnikgesetz

Es lassen sich folgende Fallgruppen von Fehlern zusammenfassen: Fehler bei der Risikobewertung, Fehler bei den Aufzeichnungen, Fehler bei den Zulassungen, Fehler bei der Produkteinführung, Fehler bei Mitteilungen, Fehler im Rahmen der Überwachung, Fehler bei Auflagen und Anordnungen und Verstöße gegen Rechtsverordnungen.

- **Fehler bei der Risikobewertung:** Hinsichtlich der einzelnen Bußgeldtatbestände ist zunächst festzustellen, dass Fehler im Bereich der Risikobewertung bußgeldbewehrt sind. So fällt unter § 38 Abs. 1 Nr. 1 GenTG, wenn die Risikobewertung für gentechnische Arbeiten der Sicherheitsstufe 1 nicht richtig, nicht vollständig oder nicht rechtzeitig durchgeführt wird. Erfasst wird nicht nur der Fall, dass die **Risikobewertung** unzutreffend ist (**nicht richtig**), sondern auch die Fälle, in denen Teilbereiche der Risikobewertung fehlen (**nicht vollständig**). Für die Praxis besonders relevant ist der Fall, in dem die Risikobewertung **nicht rechtzeitig** durchgeführt wird. Dieser Fehler wird meist im Rahmen der Überwachung offenkundig, weil der Beginn der Arbeit entweder bei den Aufzeichnungen oder durch Publikationen zu einem früheren Zeitpunkt dokumentiert ist und die durchgeführte Risikobewertung ein späteres Datum trägt. Dieser Fehler lässt sich vermeiden, wenn die Risikobewertung stets *vor* Beginn der Arbeiten ordnungsgemäß erfolgt ist. Jedenfalls aber sollten vor einer Revision die Daten der Risikobewertung und der Dokumentationen bzw. Publikationen kontrolliert werden.
- **Fehler bei den Aufzeichnungen:** Im Hinblick auf die Aufzeichnungen ist das **Nichtführen von Aufzeichnungen** ebenfalls bußgeldbewehrt.[2] Nach dem Wortlaut dieses Bußgeldtatbestands ist davon auszugehen, dass nur der Fall erfasst werden soll, in dem die Aufzeichnungen gar nicht geführt worden sind.
  Vom Wortlaut nicht gedeckt ist der Fall, in dem Aufzeichnungen lediglich unvollständig oder unrichtig sind. Dies lässt sich damit begründen, dass der Gesetzgeber ansonsten die Formulierung in Anlehnung an § 38 Abs. 1 Nr. 1 GenTG gewählt hätte, wo er auch das nicht vollständige und das nicht richtige Durchführen der Risikobewertung vom Wortlaut her erfasst hat. Dementsprechend fehlt es bereits an einem Bußgeldtatbestand für unvollständige und unrichtige Aufzeichnungen im Gentechnikgesetz.
- **Fehler bei den Zulassungen:** Auch Fehler bei den Zulassungen können Bußgeldtatbestände begründen. Die entsprechenden Bußgeldtatbestände dafür sind in § 38 Abs. 1 Nr. 2 b–6b GenTG aufgeführt.
  Danach kann ein Bußgeld verhängt werden, wenn **gentechnische Arbeiten in nicht dafür zugelassenen Anlagen** durchgeführt werden.[3] Da der Tatbestand zwei Merkmale hat, nämlich das Merkmal der gentechnischen Arbeit und das Merkmal der nicht dafür zugelassenen Anlage, sind zwei Varianten denkbar, in denen ein Bußgeld verhängt werden kann.

---

[2] § 38 Abs. 1 Nr. 1a GenTG.
[3] § 38 Abs. 1 Nr. 2 GenTG.

- Es wird tatsächlich eine gentechnische Arbeit durchgeführt, der Betroffene geht aber möglicherweise davon aus, es liege keine gentechnische Arbeit vor. Dies ist etwa der Fall, wenn GVO nur unzureichend autoklaviert wurden und so aus der Anlage entfernt werden.
- GVO werden außerhalb des Genlabors bearbeitet, mikroskopiert, gelagert oder entsorgt. In der Praxis kommt es deshalb gelegentlich vor, dass die Überwachungsbehörden auch in benachbarten Laboren, die nicht zur gentechnischen Anlage gehören, aus den Kühlschränken Proben mitnehmen, um zu überprüfen, ob dort unzulässigerweise GVO gelagert werden.

Zudem wird mit einem Bußgeld belegt, wer eine **gentechnische Anlage betreibt oder eine Arbeit ohne die erforderliche Genehmigung durchführt**.[4] Da auf den Begriff der Genehmigung abgestellt wird, werden hiervon nur S3- und S4-Anlagen oder S3- und S4-Arbeiten erfasst. Allerdings ist es ein Trugschluss anzunehmen, die Fälle seien deshalb für gentechnische Anlagen mit einer niedrigeren Sicherheitsstufe nicht relevant. Der Tatbestand ist gerade auch dann erfüllt, wenn aufgrund eines Fehlers in der Risikobewertung angenommen wird, es handele sich um eine S2-Arbeit, die in einer S2-Anlage durchgeführt werden könne. Ist nämlich die Risikobewertung falsch und liegt tatsächlich eine S3-Arbeit vor, so wird diese ohne Genehmigung in der falschen Anlage durchgeführt. Hier zeigt sich, dass Fehler in der Risikobewertung gleich zweierlei Folgen haben können. Sie führen im Zweifel auch dazu, dass ein Mangel in der Zulassung der richtigen Anlage und der Zulassung der richtigen Tätigkeit bestehen kann. Auch die Fälle, in denen **wesentliche Änderungen in den Anlagen** vorgenommen werden, ohne dass diese rechtzeitig angezeigt, angemeldet[5] oder genehmigt[6] werden, sind bußgeldbewehrt. Dazu haben wir bereits bei den Zulassungstatbeständen im Rahmen der wesentlichen Änderung darauf hingewiesen, dass es sich auch bei dem Austausch sicherheitsrelevanter Gerätschaften oder bei dem Umräumen in den Genlaboren um eine wesentliche Änderung handeln kann, die ggf. angezeigt, angemeldet oder genehmigt werden muss. Unterbleibt die Anzeige, die Anmeldung oder die Genehmigung, so kann seitens der Überwachungsbehörde ein Bußgeld verhängt werden. Es besteht jedoch keine Pflicht zur Nachkontrolle einer abgemeldeten Anlage für den Betreiber, wenn sich dieser auf die Schließung der Anlage verlassen konnte und eine andere Arbeitsgruppe die Anlage ohne erneutes Anzeigeverfahren wieder betreibt.[7]

Gleiches gilt, wenn für Tätigkeiten im S2-Bereich die **Anzeigepflicht verletzt** wird[8], **weitere gentechnische Arbeiten der Sicherheitsstufe 3 und der Sicherheitsstufe 4 ohne Genehmigung durchgeführt** werden[9] oder wenn wegen einer **Höherstufung**

---

[4] § 38 Abs. 1 Nr. 3 GenTG.
[5] § 38 Abs. 1 Nr. 4 GenTG.
[6] § 38 Abs. 1 Nr. 5 GenTG.
[7] AGCT-Gentechnik.report 06/2017.
[8] § 38 Abs. 1 Nr. 6 GenTG.
[9] § 38 Abs. 1 Nr. 6a GenTG.

der Arbeit eine Zulassung dafür nicht vorliegt[10] Die hier vorgegebenen Fallgruppen bezieht sich nur darauf, dass bei einem bereits bestehenden Labor weitere Arbeiten durchgeführt werden, ohne die dazu erforderlichen Zulassungsverfahren vor Aufnahme der Arbeiten durchzuführen. Auch in diesem Fall wird die Verletzung der Pflicht auf der Wirkung einer neuen Zulassung erst im Rahmen eines Revisionstermins offenkundig. Des Weiteren soll § 38 GenTG nach dem vorliegenden Gesetzesentwurf ergänzt werden. Demnach wird u. a. nach dem neuen § 38 Abs. 1 Nr. 1b GenTG-E der Betreiber mit einem Bußgeld belegt, wenn entgegen § 6 Abs. 4 GenTG der PL nicht bestellt wird.[11]

- **Fehler bei der Produkteinführung:** Im Rahmen des Inverkehrbringens von GVO ist bußgeldbewehrt, wenn GVO **in den Verkehr gebracht werden, ohne dass eine Genehmigung** dafür vorliegt.[12] Hier sei noch einmal daran erinnert, dass ein Inverkehrbringen begrifflich dann vorliegt, wenn GVO an eine dritte Person abgegeben oder für diese bereitgestellt werden. Dies ist auch wiederum der Fall, wenn wegen Fehlern beim Autoklavieren die GVO nicht vollständig vernichtet, aber gleichwohl zur Entsorgung durch Dritte – etwa die Putzkolonne – hingestellt werden.
Bußgeldbewehrt ist auch, wenn gegen Produktbeobachtungspflichten verstoßen wird,[13] auch dann, wenn der Verstoß durch am Inverkehrbringen beteiligte Dritte begangen wird.[14] Hier wird sanktioniert, dass Vorschriften, die zugunsten der Verbraucher bestehen, nicht beachtet werden.

- **Fehler bei den Mitteilungen:** Verstöße gegen bestimmte Mitteilungspflichten können ebenfalls mit einem Bußgeld belegt werden, etwa ein Verstoß bei einem Anlagewechsel im Sinne von § 9 Abs. 4a GenTG, ein Verstoß gegen die Mitteilungspflichten zum Standortregister bei Freisetzungen[15] und bei Änderungen in der Person des PL, des BBS oder eines Mitglieds des Ausschusses für die Biologische Sicherheit nach § 21 Abs. 1 GenTG. In diesem Fall erweist sich die Arbeit der Zulassungs- und Überwachungsbehörde als schwierig, weil sie von den verantwortlichen Personen in einem Genlabor nicht hinreichend informiert werden.

- **Fehler im Rahmen der Überwachung:** Auch Fehler bei der Überwachung können mit einem Bußgeld belegt werden, etwa wenn im Rahmen der Überwachung Auskünfte nicht, nicht richtig, nicht rechtzeitig oder nicht vollständig erteilt werden[16] und wenn die Risikobewertung auf Verlangen der Behörde nicht oder nicht rechtzeitig vorgelegt wird.[17] Hier wird die Überprüfung von Vorgängen durch die Überwachungsbehörde erschwert, weshalb ein Bußgeld verhängt werden kann.

---

[10] § 38 Abs. 1 Nr. 6b GenTG.
[11] BT-Drs. 18/6664 S. 10, 29.
[12] § 38 Abs. 1 Nr. 7 GenTG.
[13] § 38 Abs. 1 Nr. 7a GenTG.
[14] § 38 Abs. 1 Nr. 11 GenTG.
[15] § 16a Abs. 2 S. 1 und S. 3 sowie Abs. 3 S. 1 und S. 3 GenTG.
[16] § 38 Abs. 1 Nr. 10 GenTG.
[17] § 38 Abs. 1 Nr. 11a GenTG.

- **Fehler bei Auflagen und Anordnungen:** Auch der Verstoß gegen eine vollziehbare Auflage oder Anordnung kann mit einem Bußgeld belegt werden. Aus diesem Grund ist große Sorgfalt dann geboten, wenn eine Untersagungsverfügung oder eine ähnliche behördliche Anordnung mit sofortigem Vollzug versehen worden ist. In diesen Fällen muss die Auflage sofort, d. h. ohne schuldhaftes Zögern umgesetzt werden.
- **Verstöße gegen Rechtsverordnungen:** Letztlich stellt § 38 Abs. 1 Nr. 12 GenTG eine Art Auffangtatbestand dar. Danach kann ein Bußgeld auch bei Verstößen gegen Rechtsverordnungen verhängt werden, soweit in den Rechtsverordnungen auf § 38 Abs. 1 Nr. 12 GenTG verwiesen wird. Diese Vorschrift ermöglicht es, dass Verstöße, die in den untergesetzlichen Regelungswerken durch Rechtsverordnungen festgestellt sind, ebenfalls mit einem Bußgeld belegt werden können.

Adressat der Bußgeldvorschriften

Die Bußgeldtatbestände des Gentechnikgesetzes sind von ihrem möglichen Adressaten her weit gefasst. Der Wortlaut spricht allgemein davon, dass für denjenigen ein Bußgeld verhängt werden kann, der ordnungswidrig handelt, d. h., wer vorsätzlich oder fahrlässig handelt. Da die Person des Handelnden nicht näher bestimmt ist, kommen als Adressat eines Bußgeldbescheids sowohl der PL, der Betreiber und auch der BBS in Betracht. Zu berücksichtigen ist, dass eine Sanktion mittels eines Bußgeldes nur dann verhängt werden kann, wenn die betreffende Person tatsächlich nach dem Gesetz für die Einhaltung der Pflicht auch zuständig gewesen ist. Dementsprechend ist das Bußgeld an den Betreiber zu richten, wenn dieser gegen eine Betreiberpflicht verstößt. Demgegenüber kann das Bußgeld an den PL adressiert werden, wenn die Wahrnehmung einer bestimmten Pflicht zu seinem Pflichtenkreis zählt. Im Einzelfall muss deshalb stets überprüft werden, wer nach dem Gesetz, nach dem Arbeitsvertrag oder einer Betriebsanweisung für die Wahrnehmung einer bestimmten Pflicht zuständig ist. Dies ist für die Behörde nicht immer leicht zu ermitteln, wie der von der Rechtsprechung entschiedene Fall des OLG München zeigt.[18] In diesem Fall hatte die Behörde einen Bußgeldbescheid an einen PL adressiert. Das Gericht hatte in dem Verfahren geprüft, ob der PL tatsächlich einer bestimmten Anordnung hat nachkommen müssen. Im konkreten Fall hat das Gericht dies deshalb bejaht, weil es um eine konkrete Auflage in einem Bescheid ging und diese Auflage konkret an den PL adressiert war.

15.1.2 Bußgeldtatbestände in den Rechtsverordnungen

Die Bußgeldtatbestände sind im Gentechnikgesetz nicht abschließend beschrieben. Weitere Bußgeldtatbestände finden sich in Rechtsverordnungen. Hier gilt, dass nicht jeder Verstoß gegen Vorschriften der Rechtsverordnungen sanktioniert werden kann. Voraussetzung ist stets, dass in einer Rechtsverordnung ein entsprechender Bußgeldtatbestand

---

[18] OLG München, Beschl. v. 11. Oktober 1996 – 3 ObOWi 126/96 –, NuR 1997, 466 f.

existiert, in dem auf § 38 Abs. 1 Nr. 12 GenTG verwiesen wird. Wenn in einer Rechtsverordnung den verantwortlichen Personen zwar ein bestimmtes Verhalten auferlegt wird, dort aber keine bußgeldrechtliche Sanktion für ein Fehlverhalten vorgesehen ist oder aber ein Verweis auf § 38 Abs. 1 Nr. 12 GenTG fehlt, kann die betreffende Person dafür nicht belangt werden. Dies wiederum bedeutet, dass nicht jeder Verstoß gegen eine Rechtsverordnung auch mit einem Bußgeld belegt werden kann. Beispielsweise kann fehlende Sauberkeit in einem Labor nicht mit einem Bußgeld belegt werden. Diese Pflicht zur Sauberkeit in einem Labor ergibt sich zwar aus der GenTSV und aus der GLP. Ihre Verletzung ist aber nicht als Bußgeldtatbestand aufgenommen, sodass bei einem Verstoß gegen die Sauberkeit ein Bußgeld nicht verhängt werden kann.

Demnach muss geklärt werden, welches Fehlverhalten in den Rechtsverordnungen sanktioniert sind. Bußgeldtatbestände ergeben sich aus § 20 GenTSV und § 5 GenTAufzV. Die maßgeblichen Bußgeldtatbestände werden in Abb. 15.3 dargestellt.

Bußgeldtatbestände in der Gentechnik-Sicherheitsverordnung

Auch bestimmte Fehlverhaltensweisen im Rahmen der Gentechnik-Sicherheitsverordnung (GenTSV) können mit einem Bußgeld belegt werden (der maßgebliche Bußgeldtatbestand befindet sich in § 20 GenTSV):

- **Verstoß gegen Anlagevorschriften und Sicherheitsmaßnahmen:** Der Betreiber kann mit einem Bußgeld belegt werden, wenn er entweder beim Betrieb einer gentechnischen Anlage im Labor- und Produktionsbereich, bei der Haltung von Pflanzen in Gewächshäusern oder bei der Haltung von Versuchstieren in Tierhaltungsräumen die in Anhang III genannten Anforderungen an die jeweiligen Anlagen und Sicherheitsmaßnahmen nicht einhält.[19]
- **Verstöße bei Betriebsanweisungen:** Es kann ein Bußgeld verhängt werden, wenn der Betreiber eine Betriebsanweisung nicht oder nicht in einer den Beschäftigten **verständlichen Sprache erstellt.**[20]
- **Fehler bei der Unterweisungen:** Bußgeldbewehrt ist auch, wenn der Betreiber die Beschäftigten nicht, nicht in der vorgeschriebenen Weise oder nicht rechtzeitig unterweist.[21]
- **Verstöße gegen die Arbeitssicherheit:** Zudem kann ein Bußgeld verhängt werden, wenn der Betreiber die zum Schutz der Beschäftigten in Anhang VI enthaltenen Maßnahmen nicht beachtet.[22]
- **Verstöße gegen Abwasser- und Abfallentsorgungspflichten:** Auch muss der Betreiber mit einem Bußgeld rechnen, wenn er Abwasser oder Abfall in gentechnischen Anlagen, in denen gentechnische Arbeiten der Sicherheitsstufe 2 durchgeführt wer-

---

[19] § 20 Nr. 1a GenTSV.
[20] § 20 Abs. 1 Nr. 2 GenTSV.
[21] § 20 Nr. 3 GenTSV.
[22] § 20 Nr. 4 GenTSV.

Bußgeldtatbestände in den Rechtsverordnungen

Bußgeldtatbestände in der Gentechnik-Sicherheitsverordnung (§ 20 GenTSV)

Nr. 1a - c
Verstoß gegen Anlagevorschriften und Sicherheitsmaßnahmen
(1000 €– 25.600 €)

Nr. 2
Verstöße bei Betriebsanweisungen
(35 €– 5.100 €)

Nr. 3
Verstöße bei Unterweisungen
(50 €– 5.100 €)

Nr. 4
Verstöße beim Arbeitsschutz
(100 €– 5.100 €)

Nr. 5
Verstöße bei der Vorbehandlung von Abwasser und Abfall
(250 €– 50.000 €)

Nr. 6
Verstöße bei der Sterilisation und Auslegung von Abfall
Auslegung (150 €– 10.200 €)
Sterilisation (510 €– 50.000 €)

Nr. 7
Verstöße bei der Überführung von Geräten und Abfall
(100 €– 15.300 €)

Nr. 8
Fehler bei der Bestellung des Beauftragten für die Biologische Sicherheit
(250 €– 5.100 €)

Bußgeldtatbestände in der Gentechnik-Aufzeichnungsverordnung (§ 5 GenTAufzV)

Nr. 1
Nicht richtiges oder nicht vollständiges Führen von Aufzeichnungen
(35 €– 2.600 €)

Nr. 2
Verletzung der Vorlage- und der Aufbewahrungspflicht
(50 €– 2.600 €)

Nr. 3
Verletzung der Aushändigungspflicht
(50 €– 2.600 €)

Bußgeldtatbestände in den Rechtsverordnungen

Abb. 15.3 Bußgeldtatbestände in den Rechtsverordnungen

den, nicht oder nicht in der vorgeschriebenen Weise vorbehandelt.[23] Bußgeldbewehrt ist ferner, wenn der Betreiber flüssigen oder festen Abfall nicht oder nicht in der vorgeschriebenen Weise sterilisiert oder Geräte nicht so auslegt, dass eine Freisetzung von Organismen ausgeschlossen ist,[24] oder wenn er im Produktionsbereich Geräte, Teile von Geräten oder Abfall nicht in den vorgeschriebenen Behältern überführt.[25]

- **Fehler bei der Bestellung des BBS:** Letztlich kann der Betreiber einer gentechnischen Anlage dann mit einem Bußgeld belegt werden, wenn er einen BBS nicht bestellt.[26]

Adressat eines Bußgeldbescheids auf der Grundlage der Gentechnik-Sicherheitsverordnung

§ 20 GenTSV ist ausdrücklich an den Betreiber adressiert. Wegen des eindeutigen Wortlauts ist deshalb davon auszugehen, dass Verhaltensweisen des PL und des BBS, bei denen es zu einer Verletzung von Pflichten nach der Gentechnik-Sicherheitsverordnung kommt, nicht mit einem Bußgeld belegt werden können. Dies gilt auch dann, wenn die Pflicht durch den Arbeitsvertrag, eine Einzelanweisung oder eine Betriebsanweisung auf den PL übertragen wurde. Insofern fehlt es nach dem eindeutigen Wortlaut an einem Bußgeldtatbestand zulasten des PL oder des BBS.

Bußgeldtatbestände in der Gentechnik-Aufzeichnungsverordnung

Die Gentechnik-Aufzeichnungsverordnung (GenTAufzV) enthält insgesamt drei Tatbestände, für die ein Bußgeld verhängt werden kann:

- **Nicht richtiges oder nicht vollständiges Führen von Aufzeichnungen:** Im Gegensatz zum PL kann der Betreiber mit einem Bußgeld belegt werden, wenn er inhaltlich gegen die Pflicht zur ordnungsgemäßen Aufzeichnung nach § 1 GenTAufzV verstößt, indem er die Aufzeichnungen nicht richtig oder nicht vollständig führt.[27] Im Gegensatz dazu war unmittelbar auf der Grundlage des Gentechnikgesetzes nur dann eine Sanktion möglich, wenn die Aufzeichnungen gar nicht geführt wurde (Abschn. 15.1.1).[28] Insofern geht der Bußgeldtatbestand der Gentechnik-Aufzeichnungsverordnung weiter als der Bußgeldtatbestand des Gentechnikgesetzes.
- **Verletzung der Vorlage- und der Aufbewahrungspflicht:** Zudem kann der Betreiber mit einem Bußgeld belegt werden, wenn er die Aufzeichnungen der zuständigen Behörde auf ihr Ersuchen nicht oder nicht rechtzeitig vorlegt bzw. nicht oder nicht für die vorgeschriebene Dauer aufbewahrt.[29] Auch hier kann nur der Betreiber richtiger Adressat eines Bußgeldbescheids sein.

---

[23] § 20 Nr. 5 GenTSV.
[24] § 20 Nr. 6 GenTSV.
[25] § 20 Nr. 7 GenTSV.
[26] § 20 Nr. 8 GenTSV.
[27] § 5 Nr. 1 GenTAufzV.
[28] § 38 Abs. 1 Nr. 1a GenTG.
[29] § 5 Nr. 2 GenTAufzV.

- **Verletzung der Aushändigungspflicht:** Ebenso kann mit einem Bußgeld belegt werden, wenn der Betreiber im Falle der Betriebsstilllegung die Aufzeichnungen der Behörde nicht oder nicht rechtzeitig aushändigt.[30]

Adressat eines Bußgeldbescheids auf der Grundlage der Gentechnik-Aufzeichnungsverordnung

Auch § 5 GenTAufzV ist ausdrücklich an den Betreiber gerichtet. Im Hinblick auf den PL und den BBS als mögliche Adressaten gelten insofern die obigen Ausführungen zu § 20 GenTSV. Auf der Grundlage der Gentechnik-Aufzeichnungsverordnung ist deshalb ein Bußgeldbescheid zulasten des PL und des BBS nicht denkbar.

15.1.3 Was bedeutet Fahrlässigkeit?

Bußgeldtatbestände sind vorsätzlich und fahrlässig begehbar. Das bedeutet, dass der Verantwortliche stets die erforderliche Sorgfalt bezogen auf die einzelne Aufgabe walten lassen muss, will er nicht Gefahr laufen, einen Bußgeldbescheid zu bekommen.

15.1.4 Höhe der Bußgelder

Ordnungswidrigkeiten können gem. § 38 Abs. 2 GenTG mit einer Geldbuße bis zu 50.000 € geahndet werden. Damit ist der Höchstbetrag eines Bußgeldes bundesrechtlich vorgegeben. Die Höhe der Bußgelder richtet sich im Einzelnen nach den in den Ländern geltenden Grundlagen für Bußgelder. In Nordrhein-Westfalen sind die Bußgelder dem Bußgeldkatalog zu entnehmen.[31] So etwa können Bußgelder von 35 € bis 50.000 € verhängt werden. Dort ist jeweils aufgeführt, für welchen Tatbestand welche Regelwerte an Bußgeldern bestehen. Fehler bei der Risikobewertung beispielsweise haben einen Bußgeldrahmen von 250 € bis 5100 €. In der Regel werden Bußgelder bei erstmaligen Verstößen im unteren Bereich festgelegt. Aus der Praxis sind Bußgelder von 300 €, 500 €, aber auch 800 € oder 1500 € bekannt.

15.1.5 Rechtsmittel gegen Bußgeldbescheide

Bußgeldbescheide können in der Regel mit einem Einspruch angegriffen werden. Es findet dann ein Verfahren vor dem Amtsgericht zur Überprüfung des Bußgeldbescheids statt.

---

[30] § 5 Nr. 3 GenTAufzV.

[31] Bußgeldkatalog zur Ahndung von Ordnungswidrigkeiten im Bereich des Umweltschutzes – Bußgeldkatalog Umwelt –RdErl. d. Ministeriums für Umwelt und Naturschutz, Landwirtschaft und Verbraucherschutz v. 2. Januar 2002 – I – 3/406.51.00 (MBl. NRW 2002 S. 393, geänd. durch RdErl. v. 12. Februar 2004 (MBl. NRW 2004 S. 299) u. 18. Oktober 2006 (MBl. NRW 2006 S. 541)).

Seitens der Rechtsschutzversicherungen wird im Regelfall Rechtsschutz für das Betreiben dieses Verfahrens gewährt. Da auch die Voraussetzungen für Bußgelder bei den Behörden oftmals unzureichend überprüft werden, empfiehlt sich eine gerichtliche Überprüfung des Bußgeldbescheids schon allein deshalb, weil dieser möglicherweise Auswirkungen auf die Zuverlässigkeit des PL oder des Betreibers haben kann. Vielfach werden die Bußgeldbescheide von den Amtsgerichten aufgehoben, weil der Adressat nicht als Verantwortlicher belangt werden kann oder der Gesetzesverstoß nicht im Katalog der Bußgeldtatbestände aufgeführt ist.

15.2   Grenzen erkennen, um Strafbarkeiten zu vermeiden

Schwere Verstöße gegen das Gentechnikgesetz sanktioniert der Gesetzgeber durch Straftatbestände. Das bedeutet, dass schwere Verstöße gegen das Gentechnikgesetz von der Staatsanwaltschaft verfolgt und angeklagt werden können.

Im Gegensatz zu den Bußgeldtatbeständen, wo die konkrete Pflichtverletzung einer Person zugeordnet werden muss, kann ein Straftatbestand durch mehrere Personen gleichzeitig erfüllt werden. Man spricht dabei von Tätern, Mittätern, Anstiftern und Beihilfe Leistenden. Ihre Tatbeiträge werden im Einzelnen in Abb. 15.4 dargestellt.

Tatbeiträge bei Straftatbeständen

- Verwirklichung eines Tatbestandes

- durch eine Handlung

  - als Täter   =   wer Straftat selbst oder durch einen anderen begeht (§ 25 Abs. 1 StGB)
  - als Mittäter   =   mehrere begehen Straftat gemeinschaftlich (§ 25 Abs. 2 StGB)
  - als Anstifter   =   wer jemanden zur vorsätzlichen Tat bestimmt (§ 26 StGB)
  - in Beihilfe   =   wer jemanden bei seiner vorsätzlichen Tat Hilfe leistet (§ 27 StGB)

- Verletzung eines geschützten Rechtsguts

- Rechtswidrigkeit

- Schuld

Abb. 15.4 Tatbeiträge bei Straftatbeständen

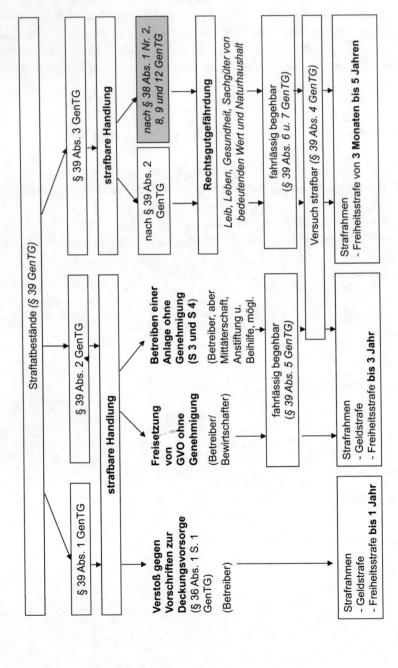

Abb. 15.5 Strafbarkeiten nach dem Gentechnikgesetz

So gilt im Sinne des Strafrechts als Täter, wer die Straftat selbst oder durch einen anderen begeht.[32] **Täter** ist etwa derjenige, der gentechnisch veränderte Organismen selbst ohne die erforderliche Genehmigung freisetzt.

Allerdings kommt auch eine **Mittäterschaft** in Betracht. Mittäter ist derjenige, der mit einem anderen zusammen eine Straftat gemeinschaftlich begeht, z. B. die beiden Geschäftsführer einer GmbH, in deren Verantwortung die Freisetzung von GVO ohne die erforderliche Genehmigung geschieht.

Zudem kommt eine Anstiftung in Betracht. **Anstifter** ist, wer jemanden zu seiner vorsätzlichen Tat bestimmt. Dies kann etwa dadurch geschehen, dass der Vorstandsvorsitzende den Geschäftsführer auffordert, eine Freisetzung ohne die erforderliche Genehmigung durchzuführen.

Letztlich kann der Tatbeitrag auch in einer **Beihilfe** bestehen. Beihilfe leistet, wer jemanden bei seiner vorsätzlichen Tat unterstützt, etwa wenn ein PL aus einer gentechnischen Anlage einem Landwirt GVO besorgt, die dieser dann ohne die erforderliche Genehmigung freisetzt.

Zu klären ist deshalb, welche Verhaltensweisen der nach dem Gentechnikgesetz unter Strafe gestellt sind. Strafbarkeiten nach dem Gentechnikgesetz sind auf drei Fälle beschränkt, die in der Abb. 15.5 näher beschrieben werden.

15.2.1   Verstoß gegen die Deckungsvorsorge

Für den Betreiber einer Anlage ist ein Verstoß gegen die Vorschriften zur Deckungsvorsorge eine strafbare Handlung, die mit einer Geldstrafe oder einer Freiheitsstrafe bis zu einem Jahr bestraft werden kann.[33]

Ein solcher Verstoß besteht, wenn der Betreiber einer gentechnischen Anlage die Beiträge zu seiner Haftpflichtversicherung nicht bezahlt.[34]

15.2.2   Freisetzung von GVO ohne Genehmigung

Ebenso stellt es nach § 39 Abs. 2 Nr. 1 GenTG eine strafbare Handlung dar, wenn GVO ohne Genehmigung freigesetzt werden.[35] In diesem Fall können sich der Betreiber und der Bewirtschafter strafbar machen. Dies wiederum bedeutet, dass im Rahmen der Freisetzung jedwedes Fehlverhalten direkt unter den Strafvorbehalt fällt. Bußgeldtatbestände – als milderes Mittel – existieren dafür nicht.

---

[32] § 25 Abs. 1 StGB.
[33] § 39 Abs. 1 GenTG.
[34] Trotz eindeutiger Verpflichtung eine Rechtsverordnung zu schaffen, ist diese noch nicht erlassen worden. Es liegt lediglich ein Entwurf der Gentechnik-Deckungsvorsorge-Verordnung vor.
[35] § 39 Abs. 2 Nr. 1 GenTG.

15.2.3   Betreiben einer gentechnischen Anlage ohne Genehmigung

In gleicher Weise wird bestraft, wer eine gentechnische Anlage ohne Genehmigung betreibt. Da eine Genehmigung für eine gentechnische Anlage erst in der Sicherheitsstufe 3
erforderlich ist, können sich nur Betreiber von S3- und S4-Anlagen strafbar machen. Zu
berücksichtigen ist in diesem Fall, dass sich nicht nur derjenige strafbar macht, der die
Straftat selbst oder durch einen anderen begeht (Täter), sondern auch derjenige, der mit
jemandem gemeinschaftlich eine Straftat begeht (Mittäter), der jemanden zu der Tat bestimmt (Anstifter) oder der jemandem bei seiner Tat Hilfe leistet (Beihilfe). Insofern sind
auch in S3- und S4-Anlagen Tatbeteiligungen durch den PL und den BBS denkbar. Der
Strafrahmen hier liegt bei einer Geldstrafe bis zu einer Freiheitsstrafe von bis zu drei Jahren.

15.2.4   Bußgeldbewehrtes Verhalten als Straftat

Darüber hinaus können sich aus Bußgeldtatbeständen auch strafbare Handlungen ergeben,
wenn zusätzlich Leib, Leben, Gesundheit, Sachgüter von bedeutendem Wert oder der Naturhaushalt als geschützte Rechtsgüter gefährdet werden. In diesen Fällen, wenn nämlich
eine konkrete Gefährdung für die geschützten Rechtsgüter vorliegt, wird ein Bußgeldtatbestand zu einem Straftatbestand aufgewertet.[36] Zu berücksichtigen ist dabei, dass die
geschützten Rechtsgüter konkret in Gefahr geraten, nicht aber tatsächlich verletzt sein
müssen. Wenn also Leib, Leben, Gesundheit, Sachgüter von bedeutendem Wert und der
Naturhaushalt durch die Freisetzung von gentechnisch veränderten Organismen ohne Genehmigung oder durch den Betrieb einer Anlage, in der Arbeiten der Sicherheitsstufe 3
oder 4 ohne die erforderliche Genehmigung durchgeführt werden, gefährdet werden, erhöht sich der Strafrahmen von einer Freiheitsstrafe von drei Monaten bis zu fünf Jahren.
Eine Geldstrafe ist für diesen Fall nicht mehr vorgesehen. Bei den Bußgeldtatbeständen,
die im Einzelfall eine Straftat werden können, handelt es sich insbesondere um die Bußgeldtatbestände des § 38 Abs. 1 Nr. 2, 8, 9 und Nr. 12 GenTG (Abb. 15.6).

**Errichtung von gentechnischen Anlagen oder Durchführung gentechnischer
Arbeiten ohne Genehmigung**
Danach kann sich strafbar machen, wer eine gentechnische Anlage ohne Genehmigung
errichtet oder erstmals gentechnische Arbeiten durchführt (Nr. 2), wenn zusätzlich eine Gefährdung für die oben genannten geschützten Rechtsgüter hinzukommt. Wegen des
Begriffs der Genehmigung sind nur gentechnische Anlagen der Sicherheitsstufe 3 und 4
erfasst. In diesem Fall kann sich auch der PL strafbar machen.

---

[36] Vgl. zum Begriff des konkreten Gefährdungsdelikts Kauch (2009), Gentechnikrecht, S. 170.

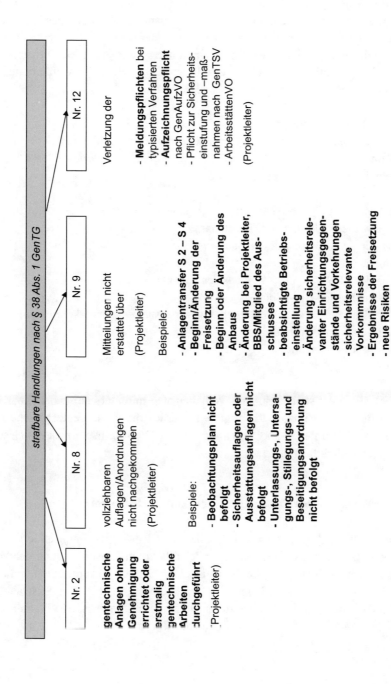

Abb. 15.6 Bußgeldtatbestände als Straftaten

Missachtung von vollziehbaren Auflagen oder Anordnungen

Gleiches gilt für denjenigen, der einer vollziehbaren Auflage oder Anordnung nicht nachkommt (Nr. 8). Dieser Tatbestand ist insbesondere dann erfüllt, wenn gegen Sicherheitsauflagen oder Ausstattungsauflagen verstoßen wird oder wenn einer Unterlassungs-, Untersagungs-, Stilllegungs- oder Beseitigungsanordnung nicht nachgekommen wird. Auch hierbei ist der Straftatbestand nur dann erfüllt, wenn zusätzlich eine Gefährdung für die oben genannten geschützten Rechtsgüter hinzugekommen ist.

Verstoß gegen Mitteilungspflichten

Auch derjenige, der eine Mitteilung nicht erstattet, kann sich strafbar machen (Nr. 9), wenn dadurch eine konkrete Gefahr für die geschützten Rechtsgüter verursacht wird, beispielsweise wenn keine Mitteilung erstattet wird über

- den Anlagentransfer von einer S2- in eine S4-Anlage,
- den Beginn bzw. die Änderung der Freisetzung,
- den Beginn oder die Änderung des Anbaus von GVO,
- die Änderung des PL,
- die Änderung des BBS bzw. des Mitglieds des Ausschusses,
- die beabsichtigte Betriebseinstellung,
- die Änderung sicherheitsrelevanter Einrichtungsgegenstände und Vorkehrungen,
- sicherheitsrelevante Vorkommnisse,
- die Ergebnisse der Freisetzung,
- neue Risiken.

In diesem Fall Gruppen ist ein strafbares Verhalten aber mitunter kaum vorstellbar, da die Gefährdung für die geschützten Rechtsgüter sicherlich durch die gentechnische Arbeit, nicht aber durch die unterlassene Mitteilung verursacht wird. Insofern ist das Gesetz sicherlich sehr unglücklich formuliert.

15.2.5   Verstoß gegen Vorgaben der Rechtsverordnungen

Letztlich kann sich auch derjenige strafbar machen, der der Aufzeichnungspflicht nach der Gentechnik-Aufzeichnungsverordnung oder der Pflicht zur Einstufung und der Vornahme von Sicherheitsmaßnahmen nach der Gentechnik-Sicherheitsverordnung und den Maßnahmen der Arbeitsstättenverordnung nicht nachkommt (Nr. 12). Der Strafrahmen hier reicht immerhin von drei Monaten bis zu fünf Jahren. Eine Geldstrafe ist im Falle der konkreten Gefährdung geschützter Rechtsgüter nicht mehr möglich.

Ersatzpflichten des Betreibers

16

Petra Kauch

Der Gesetzgeber hat im Gentechnikgesetz (GenTG) für den Betreiber einer Anlage eine sehr strenge Haftung eingeführt.[1] Dies beruht noch auf dem Gedanken, dass der Betrieb einer gentechnischen Anlage ein gefährliches Tun im Sinne des Gefahrgutrechts darstellt. Aus diesem Grund hat der Gesetzgeber eine sog. verschuldensunabhängige Gefährdungshaftung des Betreibers ohne Haftungsausschluss für höhere Gewalt eingeführt. Dies besagt, dass der Betreiber einer gentechnischen Anlage, einer Freisetzung oder eines Inverkehrbringens von GVO bereits dafür haftet, dass für Dritte eine Gefahr verursacht wurde. Ein Schaden muss noch nicht eingetreten sein. Bei der Frage der Verantwortlichkeit, kommt es nicht darauf an, ob der Betreiber den Schaden zu verantworten hat. Er haftet ohne Rücksicht auf die Frage, ob er für den eingetretenen Schaden etwas kann. Hinzu kommt, dass der Betreiber auch für Fälle höherer Gewalt einzustehen hat. Fälle höherer Gewalt sind etwa Naturkatastrophen (Erdbeben oder Hochwasser) oder Flugzeugabstürze. Auch in diesen vorgenannten Fällen ist die Haftung des Betreibers nicht ausgeschlossen.

16.1 Begriff der Haftung

Was aber bedeutet Haftung genau? In der Umgangssprache ist dies ein sehr weiter Begriff. So fassen juristische Laien häufig auch Straf- und Bußgelder unter den Begriff der Haftung. Dies ist rechtlich gesehen jedoch nicht korrekt. Unter Haftung ist nur das Einstehen im zivilrechtlichen Sinne zu verstehen, das heißt, es geht im Wesentlichen um den geldlichen Ausgleich eines entstandenen Schadens. Demgegenüber ist das Bußgeld eine verwaltungsrechtliche Sanktion bei Ordnungswidrigkeiten und die Geldstrafe eine strafrechtliche Ahndung eines Delikts durch Geldzahlung oder Freiheitsstrafe. Anders als beim Bußgeld und der Geldstrafe steht dem Anlagenbetreiber im Rahmen der Haftung al-

---

[1] Vgl. auch Kauch (2009), Gentechnikrecht, S. 153 ff.; Kloepfer (2016), Umweltrecht, § 20 Rdnr. 193 ff.

© Springer-Verlag GmbH Deutschland, ein Teil von Springer Nature 2019
K. Bender und P. Kauch, *Gentechnisches Labor – Leitfaden für Wissenschaftler*,
https://doi.org/10.1007/978-3-642-34694-1_16

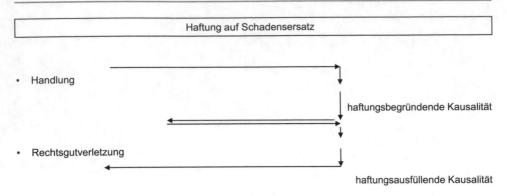

Abb. 16.1 Generelle Voraussetzungen für eine Haftung

so nicht der Staat als „Gegner" gegenüber, sondern eine dritte Person, die einen Schaden erlitten hat.

16.2   Generelle Voraussetzungen für eine Haftung

Im Zivilrecht haftet derjenige, der ein Rechtsgut verletzt (das Leben, den Körper, die Gesundheit, die Freiheit, das Eigentum oder ein sonstiges Recht) und eine Verletzungshandlung vorgenommen hat. Diese kann in einem Tun oder Unterlassen bestehen. Verletzungshandlung und Rechtsgutverletzung müssen dabei in einem Zurechnungszusammenhang stehen. Ferner muss die Verletzungshandlung rechtswidrig gewesen und die Rechtsgutverletzung muss schuldhaft erfolgt sein, d. h., sie muss vorsätzlich oder fahrlässig herbeigeführt worden sein. Letztendlich muss ein Schaden eingetreten sein. Rechtsgutverletzung und Schaden müssen wiederum in einem Zurechnungszusammenhang stehen.

Die generellen Voraussetzungen für eine Haftung sind in Abb. 16.1 dargestellt.

16.3   Besonderheiten der Haftung nach dem Gentechnikgesetz

Für den Betreiber einer Anlage gibt es im Bereich der Haftung jedoch besondere Regelungen. Diese finden sich in §§ 32 ff. GenTG.

16.3.1   Mögliche Schadensfälle

Zunächst einmal lassen sich drei Kategorien von Schadensfällen unterscheiden:

- Schäden an individuellen Rechtsgütern, also Leben, Körper, Gesundheit, Freiheit, Eigentum oder an einem sonstigen Recht
- Koexistenzschäden, welche dadurch entstehen, dass GVO auf konventionelle oder biologische Güter übertragen werden
- Ökologische Schäden, d. h. Schäden an der Ökologie, etwa dadurch, dass eine Tierart ausstirbt

16.3.2   Haftung für Schäden an individuellen Rechtsgütern

Die Regelungen über die Haftung für Individualrechtsgüter finden sich in §§ 32–36 GenTG.

§ 32 Abs. 1 GenTG regelt die Haftung des Betreibers einer gentechnischen Anlage für den Tod eines Menschen, eine Körper- bzw. Gesundheitsverletzung und Sachbeschädigungen.[2] Gem. § 32 Abs. 5 GenTG kann auch Ersatz immaterieller Schäden verlangt werden.

Wie bereits oben angesprochen, handelt es sich hier um eine reine Gefährdungshaftung[3], für die – anders als im übrigen Zivilrecht – kein Verschulden nötig ist. Es müssen also weder Vorsatz noch Fahrlässigkeit vorliegen. Der Kausalitätsbeweis, d. h. die Ursächlichkeit der GVO für den Schaden, muss aber prinzipiell weiterhin erbracht werden.[4]

Rechtsgutverletzung
Gem. § 32 Abs. 1 GenTG muss ein Mensch getötet, sein Körper oder seine Gesundheit verletzt oder eine Sache beschädigt sein. Somit wird hier die Verletzung der Rechtsgüter des § 1 Nr. 1 GenTG vorausgesetzt. Dies ist bei Rechtsgutverletzungen infolge von Laboranwendungen, Freilandversuchen und beim ungenehmigten Inverkehrbringen von GVO der Fall.[5]

Handlung
Die Rechtsgutverletzung muss auf gentechnischen Arbeiten[6] beruhen. Gem. § 32 Abs. 1 GenTG muss die Rechtsgutverletzung infolge der gentechnisch veränderten Eigenschaften

---

[2] Zur Haftung eines Saatgutherstellers für Verkauf und Lieferung verunreinigtem Saatguts vgl. OLG München, Urt. v. 28. August 2014 – 24 U 2956/12 –, NJW 2015, 435.
[3] BT-Drs. 11/5622 S. 33.
[4] Spickhoff/Fenger, § 34 GenTG Rdnr. 1.
[5] Kauch (2009) Gentechnikrecht, S. 155.
[6] § 3 Nr. 2 GenTG.

eingetreten sein. Zwischen den gentechnisch veränderten Eigenschaften und der Rechtsgutverletzung muss also ein Zurechnungszusammenhang bestehen.

Schaden

Weiterhin muss die Rechtsgutverletzung gem. § 32 Abs. 1 GenTG einen Schaden zur Folge haben. Der Schaden muss also auf der Rechtsgutverletzung beruhen. Der Schadensumfang wird in § 32 Abs. 4 bis 7 GenTG näher bestimmt. So erstreckt sich der Schadensersatzanspruch im Fall der Tötung auch auf die Kosten der versuchten Heilung und der Beerdigung, im Fall der Körperverletzung oder der Gesundheitsschädigung auf den Vermögensnachteil, den der Verletzte dadurch erleidet, dass seine Erwerbsfähigkeit aufgehoben oder gemindert wurde. Der Betreiber ist auch zur Wiederherstellung des früheren Zustands verpflichtet, wenn eine Sachbeschädigung infolge von Eigenschaften eines Organismus zugleich eine Beeinträchtigung der Natur oder der Landschaft darstellt.

Haftungsumfang

Interessant ist, dass die Haftung auch vertraglich ausgeschlossen werden kann und dass der Haftungshöchstbetrag gem. § 33 GenTG bei 85 Mio. € liegt. Diese Haftungshöchstsumme gilt nur für den dargestellten Fall der Gefährdungshaftung.

Beweislasterleichterung

Ein weiterer Ausdruck der strengen Haftung des Betreibers ist die sog. Beweiserleichterung des § 34 Abs. 1 GenTG[7]: Steht fest, dass der Schaden durch einen GVO verursacht wurde, wird vermutet, dass er durch Eigenschaften dieser Organismen verursacht wurde, die auf gentechnischen Arbeiten beruhen. Dies muss nicht erst aufwendig durch den Kläger bewiesen werden, da ein solcher Beweis für den Kläger aus praktischen Gründen meist sehr schwer zu erbringen wäre.

Die Vermutung des § 34 Abs. 1 GenTG – zuungunsten des Anlagenbetreibers – kann jedoch von diesem entkräftet werden, wenn er wiederum nachweist, dass der Schaden auf einem anderen Umstand beruht.[8] Dabei greift der Gegenbeweis schon, wenn es wahrscheinlich ist, dass andere Eigenschaften der Organismen zum Schaden geführt haben.[9]

Auskunftsansprüche des Geschädigten

Der Geschädigte wird weiterhin durch einen Auskunftsanspruch gegen den Betreiber oder die zuständige Behörde begünstigt, wenn Tatsachen vorliegen, die die Annahme begründen, dass ein Schaden auf gentechnischen Arbeiten des Betreibers beruht. Er kann vom Betreiber verlangen, ihm über Art und Ablauf der in der gentechnischen Anlage durchgeführten gentechnischen Arbeiten Auskunft zu erteilen, damit er feststellen kann, ob ihm

---

[7] Für Details zur Beweiserleichterung vgl. Kloepfer (2016), Umweltrecht, § 20 Rdnr. 196.
[8] § 34 Abs. 2 GenTG.
[9] Spickhoff/Fenger (2014) § 34 GenTG Rdnr. 1.

ein Schadensersatzanspruch zusteht.[10] Dies gilt jedoch nicht für geheimhaltungsbedürftige Vorgänge.

Mitverschulden

Zu berücksichtigen ist, dass bei Schäden, die Laborangehörigen entstehen, das eigene Verhalten im Labor die Haftungsquote mindern und im Einzelfall auch ganz herabsetzen kann, wenn das eigene Verhalten dies rechtfertigt. Verzichtet etwa ein Mitarbeiter auf vorhandene Schutzausrüstung, kann er nicht später Schadensersatz vom Betreiber für Schäden verlangen, die bei Benutzung der Schutzausrüstung vermieden worden wären.

16.3.3 Koexistenzhaftung

Im Rahmen der Koexistenzhaftung geht es darum, ob ein Dritter – etwa ein betroffener Landwirt, dessen Felder verunreinigt worden sind – gegen den Anlagenbetreiber einen sog. Beseitigungs- und Unterlassungsanspruch hat.[11] Wichtige Norm ist hier § 36a GenTG, welcher auf § 906 BGB verweist.

Ein Beseitigungs- und Unterlassungsanspruch ist ausgeschlossen, wenn eine Duldungspflicht besteht. Dies ist der Fall, wenn keine oder nur eine unwesentliche Beeinträchtigung der Rechtsgüter des Dritten vorliegt.[12] § 36a Abs. 1 GenTG präzisiert hier das Wesentlichkeitskriterium. Eine wesentliche Beeinträchtigung liegt vor, wenn Erzeugnisse entgegen der Absicht des Betroffenen nicht in den Verkehr gebracht werden dürfen (Nr. 1), nach dem GenTG oder anderen Vorschriften nur unter Hinweis auf die gentechnische Veränderung gekennzeichnet (Nr. 2) oder nicht mit einer Kennzeichnung in den Verkehr gebracht werden dürfen, die nach den für die Produktionsweise jeweils geltenden Rechtsvorschriften möglich gewesen wäre (Nr. 3).[13]

Weiterhin besteht eine Duldungspflicht, wenn die Beeinträchtigung zwar wesentlich, aber ortsüblich ist und Maßnahmen zur Verhinderung wirtschaftlich unzumutbar sind,[14] wobei dann aber gem. § 906 Abs. 2 S. 2 BGB ein angemessener Ausgleich in Geld gezahlt wird. Wirtschaftlich zumutbar ist gem. § 36a Abs. 2 GenTG die Einhaltung der guten fachlichen Praxis nach § 16b Abs. 2 und 3 GenTG.[15] Hält also ein Landwirt die vorgegebenen Abstände für den Anbau von GVO ein, so sind die Grundsätze der guten fachlichen Praxis erfüllt, sodass kein Beseitigungs- und Unterlassungsanspruch gegen den Landwirt besteht.

---

[10] § 35 GenTG.
[11] Vgl. dazu Palme, ZUR 2005, 119 (126); Arnold, Die Haftung von Landwirten bei Auskreuzungen von gentechnisch veränderten Organismen im Nachbarrecht, NuR 2006, 15.
[12] § 906 Abs. 1 BGB.
[13] Zu weiteren Ausführungen vgl. Kloepfer (2016), Umweltrecht, § 20 Rdnr. 199.
[14] § 906 Abs. 2 S. 1 BGB.
[15] Kritische Anmerkung zum Haftungsregime bei Kloepfer (2016), Umweltrecht, § 20 Rdnr. 201 f.

Der Nachbar, der einen derartigen Anspruch gegenüber dem GVO-Nutzer geltend machen will, muss beweisen, dass es auf seinem Feld zu ungewollten Beimengungen von GVO kommen kann bzw. gekommen ist.[16] Lässt sich der Verursacher nicht feststellen, haften gem. § 36a Abs. 4 GenTG alle GVO-Nutzer gemeinsam.

16.3.4   Haftung für ökologische Schäden

Für Fragen an der Ökologie haftet der Betreiber nach dem 2007 in Kraft getretenen Umweltschadensgesetz[17].[18]

16.3.5   Weitergehende Haftung des Betreibers

§ 37 GenTG verweist für besondere Haftungsfälle auf Regelungen außerhalb des Gentechnikgesetzes. So ist gem. § 37 Abs. 1 GenTG das Gentechnikgesetz nicht anzuwenden, wenn infolge der Anwendung eines zum Gebrauch bei Menschen bestimmten Arzneimittels, das im Geltungsbereich des Arzneimittelgesetzes an den Verbraucher abgegeben wurde und der Pflicht zur Zulassung unterliegt oder durch Rechtsverordnung von der Zulassung befreit worden ist, jemand getötet oder an Körper oder Gesundheit verletzt wird. Hier richtet sich die Haftung nach dem Arzneimittelgesetz.

Ebenfalls keine Anwendung findet das Gentechnikgesetz für genehmigt in den Verkehr gebrachte Produkte.[19]

In diesem Fall findet das Produkthaftungsgesetz[20] Anwendung. Auch bleibt eine Haftung aufgrund anderer Vorschriften unberührt.[21]

---

[16] Hasskarl/Bakhschai (2013), Deutsches Gentechnikrecht, S. 109, 110.

[17] Gesetz über die Vermeidung und Sanierung von Umweltschäden (Umweltschadensgesetz, USchadG) v. 10. Mai 2007 (BGBl. I S. 666), zul. geänd. durch G v. 4. August 2016 (BGBl. I S. 1972).

[18] Weitere Ausführungen in Kauch (2009), Gentechnikrecht, S. 163.

[19] § 37 Abs. 2 GenTG.

[20] Gesetz über die Haftung für fehlerhafte Produkte (Produkthaftungsgesetz, ProdHaftG) v. 15. Dezember 1989 (BGBl. I S. 2198), zul. geänd. durch V. 31. August 2015 (BGBl. I S. 1474).

[21] § 37 Abs. 3 GenTG; vgl. zum Abwehranspruch eines Imkers VG Augsburg, Urt. v. 30. Mai 2008 – 7 K 07.276, Au 7 K –, DVBl. 2008, 992 ff.; zum Abwehranspruch aus einem Landpachtvertrag vgl. OLG Brandenburg, Urt. v. 17. Januar 2008 – 5 U (Lw) 138/07 –, NJW 2008, 2127 ff.; zum Abwehranspruch eines Dritten gegen einen „Anbauer" vgl. OVG Berlin-Brandenburg, Beschl. v. 27. Juni 2007 – 11 S 54.07 –, juris; zur Eigentumsverletzung durch die Bezeichnung als Genmilch vgl. BGH, Urt. v. 11. März 2008 – VI ZR 7/07 –, NJW 2008, 2110 ff.

Sachverzeichnis

© Springer-Verlag GmbH Deutschland, ein Teil von Springer Nature 2019
K. Bender und P. Kauch, *Gentechnisches Labor – Leitfaden für Wissenschaftler*,
https://doi.org/10.1007/978-3-642-34694-1

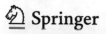

Printed in the United States
By Bookmasters